中华伦理
源远流长
车方亦罄
译述万方

四子九十有六
丙戌友

《中华伦理范畴丛书》总序

张立文

"内修则外理，形端则影直"。由山东曲阜孔子研究院发起编纂《中华伦理范畴》丛书，准备从中华民族传统伦理道德中撷取60个重要德目，并对每个德目自甲骨金文以至现代，进行全面系统研究，以凸显其文本之梳理，明演变之理路，辑现代之意义，立撰者之诠释的价值。撰写者探赜索隐，钩深致远，编纂者孜孜矻矻，兀兀穷年，为弘扬中华伦理精神和道德建设做出了贡献。

一、

何谓伦理？何谓道德？讲中华伦理不能不明乎此。从词源涵义来看，伦的本义是辈、类的意思。《说文》："伦，辈也。从人，仑声。一曰道也。"段玉裁注："伦，引申之谓'同类之次曰辈'。"《礼记·曲礼下》："儗人必于其伦。"郑玄注："伦，犹类也。"理的本意是条理，引申为道理。《说文》："理，治玉也。从玉，里声。"《说文解字系传校勘记》引徐锴说："物之脉理惟玉最密，故从玉。"理的本义是指玉、石的纹理。工匠依玉石的固有纹理，加以剖析雕琢，便是治玉，或曰理玉。天有天理，地有地理，人有人理，社会有条理，人事有事理，各有其理，便引申为原理。伦理的义蕴便是指事物的道理。《礼记·乐记》："乐者通伦理者也。"郑玄注："伦犹类也，理分也。"[①]即为伦

《中华伦理范畴》丛书编委会

主　任：傅永聚
副主任：孙文亮　　张洪海
编　委：成积春　　陈　东　　马士远　　任怀国　　修建军
　　　　曹　莉　　王东波　　李　建　　王幕东　　周海生
　　　　滕新才　　曾　超　　曾　毅　　曾振宇　　傅礼白
　　　　仝晰纲　　查昌国　　于云翰　　张　涛　　项永琴
　　　　李玉洁　　任亮直　　柴洪全　　董　伟　　孔繁岭
　　　　陈新钢　　李秀英　　郑治文　　刘厚琴　　李绍强
　　　　张亚宁　　陈紫天　　刘　智　　朱爱军　　赵东玉
　　　　李健胜　　冀运鲁　　邱仁富　　齐金江　　王汉苗
　　　　王　苏　　张　淼　　刘振佳　　冯宗国　　孔德立
　　　　刘　伟　　孔祥安　　魏衍华　　王淑琴　　王曰美
　　　　何爱霞　　李方安　　孙俊才　　张生珍　　赵　华
　　　　赵溢阳　　张纹华
总　编：傅永聚　　韩钟文　　曾振宇
副总编：胡钦晓　　成积春　　陈　东

第二函主编：傅永聚　成积春　齐金江

国家社会科学基金项目

《中华伦理智慧与当代心态伦理研究》(07BZX048)

结题成果之一

明

——中华民族的明德思想

李玉洁主编

中国社会科学出版社

图书在版编目(CIP)数据

中华伦理范畴丛书. 第 2 函 / 傅永聚等主编. —北京：中国社会科学出版社，2012.12
ISBN 978-7-5161-0803-1

Ⅰ.①中… Ⅱ.①傅… Ⅲ.①伦理学—研究—中国
Ⅳ.①B82-092

中国版本图书馆 CIP 数据核字 (2012) 第 079380 号

出 版 人	赵剑英
责任编辑	冯春凤
责任校对	林福国等
责任印制	王炳图

出　　版	中国社会科学出版社
社　　址	北京鼓楼西大街甲 158 号（邮编 100720）
网　　址	http://www.csspw.cn
	中文域名：中国社科网　010-64070619
发 行 部	010-84083685
门 市 部	010-84029450
经　　销	新华书店及其他书店

印　　刷	北京华联印刷有限公司
装　　订	北京华联印刷有限公司
版　　次	2012 年 12 月第 1 版
印　　次	2012 年 12 月第 1 次印刷

开　　本	880×1230　1/32
总 印 张	130.125
插　　页	2
总 字 数	3336 千字　本册字数 365 千字
总 定 价	390.00 元（全九册）

凡购买中国社会科学出版社图书，如有质量问题请与本社联系调换
电话：010-64009791
版权所有　侵权必究

《中华伦理范畴》丛书总序

张立文

"内修则外理，形端则影直。"由山东曲阜孔子研究院发起编纂《中华伦理范畴》丛书，准备从中华民族传统伦理道德中撷取 60 个重要德目，并对每个德目自甲骨金文以至现代，进行全面系统研究，以凸显集文本之梳理、明演变之理路、辨现代之意义、立撰者之诠释的价值。撰写者探赜索隐，钩深致远，编纂者孜孜矻矻，兀兀穷年，为弘扬中华伦理精神和道德建设作出了贡献。

一

何谓伦理？何谓道德？讲中华伦理不能不明乎此。从词源涵义来看，伦的本义是辈、类的意思。《说文》："伦，辈也。从人，仑声。一曰道也。"段玉裁注：伦，引申之谓"同类之次曰辈"。《礼记·曲礼下》："儗人必于其伦。"郑玄注："伦，犹类也。"理的本义是条理，引申为道理。《说文》："理，治玉也。从玉，里声。"《说文解字系传校勘记》引徐锴说："物之脉理唯玉最密，故从玉。"理的本义是指玉、石的纹理。工匠依玉石的固有纹理，加以剖析雕琢，便是治玉，或曰理玉。天有天理，地有地理，人有人理，社会有条理，人事有事理，各有其理，便引申为原理。伦理的义蕴便是指人、事、物的道理。《礼记·乐记》："乐者通伦理者也。"郑玄注："伦犹类也，理分也。"[①] 即为伦类理分。

在一般意义上，伦理与道德紧密联系，伦理以道德为自己的研究对象，道德通过伦理而呈现，道的初义是指道路，《说文》："道，所行道也……一达谓之道。"道是人所经行的通达一定目的地的道路。道既是主体实存的人行走出来的，也是指引主体实存要到达一定地方而不发生偏差的必经之路，由此而引申为一种必然趋势，或人们必须遵守的原则和原理；道有起点和终点，其间有一定距离的路程，而引申为事物变化运动的过程。道的这种隐然的可被引申的可能性，随着人们在社会实践中对主体和客体体认的加深，道的隐然的内涵亦渐渐显示出来，而成为中华民族哲学思想的最重要的范畴。

道无见于甲骨文而见于金文，德有见于甲骨。[②] 金文《毛公鼎》在甲骨文"㣼"（郭沫若：《殷契粹编》八六四，1937年拓本）的基础上加"心"字，作"𢛳"。假如说甲骨文德意蕴着循行而前视，或行走而上视，那么，金文德字意味着人对自身行为和视觉认知的深入，譬如视什么？如何走？到那里？都与能想能思的心相联系，古人以心为五官之君，受心的支配，故演为《毛公鼎》的字形，于是《秦公钟》便作"𢛳"，即为德字；又舍"彳"，《侯马盟书》作"悳"，《令孤君壶》作"悳"，"悳"或"惪"字，即古之德字。由"德"与"惪"的分别，《说文》训德为"升"，属彳部。段玉裁《说文解字注》："升当作登。《辵部》曰：'迁，登也。'此当同之……今俗谓用力徣前曰德，古语也。"又《说

[①]《乐记》，《礼记正义》卷37，《十三经注疏》，中华书局1980年版，第1528页。

[②] 参见拙著《和合学概论——21世纪文化战略的构想》，首都师范大学出版社1996年版，第684页。

文·心部》训"悳，外得于人，内得于己也。从直从心。"德与悳同。《礼记·曲礼上》："道德仁义，非礼不成。"《韩非子·五蠹》："上古竞于道德，中世出于智谋，当今争于气力。"既有通物得理之意，又有协调人间修德的竞争之意。

追究伦理道德之词源含义，是为了明伦理道德意义之真。然由于时代的差异，价值观念的不同，各理解者、诠释者见仁见智，各说齐陈。或谓道德是指"人类现实生活中由经济关系所决定，用善恶标准去评价，依靠社会舆论、内心信念和传统习惯来维持的一类社会现象"[1]；或谓"道德是行为原则及其具体运用的总称"[2]；或谓"道德则就个人体现伦理规范的主体与精神意义而言"，"道德则重个人意志的选择"，"道德可视为社会伦理的个体化与人格化"[3]；或谓道德是"一种社会意识形式，是规定人们的共同生活和行为、调整人际之间和个人与社会之间的关系的原则、规范的总和"[4]。各人依据自己的体认，而有其合理性和时代的需要，但都就人与人、人与社会的关系来规定道德的内涵。

就伦理而言，或谓伦理是表示有关道德的理论，伦理学是以道德作为自己的研究对象的科学。[5] 或谓"伦理学（ethǒs）是哲学的一个分支。它研究什么是道德上的善与恶、是与非。伦理学的同义语是道德哲学。它的任务是分析、评价并发展规范的道德标准，以处理各种道德问题"[6]；或谓伦理就人类社会中人际关

---

[1] 罗国杰主编《伦理学》，人民出版社1989年版，第7页。
[2] 张岱年：《中国伦理思想研究》，上海人民出版社1989年版，第3页。
[3] 成中英：《中国伦理精神的历史建构序》，江苏人民出版社1992年版，第2页。
[4] 黄楠森、夏甄陶主编《人学词典》，中国国际广播出版社1990年版，第423页。
[5] 罗国杰主编《伦理学》，人民出版社1989年版，第4页。
[6] 《简明不列颠百科全书》第五卷，中国大百科全书出版社1986年版，第456页。

系的内在秩序而言，它侧重社会秩序的规范，可视为个体道德的社会化与共识化；① 或谓伦理学是哲学的一个分支学科，即关于道德的科学。伦理是中国古代用以概括人与人之间的道德原则和规范的。② 这些规定涉及社会秩序的规范和人与人之间的道德原则，以及善与恶、是与非的道德标准等问题，有其合理性；又以伦理学是哲学的分支学科，乃是根据学科分类来规定，它不属于伦理学内涵的表述。

现代西方伦理学，学派纷呈。如胡塞尔、舍勒、哈特曼的现象学价值伦理学；海德格尔、萨特的存在主义伦理学；弗洛伊德的精神分析伦理学；詹姆士、杜威的实用主义伦理学；鲍恩、弗留耶林、布莱特曼、霍金的人格主义伦理学；马里坦的新托马斯主义伦理学；弗罗姆的人道主义伦理学；弗莱彻尔的境遇伦理学；斯金纳的行为技术伦理学；马斯洛的自我实现伦理学。③ 就伦理学的方法而言，自英国亨利·西季威克1874年出版《伦理学方法》以来，它作为确证和建构伦理精神的价值合理性方法，说明伦理精神价值合理性方法的核心是价值选择和主体行为的程序合理性，是人们据以确定"应当"做什么或什么为"正当"的合理程序。西季威克所阐述的"自我本位"的价值合理性方法曾是英语世界中影响最大的道德哲学文献。然而，马克斯·韦伯《新教伦理与资本主义精神》的出版，却为确证伦理精神的价值合理性提供一种超越西季威克的新视野、新方法。韦伯认为，确证伦理精神价值合理性的标准和方法，是伦理与经济、社会发展的关系，以及主体所遵循的普遍的行为准则。这样便转西

---

① 成中英：《中国伦理精神的历史建构序》，江苏人民出版社1992年版，第2页。

② 《中国大百科全书·哲学卷》，中国大百科全书出版社1987年版，第515页。

③ 参见万俊人《现代西方伦理学史》，北京大学出版社1992年版。

季威克式行为的目的或效果的合理性为韦伯式的主体所遵循的行为准则的普遍性及其合理性,即转"伦理本位"为"关系本位"。被称为第二次世界大战后伦理学、政治哲学领域中最重要的理论著作的约翰·罗尔斯的《正义论》,他要在伦理与政治、伦理与经济等关系中建构"正义",作为社会的共同准则的普遍价值合理性。由于规则的普遍性与合理性,都必须在"关系"中确立,使罗尔斯陷入了两难;他在价值合理性的确证上超越了自我本位的抽象,却陷入了关系本位的抽象;他追求某种现实的具体,却陷入历史的抽象。这种"关系抽象",也是现代西方伦理学的价值方法内在的局限。针对这种局限,阿拉斯戴尔·麦金太尔诘难:"谁之正义?何种合理性?"麦金太尔认为,在历史传统和现实生活中,存在多种对立的正义和互竞的合理性,正义和合理性是一个历史的概念,没有超越一定历史传统的正义和共同体的普遍价值。伦理价值及其合理性,关键是主体的道德品质(美德),否则一定价值都不能成为行为准则。麦金太尔认为,罗尔斯的正义论缺乏人格或品质的解释力,传统的多样性使正义和价值合理性也具有多样性。尽管麦氏试图解构罗氏以正义为一种伦理价值的普遍性和合理性,即现实的合理性,而寻求真正的合理性,但麦氏自己却从罗氏的现实的"关系抽象"走入了历史的"关系抽象",最后回归亚里士多德以"美德"确证价值的合理性和现实性。[1]

21世纪的伦理学和伦理精神的价值合理性,应度越人类本位主义的存在主义的、精神分析的、实用主义的、人格主义的、新托马斯主义的、人道主义的、行为技术的、自我实现的伦理学,这种伦理学是在人类中心主义的观照下,把人与政治、经济、宗

---

[1] 参见樊浩《伦理精神的价值生态》,中国社会科学出版社2001年版,第2—7页。

教、人际的关系合理性作为伦理精神价值；也要度越伦理精神的价值合理性的利己主义、直觉主义、功利主义的"自我本位"，以及"关系本位"的伦理学方法。之所以要度越，是因为其"天地万物与吾一体"的观念的缺失，是"天地之塞，吾其体；天地之帅，吾其性。民吾同胞，物吾与也"①伦理价值合理性的丧失，而要建构"天人和合"，"天人共和乐"的伦理精神的价值合理性。

笔者曾在《和合学概论——21世纪文化战略的构想》一书中，提出道德和合与和合伦理学，便是企图弥补这些缺失，建构自然、社会、人际、心灵、文明间融突的和合伦理精神的价值合理性。在道德和合与和合伦理学的视阈中，道德不仅是人与人、人与社会、人的心灵及文明间关系伦理精神原则和行为规范，而且是人与宇宙自然间关系的伦理精神原则和行为规范。基于此，笔者规定道德是指协调、和谐人与自然、人与社会、人与人、人的心灵、不同文明间融突而和合的总和。

道德与伦理，两者不离不杂。伦理是指人与自然、人与社会、人与人、人的心灵、各文明间关系的伦辈差分中而成的次序和谐的道理、理则价值的合理性的和合。如孟子说："人吃饱了，穿暖了，住得安逸了，如果没有教育，就与禽兽差不多。"圣人为此而忧虑，便派契做司徒的官，来管理教育，用人之所以为人的伦理价值合理性和行为规范来教化人民。"教以人伦：父子有亲，君臣有义，夫妇有别，长幼有序，朋友有信。"②父子、君臣、夫妇、长幼、朋友的辈分及其之间的差分，这便是伦辈或"名分"；亲、义、别、序、信，这就是伦辈之间关系的理则、道理或规范，它体现了伦理关系及其行为的价值合理性和中华民族的伦理精神。

---

① 《正蒙·乾称篇》，《张载集》，中华书局1978年版，第62页。
② 《滕文公上》，《孟子集注》卷五，世界书局1936年版，第39页。

二

中华民族伦理精神的价值合理性的合理性,就在于与时偕行的社会历史发展中,以其伦理精神价值的具体合理性适应现实社会的伦理道德的需要。现实应然需要的,就是合理的;但合理的,不一定就是现实需要的。中华伦理精神的价值合理性是在现实社会不断发展中不断丰富完善的。

(一) 道废与伦理

伦理道德是现实社会政治、经济、文化精神之本,本立则道生;现实社会政治、经济、文化精神废,即断裂,则"道"亦废。由于其道废,使社会政治、经济、文化破缺和动乱,社会失序、政治失衡、伦理失理、道德失德,便要求建设伦理精神和行为规范。老子说:"大道废,有仁义。""六亲不和,有孝慈,国家昏乱,有忠臣。"[①] 大道被废弃,才有仁义道德的建构;父子、兄弟、夫妇的不和睦,才要求孝慈道德的建构;国家陷于动乱,就需要有忠臣的道德。这里仁义、孝慈、忠是为了化解大道废、六亲不和、国家昏乱的道德伦理缺失和紧张的需要,这种需要是伦理精神的价值合理性应有之义。所以老子表述为"失道而后德,失德而后仁,失仁而后义,失义而后礼"[②]。这个失道、失德、失仁、失义的次序,不一定合理,但由其缺失而需要弥补、重建,这是与价值合理性相符合的。

孔老时处"礼崩乐坏"的时代,社会无序,伦理错位,臣弑其君,子弑其父,重利轻义。孔子对于这种违反伦理道德和礼

---

① 《老子》第18章。
② 《老子》第38章。

乐典章的事件，非常气愤：是可忍，孰不可忍！他要求做君主的要像君主的样子，做臣子的要像做臣子样子，做父亲的要像做父亲的样子，做儿子的要像做儿子的样子。这就是说君君、臣臣、父父、子子，各行其道，各尽其责，各安其位，各守其礼，这便是其伦辈名分的价值合理性。孔子对于传统伦理道德的破坏、断裂，既表示了强烈的不满，又显示了严重的忧患。作为当时维护国家秩序的典章制度的礼乐，既是社会伦理精神的体现，亦是人们行为规范。鲁大夫季孙氏僭用天子的礼乐。按当时的规定奏乐舞蹈，天子为八佾64人，诸侯六佾48人，大夫四佾32人（佾，朱熹注："舞列也，天子八，诸侯六，大夫四，士二。每佾人数，如其佾数，或曰每佾八人，未详孰是。"一是每佾人数与佾数相等；二是每佾人数固定为八人，不受佾数而变化。现一般采用后说，并以服虔《左传解谊》："天子八人，诸侯六八，大夫四八，士二八"为是）。季氏作为大夫只能用四佾，而他"八佾舞于庭"，是严重违制的行为。同时仲孙、叔孙、季孙三家，在祭祀祖先时僭用天子的礼，唱着只有天子祭祀时才能唱的《雍》这篇诗来撤除祭品。这是违反伦理精神和行为规范的非合理性的活动，孔子对此持严肃的批判态度，而试图重建伦理精神和道德价值的合理性。为此，孔子重视"正名"，他在回答子路治国以什么为先时说，要以纠正名分上的不合理为先，这是因为"名不正，则言不顺；言不顺，则事不成；事不成；则礼乐不兴；礼乐不兴，则刑罚不中；刑罚不中，则民无所措手足"①。名分上的不合理性就是指当时"礼崩乐坏"的季氏八佾舞于庭、觚不觚、君臣父子等违戾礼乐价值的不合理性的行为活动，这就造成了言语不顺理、事业不成功、礼乐不兴盛、刑罚不得当、人民的手足无所措的情境，社会就不会和谐安定。

---

① 《子路》，《论语集注》卷七，世界书局1936年版，第54页。

（二）治心与治身

老子、孔子用正、负不同的方面批判"礼崩乐坏"的典章制度和伦理道德的价值不合理性，并从不同方面试图建构伦理精神和行为规范的价值合理性。尽管他们各自作出了努力和贡献，但无能为力作出超越时代情势的改变，因而当时收效甚微。然而随着时代的发展，孔子儒家的伦理精神和行为规范逐渐显现其价值的合理性。

就德礼教化与法律刑政而言，孔子做了一个诠释："子曰：道之以政，齐之以刑，民免而无耻；道之以德，齐之以礼，有耻且格"①。"道"作"导"，引导；政指法制禁令；礼指制度品节。《礼记·缁衣篇》载，子曰："夫民，教之以德，齐之以礼，则民有格心；教之以政，齐之以刑，则民有遁心。"管理国家和人民，以政法来引导，用刑罚来齐一，人民只是避免罪恶，而没有廉耻心；用道德来教导，以礼乐来齐一，人民不但有廉耻心，而且人心归服。"为政以德，譬如北辰，居其所而众星共之。"②以道德来管理国政，就好像北斗星一样，众星都围绕着它，归顺它。意谓用道德价值力量来感化人民，而不用繁刑重罚，人民自然归顺。

政刑是外在法制禁令和刑罚，属于他律，是对于人民违犯法制禁令行为的处理，刑罚加诸身，要受皮肉之苦，人们不再受牢狱之苦而逃避犯罪，可能起到治身的功效，但不能治心，没有道德的廉耻心，就没有道德礼教的自觉，还可能重新犯罪或作出违反典章制度、伦理道德的事。德礼的教化和引导，是培养人民道德操行品节的自觉性，使其自觉向善，自然不会作出触犯法制禁

---

① 《为政》，《论语集注》卷一，世界书局1936年版，第4—5页。
② 同上。

令和违戾礼乐制度的行为,自觉做到非礼勿视,非礼勿听,非礼勿言,非礼勿动,便能"克己复礼为仁"①。克制自己,使自己的视听言动都符合礼,就是仁。克制自己就属于自律,自律依靠道德自觉,而不靠他律法制禁令;克制自己是治心,树立善的道德伦理价值观,法制禁令只能治身,治身并不能辨别善恶是非,而不能不作出违反礼乐的行为;治心是治内,心是视听言动行为活动的支配者,有仁爱之心,有"己所不欲,勿施于人"的善心,这是根本、大本。治身是治外,外受制于内,所以治身相对治心而言是枝叶,根深叶茂,根固枝壮。这就是为什么需要培育伦理精神、行为规范的价值合理性的所在。

(三) 民族与世界

在当前经济全球化,技术一体化、网络普及化的情境下,西方强势文化以各种形式、无孔不入地横扫全球,东方及其他地区在西方强势文化的冲击下,逐渐被边缘化,乃至丧失了本民族传统文字语言,一些国家、民族在实行言语文字改革的旗号下,走向西化,造成本民族传统文化的断裂,年青一代根本看不懂本国、本民族古代语言文字、经典文本、史事记载。一个民族、国家的思想灵魂的载体,民族精神的传承,自立的根本,是与这个国家、民族的固有传统文化分不开的。民族传统文化载体的丧失和断裂,随之而来的是这个民族的民族精神和民族之魂的沦丧,民族之根的枯萎。一个无根的民族,无民族精神的民族,无民族之魂的民族,只能成为强势民族的附庸,其民族精神、民族之魂也会被强势民族精神、民族之魂所代替。从世界多元文化而言,这种趋势的持续,是可悲的。

一个无文化之根的民族,其价值观念、伦理道德、思维方

---

① 《颜渊》,《论语集注》卷六,世界书局1936年版,第49页。

式,乃至风俗习惯(包括传统节日)都可能被强势文化的价值观念、伦理道德、思维方式、风俗习惯所代替。当下所说的与世界接轨,实乃与西方强势文化接轨,这种接轨的结果,若按西方二元对立的思维定势来观照,必然导致非此即彼、你死我活的格局,强势文化要吃掉、消灭弱势文化,名之曰生存竞争,适者生存,为其强食弱肉的合理性作论证。民族精神、民族之魂,是这个民族之所以成为这个民族的根本标志,是这个民族主体性的凸显。世界是多元的,民族文化是多彩的。在世界文化的百花园中,多元民族文化竞放异彩,构成了绚丽多姿、生气盎然境域。这就是说,各民族文化思想、价值观念、伦理道德、思维方式、风俗习惯都是世界百花园中的一员或一份子,尽管当前有大小、强弱、盛衰之别,但应该互相尊重、谅解、友好、帮助,做到和生和长、和立和达。假如世界文化百花园中只有一花独放,只有一种文化思想、价值观念、伦理道德、思维方式、风俗习惯,那么,这个世界就是"声一无听,色一无文,味一无果,物一不讲"[①]的世界,不仅是可悲的,而且必走向毁灭。从这个意义上说,民族的即是合理的,多元的即是合法的。换言之,民族的即是世界的,世界的即是民族的,若无民族的也即无世界的。这就是民族精神和行为规范的价值合理性。

(四)传统与现代

自近代以降,西方列强疯狂地、卑鄙地侵略中华民族。中华民族出于人道主义的要求而抵制鸦片毒品贸易,西方列强竟然发动鸦片战争,中国被迫签订丧权辱国的不平等条约。此后各西方列强纷纷发动侵略战争,迫使清政府签订一个又一个丧权辱国的不平等条约,这就极大地刺痛中华民族,一批具有"国家兴亡,

---

[①]《郑语》,《国语集解》卷十六,北京,中华书局2002年版,第472页。

匹夫有责"的使命感和担当感的有识之士，为救国救民，由君主立宪的变法而转为推翻君主专制的革命，他们的思想武器既有"中体西用"的，也有"西体中用"的。到了五四运动，他们在西方科学和民主的旗帜下，提出了"打倒孔家店"和"文学革命"、"道德革命"的口号，激烈地批判和打倒孔子和传统文化，这样便掀起了古今、中西、新旧之辩，实即传统与现代的论争。

　　陈独秀以非此即彼、二元对立的思维，提出："要拥护那德先生，便不得不反对孔教、礼法、贞节、旧伦理、旧政治；要拥护那赛先生，就不得不反对旧艺术、旧宗教；要拥护德先生又要拥护赛先生，便不得不反对国粹和旧文学。"① 在左拥护、右拥护西方科学和民主的同时，便已承诺了西方科学和民主伦理精神和行为规范的价值合理性和合法性，否定了中华民族传统文化思想、伦理道德、文学艺术、政治礼法的价值合理性。在西方科学和民主的热潮中，中华民族的传统文化，特别是儒学面临着情感化的无情的打倒和批判。鲁迅在《狂人日记》中说：我翻开历史一查，"每页上都写着'仁义道德'几个字。我横竖睡不着，仔细看了半夜，才从字缝里看出字来，满本都写着两个字是'吃人'！"为此，打"孔家店"的老英雄吴虞便说："孔二先生的礼教讲到极点，就非杀人吃人不成功，真是惨酷极了！一部历史里面，讲道德说仁义的人，时机一到，他就直接间接的都会吃起人肉来了。"② 中华民族传统的"仁义道德"，不仅不具有价值合理性，而且是杀人吃人的"软刀子"和凶手！

　　在这种情境下，人们不可避免地把中华民族传统的"仁义道德"与西方现代的科学民主对立起来，在此两者之间，只能

---

　　① 陈独秀：《陈独秀文章选编》，三联书店1984年版，第317页。
　　② 《对于礼孔问题之我见》、《吴虞集》，四川人民出版社1985年版，第241页。

采取拥护一方而反对另一方的立场,而不能有其他选择,这就使中华民族自身的主体文化受到无情的炮轰。然而破了所谓"旧伦理"、"旧文学"、"国粹"、"旧艺术",由什么新伦理、新国粹、新艺术等来代替?其实文化、伦理、礼乐、文学、艺术就像黄河之水,大化流行,生生不息。传统文化的破坏,就像黄河的断流,不流的黄河就不成为黄河,中华民族丧失了传统文化,亦即不成为中华民族。民族文化是一个民族的标志和符号,是这个民族的民族精神的表现,是这个民族的民族之魂的载体。中华民族与其自身传统文化、伦理道德、价值观念、行为方式、风俗习惯等的关系,犹如人自身与其影子的关系,我们不能做"出卖影子的人"。德国一个年青人为了从魔术师那里换取"福神的钱袋",他出卖了自身无价之宝的影子,他虽然得到了用之不竭的钱袋,在金榻上睡觉,人们称他为伯爵先生,挽着美人的手臂散步,但他见不得阳光、月光乃至灯光,当人们发现他没有影子时,就会离开他,孩子们非难他,把他看成是没有影子的怪物。他终日忧心忡忡,毫无快乐可言,也失去了一切幸福,最后他宁愿放弃一切,不惜任何代价也要把影子赎回来。[①] 我出生在浙江温州,少时候大人告诉我们小孩,千万不要丢掉自己的影子,若丢了影子,就是给魔鬼摄去了,人就死了。所以小孩们在有光地方走路,总要回头看看自己的影子在还不在。这个"故事"启示我们:人不能为了钱财而出卖影子,换言之,一个民族也不能为了某种利益的需要而丢掉传统文化、民族之魂。

其实,一个民族的传统文化、民族精神、民族之魂已潜移默化地渗透到这个民族大众的血液里、行为中。它像孔子所说的

---

① [德]阿德贝尔特·封·沙米索(1781—1838)是德国浪漫主义作家。《出卖影子的人》(原名《彼得·史勒密的奇怪故事》),人民文学出版社1987年版。

"不舍昼夜"地与时偕行，不断地吮吸中外古今的文化资源，融突而和合为新思想、新观念或新儒学等。从"逝者如斯夫"来观照，每个阶段、时期的文化，都既是传统的又是现代的，至今概莫能外。因此，传统与现代决非断裂的两橛，亦非无关联的两极。传统与现代的核心及其关节点是人，"人是会自我创造的和合存在"。当现代人在体认传统文化、解读传统文本、诠释话题故事时，就赋予了传统文化、传统文本、话题故事现代性，从这个意义上说，传统的即是现代的，传统的伦理精神和行为规范便蕴涵着现代的价值合理性。

在道废与伦理、治心与治身、民族与世界、传统与现代的相对相关、冲突融合中，显示了中华民族伦理精神和行为规范价值的现代性、合理性和适应性。这就是说，虽然为道屡迁，但能唯变所适。中华民族的伦理精神和行为规范在与时偕行的诠释中，不断地开出新意蕴、新内涵，而成为当今需弘扬的伦理精神和行为规范。

三

中华民族伦理精神和行为规范既在现代理性法庭上宣布了自己价值的合理性，那么，价值合理性必须在伦理精神和行为规范中寻找自己适当的或应有的位置，以表现自己的内涵、性质、价值和功能。山东曲阜孔子研究院发起编纂《中华伦理范畴》丛书，从中华民族伦理道德中撷取仁爱忠恕礼义、廉耻中信和合、善勇敬慈诚德、孝悌勤俭修志、圣公洁贞敏惠、乐毅庄正平温、友强容智道顺、良格省新恭直、博节健实恒明、忧质行美刚气等60个德目进行探讨研究，有致广大而尽精微之志，求弘道统而高素质之效，其志其效可敬可佩。

作为总序，不可能简述此60个德目，而只能从中华民族伦理范畴的"竖观"、"横观"、"合观"的"三观"中,呈现中华民族伦理精神和 60 个德目的特质:即伦理范畴的逻辑结构性,范畴的思维整体性,范畴的形态动静性,范畴历时同时的融合性,范畴的内涵生生性,构成了中华民族伦理精神和行为规范价值合理性的谱系和血脉。

(一) 伦理范畴的逻辑结构性

伦理范畴的逻辑结构,并非是观念、心意识或瞬间的杜撰,也非凭空的想象,而是中华民族长期对于人与自然(宇宙)、人与社会、人与人、人的心灵之间融突以及其互相交往活动的协调、和谐的体认,是对于国与国、民族与民族、文明与文明之间交往活动融突而后和合、平衡协调处置的体悟,而后提升为伦理概念范畴。

中华民族伦理范畴尽管多元多样,但有其一定的逻辑结构。所谓逻辑结构是指中华民族概念范畴的逻辑发展及诸范畴间内在的联系,是在一定社会经济、政治、文化、思维结构中,所构建的相对稳定的结构方式。[①] 伦理作为一种理论思维形态和行为交往规范,是凭借概念、范畴、模型等逻辑结构形式,有序地整合各信息的智能过程。伦理概念既显现了生存世界事物元素的类别形态,又体现了意义世界意义主体的价值追求,这才是合理的,才能在逻辑世界(可能世界)中现实地存在着,并释放其虚拟功能。范畴是概念的类,它间接地显现生存世界事物类别之间的关系,体现意义世界中的价值追求,呈现逻辑世界中的合用原则。伦理范畴只有满足两方面需求,才是合用的:一是在体认上显现了事物类别形态间的关系网络;二是在践行上体现了意义主体对价值的追求。否则范畴将被主体从智能活动中淘汰出去,成

---

① 参见拙著《中国哲学逻辑结构论》,中国社会科学出版社 1989 年版,2002 年修订版,第 1—57 页。

为纯粹的、历史的文字形式。

中华民族伦理精神和行为规范价值合理性宗旨，是止于和合、和谐。和合、和谐是伦理精神的价值核心。由此核心而展开伦理范畴的逻辑次序，按照和合学的"三观"法，伦理范畴是遵循人心——家庭——人际——社会——世界——自然的顺序逻辑系统。《大学》"在明明德，在亲民，在止于至善"三纲领和格物、致知、诚意、正心、修身、齐家、治国、平天下八条目中，其修身以上属内圣修养功夫，正心以上又可作为所以修身的内容和根据，修身以下是外王功夫，是可践履的措施。修身是从内圣至外王的中介，它把内圣与外王"直通"起来，而没有"曲成"的意蕴。诚意、正心是修心的伦理范畴。

人心是中华民族伦理范畴逻辑结构顺序的起点、关键点。朱熹认为君主正心就能正朝廷，朝廷正就能正百官，百官正就能正万民，万民正就能正天下。淳熙十五年（1188），朱熹借"入对"之机，要讲"正心诚意"，朋友们劝戒说"'正心诚意'之论，上所厌闻，戒勿以为言，先生曰：'吾生平所学，惟此四字，岂可隐默以欺吾君乎！'"[①]朱熹认为帝王的心术是天下万事的大根本，国家盛衰、政治好坏、社会邪正均取决于帝王的心术。他说："人主之心一正，则天下之事无有不正，人主之心一邪，则天下之事无有不邪。如表端而影直，源浊而流污，其理必然者。"[②]又说："故人主之心正，则天下之事无一不出于正，人主之心不正，则天下之事无一得由于正。"[③]朱熹出于忧患意识，而直指正君心，以此为大根本。对于每个人来说，心也是自己为人处事的大根本，心的邪正、善恶是支配自己行为活动的原动

[①] 黄宗羲：《晦翁学案》，《宋元学案》卷四十八，第1498页。

[②] 《己酉拟上封事》、《朱熹集》卷十二，四川教育出版社1996年版，第490—491页。

[③] 《戊申封事》、《朱熹集》卷十一，第462页。

力，心善而行善，心正而行正，心邪而行邪，心恶而行恶。

孟子从性善出发，主张"人皆有不忍人之心，先王有不忍人之心，斯有不忍人之政"①。什么是不忍人之心？孟子举例说，有人突然看见一个小孩要跌到井里去，人人都会有同情心，这种怵惕恻隐的心，不是为了与小孩的父母结交，也不是为了在乡里朋友中博取名誉，亦不是厌恶小孩的哭声，而是出于每个人都普遍具有的怜恤别人的心情。这样看来，如果一个人没有同情心、羞耻心、辞让心、是非心，简直不是个人。此四心依次便是仁、义、礼、智的萌芽。这是从尽心知性、存心养性的视阈来讲心的。心应具有仁、义、礼、智、正、诚、爱、志、善的伦理道德范畴。这些范畴既是人的心性修养，也是处理人与自然、社会、人际、心灵、文明间交往的原则、规范。

仁与义，是指族类情感与合宜理性。中华民族生存方式是在族类群体性交往活动中实现族类亲情或泛爱众，"人皆有不忍人之心"，便是仁者爱人的世俗族类情感的内在心性根据。人从自我主体或类主体出发，施爱于他者或天地万物，构成他者和天地万物一体之仁的系统。在人类仁爱的情感中，蕴涵着人在天地万物中主体伦理价值的实现。义是指个体和类主体施爱于自我、他人、自然、社会、文明的"合当如此"和有序有度的合宜，是伦理价值的合理性。此其一。其二，仁与义是指为人的价值取向与为我的价值取向。仁为爱人，爱他人、他家、他国。义是端正自我，注重自我道德、人格、情操的修养。从伦理精神来观，仁是由内在心性外推，由己及人及物，义是由外在需求而内化端正自我。其三，仁与义是指理想人格与价值标准。作为仁人在任何情况下都不违仁，乃至"杀身成仁"。义是当个体利益与整体利益发生冲突时，为实现伦理价值理想，而"舍生取义"。

---

① 《公孙丑上》，《孟子集注》卷三，世界书局1936年版，第24页。

诚,《大学》讲诚意、意诚。朱熹注:"诚,实也。意者,心之所发也。"他在《中庸》注中说:"诚者,真实无忘之谓。"人之伦理道德意识应是诚实不欺之心,即真心,从真心出发而有真言、真行,而无谎言、欺诈。无论是程颐说诚应"实有是心",还是王守仁说的"此心真切",都是指真心实意。

真诚的伦理精神是止于善。朱熹说:"实于为善,实于不为恶,便是诚。"① 真实无妄的心,即是善心。孔子讲"己所不欲,勿施于人"的心,孟子讲的四端之心,皆为善心,而与邪恶之心相冲突。而需改恶从善,"化性起伪",以达人心和善。

人生于父母,与父母有着不可分的血缘基因的关系,便构成一个家庭。家庭内父母、兄弟、姐妹、夫妇、子女的交往是最频繁的、最亲密的,因为人一生下来,便首先面对家庭成员,并成为家庭中的一员,形成家庭成员间的伦理关系。一个人的意诚、心正、身修的道德节操品行,首先便体现在家庭伦理的行为规范之中。"商契能和合五教,以保于百姓者也。"② 契是商的始祖,帝喾的儿子,舜时佐禹治水有功,封为司徒。五教是指"父义、母慈、兄友、弟恭、子孝,内平外成","舜臣尧……举八元,使布五教于四方,父义、母慈、兄友、弟恭、子孝"③。于是孝、悌、恭、慈、友、贞等,意蕴着家庭伦理精神和行为规范的价值合理性。

伦理范畴的逻辑结构由人心和善到家庭和睦,推演到人际和顺。孟子讲:"人之有道也,饱食暖衣,逸居而无教,则近于禽兽。圣人忧之,使契为司徒,教以人伦:父子有亲,君臣有义,夫妇有别,长幼有序,朋友有信。"④ 此意蕴亦见于《尚书·舜

---

① 《朱子语类》卷六十九。
② 《郑语》,《国语集解》卷十六,中华书局2002年版,第466页。
③ 《左传》文公十八年,《春秋左传注》,中华书局2002年版,第638页。
④ 《滕文公上》,《孟子集注》卷五,世界书局1936年版,第39页。

典》："契，百姓不亲，五品不逊，汝作司徒，敬敷五教，在宽。"这样便从家庭的父子、兄弟、夫妇关系扩大为君臣、朋友、老幼的人际交往活动的伦理关系及其道德原则和行为规范，君臣关系是父子关系的扩展，所以父、君对子、臣是义，子、臣对父、君是孝、忠。在家为孝子，在国为忠臣，"孝子出忠臣"。在这里仁义礼智既是心的修养，也体现为人际关系的行为规范。"子张问仁于孔子。孔子曰：'能行五者于天下为仁矣。''请问之。'曰：'恭、宽、信、敏、惠。恭则不侮，宽则得众，信则人任焉，敏则有功，惠则足以使人。'"① 此五德目作为仁的伦理精神和道德规范的体现，仁由心的修养，行之家庭，进而人际之仁；孝由家庭的伦理行为规范，而推之敬的人际伦理；孝若作为能养父母来理解，就与犬马无别，其别在于孝敬。敬作为伦理道德规范，既是对父母的，也是对他人的、社会的。

人际的伦理道德关系，构成一个社会的基本关系，仁、义、礼、智、信伦理道德进入社会，也成为社会的伦理原则和行为规范。孔子和孟子都认为治理国家社会最佳选择是德治。"以德服人者，中心悦而诚服也。"② 德治的核心是"仁政"，孟子认为，如果"以不忍人之心，行不忍人之政，治天下可运之掌上"。③ "仁政"根本措施是"制民之产"，使民有恒产而有恒心，即给人民五亩之宅，种桑树，养家畜，50和70岁就可以衣帛食肉了，物质生活就有了保障，此其一；其二，"王如施仁政于民，省刑罚，薄税敛，深耕易耨"④；其三，如行仁政，便会成为世人所归，"今王发政施仁，使天下仕者皆欲立于王之朝，耕者皆欲耕于王之野，商贾皆欲藏于王之市，行旅者皆欲出于王之涂，

---

① 《阳货》，《论语集注》卷九，世界书局1936，第74页。
② 《公孙丑上》，《孟子集注》卷三，第23页。
③ 同上书，第25页。
④ 《梁惠王上》，《孟子集注》卷一，第4页。

天下之欲疾其君者皆欲赴愬于王。其若是，孰能御之！"① 仕者、耕者、商贾、行旅等都到齐国发展，齐国便可迅速强大起来；其四，加强伦理道德教化。"谨庠序之教，申之以孝悌之义，颁白者不负于戴于道路矣"②，"壮者以暇日修其孝悌忠信，入以事其父兄，出以事其长上"③。这样，人民安居乐业，遵道守礼，社会安定和谐。

《管子》认为，国家社会的倾与正、危与安、灭与复同伦理道德有重要关系，被视为国之四维。"国有四维，一维绝则倾，二维绝则危，三维绝则覆，四维绝则灭……何谓四维，一曰礼，二曰义，三曰廉，四曰耻。"④ "四维张，则君令行"，"四维不张，国乃灭亡"⑤。四维乃国家命运所系，所以"守国之度，在饰四维"⑥。这是国家社会和谐稳定、长治久安的保证。

伦理的范畴逻辑结构由治国而进入平天下。"天下"观念，可理解为当今的"世界"。汉语世界是从佛教语汇中吸收来的，梵文为 loka，音译"路迦"。《楞严经》四，"何名为众生世界？世为迁流，界为方位。"世即为过去、未来、现在三世，界为东南西北、东南、西南、东北、西北、上下，是时间和空间的概念，相当于宇宙的概念；后汉语习用为空间的概念，相当于天下。世界（天下）是由各地区、各国、各民族、各种族组成的，它们之间尽管存在强弱贫富、社会制度、价值观念、宗教信仰、风俗习惯等的差分和冲突，而需要遵循国际道义规范。得道多助，失道寡助。国际道义即国际伦理要公平、正义、和平、合

---

① 《梁惠王上》，《孟子集注》卷一，第7页。
② 同上书，第8页。
③ 同上书，第4页。
④ 《牧民》，《管子校正》卷一，世界书局1936年版，第1页。
⑤ 同上。
⑥ 同上。

作。不杀人的仁恕伦理,不偷盗的公平伦理,不说谎的诚信伦理,不奸淫的平等伦理,以建构和谐世界。

人类世界和谐的和,即口吃粟,"民以食为天",人人有饭吃,天下就太平;谐,从言皆声,可理解为人人能发声讲话,天下就安定。前者是人的生存权,后者是言论自由权。两者具备,在古代就可谓和谐世界。然而近代以来,人类对宇宙自然征伐加剧,使自然天地不堪重负,生态失去了平衡,造成环境污染,资源匮乏,土地沙化,疾病肆虐,天灾频发,人与自然的冲突愈来愈尖锐。人与宇宙自然应该建构道德的、中庸的、仁爱的、和美的伦理规范,在天地万物与吾一体的视阈中,"仁民爱物","民吾同胞,物吾与也"①。天为父,地为母,天地宇宙自然是养育人类的父母,人类也应以对待自己的父母一样对待宇宙自然,在自然伦理、环境伦理、生态伦理中,规范人类行为,建构天人共和共乐的和美天地自然。

伦理范畴的各德目,可按其性质、内涵、特点、功能,依逻辑层次安置。在整个逻辑结构层次间可以交叉互通;在一个逻辑结构层次内既有中华伦理精神德目,也有伦理行为规范德目,以及道德节操、品格、修养等德目。

(二) 伦理范畴的思维整体性

中华伦理范畴的思维整体性是指以某个范畴为核心,以表现思维主体与思维对象内在整体或外在整体的概念范畴群或概念范畴之网,进而凸显思维主体与思维对象内在和外在的规定、关系以及其间的互相联系、渗透、会通、融突等形式。由于伦理范畴的性质、功能的差分,可以构成几个概念范畴群,诸概念范畴群的殊途同归,分殊而理一,构成中华伦理范畴的整体性。

---

① 《正蒙·乾称篇》,《张载集》,中华书局1978年版,第62页。

中华伦理范畴思维整体性的根据，是天地万物与吾一体的整体性思维模型，它纵贯、横摄、和合由人心到自然六个逻辑结构层次；它沉潜于中华民族心灵结构、价值观念、伦理道德、审美意识、行为规范、风俗习惯之内，表现在主体的对象化与对象的主体化之中。这种伦理范畴的整体性的思维模式，在伦理主体的客体化与客体的伦理主体化，人的对象化、物化与对象、物的人化，即在人化与物化中，把伦理主体与客体、对象、自然圆融起来，使客体、对象、自然具有了人的形式，于是天地自然便是人化了的天地自然，从而使中华伦理范畴具有天地万物与吾一体的整体性，因此，中华伦理范畴能贯通、圆融为整体。

范畴的思维整体性，并非排斥思维差分性，物以类聚，人以群分，群分才有类聚，群分是类聚的体现，类聚是群分的归宿。60德目可分为六个逻辑结构层次，此六个逻辑结构层次即构成六个群。如人心伦理范畴目群的爱、良（知）、耻、善、志、毅、格、省、正（心）、省、诚、乐、圣、忧等；家庭伦理范畴德目群的孝、悌、慈、敬、勤、俭、友、贞、温等；人际伦理范畴德目群的仁、义、礼、智、信、恭、宽、敏、惠、恕、直、中、宽等；社会伦理范畴德目群的忠、廉、德、公、洁、庄、勇、节、健、实、恒、明、质、行、刚、气等；世界伦理范畴德目群的和、合、强、美等；自然伦理范畴德目群的顺、道、和等。这种德目群的划分是相对的，而非绝对，其间许多伦理范畴德目是互渗、互补、互换、互转的，譬如善作为善心、善意、善良、善动机是心的伦理范畴，作为善行、善处、善举、善事便是家庭、人际、社会、世界的伦理范畴；又譬如和，作为人心伦理范畴为和善，作为家庭伦理范畴要和睦，作为人际伦理范畴为和顺，作为社会伦理范畴为和谐，作为世界伦理范畴为和平，作为自然宇宙伦理范畴为和美。和美即是各美其美，美人之美，美美与共，天人和美的境界，这是和的终极价值和终极境界。

由此群分伦理范畴，方聚为整体性的类的伦理范畴系统，这种系统的思维形式，彰显了中华伦理范畴的思维整体性。

(三) 伦理范畴的形态动静性

如果说中华伦理范畴的逻辑结构性，揭示了伦理范畴之间的关系、性质及其逻辑次序、结构方式，直面逻辑意蕴；伦理范畴的思维整体性，呈现伦理范畴内在与外在德目群以及其间的互相联系、渗透、会通、融突的形式，直面思维模式，那么，伦理范畴的形态动静性，是指伦理范畴一种存有的状态，它直面状态形式。

中华伦理范畴随着历史时代的发展，变动不居，为道屡迁，呈显为四种形态：动态形式，静态形式，内动外静形式，内静外动形式。

就"气"伦理范畴而言，殷商至春秋，气是云气、阴阳之气、冲气，具有自然性，伦理性缺失。因而许慎《说文解字》释为："气，云气也，象形。"云气之形较云轻微，其流动如野马流水，多层重叠。甲骨文气亦可训为乞求、迄至、终迄等意思。气后来作氣，《说文》释："氣，馈客刍米也，从米气声。"馈客刍米，是天子待诸侯之礼。《左传》认为气导致其他事物的变化，分为阴、阳、风、雨、晦、明六气，过了便生寒、热、末、腹、惑、心疾病，以六气解释自然、社会、人生各种现象产生的原因，从中寻求其间联系的秩序，避免失序。《国语》认为阴阳二气失序，就会发生地震等灾异，乃至亡国。战国时，气由自然性向伦理性转变，如果说儒家孔子以气为血气、气息的话，那么，孟子提出"浩然之气"，它与"义"、"道"相配合，它集义所生，具有伦理道德意蕴，主体通过"善养"的道德修养，来充实扩充，以塞于天地之间。它既是动态形成，亦是内动外动形式。

秦汉时期,《黄帝内经》、《淮南子》、扬雄、张衡、王充等继承先秦气的自然性,而发为元气、精气,探索阴阳调和的原理,基本属内静外动形式。《淮南子》认为阴阳、天地及人的形、气、神的合和协调是万物和人发展变化的原因。"执中含和"是社会稳定、人民和谐的原则。董仲舒认为气既具有自然性,亦具有情感性、道德性,"阴阳之气,在上天,亦在人。在人者为好恶喜怒,在天者为暖清寒暑。"① 从人体结构看,腰之上下分阳阴;从伦理精神言,阳气"博爱而容众",阴气"立严而成功"。"君臣、父子、夫妇之义,皆取诸阴阳之道。"② 其间虽有阳贵阴贱、阳尊阴卑之别,但最终要达到阴阳"中和"的境界。"中和"是天地间终极的伦理精神。扬雄认为人性善恶混,修善为善人,修恶为恶人,"气也者,所以适善恶之马也与?"③ 去恶从善,要依阴阳之气的变化而修身养性。

魏晋南北朝时期,气继续沿着自然性和伦理性演化外,由于受玄学、佛教、道教的横向影响,气的涵义向生命本原、物的实质、行气养生、道德修养乃至入禅工夫开展。隋唐时,佛道日盛,儒教渐衰。然而从王通到韩愈、柳宗元、刘禹锡,他们把气纳入伦理道德领域,凸显"和气"、"灵气"、"正气"、刚健纯粹之气的伦理精神。

宋元明时,是中国学术思想的"造极期"。理既是天地万物的终极根据,又是人类社会的终极伦理。程(颐)朱(熹)虽以理先气后,但气是理的挂搭处、安顿处。二程(程颢、程颐)认为,气有清浊、善恶、纯繁之分,"唯人气最清",但人的气

---

① 《如天之为》,《春秋繁露义证》卷十七,中华书局1992年版,第463页。
② 《基义》,《春秋繁露义证》卷十二,中华书局1992年版,第350页。
③ 《修身》,《法言义疏》五,中华书局1987年版,第85页。

质有柔刚。由于"气有善、不善"①。不善的就是恶气。人的道德品质的善恶便来源于气禀,禀得至清之气为圣人,禀得至浊之气为愚人。但人可以通过学习,改变气质,复性为善。朱熹绍承二程,认为阴阳之气,变化无穷,其动静、屈伸、往来、升降、浮沉之性未尝一日相无。气蕴含著清浊、昏明、纯驳的成分,禀清明之气而无物欲之累为圣人,禀清明之气而未纯全而微有物欲之累为贤人,禀昏浊之气而又为物欲所蔽为愚、为不肖。圣贤愚之分决定于禀气不同,人之伦理精神、道德行为规范亦来自先验的禀气。元代许衡学本程朱,他认为阴阳之气表现为五行之气,体现天地之德,五行之性。天地阴阳五行之气有仁义礼智信五德、五性,人相应地有五德和君臣、父子、夫妇、长幼、朋友五伦:仁是温和慈爱,义是决断合宜,礼是敬重为长,智是分辨是非,信是诚实无欺。人的伦理道德品格来自气禀。吴澄学本程朱,他认为人因阴阳五行之气而有形,形之中具有"阴阳五行之理,以为健顺五常之性"(《答田副使二书》,《吴文正公集》)。五常指仁义礼智信道德规范,以及君臣、父子、兄弟、夫妇、朋友五行之理。五常中仁、礼为健、为阳,义、智为顺、为阴,信兼两者之性。五行之理中君、父、兄、夫为尊、为阳,臣、子、弟、妇为卑、为阴,朋友兼两者之理。以阴阳五行之气探究五常五伦道德精神及其行为规范。

明清时,程朱道学来自心学和气学两方面的挑战。湛若水批评朱熹把道心与人心二分的观点,认为"人心道心,只是一心",那种把道心说成出乎天理之正,人心出乎形气之私是不对的。论心,是就心与气不离而言,道心是指形气之心得其正而已,不是别有一心。王守仁集两宋以来心学之大成,以"良知"为心之本体,以心的良知论气,认为"元

---

① 《河南程氏遗书》卷二十一下,中华书局1981年版,第274页。

气、元精、元神"三位一体，构成气为良知流行动静的思想，良知是一种伦理精神和道德意识，良知只是一种未发之中的状态，静而生阴，动而生阳，阴阳一气也，动静一理也，良知蕴含动静阴阳，元气作为良知的流行，或为善，或为恶，受志的制约，志立气和，养育灵明之气，去昏浊习气，便能神气清明，心与万物同体，良知湛然灵觉，而达仁人圣人道德终极价值境界。

王廷相继承张载"太虚即气"的思想，批评程朱理本论。他认为气为造化的宗枢，气有阴阳动静，它是万物的根源，有气有天地，有天地而有夫妇、父子、君臣，然后才有名教道德的建立。吴廷翰批评程朱陆王，认为人为气化所生，气凝为体质为人形，凝为条理为人性，"性之为气，则仁义礼知之灵觉精纯者是已"①。仁义礼智的灵觉既是阴阳之气，亦是道德精神，所以他说："天为阴阳，则地为柔刚，人为仁义，本一气也。"②天地人三才为气，阴阳、柔刚、仁义本于气。王夫之集气学之大成，"理即是气之理，气当得如此便是理，理不先而气不后，天之道惟其气之善，是以理之善"③。气是根源范畴，源枯河干，无气即无心性天理。阴阳浑合、交感，合为一气，气有动静，动静为气之几，方动而静，方静而动，静者静动，非不动。气处于变化日新之中，"气日新，故性亦日新"④。气规定着人性的善恶价值。人性即气质之性，气是人的生命之源，质是气在人身的凝结，气无不善，性无不善；质有清浊厚薄不同，所以有性善与不

---

① 《吉斋漫录》卷上，《吴廷翰集》，中华书局1984年版，第24页。
② 同上书，第17页。
③ 《读四书大全说》卷十，《船山全书》第六册，岳麓书社1991年版，第1052页。
④ 《读四书大全说》卷七，《船山全书》第六册，岳麓书社1991年版，第860页。

善之别。王夫之以气为核心,诠释人性的伦理道德之理。戴震接着王夫之讲:"气化流行,生生不息,仁也。"① 气化生人物以后,而各有其性,并有偏全、厚薄、清浊、昏明之别,气是人性的来源和根据,有仁的伦理精神,便互涵为义、礼、智、诚伦理道德和行为规范。这便是戴震所说的以"理言"与以"德言",前者指仁义礼之仁,后者指智仁勇之仁,其实为一。

中华伦理范畴是动中有静,静中有动,动为静动,静为动静,动静互涵、互渗、互补、互济,而使中华伦理范畴结构、内涵、形态通达完满境界。

(四) 伦理范畴历时同时的融合性

中华伦理范畴的形态动静性,侧重于范畴历时态的演化,其纵观与横观、历时态与同时态是互相融合、互相促进,而达相得益彰的状态。伦理各范畴之间上下左右、纵横异同,错综复杂,构成一网状形态,网上的每个纽结,都是上下左右的凝聚点、联络点、驿站,再由此凝聚点、联络点、驿站向四周辐射、扩散,构成一畅通无阻、四通八达的范畴逻辑之网。从这个意义上说,伦理范畴是人们对于宇宙、社会、人际、心灵之间关系长期生命体认的结晶,是对于个人、家庭、国家、民族之间关系深沉智慧洞见的提升。

每个伦理范畴的形态动静运动,都处于历时态和同时态之中。历时态和同时态可以养育、发展、丰富伦理范畴,也可以使其破坏、废弃、断裂。因而协调、融突好伦理与政治、经济、文化的关系,理性地调整、平衡好伦理范畴之网各方面关系,是使伦理范畴在历时和同时态中不遭破坏、废弃、断裂的措施。在这里,协调、融突、调整、平衡、蕴含价值观念、思维方法,由于

---

① 《仁义礼智》,《孟子字义疏证》卷下,中华书局1961年版,第48页。

价值观念和思维方法的偏激,亦会造成伦理道德范畴被批判、扔掉、打倒,导致中华伦理精神伦丧、行为规范迷失,乃至人们手足无所措,礼仪之邦而无礼仪的状况。

礼作为伦理范畴,是在历时性和同时性中得以体现的,礼的起源,历来众说纷纭:一是事神致福说。许慎《说文解字》:"礼,履也,所以事神致福也。"《礼记·礼运》认为礼之初是致其敬于鬼神,王国维诠释为"奉神之酒醴谓之醴","奉神人之事通谓之礼"①。礼是奉神致福的祭祀行为,祭祀鬼神的仪式,有一定礼仪之规,后便约定俗成为礼。二是礼尚往来说。《礼记·曲礼》:"礼尚往来,往而不来非礼也,来而不往亦非礼也。人有礼则安,无礼则危。"② 礼尚往来包含"礼物"和"礼仪"两个层面,礼物往来是物品交易活动,礼仪是交往规范。三是周公制礼作乐说。孔子说,殷因于夏礼,周因于殷礼,可见夏商已有其礼,周公在损益夏商之礼后而作周礼。四是礼皆出于性。栗谷(李珥)在《圣学辑要》中引周行已的话:"礼经三百,威仪三千,皆出于性。"③ 礼出于本真的人性,而非出于伪装饰情或礼品交换行为。礼在历时性和同时性中都有不同的体认,但一般都把它作为礼仪行为规范。

孔子处"礼崩乐坏"的时代,礼仪行为规范遭严重破坏,不仅礼乐征伐自诸侯出,而且子弑父、弟弑兄等违礼的行为层出不穷,致使孔子是可忍,孰不可忍!在这个同时态中,本来作为"天之经也,地之义也,民之行也","上下之纪,天地之经纬

---

① 王国维:《释礼》,《观堂集林》卷六,《王国维遗书》(一),上海古籍书店1983年版,第15页。
② 《曲礼上》,《礼记正义》卷一,中华书局1980年版,第1231—1232页。
③ 《圣学辑要》(二),《栗谷全书》(一)卷二十,韩国成均馆大学校大东文化研究院1985年版,第442页。

也，民之所以生也"的礼，已与揖让、周旋之礼有别。前者已超越礼的形式，即仪的揖让、周旋的层次，而提升为天经地义、民之所以生的形而上的终极层次，赋予礼以终极价值。孔子是在这样的时态中，体认礼的价值，呼喊不可"违礼"。然而，礼作为"国之干"也好，"身之干"也好，"所以正民"也好，都是主体人外在的东西，是以外在的力量规定礼的性质、作用、功能，以及主体人应如何的行为规范，并非出于主体人自身的自觉。为了使外在的礼的行为规范成为主体人的自觉的行为活动，必须获得内在伦理精神、道德意识的支撑，于是孔子援入仁的伦理道德范畴，并以仁为礼的本质的体现。"子曰：'人而不仁，如礼何？'"[1] 无仁，如何来对待礼仪制度，这是化解外在违礼行为与内在道德意识分裂、紧张的一种选择，只有把道德意识与行为规范、内与外、仁与礼融合起来，置于同时态的状态中，礼才能转化为一种主体自觉的道德行为。孔子说："克己复礼为仁，一日克己复礼，天下归仁焉。为仁由己，而由人乎哉？"[2] 一切违礼的行为都出于某种私利、权力、功利的欲望，克制自己的欲望，使自己的行为自觉地符合礼，凡非礼的都不去视听言动，就是仁，这样仁与礼圆融。既然实践仁的道德全凭自己的自觉，那么，实践礼的道德规范也出于自己的自觉。这样，外在礼的他律性同时也具有了内在的道德自律性。

仁与礼在同时态的互渗、互补中，又在历时态的演变中，获得了丰富和发展。孟子绍承孔子，他把仁义礼智都纳入伦理精神、道德意识中。他认为"人皆有不忍人之心"，所谓不忍人之心是指人人皆有怵惕恻隐的心。由此看来如果一个人没有恻隐心、羞恶心、辞让心、是非心，简直就不像个人，"恻隐

---

[1] 《八佾》，《论语集注》卷二，世界书局1936年版，第9页。
[2] 《颜渊》，《论语集注》卷六，第49页。

之心,仁之端也;羞恶之心,义之端也;辞让之心,礼之端也;是非之心,智之端也"①。礼作为辞让之心,是人作为一个人所不能欠缺的,否则就是"非人也",这就是说,礼的伦理精神是"人皆有"的道德心,是人性所本有的。礼的辞让之心的自然流出,即是主体道德心自觉又自然的表现。这样孔子的"仁者爱人"和孟子的"人皆有不忍人之心",在"礼崩乐坏"、天下无道的情境下,为"复礼"的合法性、合理性作了理论的诠释。

如果说孟子从人性善的价值观出发,导向内律与外律、仁与礼的圆融,那么,荀子从人性恶的价值观出发,导向外律的礼与法的圆融。这种圆融,孟子实以仁节礼,仁体礼用;荀子援法入儒,以儒为宗,以礼统法。荀子认为礼有五方面的性质和功能:(1)作为行为规范而言,礼是衡量人之好坏的标准,国家有道无道的尺度,治国的规矩。他说:"礼者,人主之所以为群臣寸、尺、寻、丈检式也。"②"礼之所以正国也,譬之犹衡之于轻重,犹绳墨之于曲直也,犹规矩之于方圆也,既错之而人莫之能诬也。"③"隆礼贵义者其国治,简礼贱义者其国乱。"④ 这是国家强弱的根本;从这个意义上说,礼是政事的指导,是处理国政的指导原则:"礼者,政之挽也。为政不以礼,政不行矣。"⑤(2)作为伦理道德而言,礼体现了伦理精神和道德行为。"礼也者,贵者敬焉,老者孝焉,长者弟焉,幼者慈焉,贱者惠焉。"⑥在人伦关系上,对贵、老、长、幼、贱者,要尊敬、孝顺、敬

---

① 《公孙丑上》,《孟子集注》卷三,世界书局1936年版,第25页。
② 《儒效》,《荀子新注》,第111页。
③ 《王霸》,《荀子新注》,第171页。
④ 《议岳》,《荀子新注》,第233页。
⑤ 《大略》,《荀子新注》,第445页。
⑥ 同上书,第442页。

爱、慈爱、恩惠,体现了忠孝仁义的道德原则,并使之定位,"礼以定伦"①,即指君臣、父子、兄弟、夫妇之伦,都能遵守符合其伦的道德规范;(3)作为礼的性质来看,"礼有三本,天地者,生之本也。先祖者,类之本也。君师者,治之本也。"② 三者是生存、人类、治国的根本。礼有三本而有分与别,"辨莫大于分,分莫大于礼,礼莫大于圣王"③。人与人之间的分别,最重要的是礼,即等级名分。"礼也者,理之不可易者也。乐合同,礼别异。"④ 礼体现着贵贱上下的等级差分,这是其不可改变的原则。这个不可易者,便是终极之道。"礼者,人道之极也。"⑤ (4)作为可操作的礼仪制度,包括婚、葬、祭等各种礼仪,如"亲近之礼",男子亲自到女方迎娶的礼节。"丧礼者,以生者饰死者也。"⑥ 但"五十不成丧,七十唯衰存"⑦。(5)作为礼与法的关系来看,"礼义生而制法度"⑧。"明礼义以化之,起法正以治之。"⑨ 以礼义变化本性的恶,兴起人为的善,并以法度来治理。治国的根本原则,在礼与法,"明德慎罚,国家既治四海平"⑩。礼法兼施,"隆礼尊贤而王,重法爱民而霸"⑪。前者可以称王于天下,后者可以称霸于诸侯。这种礼法融合的礼治模式,开出汉代"霸王道杂之"的"汉家制度",凸显了中华

---

① 《致士》,《荀子新注》,第226页。
② 《礼论》,《荀子新注》,第310页。
③ 《非相》,《荀子新注》,第56页。
④ 《乐论》,《荀子新注》,第338页。
⑤ 《礼论》,《荀子新注》,第314页。
⑥ 同上书,第322页。
⑦ 《大略》,《荀子新注》,第442页。
⑧ 《性恶》,《荀子新注》,第393页。
⑨ 《性恶》,《荀子新注》,第395页。
⑩ 《成相》,《荀子新注》,第416页。
⑪ 《天论》,《荀子新注》,第277页。

伦理范畴历时态与同时态的融合性。

(五) 伦理范畴的内涵生生性

中华伦理范畴大化流行，生生不息。"天地之大德曰生"，"生生之谓易"。天地间最根本、最伟大的德性，就是生生。生生是为变易，生生的变易是新事物、新生命不断的化生。换言之，即是中华伦理新范畴的化生和范畴新内涵的开出。

从孔子"仁"的伦理范畴新内涵的开出表层结构的具体意义，深层结构的义理意义及整体结构的真实意义来看仁内涵的生生性。就表层结构而言，仁是爱人，《论语》"爱人"三见，讲治国要爱护百姓，君子学道则爱人，其基本语义是人与人之间关系的一种行为规范或道德标准。进而如何实践"仁者爱人"，孔子要求从自己做起，"为仁由己"，从正面说自己"欲立"、"欲达"，也使别人"立"和"达"；从负面说，"己所不欲，勿施于人"。"己欲"与"己所不欲"，"立人达人"与"勿施于人"，从正负两个方面说明实践"仁者爱人"的要求。

"为仁由己"，要求每个人要"克己"，即约束自己，使自己的视听言动合乎礼，这便是仁，如何进行仁的道德修养？从正面说"刚毅木讷近仁"①，是正面的应然价值判断，从负面说"巧言令色，鲜矣仁"②，这是负面的不应然价值判断。由自己的道德修养"仁"，推致家庭的父子、兄弟、夫妇之间，便是"孝弟也者，其为仁之本与"③，再由家庭推致天下，"能行五者于天下为仁矣"④。此五者便是指恭、宽、信、敏、惠。构成了从约束自我—家庭—社会—天下的道德行为规范。仁便从内在的道德意

---

① 《子路》，《论语集注》卷七，世界书局1936年版，第58页。
② 《学而》，《论语集注》卷一，第1页。
③ 同上。
④ 《阳货》，《论语集注》卷九，第74页。

识和伦理精神转化为伦理道德行为规范，这是一个从内到外的化生过程。

"仁"从表层结构的具体意义而开出深层结构的义理意义，是把孔子仁的伦理精神和行为规范从句法和语义层面超越出来，置于宏观的时代思潮之中，来透视微观伦理范畴义理。仁是孔子思想的核心范畴，它与各伦理范畴联结，由各纽结而构成网状形式，抓住网上的纲领，便可把孔子思想提摄起来，也可以进一步体认仁的伦理价值。譬如说仁与礼融合渗透，礼的尚别尊分、亲亲贵贵的意蕴作用于仁，使仁在处理人与人之间关系，便不能普遍地、无差等地贯彻"仁者爱人"的"泛爱众"的伦理精神，而受到墨子的批评。从范畴的联系中，反求伦理范畴的涵义，更能体贴伦理范畴真义。

从伦理范畴的网状结构贴近其真义，开展为从时代思潮的整体联系中体贴其意蕴，体现伦理范畴内涵的吐故纳新，新意蕴化生。譬如《国语》讲："杀身以成志，仁也。"[①] 孔子说："志士仁人，无求生以害仁，有杀身以成仁。"[②] 又《左传》僖公三十三年载："德以治民，君请用之；臣闻之：'出门如宾，承事如祭，仁之则也'。"[③] 孔子说："出门如见大宾，使民如承大祭。"[④] 再《国语》载："重耳告舅犯。舅犯曰：'不可，亡人无亲，信仁以为亲……'"[⑤] 孔子说："君子笃于亲，则民兴于仁。"[⑥] 由此可见，孔子"仁"的学说是与时代政治、经济、礼乐制度相联系，是当时一种社会思潮的呈现；是在"礼崩乐坏"

---

① 《晋语二》，《国语集解》卷八，中华书局2002年版，第280页。
② 《卫灵公》，《论语集注》卷八，世界书局1936年版，第66页。
③ 《春秋左传注》，中华书局1981年版，第1108页。
④ 《颜渊》，《论语集注》卷六，世界书局1936年版，第49页。
⑤ 《晋语二》，《国语集解》卷八，中华书局2002年版，第295页。
⑥ 《泰伯》，《论语集注》卷四，世界书局1936年版，第32页。

的冲突中，企图援仁复礼，重建伦理精神、礼乐制度的努力；孔子仁的义理智慧在时代的振荡中获得新生命。

"仁"再由深层结构的义理意义而开出整体结构的真实意义。"仁"作为伦理范畴，在与时偕行的大浪中，被冲刷、淘尽了一切外在的面具和装饰，而显露出真实的相貌。战国初，墨子从两个方面批评孔子"仁"的思想。《墨子·非儒下》载："儒者曰：'亲亲有术，尊贤有等，言亲疏尊卑之异也。'"[①]施仁有此异，则爱人有差等。结果是"各爱其家，不爱异家"，"各爱其国，不爱异国"。这种异，便是有别，别则"相恶"，故此，墨子主张"兼相爱"，"兼即仁矣，义矣"[②]。"别"与"兼"，为孔墨仁学之分。另墨子认为，儒者以古言古服合乎礼，然后仁。他主张"仁人之事者，必务求兴天下之利，除天下之害"[③]。礼之道义与兴利除害的功利之分。在这里，墨子所批评的是孔子仁的深层结构的义理意义，但从表层结构的具体意义来看，孔子的"泛爱从"与墨子的"兼相爱"并无语义上的差别。

孟子对墨子的批评提出反批评："杨氏为我，是无君也；墨氏兼爱，是无父也。无父无君，是禽兽也。"[④] 说明为什么爱有差等亲疏之别。荀子亦认为，"贵贱有等，则令行而不流；亲疏有分，则施行而不悖……故仁者仁此者也"[⑤]。批评墨子"有见于齐，无见于畸"[⑥] 之失。秦的速亡，仁的伦理精神获得了价值合理性的论证。两宋时，伦理精神和道德规范提升为道德形而上

[①]《晋语二》，《国语集解》卷八，中华书局2002年版，第295页。
[②]《兼爱下》，《墨子校注》卷四，中华书局1993年版，第178页。
[③]《非乐上》，《墨子校注》卷八，第379页。
[④]《滕文公下》，《孟子集注》卷六，世界书局1936年版，第48页。
[⑤]《君子》，《荀子新注》，中华书局1979年版，第408页。
[⑥]《天论》，《荀子新注》，第280页。

学，仁在生生不息中获得新义。理学的开山周敦颐说："天以阳生万物，以阴成万物。生，仁也；成，义也。"① 仁育万物，而有生意。程颢说："万物之生意最可观，此元者善之长也，斯所谓仁也。"② 仁所体现的万物生命的生意，是天地生生之理的所以然，于是他把仁放大，以体验仁者以天地万物为一体的境界。朱熹集周敦颐、张载、二程道学之大成，发为"仁也者，天地所以生物之心，而人物之所得以为心者也"③。如桃仁、杏仁，此仁即为桃、杏生命之源，亦是桃、杏之所以为桃、杏的根据。这种伦理范畴生生不息的新意，是伦理精神和道德价值合理性生命力的体现，是伦理范畴的内涵生生性呈现。

中华伦理范畴在和合学"竖观"、"横观"、"合观"的视野下，其逻辑的结构性、思维的整体性、形态的动静性、历时同时态的融合性、内涵的生生性都得到了充分的展示，中华民族伦理精神和道德行为规范的价值合理性也得到了完善的说明。《中华伦理范畴》丛书的出版，将为弘扬中华民族传统文化，实现中华民族伟大复兴作出贡献，这也是一项利在当代，功在后世的重大文化工程。

是为序。

2006 年 8 月 30 日
于中国人民大学孔子研究院

---

① 《顺化》，《周敦颐集》卷二，中华书局 1984 年版，第 22 页。
② 《河南程氏遗书》卷十一，《二程集》，中华书局 1981 年版，第 120 页。
③ 《克斋记》，《朱文公文集》卷七十七。

《中华伦理范畴》第二函前言

傅永聚　齐金江

中华文化是伦理型文化。以儒家伦理道德为显著特色的中华伦理是中华民族文化和精神的内核与载体，是中华民族五千年生生不息、绵延峥嵘的源头活水；在建设有中国特色的社会主义事业进程中，继承和弘扬中华民族优秀的伦理道德，是建设中华民族共有精神家园的重要切入点，是全面实现社会和谐的重要保障；从当代中华民族生存的国际环境看，中华伦理是东方文化和智慧的杰出代表，是在多元文化相互激荡、多元思想猛烈交锋的新的历史条件下，保持中华民族强大竞争力和凝聚力，促进中华民族和平发展，实现中华民族伟大复兴的强大思想武器和坚实基础。

一，以儒家伦理道德为显著特色的中华伦理是中华民族文化与精神的内核与载体，是中华民族五千年生生不息、绵延峥嵘的源头活水。

中国是世界文明古国之一，且是文明唯一不曾中断者。中华民族从诞生之日起就十分注重伦理道德建设，使民族文化具有伦理型的典型特征。先秦时期伟大的思想家老子、孔子、孟子、荀子等都曾为中华伦理的价值体系构建作出了重大贡献。尤其是孔子，其思想积极入世，以仁为核心，以和为贵，以礼为约束，以道德高尚的君子人格为楷模，其影响跨越时空，成为中华礼乐文化的重要根据、价值观念的是非标准和伦理道德的规范所在。孔子是当之无愧的中华文化符号，他的一系列思想构成中华文化的基本精神。汉代以来，孔子为代表的儒家思想成为中华主流文化，儒家的伦理道德遂成为中华民族传统文化的主干。中国统一稳定、疆域辽阔、经济发达、文明先进，曾领先世界文明两千年。中华影响远播海外。受中华伦理道德熏陶培育成长起来的政治家、文学家、军事家、思想家、教育家如群星璀璨，民族英雄凛然千古，成为炎黄子孙千秋万代的丰碑。只是在近代，由于资本主义和帝国主义列强的侵略，民族灾难深重，我们才暂时落伍了。19—20世纪中叶中华民族所受的苦难和耻辱，在世界民族史上是罕见的。但中华民族一直在反抗、在斗争。历经磨难而不亡，说明我们的民族有一种坚韧不拔、自强不息的精神。

人类历史的发展是不平衡的，跳跃性的，先进变落后，落后变先进也是一种历史规律。"雄鸡一唱天下白"。中国共产党领导新中国成立，中国人民站起来了！尤其是改革开放以来，在邓小平理论指引下中国发展迅速，综合国力增强，政治、经济地位发生了翻天覆地的变化，中国人民正在信心百倍地建设现代化社会主义。强大的政治、经济呼吁强大的文化，呼吁人的高尚道德的养成。通过弘扬中华民族优秀的伦理道德，提升国人素质，优化国人形象，确立优秀伦理道德在华人文化中的特色地位，可以得到不同文化背景、不同宗教信仰的群体的共同认可。这对于发扬光大中华文化、实现祖国统一大业、实现中华民族的伟大复兴都具有重要的现实意义和深远的历史意义。

二，在建设有中国特色的社会主义事业进程中，继承和弘扬中华民族优秀的伦理道德，是建设中华民族共有精神家园的重要切入点，是全面实现社会和谐的重要保障。

近代以来，中国饱受西方列强侵凌，经济落后，积贫积弱，传统文化一时成为替罪之羊。在全盘西化、民族虚无主义妖雾迷漫之时，嘲笑、批判、搞倒搞臭传统文化一度成为最革命、最时髦的心态。从盲目不加分析地打倒孔家店，到"文化大革命"破四旧、批林批孔，人们在干着挖掘自己民族文化之根的傻事。"文化大革命"过后，一代人的道德品质沦丧，几代人的道德品质受损，礼仪之邦一时间竟要从礼仪 ABC 起补课。尤其近几十年来，由于西方强势文化携其具有鲜明征服特色的价值观念不断有意识地涌入，中华民族传统的道德伦理受到猛烈的冲击，社会上下思想领域中普遍存在着信仰失范、价值观念扭曲、道德滑坡、精神迷惘和庸俗主义、世俗化盛行、拜金主义泛滥等一系列问题。对此，党和国家领导人一直给予高度重视，屡屡发出警语。

早在改革开放之初，邓小平同志就严厉地指出："一些青年男女盲目地羡慕资本主义国家，有些人在同外国人交往中甚至不顾自己的国格和人格，这种情况必须引起我们的认真注意。我们一定要教育好我们的后一代，一定要从各方面采取有效的措施，搞好我们的社会风气，打击那些严重败坏社会风气的恶劣行为"[①]；"如果中国不尊重自己，中国就站不住，国格没有了，关系太大了"[②]；"中国人要有自信心，自卑没有出路"[③]；他反复强调物质文明与精神文明一起抓，两手都要硬，否则，"风气如果坏下去，经济搞成功又有什么意义？"

江泽民同志十分重视用中华优秀传统道德伦理教育下一代，他说："在抓紧社会主义物质文明建设的同时，必须抓紧社会主义精神文明建设，坚决纠正一手硬、一手软的状况"[④]；"必须继承和发扬民族优秀文化传统而又充分体现社会主义时代精神，立

---

① 《邓小平文选》第 2 卷，第 177 页。
② 《邓小平文选》第 3 卷，第 332 页。
③ 同上书，第 326 页。
④ 《在党的十三届四中全会上的讲话》，载《江泽民文选》第 1 卷，第 61 页。

足本国而又充分吸收世界文化优秀成果,不允许搞民族虚无主义和全盘西化"[1];"任何情况下,都不能以牺牲精神文明为代价去换取经济的一时发展"[2];"保持和发扬自己民族的文化特色,才能真正立足于世界民族之林。我们能不能继承和发扬中华民族的优秀文化传统,吸收世界各国的优秀文化成果,建设有中国特色的社会主义文化,这是事关中华民族振兴的大问题,事关建设有中国特色社会主义事业取得全面胜利的大问题"[3]。

胡锦涛总书记更是从中华民族优秀传统文化中汲取营养,提出了科学发展观、以人为本、社会主义和谐社会建设的一系列重要理念,尤其是社会主义荣辱观的提出,在全社会和全体公民中引起强烈反响。以热爱祖国为荣,以危害祖国为耻;以服务人民为荣,以背离人民为耻;以崇尚科学为荣,以愚昧无知为耻;以辛勤劳动为荣,以好逸恶劳为耻;以团结互助为荣,以损人利己为耻;以诚实守信为荣,以见利忘义为耻;以遵纪守法为荣,以违法乱纪为耻;以艰苦奋斗为荣,以骄奢淫逸为耻。"八荣八耻"是中国传统文化价值的进一步发展,现实性和可操作性很强。对于全社会,特别是青少年思想道德教育意义重大。十七大正式提出了建设中华民族共有精神家园的宏伟历史任务,而中华优秀传统伦理道德就是我们的民族之根。

我在8年前写过一篇文章,名字叫"日积一善,渐成圣贤",这句话今天仍不过时。人的潜意识中亦即本性中总有为恶的一面。换句话说,人是既可以为恶也可以为善的。一个人一生当中,一点坏事也没有做过的,可以说没有;但所做的坏事好事

---

[1] 《当代中国共产党人的庄严使命》,载《江泽民文选》第1卷,第158页。
[2] 《正确处理社会主义现代化建设中若干重大关系》,载《江泽民文选》第1卷,第74页。
[3] 《宣传思想战线的主要任务》,载《江泽民文选》第1卷,第507页。

总有一个比例。就社会上的芸芸众生来说，完完全全的君子可能一个也找不到，但基本上属于君子的或基本上属于小人的有一个明显的界限。人生一世，所做的好事多，就基本上是个好人；而所做的恶事多，就基本上是个坏人。我们每人每天都在做事，为自己，为他人，为社会，为人类。在做每一件事情之前，你是怎么想的？是想做善事还是做恶事？是一种什么心态支配着你去做成善事或者是恶事，这就牵涉一个人的道德修养水平，牵涉人生观、价值观这个根本问题。法律是刚性的他律，舆论监督是柔性的他律，而道德修养属于自律。具体到每一个人，自律永远是道德修养的基础，也是他律的基础。自律受法律的威慑，但更重要的是内里自觉修养的功夫。因此，儒家伦理所揭示的仁义礼智、忠孝廉耻、和合勇毅等一整套人之为人的大道理就成为流传千古的向善弃恶的道德规范。日积一善，慢慢接近于道德高尚的境界；日为一恶，就会不断向小人的队伍靠拢。诚然，让每个人都成为君子是不现实的；但是，通过优秀伦理文化的教育和普及，不断提高绝大多数人的"君子化"水平则是可能的，也是现实的。季羡林先生说过一句非常中肯的话："能为国家、为人民、为他人着想而遏制自己本性的，就是有道德的人。能够百分之六十为他人着想百分之四十为自己着想，就是一个及格的好人。"①语重心长，应该引起人们的深思。

　　三，从当代中华民族生存的国际环境看，中华伦理是东方文化和智慧的杰出代表，是在多元文化相互激荡、多元思想猛烈交锋的新的历史条件下，保持中华民族强大竞争力和凝聚力、促进中华民族和平发展、实现中华民族伟大复兴的强大思想武器和坚实基础。

　　当今世界，既有多元化、多极化的客观需求，又有强权独

---

① 季羡林：《季羡林谈人生》，当代中国出版社2006年版，第6页。

霸、政治高压、经济封锁和文化扩张的客观现实。这就是中华民族走向现代化所面临的国际生存环境。你必须强大，可人家不愿看到你强大，而压制你强大的武器不仅有政治的、经济的，更有文化的、思想的。在这种环境下，民族精神、民族文化越来越成为一个民族赖以生存和发展的精神支柱。精神颓废、委靡不振的民族必然失去其自主、独立、生存的资格，必然走向衰亡。儒家思想在其2500年的发展中，孕育了中华民族精神，担当了建构民族主题精神的重任，它以和合发展、生生不息的生命与生存智慧维系着中华民族的绵延和发展，影响着东方文化体系的形成壮大，成为东方文化智慧的杰出代表。这是其他三大文明古国的精神传统所不能比拟的。孔子与穆罕默德、耶稣和释迦牟尼一起被称为缔造世界文化的"四圣哲"和世界名人之首。孔子既属于中国，也属于世界，他的思想既是历史的又是跨时代的。在多元文化并行，多种思想激烈交锋的时代背景下，儒家文化就是中华民族的声音，就是文化对话的资格。在文化传播的态度上，既要主张"拿来主义"，又要力行"送去主义"，现在我们国家设立在世界上的250多所孔子学院，就是主动送出去的例证。当然，孔子学院主要发挥的是语言传播的功能，今后应加强孔子思想传播的内容。因为思想传播比语言传播更为深邃。

中华传统伦理思想内涵丰富，包罗万象。我们对前人的研究进行了系统的反思和归纳，将其总结为64个德目，即仁、爱、忠、恕、礼、义、廉、耻、中、信、和、合、诚、德、孝、悌、勤、俭、修、志、圣、公、洁、贞、庄、正、平、温、友、强、容、智、道、顺、良、格、博、节、健、实、恒、明、忧、廉、行、美、刚、气、善、勇、敬、慈、敏、惠、乐、毅、省、新、恭、直、慎、雅、理、利（见《联合日报》2006年8月10日第3版）。首批选取了仁、和、信、孝、廉、耻、义、善、慈、俭等10个德目进行研究，已由中国社会科学出版社于2006年12

月出版发行。

　　《中华伦理范畴》第一函甫出，学术界给予了鼎力支持和高度评价。著名国学大师季羡林先生在301医院抱病亲笔为之题词：中华伦理，源远流长；东方智慧，泽被万方；并委托秘书打电话给总编，说"感谢你们为中华民族文化复兴事业做了一件大好事"。中国人民大学著名学者张立文先生冒着酷暑、挥汗如雨，一气呵成洋洋两万多字的长文，称"《中华伦理范畴》丛书从中华民族传统伦理道德中撷取六十多个重要德目，并对每个德目自甲骨文以至现代，进行全面系统研究，以凸显集文本之梳理，明演变之理路，辨现代之意义，立撰者之诠释的价值，撰写者探赜索隐，钩沉致远，编纂者孜孜矻矻，兀兀穷年"；"这是一项利在当代、功在后世的文化工程，将对进一步证实中华伦理精神的价值合理性产生深远的影响，并对弘扬中华民族传统文化，实现中华民族伟大复兴作出应有的贡献"。原中共中央政治局委员、国务院副总理谷牧、姜春云和原国务委员王丙乾纷纷致函祝贺，认为"《中华伦理范畴》丛书的出版发行，对于弘扬中华民族精神，提高民族人文素质，全面翔实地展现中华民族的优秀传统伦理道德，积极推进社会主义道德建设具有重要的现实意义"。国际儒联主席叶选平先生慨然为丛书题写了书名。台湾著名学者刘又铭、张丽珠、郭梨华等在《光明日报》上撰写文章，认为："中华传统伦理文化源远流长，《中华伦理范畴》丛书对六十多个范畴进行系统的梳理和研究，气势磅礴，意义深远实乃填补学界空白之作"；"《中华伦理范畴》丛书的第一函出版发行，令人鼓舞"；"《中华伦理范畴》付梓印行，实乃学界盛事，作者打通中西之隔，超越唯物论与唯心论之争，高屋建瓴，条分缕析，用力之勤，令人感佩"。主流媒体分别以《海峡两岸学者笔谈中华伦理范畴》、《人能弘道、非道弘人》、《弘儒学之道、为生民立命》和《人文学者为生民立命的人间情怀》等为题发表了评论。《中华伦理范畴》丛书已经先后获得济宁市2007年社会科学优秀成果一等奖；山东省高校2007年社会科学优秀成果一等奖和山东省2008年哲学社会科学优秀成果一等奖。所有这些荣誉都给我们这个学术团队的辛勤劳动以充分肯定，也坚定了我们迅速编撰第二函的决心。我们接着精选了节、智、明、谦、美、正、中、乐、公等9个基本范畴，按照第一函的体例，对这9个伦理范畴的含义、实质及在历史上的发生、演变进行了系统的介绍、阐述和论证，力求完整地呈现出它们本来的面目、意义和社会价值。

——关于"节"。节可称为节操，包含气节和操守两个方面的内容。在《易·序卦》中，"其于木也，为坚多节"。可见节对于良木的重要作用，它可以连接并加固植物的各个部分，使植物变得更加坚韧，而不易弯曲、折断。由于节的特殊地位，"节"通常用来形容人坚韧不拔、高风亮节、不屈不挠的高贵品格。左思《咏史》中"功成耻受赏，高节卓不群"就反映了人心不为名利、爵位所动的精神品质和道德修养。高尚的节操被历朝历代所肯定和赞赏，载入史册，流芳百世。节操与仁义、信义、忠义、廉耻等伦理概念紧密联系在一起，它们之间的内涵相互渗透、相互补充，为"节"的内容注入了丰富而新鲜的血液和生机。节操作为一种思想观念，在秦统一以后才逐步显现，先秦时期那些为国君、宗族效命的思想如殉君、死节、侠义等意识逐渐扩大为民族主义、爱国主义以及遵纪守法等思想，气节、节操与坚持正义、英勇不屈、洁身自好、品行端正等优秀品格联系在一起。在儒学成为中国主流文化后，在其日益影响下，节操观念不断发展和修缮，成为中华传统伦理范畴之一。节操的思想自古有之，考诸历史典籍，孔子、孟子等先期儒学大师未明确提出"节"的概念，直到北宋时期，程颐开始提出"节"，并对"节"从贞节的角度进行阐述，指出"饿死事小，失节事大"，其中的"节"就包含了人诸多的道德层面。历经宋元理学家的提倡和赞颂，明清时期的贞节观念逐步浓厚，贞节观成为束缚古代妇女自由的枷锁和镣铐，影响深远。各类古籍直接论述气节、操守的相对较少，只散见于典籍中的一些名人笔记，例如苏武："屈节辱命，虽生，何面目以归汉"①；颜真卿："吾守吾节，死而后已"②；韩愈："士穷乃见节义"③；刘禹锡："烈士之所以异于恒人，以其仗节以死谊也"④；苏轼："豪杰之士，必有过人之节"⑤；欧阳修："廉耻，士君子之大节"⑥；文天祥："时穷节乃见，一一垂丹青"⑦。节操包含仁、义、忠、信、廉、耻等诸多内容，它是一个综合性很强的范畴，不成一个完备的系统。概括来讲，节操观念是具有仁、义、忠、信、廉、耻等内容的儒家伦理范畴，它形成于先秦秦汉时期，贯穿于整个中国传统社会，无论治世还是乱世，它拥有强大的张力和表现力，凝聚着中华民族思想文化的精华，涵盖了传统文化最有价值的核心范畴。节操在中国古代法律伦理化的过程中，被吸收融入许多法律规定中，如有人叛国投敌，亲属要受到惩处；贪赃枉法，最高可处以死刑。在传统中国，利用伦理道德约束的氛围和有关法律规定，使人们自觉或不自觉地受到节操观念的影响，保持高尚的气节操守受世人仰慕、失节则受万世万代唾弃的思想深入人们的心灵之中，士大夫对自己的气节与名节尤为爱惜，看得宝贵，认为此"节"关乎当下和身后名，把它看得比性命还要重要。节操观念在现代

---

① 《汉书·苏建传附苏武传》。
② 《旧唐书·颜真卿传》。
③ 《柳子厚墓志铭》。
④ 《上杜司徒书》。
⑤ 《留侯论》。
⑥ 《廉耻说》。
⑦ 《正气歌》。

社会可以发挥它道德约束的巨大作用。在社会舆论方面,坚持爱国主义、民族气节、廉洁奉公可敬,让人人都认同缺乏职业道德、丧失气节可耻,并由此形成浓厚的社会氛围,不仅中国要建设法治化社会,也要以德治为补充和依托,弘扬高尚的道德操守、民族气节与高度的社会责任感。

——关于"智"。其基本的含义是智慧、聪明。《说文》云:"智,识词也。从白,从亏,从知。"《释名》曰:"智,知也,无所不知也。"仁、义、礼、智、信是儒家伦理学说的重要内容,孔子说:"仁者安仁,知者利仁。"子贡说:"学不厌,智也;教不悔,仁也。"《孙子兵法》云:"将言,智、信、仁、勇、严也。"孟子说:"是非之心,智也。"智是社会生产力不断发展的产物,智包含人对是非对错的分辨能力,战争中所表现出的机智和谋略,也是智的一种,智也是"知",知识之意。《论语·子罕》曰:"智者不惑,仁者不忧,勇者不惧。"孟子认为"仁义礼智根于心"。智与仁义、诚信、勇、勤等概念和范畴紧密联系,儒、道、法、兵、名、墨家都在不同程度上分别论述了"智"的内涵和外延。《中庸》云:"好学近乎知(智),力行近乎仁,知耻近乎勇。"认为智、仁、勇是"天下之达德"。在中国古代的兵法中,"智"占据了重要的内容,智对战争的胜负起了决定性作用,"兵不厌诈"与指挥者的智慧是分不开的,兵道即诡道,更充分说明了智的变化性对指导战争的积极作用。战时要把握战争的规律,创造有利于己方的作战阵容,即时掌控敌方的兵事变更,争取战斗的主动权。春秋战国是百家争鸣、众家之智角逐历史舞台的重要时期,从那时起,中国的智谋文化开始萌动,并逐渐成长和发展,智观念的形成与发展,推动了我国思想文化的发展与繁荣,奠定了古代科技的良好基础,对当时社会改革的深入与进步起到了有效且有力的作用。战国时期,养士风气日浓,出现了许多著名的有识之士和纵横家,如惠施、苏秦等。

汉代崇尚智的学者如司马迁、刘向等，他们在书中褒扬了许多智慧之士，三国时期的诸葛亮与周瑜是智慧的使者与化身，明清是充满智慧的时代，当时的文人学者、贤哲仁人、能工巧匠不绝于世，出现了《益智编》、《智品》、《经世奇谋》、《智囊》四大智书，《智囊自叙》认为："人有智犹地有水，地无水则为焦土，人无智则为行只。智用于人，犹水行于地，地势坳则水满之，人事坳则智满之。"到了近代，有识之士为开发民智进行了艰苦卓绝的努力和改革，严复认为鼓民力、开民智、新民德三者为自强之道。维新派与洋务派不断认识到开民智的重要意义，加强学校的教育。新文化运动的倡导者与共产党人更是在开发民智，提高国民文化素质上作出了努力和改革。智对于现代社会的意义不言而喻，人类的智慧在社会生产力的发展中起到了重要作用，智在现代人际交往、现代商战、现代法制建设等诸多方面有其独特的地位和意义。智不是孤立的世界，现代的智要与普遍的社会道德、仁义联系起来，才能发挥它积极的作用，创造出更多的社会价值。

——关于"明"。"明"，由日月二字组成。《易·系辞下》云："日往则月来，月往则日来，日月相推而明生焉。""明"，就是在日月的照耀下，世界一片光明的意思。古人把清楚明白的事物称为"明"，把显著的、一目了然的事物称为"明"，把站高看远之人称为"明"。《尚书·太甲》云："视远惟明。"人们把看透事物的本质称为"明察秋毫"，把能够认识事物本质的人称为"贤明"，或尊称为"明公"，把能够勤于国务、明辨是非的帝王称为"明君"。"明"在社会生活中的引申义就是说，所有的人和事物，都在日月的照耀下，明明白白，一目了然。它是儒家伦理学说的重要内容，是几千年来中国人民的渴望和追求。儒家学说对"明"有深刻的理解和认识，自儒家学说的先驱周公至明清儒家学者，都对"明"做了阐释。儒家的经典《尚书》

中记载了"明德慎罚"、"明四目、达四聪"、"视远惟明"、"圣人不以独见为明"等观念,孔子则提出"举直错诸枉,则民服;举枉错诸直,则民不服",汉代董仲舒,宋代的二程、朱熹,明代的王阳明皆在先秦儒家"明"观念的基础上,对"明"进一步阐述,但总的说来,是希望国家政务都处在光明正大之中。"明"既包括"明德"、"明君",也包括吏治清明、军纪严明等。"明德"就是要修己、正己,"明君"就是要明察狱讼。"明"体现在国家官员的任用方面,就是必须要任人唯贤,以保证吏治的清明。吏治清明、择贤而任,是儒学的重要内容。军纪严明也是古代"明"观念的重要内容,中国最早的兵书《司马法》提出,军中号令要严明,长官要有仁爱之心的兵学原则。《孙子兵法》更是强调了军纪严明的主张。到了近代,当西方资本主义列强用洋枪大炮轰开古老中国的大门时,一部分先知先觉的中国人开始清醒,他们意识到:中国要想富强,必须走西方之路。林则徐、龚自珍、魏源等提出"明耻"观念,康、梁变法提出"君主立宪"的主张,这都体现出近代中国知识分子的"明"的思想,但并未提出以民主制代替专制的主张。中国资产阶级革命运动兴起后,主张以暴力推翻专制,孙中山先生更是提出了"天下为公"、"主权在民"的思想。革命党人的"公理之未明,以革命明之"的理论对几千年封建专制统治下的中国是空前的,想通过"主权在民"实现政府的廉明、官吏的清明、财政的透明,这与封建社会的"明君"、"明臣"是完全不同的概念,他们代表了近代先进中国人的"明"的思想。现代中国在改革开放的大背景下,更需要"明"的观念。特别是对于权钱交易、暗箱操作、"官本位"等社会不良风气的抵制,更是需要树立"明"的观念和"明"的行为,呼唤"明"的思想和作风,这才是建立现代文明社会的途径。

——关于"谦"。其基本的含义是谦让。谦让之德是一种道德自律，是处世原则的重要部分。它要求人们在道德标准上严于律己，宽以待人；在人际交往中要尊重他人，要有卑己尊人的态度和行为。谦让之德不仅是儒家伦理范畴的组成部分，也是中华民族璀璨的传统文化特征之一。《周易·谦卦》以卑释谦："谦谦君子，卑以自牧也。"朱熹释之："大抵人多见得在己则高，在人则卑。谦则抑己之高而卑以下人，便是平也。"[1] 由此可见，谦让可以理解为较低并谦虚地评价自己，同时对别人的心理和行为要较高地看待。《尚书·大禹谟》中说："满招损，谦受益，时乃天道。"其中的"谦"含有谦逊戒盈的内容。"谦"也通"慊"，有满足、满意的意思。《大学》云"所谓诚其意者，毋自欺也，如恶恶臭，如好好色，此之谓自谦"。"谦"不仅是一种伦理范畴，它也是一个哲学概念，中国人历来追求的"谦谦君子"之崇高人格，实际上是积极进取与谦虚自抑的完美结合。《周易》中说："谦：亨，君子有终"，"初六：谦谦君子，用涉大川，吉。"《老子》说："持而盈之，不如其已；揣而锐之，不可长保。金玉满堂，莫之能守；富贵而骄，自遗其咎。功遂身退，天之道也。"[2] 其意是，碗里装满了水，不如停止下来；尖利的金属，难保长久；金玉满堂，没有守得住的；富贵而骄傲，等于自己招灾；功成名就，退位收敛，这是符合自然规律的。他告诫人们要虚己游世，谦虚恭让，方能长久。孔子说："君子有九思：视思明，听思聪，色思温，貌思恭……"[3] 大意是说，君子在修身达己的过程中，常要考虑容貌态度是不是谦虚恭敬，并论证了谦虚恭敬与礼的密切关系，"恭而无礼则劳，慎而无礼则葸，勇而无礼则乱，直而无礼则绞"[4]。《国语》中晋文公说：

---

[1] 《朱子语类》卷七十。
[2] 《老子》第九章。
[3] 《论语·季氏》。
[4] 《论语·泰伯》。

"夫赵衰三让不失义。让，推贤也。义，广德也。德广贤至，又何患矣。请令衰也从子。"赵衰数次谦让不失仁义，且有助于国家选贤任能，是个人美德与魅力的一种彰显形式。孟子说："无恻隐之心，非人也；无羞恶之心，非人也；无辞让之心，非人也；无是非之心，非人也。"① 王符认为谦让的品质是人之安身立命的重要依据，"内不敢傲于室家，外不敢慢于士大夫，见贱如贵，视少如长"②。谦让与个人修身、政治素养方方面面的紧密联系，更说明了其在中华传统文化中的特殊地位和社会价值。谦让的态度有利于冲淡人际交往中的各方面冲突，促进团队精神的形成，进一步增强群体和各阶层间的凝聚力。儒学认为谦让是一切道德观念的基础，"让，德之主也。让之谓懿德"③。谦让之德对推进我国道德环境建设，形成和谐而文明的社会氛围有积极的作用。《菜根谭》认为："处世让一步为高，退步即进步的张本；待人宽一分是福，利人实利己是根基。"可见谦让的美德能构筑起和睦温馨的人际往来之桥，通过对"谦"的体悟，人类必能通向和谐而幸福的家园。

——关于"美"。其基本的含义是"以美立善"的伦理美。作为伦理美的"美"是一种"宜人之美"，即从审美角度出发而阐发出对人的"终极关怀"，它指向人的现实生活，与人的生命、生活休戚相关。"美"成为追求人类合规律的自觉与自由的和谐统一，人的社会活动应是"合乎人性"的，能够充分引起精神愉悦、审美情趣的美好享受与舒适体验。中华民族的"美"、"善"观念是从图腾崇拜以及巫术礼仪与原始歌舞中萌发诞生的。"美"、"善"观念在"以人和神"中萌动，在"神人

---

① 《孟子·公孙丑上》。
② （汉）王符：《潜夫论·交际》。
③ 《左传·昭公十年》。

以和"中孕育，在"以众为观"中萌芽。《论语》中写道："知者乐水，仁者乐山。知者动，仁者静。知者乐，仁者寿。"在其中孔子充分阐述了一种自然的审美情感，在《论语·八佾》中"子谓韶，'尽美矣，又尽善也。'谓武，'尽美矣，未尽善也。'"子曰："里仁为美。择不处仁，焉得知？"孟子将性善之美、浩然正气、充实之美和与民同乐等方面归纳阐释，引发了人们对美、善至高境界的追求与向往。道法自然、上善若水、大音希声、虚壹而静的道德修养无一不探到美与善的丰富实质，美的内涵与外延包罗万象，"天地有大美而不言"，"乐行而志清，礼修而行成，耳目聪明，血气和平，移风易俗，天下皆宁，美善相乐"。董仲舒在《俞序》中引世子的话说："圣人之德，莫美于恕。"同时他也论及了道德之美："五帝三皇之治天下……民修德而美好"，"士者，天之股肱也。其德茂美不可名以一时之事"，"德不匡运周遍，则美不能黄。美不能黄，则四方不能往"，"此言德滋美而性滋微也"。董仲舒把德与美联系起来，德之美，即德之善。《淮南子》曰："当今之世，丑必托善以自解，邪必蒙正以自辟。"因此，书中认为假、丑、恶，应予以揭露，同时在社会上提倡真、善、美，期待建立起真、善、美基础上的伦理美。伦理美的核心是"真"而不是"伪"，是"质"而不是"文"。中国传统伦理美思想是以儒、道、墨、法等各家伦理道德传统为主要内容的伦理美思想与行为规范的总和。它不仅影响了中国历代人们的价值观念与行为方式，同时也成为衡量人们行为的准则与分辨德行修养的客观依据。修身内省、完善人格、重视情操的伦理美思想，有利于构建和谐社会和人们自我价值的提升，追求人际关系的和谐和强调人伦关系中的"美"，有助于社会良好道德氛围的塑造，"天人合一"的伦理美能够保持人与自然的和谐共存，"贵中尚和"、"协和万邦"的伦理美思想是指导和谐社会、恰当处理各类关系的道德准则，"志存高远"、"自强不息"、"修己以敬"等伦理美观念丰富了人们的思想视野与道德境界。

——关于"正"。"正"与"中"、"直"意义相近,常与"邪"对举。其原初含义为走直路,其基本含义为正中、平正、不偏斜,合规范、合标准,纯正不杂,使端正、治理、修正等。其中正中、平正、不偏斜具有本体意义,治理、修正则具有方法意义。在中华传统伦理道德中,"正"既是个人身心修养的内容与方法,也是处理人与人、人与社会关系的原则和规范,在修身、齐家、治国三个层面有着不同的伦理意蕴。我国先民很早就有"正"的观念,而尧、舜、禹、汤、周文王、周武王自律、躬行、示范、用贤、惩恶的言行可视为"正"范畴的萌芽。"正"的范畴是在殷周之际的社会变革中伴随着西周伦理思想的建立而产生的,西周伦理思想中敬德、克己、用贤等思想可视为"正"范畴的源头。春秋战国时期,百家争鸣,儒、墨、道、法各学派在修身、齐家、治国方面有着不同的见解,从而丰富了正的思想。《大学》从理论上揭示了修身、齐家、治国的内在逻辑联系,使正的思想得以系统化。秦汉以降,"罢黜百家,独尊儒术",赋予先秦儒家正心、正己、正人、正名思想以正统地位,其在修心、修身、齐家、治国方面的作用,被历代思想家所阐发,从而使正的思想得以发展和完善。与此同时,司马迁、诸葛亮、魏征、王安石、岳飞、文天祥、郑成功、谭嗣同、孙中山等志士仁人用自己的正言正行,甚至生命诠释了正的含义。历经变迁,"正"范畴在今天对民众、对国家依然具有重要的现实意义,具体表现在儒家"正己正人"的德治传统与以德治国方略,"正己率民"的官德思想与党员领导干部的思想道德建设,"尚贤"传统与党的干部队伍建设,孔子"正名"思想与社会的可持续发展,传统正气观与新时代的党风建设等方面。

——关于"中"。对于"中"字的含义,学术界有不同的诠释。《说文》曰："内也。从口、丨，上下通。"王筠《文字蒙求》曰："中，以口象四方，以丨界其中央。"唐兰《殷墟文字记》说最早的"中"是社会中的徽帜，古代有大事则建"中"以聚众。王国维《观塘集林》释"中"为古代投壶盛筹码的器皿。郭沫若在《金文诂林》中认为"一竖象矢，一圈示的"，像射箭命中之说。还有人认为是古战场中王公将帅用以指挥作战的旗鼓合体物之象形。可以看出的是，早在原始氏族社会时期就有了"中"的观念，在这种观念中，蕴涵了一种因力而中的价值取向，是部众必须依附听从的权威和统治，具有政治、军事、文化思想上的统率作用，进而意味着一切行为必须依附的标准所在。当然，这种观念仅仅表现为一种传统习惯而已，人们还没有把"中"上升到伦理道德的范畴。后来随着社会的发展，"中"就逐渐用来规范人们的思想行为。到了三代时期，执中的王道思想开始形成。三代相传的要点，就在于"执中"的王道思想。到了商代，"中"已然被作为一种美德要求于民，同时，也预示着后世"忠"字出现的契机。周朝进一步发展了"中"的思想，明确提出了"德中"的概念。周公把"中"纳入"德"作为施政方针，周公的"中德"思想，主要包括明德和慎罚两个方面。在孔子以前，中的观念在中国古代文化中早已形成了传统。虽然他们还没有将"中"和"庸"连缀使用，但我们已可以看出两个字字义的高度契合性。孔子则正式提出了"中庸"的伦理范畴，他视"中庸"为"至德"。这种"至德"首先体现为公允地坚守中正的原则，以无过无不及为特征。纵观中庸问题的发展历史，我们可以对中庸之道作如下概括：中庸之道是儒家的最高哲学范畴，是儒家的道德准则和思想方法。首先，中庸是一种"至德"。中庸的核心是"诚"，作为德行规范，广泛作用于社会、思想道德以及自然各领域。其功用则表现为"正己"、"正人"和"成己"、"成物"。"诚"在中庸中有两大特质：一是由下而上，为天人合一之道；一是由内而外，为内圣外王之道。作为德行理论，中庸之道教育人们进行自我修养，把自己培养成至仁、至诚、至善、至德、至道、至圣、合内外之道的理想人格和理想人物，以达到"致中和，天地位焉，万物育焉"天人合一的境界。其次，中庸之道作为一种思想方法，它含有"尚中"、"尚和"两个方面。"尚中"，即崇尚中正不偏之意。它既是一种方法原则，又包含对行为结果的要求。"尚和"，强调矛盾事物的统一、和谐。"尚和"还含有"中和"的意义。其中，"和"是"中"的目标和结果，"中"是"和"的前提和保证；无"中"便无"和"，"中"与"和"互相联系、相互依存。但是，"和"仅体现了事物的表层状态，而"中"则作为事物的本质和精神内藏于事物之中。《中庸》认为："中也者，天下之大本也；和也者，天下之达道也。"又认为："致中和，天地位焉，万物育焉。"由此可知，中庸之道亦是中和之道，然而亦为天地之道，亦为人行事之道。它合一天人，使自然界和人类社会和谐无间，从亲亲之仁出发，以人的道德自律为途径，以"致中和"为其宗旨，最终达到内圣外王的理想境界。中庸之道作为一种政治与道德形态，对于中国社会的和谐和发展以及维系几千年的统一，起到了极其重要的作用。因而，行中庸，执中道，致中和，便成为中国传统文化的核心内容之一，中庸思想、中和情结，时时刻刻地影响着我们个人和社会。今天，我们全面而客观地评价中庸之道，深刻地理解和把握其合理内容及实质，汲取其思想精华，对于推动当今中国现代化的进程和社会主义道德建设有重要的意义。同时，当今世界，在全球一体化的发展趋势之下，中庸思想和价值观对全球化的价值思维也有着指导意义。

——关于"乐"。乐是一种心理状态，包括人的内心、人与人、人与自然和社会的幸福情感交流。如何看待幸福快乐即幸福快乐观是人生观系统中关于幸福快乐的根本观点和看法，也是产生并形成幸福快乐感的关键。迄今虽然中国伦理思想家对幸福快乐的理解见仁见智，但他们对如何达到和实现幸福快乐这种完满状态，却作过大量的思考。他们探讨了义利、理欲、苦乐、荣辱等幸福维度，并由此构成了不同历史时期各具特色的幸福快乐论。先秦时期，既有儒家以道德理性满足为乐的道义幸福快乐论，又有墨家以利他为乐和法家以建功立业为乐的幸福快乐论，还有道家以无为自由为乐的自然幸福快乐论。汉代儒家董仲舒强化了道德理性对于幸福的决定性，强调了以纲常秩序为美的道义幸福快乐论。魏晋玄学家主张以性情自然、精神自由、行为放达为乐的自然幸福快乐论。宋明理学家片面深化了道德理想主义，其幸福内涵的价值取向完全抛弃了感性幸福，走向了纯粹的道德理性单维。晚明时期出现了彰显自我的幸福快乐论。清代思想家在批判宋明理学家极端道义幸福论的基础上，重构了理欲、义利、公私关系，形成了多维度均衡的幸福快乐论。近代，面对救亡图存的历史重任，新学家提倡道德革命，借鉴西方的幸福快乐论和功利主义等思想形成了求乐免苦的幸福快乐论，但并没有从根本上背离传统幸福快乐论的大方向。

儒家所倡导的道义幸福快乐论在中国传统伦理文化中占有统治地位，对中国人追求幸福快乐生活的影响最为深远，并与以苦为人生起点的西方伦理观相判别。从先秦时期的孔子、孟子，到宋明时期的程颐、程颢、朱熹、陆九渊、王阳明，都思考了获得幸福快乐的方式和途径，都认为幸福快乐必须内求于己。除了追问幸福的含义以及实现幸福的方法外，儒家对于德与福之关系的思考也是不绝如缕的。首先，儒家坚持以高尚为乐，认为乐于行道，乐于助人，才能有君子道德的造诣，达到心灵和谐的境界；其次，儒家在强调道德幸福和精神幸福的同时，也特别强调社会的共同幸福，认为自我独乐不如"天下皆悦"，力倡"先天下之忧而忧，后天下之乐而乐"，所谓修身、齐家、治国、平天下之理论,其旨亦在求得普天下人的共同幸福快乐。因而儒家就建立了道德、精神的快乐与普天下人的共同快乐两个方面的幸福快乐标准。儒家强调人如果没有理性和美德就不会有幸福快乐,认为幸福快乐就在于善行,就在于为社会整体利益而行动之同时,又强调为完善德行而"一箪食,一瓢饮"的乐道精神,注重个人德行的完善和人生的不朽以及强调平治天下的大志与追求社会的共同幸福快乐,把个人的幸福快乐包容于普天下民众的幸福快乐之中。儒家传统幸福快乐观在诠释幸福的内涵上不仅仅重视人的主观内在感受,更重视个人幸福同自然、他人、社会的相互关联,这与现代和谐社会思想的理路是基本一致的,对今天的人生和社会依然颇具启迪意义。

——关于"公"。重视"公"是中华伦理的一个重要特征,"先公后私"、"崇公抑私"已经成为中华伦理的基本道德要求。"公"作为一种道德理念,不仅贯穿于中华传统伦理的过去、现在和将来,而且在某种程度上已经内化到中华民族的集体记忆中,成为中华伦理道德的一大特色。正如刘畅先生所说的那样:"崇公抑私,是传统文化中最活跃的思想因子,公私观念,是古代思想史中至关重要的论证母题,相对于其他范畴来说,具有提纲挈领的意义,牵一发而动全身。"[①] 因而,探究"公"范畴的内涵及其发展历程对于研究中国伦理思想有重要意义。"公"观念不仅对中国古代社会产生了重要影响,即便在当今社会,"公"观念也没有褪色,反而显示出强大的生命力,获得了新的生长点。"公天下"的理念是中国社会的崇高理想,早在先秦时期"公天下"的观念就已经萌芽,比如《慎子·威德》写道:"故立天子以为天下,非立天下以为天子也;立国君以为国,非

---

① 刘畅:《中国公私观念研究综述》,《南开学报》(哲社版) 2003 年第 4 期。

立国以为君也。"慎子的意思很明白,那就是立君为公,应该以天下为公。这一思想和明末清初思想家王夫之的"不以天下私一人"具有异曲同工之妙。"公天下"的理想被后世思想家不断提及,《礼记·礼运》描绘的那个"天下为公"的大同世界是对"公天下"的最好诠释。唐太宗所说:"故知君人者,以天下为公,无私于物。"[1] 柳宗元认为秦设郡县乃是公天下的行为:"然而公天下之端,自秦始。"[2] 顾炎武强调"合天下之私以成天下之公";王夫之反对"家天下",主张"公天下",认为"天下非一姓之私",应"不以天下私一人"。近代以来,"天下为公"的思想仍然备受推崇,众所周知,"天下为公"是孙中山先生毕生奋斗的最高理想。尽管这些关于"公天下"或"天下为公"的思想论述的角度和具体内涵有差异,但是毫无疑问都表达了对"公天下"的向往。既然公私问题如此重要,历代思想家自然非常重视,几乎历史上重要的思想家都对公私问题发表过自己的看法。也正因为公私问题在漫长的历史中不断被探讨辨析,所以"公"观念的内涵也随着时代发展不断被赋予新的内容,呈现出历史演变的阶段性。可以说,我国社会思想的发展史,就是公私关系的历史,是公、私观念产生、发展、嬗变及辨别的过程。"公"观念的发展大致经历了形成、发展、激荡、转型等几个时期。邓小平继承并发展了马克思主义公私观。为了适应中国国情和时代要求,邓小平突破传统,对公私问题进行了深入思考,开创性地提出了共同富裕的思想。他指出:"社会主义的本质就是解放生产力,发展生产力,消灭剥削,消除两极分化,最终达到共同富裕。"[3] 但是在此过程中又不可能平均发展,所以要一部

---

[1] (唐)吴兢:《贞观政要·公平第十六》,裴汝诚等译注《贞观政要译注》,上海古籍出版社 2007 年版,第 154 页。

[2] 《封建论》,载《柳河东全集》,中国书店 1991 年版,第 34 页。

[3] 《邓小平文选》第 3 卷,人民出版社 1993 年版,第 373 页。

分人先富起来，以先富带动后富，他还强调在这一过程中要兼顾公平与效率。江泽民、胡锦涛等对"公"观念也有很多论述。江泽民在继承邓小平的经济共同富裕的基础上，开创性地提出了精神层面的共同富裕。进入21世纪以来，公观念又有进一步的发展，特别是和谐社会思想的提出是对传统公观念的一大突破。党的十六届六中全会提出要"按照民主法治、公平正义、诚信友爱、充满活力、安定有序、人与自然和谐相处"[①]的原则来建设社会主义和谐社会，民主原则的提出体现了以民为本的思想，"公平正义"则体现了对公平的追求，这标志着从原来注重效率逐渐向注重公平的重大转向，是对"公"思想的又一个重大突破。

到此，《中华伦理范畴》已经相继出版了19个德目，它们之间既是相对独立的，又是紧密联系的，构成一个完整的体系。为了共同的目标，每一卷的作者都勤勤恳恳、呕心沥血，付出了艰辛的劳动，在此谨向他们致以深深的谢意！

正当《中华伦理范畴》第二函杀青之际，世界陷入了次贷危机的泥沼之中。次贷危机，其实是一场信誉危机，本质上仍是伦理道德的危机。惊恐之中，重温1988年1月诺贝尔物理奖获得者、瑞典科学家汉内斯·阿尔文的"人类要生存下去，就应该回到25个世纪前，去汲取孔子的智慧"的演讲和镌刻在联合国大厅里的孔老夫子的"己所不欲，勿施于人"、"己欲立而立人，己欲达而达人"的教诲，应该给人们一些启迪吧！

《中华伦理范畴》总结的是中华民族千百年来所继承和弘扬的做人的大道理。它是每一个想做君子而不想做小人的人的道德约束和修养圭臬。伦理道德虽然并称，但道德主要是每个人内心

[①] 《中共中央关于构建社会主义和谐社会若干重大问题的决定》，人民出版社2006年版，第5页。

的活动，而伦理有为全社会的人规范行为的作用。因此，普及中华民族优秀伦理，对于全社会成员的道德自律既具有普遍的指导作用，又具有某种意义上的他律作用。有自律和他律两个方面的保障，国人的素质才会提高。

让我们每个人都明白做人的道理，用中华民族优秀的传统伦理去规范一言一行，努力去做一个道德高尚的人。每个人都从身边的小事做起，从自身做起；多做善事，少做乃至不做恶事。

愿我们共勉。

戊子隆冬于曲园寒舍

目 录

绪 论 …………………………………………………（1）
第一章 "明"字的起源 ……………………………（9）
 一 "明"字释义 ……………………………………（9）
 二 "明"是儒家学说的重要内容 ………………（10）
 三 "明"与治国平天下的关系 …………………（14）
第二章 儒家关于"明"的学说 ……………………（24）
 一 孔、孟论"明" …………………………………（24）
 二 《尚书》中的"明"观念 ……………………（28）
 三 《大学》之"明德"思想 ……………………（32）
 四 《中庸》之"诚"与"明"的关系 …………（37）
 五 荀子的"明"观念 ……………………………（41）
 六 儒家光明磊落的处事原则 …………………（46）
 七 儒家的"慎独"思想 …………………………（50）
第三章 道家关于"明"的学说 ……………………（53）
 一 老子关于"自知者明"的学说 ………………（53）
 二 老子关于"明白四达"的思想 ………………（57）
 三 道家关于"智"与"明"的关系学说 ………（64）
 四 庄子关于"明"的学说 ………………………（72）
第四章 法家的"明"思想 …………………………（79）
 一 申不害的"明术"与"独断"思想 …………（79）
 二 韩非子的"明术"观念 ………………………（83）

三　韩非子等关于明君的认识 …………………………（91）
　　四　韩非子的"明察"学说 ………………………………（102）

第五章　《吕氏春秋》关于"明"的学说 ……………………（109）
　　一　《吕氏春秋》关于"明理"的观念 …………………（110）
　　二　《吕氏春秋》关于"察传"的思想 …………………（128）
　　三　《吕氏春秋》关于"兼听则明"的思想 ……………（131）

第六章　董仲舒"明"观念的丰富和发展 …………………（135）
　　一　董仲舒关于"吏治清明"的思想 ……………………（136）
　　　　1."吏治清明"在于行仁政 ……………………………（136）
　　　　2."明教化民"的政治修养 ……………………………（138）
　　　　3.设考核黜陟之法以明吏治 …………………………（143）
　　二　"德主刑辅"明察狱讼思想的发展 …………………（144）
　　三　"圣人不以独见为明" …………………………………（151）

第七章　魏晋时期的"明"观念 ………………………………（159）
　　一　西汉卓茂的礼让与深明大义 …………………………（159）
　　二　东晋郗超的深明大义 …………………………………（162）
　　三　魏晋时期军纪严明是"明"思想的重要内容 ………（166）

第八章　失去"明"观念的悲剧 ………………………………（174）
　　一　西汉执政女主吕雉的"明"与"不明" ………………（174）
　　二　东汉章帝窦皇后的"宫闱惊变" ……………………（177）
　　三　死于非命的三国名将——关羽和张飞 ………………（180）

第九章　唐代的"明"观念 ……………………………………（187）
　　一　唐太宗和魏徵的"明"观念 …………………………（187）
　　二　则天女皇的"明"观念 ………………………………（193）
　　三　唐玄宗与开元盛世 ……………………………………（198）

第十章　北宋时期的"明"观念 ………………………………（203）
　　一　北宋大臣的"明"观念与忧国忧民 …………………（203）
　　二　两宋将领对军纪的严明要求 …………………………（218）

三　宋代的明察狱讼 …………………………………… (224)
第十一章　宋明理学中"明"的概念简析 ………… (238)
一　二程的"明"观念 ………………………………… (239)
二　朱熹的"明"观念 ………………………………… (246)
三　王阳明的"明"观念 ……………………………… (252)
第十二章　近代"明"观念的发展 ……………………… (261)
一　林则徐的"明"思想 ……………………………… (261)
二　龚自珍、魏源的"明"观念 ……………………… (270)
三　康有为、梁启超的"明"观念 …………………… (282)
四　辛亥革命党人的"明"观念 ……………………… (297)
第十三章　"明"在现代社会的意义 …………………… (307)
一　"明"与"暗箱操作"的对立 …………………… (307)
二　"明"与"官本位"的对立 ……………………… (313)
三　"明"与"贪污腐败"的对立 …………………… (319)
四　"明"对造就完整人格的意义 …………………… (329)
五　"明"与法制建设的意义 ………………………… (336)
六　"明"在人际关系中的亲和力 …………………… (343)
七　"明"在现代社会中的意义 ……………………… (350)
参考文献 …………………………………………………… (356)
后　记 ……………………………………………………… (359)

绪　　论

"明"是在日月照耀下，光明无私之意。"明"是儒家伦理学说的重要内容。

中国虽然长期处于封建帝王的专制主义统治之下，但"明"一直是中国民众追求的目标。几千年来，我国把勤于政务、励精图治的帝王称为"明君"，反之则为"昏君"；把能够公正廉洁、秉公处理政务的官员称为"明公"，或称之为"光明正大"，反之则称为"昏官"；称明白事理的人为"深明大义"等。

"明"的含义涉及社会生活和政治的各个领域，如"明君"、"明德"、"吏治清明"、明察狱讼、军纪严明、明理、明道等等。"明"是几千年来中国人民的渴望和追求。现代社会呼唤着正确的"明"观念。"明"是中国传统文化的精华。

一　儒家的"明"观念

儒家的经典《尚书》是中国最早的典籍，记载着夏、商、周三代帝王的文诰、策命等，其中的许多篇，如《酒诰》、《康诰》、《无逸》、《召诰》等都记载了儒家学说的先驱周公的"明"观念。

"明德"是作为"明君"的首要条件。《尚书·康诰》提出"明德慎罚"的思想，即敬德保民，慎用刑罚。《大学》云："大学之道，在明明德，在亲民，在止于至善。"国君治理天下要多施恩惠于民，导民向善。

"明德"，就要修己、正己。孔子说："政者，正也；子帅以正，孰敢不正？"（《论语·颜渊》）也就是说，管理者首先自己正派，才能正别人；官员们自己清正，谁敢不正。孔子又说："为政以德，譬若北辰，居其所而众星拱之。"（《论语·为政》）"道千乘之国，敬事而信，节用而爱人，使民以时。"（《论语·学而》）贤明的君主用德去治理政务，对待民众，节用爱民，那么老百姓对他也会像众星拱北辰一样地维护、尊崇之。

孟子说："是故明君制民之产，必使仰足以事父母，俯足以蓄妻子，乐岁终身饱，凶岁免于死亡，然后驱而之善。"（《孟子·梁惠王上》）"明君"要使老百姓有一个温饱的生活，这其实应当是对"明君"的最低要求。

贤明的君主要"明四目、达四聪"（《尚书·舜典》），"视远惟明"（《尚书·太甲》），"圣人不以独见为明"。即君主要听取众人的意见和见解，不要独断专行。《尚书·皋陶谟》云："天聪明自我民聪明，天明畏自我民明畏。"这里所说的"聪明"，就是"了解"之意。天对下情的了解，是根据民众的反映而知晓的；天也是根据民意对不明之君（亦称为"昏君"）进行惩罚的。

"明君"就要明察狱讼。《尚书·吕刑》云："哀敬折狱，明启刑书。"狱讼案件，关系到人的生死，错案、冤案不仅能致人死命，有时还会引起民愤。因此，官员们对法律案件绝不能徇私舞弊，这是古今为政者最为注意关心的大事。

在国家官员的任用方面，必须任人唯贤，以保证吏治的清明。孔子说："举直错诸枉，则民服；举枉错诸直，则民不服。"（《论语·为政》）孔子认为，让正直的人出来为官，压倒邪曲者，百姓才能服从；反之，则民不服从。

吏治清明，择贤而任，是儒学的重要内容。西汉董仲舒在他给汉武帝所上的《贤良对策》中说:"今之郡守、县令,民之师帅,所使承流而宣化也;故师帅不贤,则主德不宣,恩泽不流。今吏既亡教训于下,或不承用主上之法,暴虐百姓,与奸为市,贫穷孤弱,冤苦失职……皆长吏不明,使至于此也。"(《汉书·董仲舒传》)又说:"任贤臣者,国之兴也。夫知不足以知贤,无可奈何矣;知之不能任,大者以死亡,小者以乱危。"(《春秋繁露·精华》)

国家任命的官员必须清正贤明。官员们代表国家处理各种事务,宣布各种政令,审理案件狱讼。官吏不明,将使国家政令不能下达,民情不能上通。官吏是否清明,决定国家的安危存亡。

宋明理学是儒学发展又一里程碑。二程、朱熹都主张"存天理、灭人欲",即主张"明理"。"明理",就是明天地万物之理;"格物致知",来摒除不适合天理之人欲。

儒家学说对"明"有深刻的理解和认识。汉代董仲舒、宋代的二程、朱熹,明代的王阳明皆在先秦儒家"明"观念的基础上,对"明"进一步地阐述,但总的说来,是希望国家政务都处在光明正大之中。

二 中国古代的"明"观念

"明",古往今来都是中国的希冀和追求。事实上,古代中国人对"明君"要求并不高。帝王们如果能够明智地使用自己的权力,任用贤能之士,不滥杀无辜、不胡作非为,就可得到一个"明君"的称号。

汉武帝可谓历史上的"明君"。他用贤良对策的方式吸引了大批下层知识分子到国家政权的核心中来。如朱买臣、董仲舒等人。史书上称汉武帝时期,朝廷得人最盛。但汉武帝用法极严。官员们一旦触犯刑律,或贬或杀,绝不宽宥。汉武帝一朝大约共任 13 名丞相，被他杀掉的就有 9 人。至于御史、郡守等官员被杀者更多。汉武帝的做法在今天看来，官员们有的所犯罪行经量刑，可能有些官员不至于被杀或族灭。但有一点还是应该的，那就是官员们如不称职，能上能下，废除官员的终身制、世袭制是可以吸取的。

唐太宗李世民也可谓一代明君。他不仅能团结自己原来的政敌魏徵，并且对魏徵的谏议采纳如流。唐太宗问魏徵："为君者，何道而明，何失而暗？"魏徵对曰："君所以明，兼听也；所以暗，偏信也。……君能兼听，则奸人不得壅蔽，而下情通矣。""兼听则明，偏信则暗"，这是自古以来许多政治家都明白的道理。唐太宗之所以在我国历史上被称为"明君"，正因为他是听取不同的意见和多方面的谏议才去处理国家大事的。

唐代的武则天是我国历史唯一敢于宣布自己是皇帝的女性君主。武则天虽然杀了许多无辜的李氏皇室的裔孙，包括自己的儿子，但这是她为了控制江山不得已的手段。中国历史上的男性君主也多如此，如唐玄宗等也有如此行为，但史书并无非议。由于历史的限制，国人对武则天似更为苛刻。然而武则天知人善任，可谓一代明君。女皇武则天为了使吏治清明，下情上通，使野不遗贤，奸佞得惩，曾铸大铜筴，如方屋一样大，"以受天下表疏"。筴内分为四室：招谏、申冤、通玄、延恩。每室有门。下民有上疏者，可投筴内室中，官吏不阻碍。武则天也是"兼听则明"的一代君主。

中国古代对臣的要求较严，其实也是儒家所说的"吏治清明"的问题。中国古代确实有很多清正廉洁之士，对待自己的职守兢兢业业，光明磊落，不欺暗室。如东汉时期，东莱（今山东地区）太守杨震赴任途中，昌邑（今山东金乡县西北）令王密曾是杨震提拔荐举的茂才，现在是他的部下，于夜间怀揣金十斤，前去拜谒。杨震说："作为老朋友，我推荐您，了解您，但您并不了解我。"王密说："晚间无人知。"杨震说："天知，神知，我知，子（您）知，何谓无知者。"王密惭愧而去。杨震性公廉，从不受私谒贿赂。他的子孙粗衣淡饭，出门无车皆步行。杨震说："将来后世称他们为清白吏子孙，不是最高的称誉吗？"

明朝海瑞素以刚正贤明著称。海瑞一生，尤恨贪贿无耻之人。当他还是淳安知县时，有上司总督胡宗宪之子经过淳安，嫌淳安招待不好，把驿站吏吊打一顿。海瑞怒曰："这绝不是胡公之子，若是，岂如此无礼。"遂没收其囊中千金，以充公库，再报告总督。总督闻后也无可奈何。有些官高爵显之人打从淳安过，海瑞都以简陋的供具接待，绝不铺张。

当海瑞升为右佥都御史巡抚应天十府时，"力推豪强，抚穷弱，贫民田入于富室者，率夺还之。……豪有力者至窜他郡以避。"海瑞曾上疏："陛下励精图治，而治化不臻者，贪吏之刑轻也。诸臣莫能言其故，反借待士之礼之说，交口而文其非。夫待士有礼，而民何辜哉！"（《明史·海瑞传》）这些都表现出海瑞对贪官污吏之愤恨。海瑞自己一生光明磊落。海瑞无子，他死后，由佥都御史王用汲为之殓葬。海瑞家中"葛帏敝籝，有寒士所不堪者，因泣下，醵金为敛"。然而海瑞得到广大百姓的爱戴。海瑞出殡之日，小民罢市，长江两岸民众穿白衣冠送葬者百里不绝。海瑞当为历史上的明臣。

中国历史上还有许多堪称深明大义的官员。如大家熟知的春秋时期晋国大夫祁黄羊"外举不避仇，内举不避子"的故事。

又如东晋时期有一大臣郗超在朝廷非常有势力，与谢安关系不好。两人在朝廷见面常常不说话。但当北方氐族建立的前秦政权大举南伐之际，谢安推荐自己的侄子谢玄为将，前去迎战。东晋朝廷大哗，纷纷上书弹劾谢安，任人唯亲。而在这时，郗超却能深明大义，他与谢玄年龄相仿，深知其才能。郗超说："谢安违众举亲，是因为谢玄之才，足不负所举。"郗超在谢安的政敌

5

中很有影响力，他的话足能压服众人，于是谢玄被任命为大将，创造了历史上有名的以少胜多的淝水之战。

军纪严明也是古代"明"观念的重要内容。中国最早的兵书《司马法》提出，军中号令要严明，长官要有仁爱之心的兵学原则。《孙子兵法》更是强调了军纪严明的主张。《孙子兵法·计篇》提出为将者必须具有"智、信、仁、勇、严"的主张。并说："主孰有道？将孰有能？天地孰得？法令孰行？兵众孰强？士卒孰练？赏罚孰明？吾以此知胜负矣。"法令严明，赏罚分明都是其重要内容。历史上有许多人为《孙子兵法》作注，表明他们对兵学的主张。曹操是为《孙子兵法》作注最早的人。他在该书卷一注曰："设而不犯，犯而必诛。"宋人张预注曰："当赏者虽仇怨必禄，当罚者父子不舍。"军纪严明是军队胜利的保证。

我国历史上有诸葛亮挥泪斩了违令的马谡的故事。宋代岳飞"饿死不房掠，冻死不拆屋"，纪律严明，故有"撼山易，撼岳家军难"的赞誉。军纪严也是我国政令中"明"观念的重要内容。

三　近代中国的"明"观念

近代中国是苦难的中国。当西方资本主义列强用洋枪大炮轰开中国的大门时，中国还处于古老的封建君主的统治之下。西方资本主义民主制度的浪潮冲击着中华帝国专制统治的基石。一部分先知先觉的中国人开始清醒。他们意识到，中国要想富强，必须走西方之路。林则徐、龚自珍、魏源等，提出"明耻"的观念，"师夷之长技以制夷"的观念。康、梁变法提出"君主立宪"的主张。这虽然表现出近代中国知识分子的"明"思想，但由于历史的局限性，他们都未提出以民主制度代替专制的主张。

中国资产阶级革命运动兴起以后，革命派旗帜鲜明地提出中国要想进步，必须推翻满清王朝的专制统治，建立民主主义的政体才是唯一的救世良药。革命者指出，去除迷信与强权，则国民明矣。他们认为，三纲之首的君为臣纲，危害最烈，祸害最大，是对国民进行思想控制与强权控制的结合。欲去除此患，必须将君与臣全部消灭，建立人人平等、自由、民主的国家，别无他途。至于"父为子纲"、"夫为妇纲"，应待通过教育的方式，待其"明理"之后，随着"君为臣纲"的消失而消失。

革命者主张以暴力推翻专制。陈天华说："革命者，救人救世之良药也；终古无革命，则终古无长夜。"（陈天华《中国革命史论》）革命者宣布要与清朝统治者"相驰骋枪林弹雨之中"，用生命与鲜血迎接光明的中国。

伟大的中国革命先行者孙中山先生提出"驱除鞑虏，恢复中华，创立民国，平均地权"，提出了"天下为公"、"主权在民"的思想。孙中山多次领导发动武装起义，推翻清王朝的统治。革命党人还提出"公理之未明，以革命明之"的理论。

革命党人推翻摒弃的是儒家学说中的糟粕部分，如"君君、臣臣、父父、子子"的等级制，"君为臣纲、父为子纲、夫为妇纲"的专制强权理论，并提出以革命明公理。革命党人之"明"对几千年封建专制统治下的中国来说是空前的。

孙中山先生提出"主权在民"的主张，即"民"是"权"的主人，而官则是民之仆人。他说，"这种民权主义，是以人民为主人，以官吏为奴隶的。"（《总理遗教》）革命党人想通过"主权在民"，实现政府的廉明，官吏的清明，财政透明等。孙中山等革命党人的"明"观念与封建社会的"明君"、"明臣"是完全不同的概念，是前无古人的。他们代表了近代先进的中国人的"明"思想。孙中山先生是当之无愧的伟大的中国革命的先行者。

四 "明"观念在现代社会的意义

现代中国已进入了改革开放的时代,更需要"明"的观念。在经济大潮的冲击下,我国大部分官员是好的,但一部分人利用手中的权,大搞权钱交易,暗箱操作,大搞"官本位",贪污受贿。因此在这种情况下,管理阶层更需要增加透明度,树立"明"思想和"明"观念。

当代中国应大力弘扬我国传统文化的精华。如儒家学说对"明君"、"明臣"的要求。孔子所说"政者,正也","不能正其身,如正人何?"执政管理者必须自己行为端正、廉洁、清明、无私,才能去正别人。如果管理者自己就不光明正大,正派正直,怎么去管理国家政务和百姓呢?怎么去正别人呢?

那些有严重的"官本位"思想的人应该多想想孙中山先生"主权在民"的政治主张,去除封建的家长制的作风。有封建的家长制作风的人总有一天会栽跟头的,"官本位"、"家长制"的治理模式是滋生腐败、暗箱操作、贪污受贿之根源。当代社会在继承弘扬传统文化精华的同时,还要大力地批判摒弃传统的封建文化中的糟粕,这才是建立现代文明社会的途径。当代社会需要树立"明"的观念和"明"的行为,呼唤"明"的思想和作风。

第一章 "明"字的起源

一 "明"字释义

"明",由日、月二字组成。《易·系辞下》云:"日往则月来,月往则日来,日月相推而明生焉。""明",就是在日月的照耀下,世界一片光明的意思。《说文》云:"明,照也。"《尔雅·释言》云:"明,朗也。"《广韵·庚韵》:"明,光也。"《荀子·天论》云:"在天者莫明于日月。"人们以日月来表示"明",其意指在日月之下才有光明。

"明"的对立反语则是"暗"。《小尔雅·广言》:"明,阳也。"马王堆汉墓帛书《经法·论》:"则壹晦壹明。"整理小组注:"晦,夜晚;明,白昼。"在这里,把"明"认为是白昼,把夜晚认为是"晦"。"晦",是看不清楚之意,"明",就是看得明白之意。

古人把清楚明白的事物称为"明",把显著的一目了然的事物称为"明",把站高看远之人称为"明"。《尚书·太甲》云:"视远惟明。"人们把看透事物本质的称为"明察秋毫",把能够认识事物本质的人称为"贤明",或尊称为"明公",把能够勤于国务,明辨是非的帝王称为"明君"。

"明"在社会生活中的引申义就是说,所有的人和事物,都在日月照耀下,明明白白,一目了然。儒家认为,在政治生活中,"明"的含义就是政治清明,狱讼明察,军纪严明;而作为一个品德高尚的人，则应光明磊落、深明大义，使自己的行为不欺暗室，使一切都处在光明之中，没有任何徇私舞弊、暗箱操作的现象。

二 "明"是儒家学说的重要内容

"明"，是儒家学说的重要内容。儒家认为，统治者治理国家，必须为政以德，正身律己，扶正驱邪，奖善惩恶。《论语·颜渊》篇说："政者，正也，子帅以正，孰敢不正？"《子路》篇又云："其身正，不令而行；其身不正，虽令不从。""苟正其身矣，于从政乎何有？不能正其身，如正人何？"这两段话的意思是：执政者，必须自己身正；自己做事正派，被治理的民众谁敢不正派？如果自己行为端正，不发命令，老百姓也会听从；而自己行为不端正，虽三令五申，老百姓也不会听从的。自己的行为端正，对治理国家是有好处的，否则，怎么去端正别人呢？

儒家所说的正身正己，其实就是让执政者明白事理，深明大义，明白善与恶、正与邪，这是一个治国以明的问题。儒家认为，一个国家应该政治清明。所谓"清明"，也就是无私心地治理国家，一切事物都处在明朗的空间中。

政治清明，包括"吏治清明"。吏治清明，是要求国家所有的官吏在从事管理方面不徇私，不舞弊，不贪污，不受贿，公正地处理政务。这就是要求国家任用的各级官吏必须是清正廉洁之人。官吏的清明是政治清明的基础。

春秋时期，楚国成王的令尹子文，是楚史上的名相。《国语·楚语下》记载：令尹子文无一日之积，楚成王闻知此事，就赏赐子文一些俸禄。子文只要听说楚成王给他俸禄，就赶快逃跑。直到楚成王停止赏赐，他才回来。于是有人问他："人生就是为了求富，而您逃避之，为什么呢？"子文回答："夫从政者，以庇民也。民多旷者，而我取富焉，是勤民以自封也，死无日矣。我逃死，非逃富也。"官员们从政的目的就是为了保护老百姓。《战国策·楚策》说："未明而立于朝，日晦而归食；朝不谋夕，无一月之积，故彼廉其爵，贫其身，以忧社稷者，令尹子文是也。"春秋前期，楚国迅速地从一蕞尔小国发展成为一个横跨江淮的泱泱大国，这与令尹子文的正身律己，全心全意为社稷，不计个人得失，励精图治是分不开的。

春秋时期，齐国的晏婴亦是一个名相。《史记·管婴列传》记载晏婴一生节俭，"既相齐，食不重肉，妾不衣帛。"他多次拒绝了齐景公的赏赐和封邑。他住的地方离市场很近，比较嘈杂，齐景公想给他换一处住宅。但晏婴考虑，离市场近，可以更好地了解民情。如他看到市场上"屦贵踊贱"，即鞋便宜，而假肢贵，说明受刑的人太多，从而劝齐景公省刑，景公从之。这些都是先秦儒家所赞赏的。孔子在《宪问》中说："邦有道，谷；邦无道，谷，耻也。"为官者，恪尽职守，政绩卓著，使百姓富足，这样官吏得到丰厚的禄俸和报酬是应该的；而如果你治理的国家政治昏暗，民不聊生，那么做官的拿到禄俸则是一种耻辱！

明察狱讼，亦是政治清明的重要内容。《尚书·太甲》云："视远惟明。"疏之："谓监察是非也。"明审、明察狱讼是非，是伸张正气，驱除邪恶的保证。执法严明，也是儒家对执政的各级官员的要求。

先秦时期，贵族统治者无缘无故地杀死百姓，是极平常的事情。儒家是较早地提出爱民、保民论点的思想流派。《左传·文公十八年》记载，周公制《周礼》曰：官员们处理事务，建立功劳，都应看其是否对百姓有德。有德于民才算有功劳。并作《誓命》曰："毁则为贼，掩贼为藏，窃贿为盗，盗器为奸。主藏之名，赖奸之用，为大凶德，有赏无赦，在九刑不忘。"也就是说，如果毁掉"有德于民"的原则，则为贼、为盗、为奸，此乃大凶德，在九刑不赦。儒家执法严明的标准是看其是否有德于民。如殷纣王曾因九侯之女不喜欢和他一起过荒淫无耻的生活，就"醢九侯"，把九侯做成肉酱。鄂侯替九侯辩护，就"脯鄂侯"，把鄂侯做成肉干。西伯昌偷偷地叹息一声，就把西伯昌囚禁在羑里。这种滥刑无辜的做法是儒家坚决反对的，孟子就认为纣王是一个独夫民贼，当述及武王伐纣，最终灭掉殷商王朝时，孟子说："闻诛一夫纣，未闻弑君也。"明察狱讼是儒家思想的重要内容。《左传·庄公十年》记载，鲁庄公十年（公元前684年），齐伐鲁。鲁人曹刿见鲁庄公，问庄公依靠什么来与齐人作战。鲁庄公说，衣食之类，不敢自己享用，必以分给别人；祭祀神灵，所用的牺牲玉帛，也不敢擅用，并且非常虔诚地向神灵祷告。曹刿认为，这些都是小惠、小信，老百姓不会因此而跟随国君；神灵也不会因此而福佑您。而鲁庄公又说："小大之狱，虽不能察，必以情。"这里"情"当为"清"。曹刿认为："忠之属也，可以一战，战则请从。"也就是说，能够使狱讼以清，才能使国家真正的政简刑清，这才是国家发展兴旺的根本。狱讼公平、公正，是国家政治清明的象征。

  儒家学说认为，军队纪律的严明是战斗力的保证。军纪严明，就是奖惩分明，爱护百姓。《礼记·月令》记载，孟秋之月，就是进入秋天的第一个月，天子要命令将帅选择俊杰之士进行训练，以征伐不义残暴之人，"以明好恶，顺彼远方"。也就是天子派使者到天下四方去巡查，以明白好与坏，对好的方国进行褒奖，对残暴之人进行诛伐。这里的"明"，是指了解，其实也是要严明之意。

  对于军队，则必须有严明的纪律，也就是立功者奖赏，犯罪者惩罚。《孙子·计篇》云："天地孰得，法令孰行，兵众孰强，士卒孰练，赏罚孰明，吾以此知胜负矣。"一支军队能否有严明的法令和赏罚，这是战争成败胜负之关键。中国古代有许多用儒家思想武装起来的军事将领,如诸葛亮、岳飞、戚继光,以及他们所训练出来的蜀军、岳家军、戚家军等都表现出严明的军纪。

襟怀坦诚,光明磊落,亦是儒家学说的重要内容。儒家认为,在大是大非面前,每个人都应挺身而出,公而忘私,甚至杀身成仁,舍生取义,这些当然必须有那些心胸坦荡之人才能做到。光明磊落,不欺暗室,君子慎独,这些都是儒家学说中待人接物的标准。

儒家学说认为,兼听则明,偏听则暗。广泛地听取正反各方的意见,才能全面地了解明白事物的真相,让事物的各个方面全部暴露出来,显现于光明之中。而偏听偏信,则会使事物的另一面被掩盖。因此,只有对事物进行全面了解,才能正确地处理问题。

《战国策·齐策》记载了邹忌讽齐王纳谏的故事。邹忌认为自己不如城北徐公长得漂亮,但他的妻、妾、客人皆说邹忌比徐公美。邹忌有一次与徐公在一起,偷偷地看了看镜子,还是认为徐公比自己美,由此得出结论:妻子因爱他,妾怕他,客人有求于他,故都异口同声地说他比徐公美。但这个结论是不正确的。邹忌由此向齐威王纳谏,要多听众人们的意见才能治理好国家。齐威王乃下令曰:"群臣吏民,能面刺寡人之过者,受上赏;上书谏寡人者,受中赏;能谤议于市朝,闻寡人之耳者,受下赏。"于是,群臣吏民纷纷进谏,门庭若市。齐威王接受了这来自各方面的谏议以治理齐国,从而使齐国成为战国初年的强国。

齐威王还有一件脍炙人口的故事。齐威王发现朝中有人在他面前攻击即墨大夫,而盛誉阿大夫。他便派人到即墨和阿地进行调查,发现即墨地区广大田地被垦辟,人民安居乐业;而阿地,土地荒芜,人民贫困,赵、卫等国不断骚扰边境,而阿大夫浑然不知。齐威王大怒,烹了阿大夫和那些盛赞阿大夫的朝臣,对即墨大夫进行奖赏,"封之万家"。这其实正是对事情全面了解,兼听则明，才能得出正确的结论和恰当的处理方法，才能奖惩分明，从而表彰贤良，伸张正气，铲除奸佞，只有这样，才能治理好国家。

"明"，就是在一切领域中都应该用"明"的原则去处理问题。国家必须有清明的吏治，军队必须有严明的军纪，要有明察的狱讼，每个人都要光明磊落等。"明"是儒家学说的重要内容。

三　"明"与治国平天下的关系

"明"与治国平天下有着密切的关系。不"明"，就不能治国平天下；不"明"，就会使国家政治一片昏暗，甚至国破家亡。"明"是治国平天下的根本。

治国平天下需要贤明的君主，清正光明的大臣，明法守纪的臣民百姓。

首先，国家要有贤明的君主，即明君。这是治国平天下的关键。君主要有知人善任之明。君主所任命的大臣必须是贤能之士。《论语·为政》云："举直错诸枉，则民服；举枉错诸直，则民不服。"这就是说把正直的人提拔出来，放在邪曲的人上面，百姓就会服从；如果把邪曲的人提拔出来，放在正直的人上面，老百姓就会不服从。孔子的意思是说国君在任命国家官吏时，必须提拔正直的人，以压倒那些邪曲之人。

国君如何识别正直与邪曲，是提拔正直良善的根本。国君必须对人全面认识，才能有识人之明。很多国君喜欢阿谀奉承，在别人的讨好献媚下昏昏然，被蒙蔽了眼睛，而结果有杀身亡国之痛。如齐桓公年轻时曾是一代明君，他不计带钩之仇任用管仲，为齐国贤能之士的升迁提供了条件。《吕氏春秋·举难》记载了齐桓公任用卫国寒士宁戚的故事。宁戚是一个很穷困的但也很有才能的商旅贩夫之人，曾到齐国，击牛角而歌。齐桓公听出这个人唱的歌不同寻常，于是就把宁戚请到朝堂，问以治天下之事。宁戚提出一些主张，齐桓公大喜，从此宁戚在齐国受到重用。齐桓公还任用了一个国中抬土服役的东郭牙，诸如这样的人在齐国得到赏识的还有很多。齐桓公知人善任，拔贤能于贫贱卑劣之中，委以国政，授以重任，使齐国出现了一片生机勃勃的局面。齐桓公"九合诸侯，一匡天下"，因此而成为春秋时期的第一个霸主。

但是，齐桓公晚年，荒唐奢侈。他专宠易牙、竖刁、堂巫、卫公子开方等佞臣。易牙之受宠，是因为齐桓公想吃蒸婴儿肉，他便进献自己的儿子，让齐桓公吃掉。竖刁则为了接近齐桓公，自受宫刑，为齐桓公管理内宫而受宠。卫公子开方为了奉事齐桓公，十五年不归视自己的父母双亲。堂巫，据说他能审生死，去疾病。这四人，特别是易牙、竖刁和卫公子开方为齐桓公所宠信。管仲病重快死时，曾劝齐桓公远离这几个人。但齐桓公离开这几个人就会食不甘味，睡不安寝。因此，管仲死后，齐桓公对这几个人照样重用，致使此三人专齐国之政。到了齐桓公老耄之年，三人专政已近一年，于是发难，将齐桓公围在宫中。齐桓公饥不得食，渴不得饮，以致饿死在宫中，直到尸虫爬出宫外，人们才知齐桓公死了。如此看来，国君的识人之明多么重要！任用贤臣，则国家兴旺；不识贤臣，重用佞臣，则身死国衰。

"明"与治国平天下有密切的关系。

春秋时期的晋文公有知人之明。他任用的赵衰、先轸、郤谷、狐偃、栾枝等一批贤士皆有卿相之才，且具备着礼让为先的高尚品格。如赵衰三让上卿之位，晋文公认为赵衰"三让不失义。让，推贤也。义，广德也。德广贤至，又何患矣"。于是任命赵衰将新上军。赵氏因此在晋国的发展中起着更加重要的作用。由于晋文公有知人之明，晋国继齐国之后成为了春秋时期的

15

第二个霸主。

公元前627年,秦穆公派孟明视、白乙丙、西乞术率军远征郑国。这次远征当即就遭到了秦国的老年智者蹇叔的反对,他认为这样的远距离征伐,战线太长、消息容易走漏,从而使郑国有备。但秦穆公不听蹇叔的谏议,一意孤行,结果远征郑国不成,在殽山又遭晋国伏击,三帅被俘,秦全军覆灭。秦穆公不能明察形势,致使秦国遭到重创。然而秦穆公接受教训,当秦军三帅孟明视、白乙丙、西乞术被放回后,他认为孟明视等人是很有才能的,在战争中他们没有错,战争的失败是自己错误的判断造成的,于是仍然任用孟明视等人。孟明视感谢秦穆公的明察善任之恩,辅助秦穆公向西开拓,益国十二,开地千里,独霸西戎。秦穆公也成为春秋五霸之一,对秦国在春秋时期的发展起了重要作用。秦穆公的不明,造成了秦远征郑国,殽山之役的失败;秦穆公的明,使他对孟明视等人的才能有正确的看法,对殽山之役失败的责任有正确明白的认识。因此,孟明视等人得到公正的待遇,对秦国独霸西戎起了重要的作用。

不"明",就是国君或执政大臣处事不公不明,是使国家衰败的原因。战国时期,楚国的左徒屈原,博闻强识,明于治乱,娴于辞令,有治国之才能。但楚怀王听信上官大夫的谗言,疏远屈原,后又放逐屈原。楚怀王受一帮佞臣的左右,受欺于张仪,绝交于齐国,与秦战于蓝田,大败,失去汉中地。楚怀王战败后,被迫到秦国结盟,被秦国扣留,最后死在秦国。《史记·屈原列传》云:"怀王以不知忠臣之分,故内惑于郑袖,外欺于张仪,疏屈平而信上官大夫、令尹子兰。兵挫地削,亡其六郡,身客死于秦,为天下笑,此不知人之祸也……王之不明,岂足福哉。"《正义》云:"言楚王不明忠臣,岂足受福。"楚王处理国务不明,不能辨明忠奸是非,故有疆场惨败,国土日削,自己也被秦国扣留,客死于秦,皆由不"明"缘起。《易》井卦九三爻辞曰:"王明,并受其福。"《史记·索隐》引《京房章句》云:"上有明主,汲我道而用之,天下并受其福,故曰'王明并受其福'也。"

"明",对国君来说,就是明察忠奸,善任贤能;"明",就是明审狱讼,扶持正直善良,铲除邪曲;"明",就是深明大义,洞察是非善恶;"明",就是对人、对事全面了解认识,不被任何片面现象所迷惑。只有"明",才能正确地处理一切大事,才能治理好国家,才能平定天下。我们把历史上能够使国家走上兴盛之世的帝王称为"明君",就是因为这个君王"明"。反之,那些不能正确处理政务,不辨罪恶良善、忠奸邪曲者,称之为"昏"或"昏君",正是因其不"明"而造成的。"明",是治国平天下的根本。只有"明",才能使国家富强兴旺,并出现鼎盛之世。"明"与治国有互为因果的关系。

"荐贤不避仇"是国家大臣襟怀坦白、深明大义的表现。春秋时期,晋国有一个办事兢兢业业,从不计个人恩怨,深明大义的人祁奚,字黄羊。祁奚是晋国功臣高梁伯之子,封采邑于祁(今山西祁县东),故以祁为氏,名祁奚。

祁奚无论做什么事都以国家为重,果断而不荒侈,晋悼公任之为元尉,即中军尉。尉,古代是一种管理刑法,相当于司寇的官,除奸而安良民也。中军尉,就是管理晋国中军的刑法之官。这种尉官,必须是奉公循法,正直无私,不徇私情,不计恩怨、品质高尚的人才能担起此任。特别是春秋早期,诸侯各国还没有一部成文法问世,良心、道德和无私就成为执法或处理政事的依据。

有一次,晋平公派人召祁黄羊入朝议事。原来晋之南阳(今河南温县一带)缺少一个县令,晋平公素知祁奚正直厚道,决不因私度公,因此请他推荐一人为县令。

南阳,处在晋国通向中原的咽喉要道上,是太行山口的关陀,是进可攻,退可守的险塞天险。晋文公是在得南阳之地以后，才创造霸业。假如晋国得不到南阳，那么晋国的霸业会成为空谈。这样一个重要的险塞关口，派谁来把守呢？祁黄羊认真地考虑了晋国的大臣，如当时的魏绛乃卿相之材，当在朝中；又羊舌职善冲动，张老太和缓，不好得罪人，均不适合……猛然，他想到了解狐。解狐忠于职守，一丝不苟，不徇私情，如果让他去守那个险要之塞，真是晋国得人，最适合不过。然而，解狐是自己的仇人，平心而论，解狐执法算是严明的。南阳，对晋国如此重要，如果让一个没有责任心的人去做县令，会给晋国带来难以弥补的损失。想到这里，祁黄羊非常果断地对悼公说："解狐可以出任南阳令。"晋悼公吃了一惊说："解狐不是先生的仇人吗？！你怎么推荐了他？"祁黄羊说："公问我谁可为南阳令，而没有问谁是臣的仇人。私仇不入于公门。解狐是臣之仇人，然而他认真负责，忠于职守，在晋国官员中是少有的，如让他为南阳令，南阳将成为晋国可靠坚固的屏障。"

　　晋悼公听取了祁奚的建议，任解狐为南阳令。解狐到任后，不仅把南阳治理得很好，而且使南阳"表里山河"，险塞扼道，固如金汤，在晋国的霸业中发挥了巨大的作用，"国人称善焉。"（《韩非子·去私》）

　　又过了一些日子，祁奚认为自己老了。他想，自己年事已高，决不能贪占爵禄，贪占官位，影响年轻后生的进取之路。于是，祁黄羊就到晋悼公那里告老辞官。晋平公说："先生告老，那么您认为谁可以接替您的位置呢？"祁黄羊回答说："午可以。"午，就是祁午，祁奚的儿子。晋悼公说："祁午不是先生的儿子吗？！你推荐他来做中军尉，不害怕别人说先生徇私情吗？"祁奚答道："公问谁可代臣为中军尉，而不是问谁是臣之子。我所推荐的也正是中军尉。"祁奚接着又说："择臣莫若君，择子莫若父。祁午自少儿时起，对家中长辈之令从来遵守如一，在泮宫（古代诸侯国之学校）读书，刻苦认真地学习，从不因贪玩耽误学习；及其长成，意志坚强，很有胆识，遵从父命，对于事业认真负责，从不荒淫；对人和顺好敬，宽柔仁爱地对待下人，而在大事面前镇定冷静，能处理各种烦难之事。谨慎小心，从不放任自流；仁义守法，只要奉上司之令就认真执行，如遇有事，祁午会贤于臣。我向您推荐祁午，绝不因为他是我的儿子，而是因为他胜任这个工作。他处理问题是会超过我的。"

祁午自任中军尉，非常称职。如当时晋国执政范宣子与和大夫（晋国和邑之大夫）争田之疆界。范宣子欲以兵甲攻和大夫，请教了晋之大臣伯华、张老，皆不敢表态；又问叔向的弟弟叔鱼。叔鱼竟然说："待吾为先生杀之。"一场火并马上要在晋国发生。祁奚难过地说："公族之间互不谦让，并且邪回不规，大夫之贪婪，是我没有教育好，吾之罪也。"绝不能以国君所给权力去满足自己的私欲，但祁奚面对如此局势却无能为力。

祁午闻知后，他想一定要制止这场火并。如果内部不和，会让敌国乘虚而入，晋国的霸业就会中衰。祁午让家臣备好马车，乘车前去见范宣子说："晋为天下诸侯霸主，先生身为晋国正卿，应该使诸侯安靖，听命于晋国。而先生若能以国家大局为重，晋国之大夫，谁能不唯先生之马首是瞻，服从先生呢？和大夫自然会敬从先生。愿先生善待和大夫，以大德而掩小怨，与和大夫争田之疆界，绝不应是晋国正卿所为。"范宣子听祁午言之凿凿，理之端端，非常感佩，说："若非听先生之言，几使我犯了大错，以误国君之大事。"于是一场你死我活的内部斗争被平息。祁午可谓有见识，又善处理疑难事务的难得的贤才。

晋悼公任用祁午为中军尉，一直到晋悼公死去，晋平公（悼公之子）之世，晋国军无秕政，可谓得人。

后来，祁奚又向晋国国君推荐了羊舌赤为军佐，皆是官得其职，职得其人。史书称祁奚"举其仇，不为谄；立其子，不为比；举其偏，不为党。"（《左传》襄公三年）"无偏无党，王道荡荡"，这正是概括了祁奚的为人。祁奚"外举不避仇，内举不避子"，祁奚确实是一个荐贤不避亲仇的典范。

在漫长的中国封建社会中，不仅要有明君，也还需有明臣，才能使国家机器呈良性运转。

战国中后期，赵国曾有一个战国史的盛世。魏、楚、齐等诸侯列国相继被削弱的情况下，赵国一枝独秀，秦国为之胆怯。赵国文臣武将不计个人恩怨，捐弃嫌隙，以国家为重，急国家之所急，深明大义，乃是赵国盛世的重要基础之一。

赵国自赵武灵王改制，国力大大增强。《史记·匈奴列传》记载："（赵）武灵王变俗胡服，习骑射，北破林胡、楼烦，筑长城自代至阴山下，至高阙为塞，而道云中、雁门、代郡。"赵武灵王灭中山，攘胡人，服楼烦，开疆拓土。经过胡服骑射的赵国士兵，勇武善战，精于骑射。时势造英雄，在征战中造就了赵国的一个名将廉颇。

廉颇是赵武灵王之子赵惠文王时期的名将。他曾经率领赵国军队出征伐齐国，大破之，取得阳晋。廉颇英勇善战，号令严明，战争中有勇有谋，闻名于诸侯各国。赵惠文王封廉颇为上卿。

秦国当时为了达到吞并诸国的目的，不断通过战争及各种手段威胁诸侯各国，要求割地等，号称"虎狼之国"。这一年，赵惠文王得到一个楚国的和氏璧，这是一个无价之宝。秦王就假惺惺地愿以15座城与赵换取和氏璧。赵王害怕如果把和氏璧给了秦，秦城不可得；若不给璧，又恐秦兵来犯。赵国宦者令缪贤推荐其舍人蔺相如勇敢且有智谋，可以出使秦，以完成其事。

蔺相如西见秦王，大义凛然，斥责了秦王不守信义的行为，不辱使命，完璧归赵。赵王认为相如很有贤才，封相如为上大夫。

秦国一计不成，又生一计，派使者来对赵王说，欲与赵王相会于渑池。赵王恐受秦辱，让相如随行。秦王请赵王鼓瑟，相如强令秦王击缶；秦之群臣请赵以15城献秦王，相如亦曰："请以秦之咸阳（秦都城）献赵王。"在整个会盟过程中，由于蔺相如的机智勇敢，秦王每个有辱赵王的言语和行为皆被相如斥退，终不能胜于赵。赵国廉颇盛兵驻在边境，随时准备与秦战，秦国亦不敢加害赵王。

渑池会盟后，赵王认为蔺相如功劳很大，乃封为上卿，位在廉颇之上。廉颇心中非常不平衡，他认为自己且出身在贵胄之家，又早就是闻名于诸侯国的一员名将，有攻城野战之大功，而蔺相如仅仅以口舌之劳，竟然位居在他之上。廉颇认为，你蔺相如不过是宦者令缪贤的舍人，贫且贱。自己位在相如之下，感到羞耻。廉颇越想越气，就对大家宣言说："吾见相如，必辱之。"

蔺相如听到廉颇的话，总是躲避廉颇，凡廉颇去的地方，相如皆托故不去；每逢上朝奏事，相如常称病不去，尽量避免与廉颇争列。有一次，蔺相如驾车出门，在一个很狭窄的街上，看见廉颇的车子迎面而来，廉颇坐在车上，趾高气扬，一脸高傲的神色。原来廉颇听说相如要外出，专门在此等候，准备好好羞辱他一番。相如看见廉颇，急令御手转弯，不与廉颇见面。

相如做了上卿以后，门下亦有一些舍人。他的门下舍人很气愤地对相如说："臣所以去亲戚而事君者，徒慕君之高义也。今君与廉颇同列，廉君宣恶言而君畏匿之，恐惧殊甚，且庸人尚羞之，况于将相乎！臣等不肖，请辞去。"蔺相如止住宾客，说："夫以秦王之威，而相如廷叱之，辱其群臣。相如虽驽，独畏廉将军哉？顾吾念之，强秦之所以不敢加兵于赵者，徒以吾两人在也。今两虎共斗，其势不俱生。吾所以为此者，以先国家之急而后私仇也。"（《史记·廉颇蔺相如列传》）

蔺相如在残酷凶狠的敌国国君面前，勇敢机智，不畏强暴，不辱使命。他不仅保住了赵国的国宝和氏璧，完璧归赵；而且在强敌面前，维护赵国君主的尊严，毫无胆怯之色。但蔺相如面对赵国将军廉颇百般忍让，委曲求全。蔺相如这种"先国家而后私仇"的气量的确难能可贵。

一席话说得大家点头称是，大家都佩服相如的宽宏大量，以大局为重的胸襟。

廉颇听到这些话后，心中非常感动。他想：蔺相如以国家为重，以事业为重，真乃厚重君子，而自己却在争地位的高低，真是太狭隘了。廉颇亦是一个忠武淳朴之人，于是肉袒负荆，让一些宾客领路，亲到相如府中谢罪。他激动地对相如说："廉颇真是一个没有见识的人，不知先生竟然宽厚至此。今廉颇负荆请罪，愿先生谅解！"

从此，相如与廉颇捐弃前嫌，结为刎颈之交。

蔺相如与廉颇以国家大局为重，不计个人恩怨，共同的事业心和深明大义使他们化嫌隙为友情。从此，二人精诚合作，共同辅助赵国。这一年，廉颇率兵东攻齐，破其一军；两年后，又攻取了齐之畿邑。廉颇率军攻下了魏之防陵（今河南安阳县南二十里）。蔺相如又伐齐，至平邑（今山东昌乐县东北四十里），破平邑城北的九门大城。

在蔺、廉相互谅解的影响下，赵国文臣武将，团结一致，赵惠文王二十九年（公元前270年），秦人来侵赵国，赵国以赵奢为将，大破秦军于阏舆山下（今河北武安县西南）。

战国后期，赵国君臣上下，人才济济，兵强马壮，充满了同仇敌忾的团结气氛。《战国策·赵策三》云："（赵国）尝抑强秦四十余年，而秦不能得所欲。"赵国成为战国后期抗秦的中坚力量，而这种力量来自赵国国君的贤明以及将相团结。

赵国独抗强秦，在诸侯国中起了极大作用。后来，赵惠文王及蔺相如相继死去。赵孝成王即位，秦与赵国战于长平，廉颇为将，秦人久攻不下，使用反间计，让赵孝成王用只会纸上谈兵的赵括换掉廉颇,以致有长平之难,这是后话。长平之战,秦将白起坑杀赵卒四十万,赵国从此衰弱。而在此之前,赵国确实有一个君臣用勤奋与谅解共同创造的辉煌时期。

第二章　儒家关于"明"的学说

一　孔、孟论"明"

儒家学说的宗旨是修身、齐家、治国、平天下。"明"与治国平天下有着密切的关系。作为儒家学说的奠基人孔子、孟子对"明"皆有很好的论述。

《论语·颜渊》记载："子张问明。子曰：'浸润之谮，肤受之愬，不行焉，可谓明也已矣。浸润之谮，肤受之愬，不行焉，可谓远也已矣。'"上面的话意为，孔子说：有人经常不断地、每天都在你面前说某人的坏话，使你亲自听到这些诬告，而你并不被这些谗言和诬告所蒙蔽迷惑，始终保持清醒正常的看法，这就是"明"。别人经常不断地谗言和诬告，在你这里行不通，这就是有远见之"明"。

孔子认为，不听信佞人的谗言和诬告就是"明"。这实际就是说，人们应不听片面之词，对那些谗言诬告要作正确的分析和调查，其实也是兼听则明。

《论语·为政》记载：孔子说："吾十有五而志于学，三十而立，四十而不惑，五十而知天命，六十而耳顺，七十而从心所欲，不逾矩。"孔子自己说，他十五岁开始学习，三十而有了自己的事业，四十岁积累了一定的知识不再对某些事情疑惑，五十岁对事物命运有了深刻的认识，六十岁时对别人的话不会盲从，到了七十岁做任何事情都从心所欲，不会逾越规矩。孔子把自己的人生分为6个阶段，随着年岁的增长，对事物的分析认识能力逐渐深刻，这样就不会为事物的表面现象所迷惑。孔子认为，对于事物的深刻认识当源于人生的知识经验。人自身知识经验积累是使自己"明"的基础。

"明"的反义词是"蔽"。如果一个人受蔽，那就是不明。孔子在《论语·阳货》中对"六言六蔽"进行了解释。"六言六蔽"，就是六种情况下产生蔽病。孔子说：好仁不好学，就会被人愚弄；好知不好学，做事就会没有基础；好信不好学，就可能被人利用反而害了自己；好直不好学，说话就会尖刻，刺伤别人，好勇不好学，就会闯祸惹事；好刚不好学，就会胆大妄为。以上孔子所说的有关人产生六种蔽病的原因皆是"不好学"。孔子肯定了"好仁"、"好知"、"好信"、"好直"、"好勇"、"好刚"的品格，但"不好学"，就会产生蔽病。产生"蔽"是因为"不明"，而要"明"，就必须"好学"。因此，善于学习别人的经验，善于学习各种本领，善于学习来自各方面的知识，人们做事就会"明"。"明"，就不会再有弊端弊病。

孔子一生强调"好学"，如他所说的"学而不思则罔，思而不学则殆"，"博学而笃志"，"君子学以致其道"。这些都说明"学"，才会明白事物之真谛；明白事物的真谛，才会不"罔"、不"殆"，才会"笃志"，"以致其道"。孔子强调"学"对"明"的意义。只有"学"，才会"明"。

孟子对"明"有更系统详细的论述。

首先，孟子认为国君要作为"明君"。《孟子·梁惠王上》说："是故明君制民之产，必使仰足以事父母，俯足以蓄妻子，乐岁终身饱，凶年免于死亡，然后驱而之善。"这就是孟子对"明君"的要求。明君要使老百姓有一定的田产；使他们可以奉养父母，养活妻儿；年成好时终年能吃饱饭，灾荒年也能免于死亡。在这些生活上的基本条件被满足以后，让老百姓去向善。明君就应在所有方面为百姓着想。

古人把"明"与"圣"联在一起，明君又称为"圣明之君"或者"圣人"。孟子认为圣明之君就是要使民以富足。《孟子·尽心上》曰：组织百姓治理田地，薄其税敛，使民以富，让民按照季节食用田里收获的粮食，依礼消费，有食用不尽的财富。水与火对于百姓来说是每户必有的，一般不会缺少。圣人治理天下，要使粮食如水、火一样多，每家每户都能满足，百姓就会仁爱。这样的君王可以称为圣明之君。君主必须爱护百姓，使百姓有温饱的生活，孟子认为，这是成为明君的最基本的条件。

其次，孟子认为，每个诸侯国君都应使用家政刑明白。《孟子·公孙丑上》云："明其政刑，虽大国必畏之矣。"即如果一个国家有修明的政治法典，即使是相邻的大国也会畏惧它的。

什么是修明的政治法典呢？孟子在《公孙丑》一篇中亦有解释：如果实行仁政，就会荣耀；如果不行施仁政，就会遭受屈辱。国君要贵德而尊士，使贤者俊杰之士在位，能者在职，尊贤使能，国家无内忧外患。这就是政治法典的修明。

第三，孟子认为，作为一个国家还要教民以明"人伦"。夏商周三代皆设立庠、序、学校以教育民。《孟子·滕文公上》云："庠者，养也；校者，教也；序者，射也。夏曰校，殷曰序。周曰庠。学则三代共之，皆所以明人伦也。人伦明于上，小民亲于下。有王者起，必来取法，是为王者师也。"孟子认为，百姓必须明人伦，才能相亲。

所谓"伦"，就是"道"；"人伦"就是做人的道理。《说文》云："伦，辈也。从人仑声，一曰道也。"《礼记·中庸》云："今天下车同轨，书同文，行同伦。"孔颖达疏曰："伦，道也，言人所行之行皆同道理。"所谓"人伦"，就是人们在处理人际关系方面的道理。《论语·学而》说："弟子入则孝，出则悌，谨而信，泛爱众，而亲仁。"这几句话，把儒家的伦理思想非常集中明白地表现出来,那就是为人弟子,回到家里要孝敬父母,友爱兄弟姐妹,做事要谨慎而有诚信,对广大的百姓要有友爱之心,仁慈之心。这实际就是做人的道理。孟子非常注意人伦关系。如前所述,他曾说:"人伦明于上,小民亲于下。"如果统治者使百姓明白"人伦",小民自然会相亲相爱。《孟子·滕文公上》云:"教以人伦,父子有亲,君臣有义,夫妇有别,长幼有序,朋友有信。"能够完全地明白人伦关系,清楚做人的道理,那就是圣人。孟子说:"规矩,方圆之至也;圣人,人伦之至也。"人人亲其亲,长其长,则天下太平。

最后,孟子认为,人还必须"明乎善"。《孟子·离娄上》说:"不明乎善,不诚其身矣。""善",即良善、美好的意思;能将国家治理得很好,百姓安居乐业者谓"善政",善于教育谓"善教",劝人学好的言语谓"善言",好的行为谓"善行"。孟子认为:最好的引导民向善的方法是善教。他在《尽心上》说:"善政不如善教之得民也。善政民畏之,善教民爱之。善政得民财,善教得民心。"又说:"言近而指远者,善言也;守约而施博者,善道也。"孟子所谓的"明善",就是以诚心去教育劝导别人以行善道。"不明乎善,不诚其身矣",就是不对人以善言、善教,就是自身的不诚。

孔子、孟子皆把"明"与治国平天下联系起来。孔子较多地论述怎样使自己"明"。他认为,人们应该多学习,积累知识和经验,才能使自己在处理事务时达到"明",不受片面的谗言的影响。孟子则更明确论述了作为明君的根本条件就是要百姓有温饱的生活;国家要有修明的政刑;人们之间要明"人伦",才能相亲;并指出"明善",即以善教、善言引导人们的善行。

孔、孟论"明",对"明"的认识,皆是儒家学说的精华。他们对"明"的认识,仍然具有重要的现实意义。

二 《尚书》中的"明"观念

《尚书》即上代以来的书。《尚书》记载着自尧舜至夏商周三代帝王的诰、命、文书、典谟、策等。《尚书》的这些文诰充满三代帝王的"明"观念,如明德思想、明考绩升黜的思想、明刑罚的思想等,表现了三代时期,帝王们就非常重视"明",具有"明"的观念。

《尚书·益稷》云:"元首明哉,股肱良哉,庶事康哉。"也就是说,国家的元首(即领袖帝王),如果非常"明",处理政务有明晰的思想,光明的行为,辅助他的股肱大臣又都是良臣,那么一切事情都会处理得很好,很安。康,安之意。这里把君主的"明"放在首位,说明夏王朝已经重视君明,只有君明,臣才会良,而国家事务才能安顺发展。

三代帝王非常重视明德,认为只有"明德"者才能统治天下。

《尚书·尧典》记载:帝尧"钦明文思安安,允恭克让,光被四表,格于上下,克明俊德,以亲九族"。其意是,帝尧钦敬明哲,以安天下之当安之人,能谦恭礼让,其光照四方,至于上下,能以光明之德亲九族。又《尧典》记载:尧对舜说:"明明扬侧陋。"也就是尧告诫舜:"你当明白地举其明德之人于僻隐鄙处之处。"即举贤能之人于寒微之中。这里的"明",是了解、举贤之意;明德之人,当是指品德高尚的人。《尚书·咸有一德》云:"非天私我有商,惟天保佑于一德。非商求于下民,惟民归于一德。"伊尹告诉太甲说:"并不是上天偏爱我商王朝,只因为我大商有明德;并不是大商王朝以力求民,而民归顺大商是因为有德。"

伊尹是商初的贤臣,曾辅助成汤打败了夏王朝,建立商王朝。成汤死后，其子太甲即位。但太甲既立，不明。伊尹放诸桐宫，三年复于亳"。因为太甲"不明"，伊尹将其放逐。所谓"不明"，就是不明白治国之理，爱民之理，不明政务。"不明"，被放逐是应该的。后太甲反省自身，伊尹将其接回，做《太甲》三篇，以训太甲，曰："先王顾是，天之明命，以承上下神祇。"即先王之常看、重视天之明命，以承天地之神祇。这样才能维护商王朝的江山。

《太甲下》：伊尹曰："惟天无亲，克敬惟亲。民无常怀，怀于有仁。鬼神无常想，享于克诚。天位艰哉，德惟治，否德乱。与治同道无不兴，与乱同事无不亡。终始慎厥与，惟明明后。"后，即主也。这段话的意思是，天只对那些有恭敬之心的亲近；民众只怀念有仁德的君主，鬼神福佑那些诚敬之人，处在君主之位是非常艰难的，以德治国治民则能治理，否则就会产生祸乱。以治理好国家的角度去治国家则兴盛，否则亡。英明伟大的君主必须明白这个道理。

伊尹在这里对太甲强调，君主治国必以"明"。"明"是治国的关键，"明"才能使百姓怀恩德，"明"才能使国家以兴。商王朝统治者有非常明确的"明"观念。

《尚书·康诰》云："丕显文王，克明德慎罚。"也就是说，光明伟大的文王，他能够用明用俊德，谨慎用刑罚。周人最重视的明德思想，也称作敬德保民思想。他们只有明德、敬德才能保民。

西周王朝以小邦周打败了大国殷，得到了天下。夏、商灭亡的原因是西周贵族经常讨论的命题。周天子把自己神化为天子，是天帝派到人间的王。而夏商国王也是天帝派到人间的王。夏商为什么会灭亡呢？周公旦认为，夏商灭亡的原因是他们"不敬厥德，乃早坠厥命"。周人认为不敬德是引起夏、商灭亡的主要原因。

周人认为，天降大命将选有德者做天子，付给他土地和人民，要天子代天保民。如果天子不能代天保民，天就会降灾，就会易大命，改变你的地位，另外再选有德者去做天子。

所谓"敬德"、"明德"就是保民。《尚书·吕刑》云："王曰：呜呼，嗣孙，今往何监，非德于民之中，尚明听之哉。"这是周穆王对其下属的诸侯嗣子孙所发的感叹，说，现在我们对以往之事，以何为鉴呢，应当立德于民之中。大家都要听明白我的话。

周人主张的"德"，就是为民、保民，把天意与民心联系起来。周人认为，民心代表天意。统治者如果使民众的生活安康，那么天就会满意，天命永在，让你继续统治；如果统治者虐待民，使民不聊生，那么天就会降灾，就会"易大命"，像夏商一样经止其禄。

《尚书·皋陶谟》云："天聪明自我民聪明，天明畏自我民明威。"这里的"聪明"是见闻之意，表示天对下情的明察与了解是根据民之视听而知晓的。天之降罚是可畏的，但也是按民之意愿而进行惩罚以成其明威。此篇中把视听、了解谓之"聪明"，又提出"明畏"、"明威"的概念，这些皆有明白之意，其中的"聪明"是了解之意，"明畏"是指天之罚是非常明白而可畏，"明威"，即这种天威是让民来告诫的。《尚书·泰誓》亦云："天视自我民视，天听自我民听。"《尚书·酒诰》说："人无于水鉴，当于民鉴。"也就是说，天帝如欲了解人间君主治理的情况，则看民的反映，听民的呼声。君主如果想了解自己的政绩，不要以水为鉴，当以民为鉴。民众会如实地反映君主帝王治理的情况。"人无于水鉴，当于民鉴"，成为我国历代帝王将相的座右铭。

怎样才能做一个明君呢？《尚书》亦有深刻的论述。《太甲中》说："视远惟明。"其实也就是要求帝王们必须有远见，看得才能明白，才能认清事物的本质和内涵，从而得出无误的结论，作出正确的处理问题的方法。

《尚书·舜典》说："广致众贤，明四目，达四聪。"这里是要集中众多贤能之士，"明四方"是说要借众贤者的眼睛以视四方之远，从而达到四方之事皆能以聪以明去处理。这还是"视远惟明"之意。因为只有依靠众多的贤能之士，才能视远，视远才能明；而只有明，才能治理好国家。

"视远惟明"，是用贤者才能视远，才能明目，但怎样才能得到贤者呢？《尚书·周官》云："王乃时巡，考制度于四岳，诸侯各朝于方岳，大明黜陟。"周天子要按时到四方去巡查，对四岳（四方的部落首领和长官）进行考核，各方诸侯要朝见四岳；按照考核结果，进行升迁或降职，罢黜的处理，但这种处理决定必须"明"，即在光明磊落的情况下进行。升迁和罢黜都要根据考核的结果。这样选出的人才才是真正的贤能之士。

《周官》又云："明王立政，不惟其官，惟其人。"英明的君主建立政权，不是为设官职而设官，而是在于得到贤能的人才。因为只有得到贤能之士，才能"视远惟明"，才能治理好国家。

治理好国家，还有一个重要的因素，那就是用刑要明，即明察狱讼。

《尚书·益稷》曰："象刑惟明。"象刑是古代刑法的一种，就是不用肉刑。人如果犯罪，让其穿一种特殊的衣服，即菲履、赭衣，以示其有罪，谓之象刑。《荀子·正论》云："世俗之谓说者曰：治古无肉刑，而有象刑。墨黥、慅婴、共艾罪、菲对履，杀赭而不纯，治古如是。是不然，以为治耶，则人固莫触罪，非独不用肉刑，亦不用象刑矣。"在这里，荀子说的是更远古的时候，是时人们既无肉刑，也无象刑。稍后，象刑出现。象刑就是让人用墨染的巾以蒙其头；慅婴，是一种凶冠之饰，慎子认为是草缨；穿以草菅做成履，以赤土染衣。这皆是罪人的服饰。

象刑是人们服罪的一种形式。《汉书·刑法志》有另一种解释："所谓'象刑惟明'者，言象天道而作刑，安有菲履赭衣者哉？"当然《汉书》是后代成书，为东汉班固所著，去古已远，荀子所述当较为准确。

象刑就是让犯罪者穿上罪人服。这是古代刑罚的一种形式。但既是这样轻的刑罚也要"明"。"明"，就是让受刑者本人明白他所犯的罪，让民众明白受刑者的罪，"象刑惟明"是古代君主在用刑方面的"明"观念。

《尚书·吕刑》云："哀敬折狱，明启刑书。"《吕刑》是西周穆王让吕侯所做的刑罚。在《吕刑》中也告诫各级官员要对刑狱用虔敬的态度，以刑书来明确罪者的犯罪事实。西周统治者在刑法方面有非常明确的"明"思想，这是西周王朝治理国家的保障。

三 《大学》之"明德"思想

《大学》云："大学之道，在明明德，在亲民，在止于至善。""大学"教育的主旨，是明德，明德的目的在于亲民、至善。

朱熹在《大学章句序》中说：夏商周三代时期，皆有学校。人生八岁，自王公以下至于庶人之子弟，皆入小学，而教之以洒扫应对进退之节，礼、乐、射、御、书、数之文。及其十五岁时，则自天子之元子、众子，公卿大夫元士之嫡子，与民之俊秀者，皆入大学，而教之以穷理、正心、修己、治人之道等。这就是大学教育的内容。《大学》一篇记载的内容，是大学教育的主旨。

"大学之道，在明明德。"其意为大学之教育，在于使学生以明白其德。《尚书·尧典》云："克明峻德。"《尚书·康诰》云："克明德。"儒家经典把"明德"当做帝王的首要条件。"明德"，是大学教育之首。"德"，对个人来说，指的是品德、德行；而对于一个国家或政权，则指的是能否施惠、施德于民。《吕氏春秋·孟春纪》："命相布德和令，行庆施惠，下及兆民。"《礼记·内则》："降德于众兆民。""明德"，是大学教育关于修己治人的首要内容，因此，"明明德"，应当指的是治理国家，明白施恩惠于民众的大道理。

大学所教育的内容是治国之道。如上所述，治国以明德，是让国君治理民众要多施恩惠。另外，朱熹认为，明德还有修己的内容。人本来是有好的德行，但有时被欲望所迷惑，则有时而昏，因此也应当以明德而使其明。以明德修己，让自己去掉人欲，以恢复原来之本性。

明德，不仅修己，还要"亲民，止于至善"。朱熹在《大学章句》中说："亲，当做新。……新者，革其旧之谓也。言既自明其明德，又当推以及人，使之亦有以去其旧染之污也。"其意是，教育自己及民皆以"明德"，使百姓除去旧的陋习，建立新的风尚。《大学》引《汤之盘铭》曰："苟日新，日日新，又日新。"又引《康诰》曰："作新民。"及《大雅·文王》曰："周虽旧邦，其命维新。"这里皆是要人们不仅自新、新民，而且日日新之。周文王时就能自新其德以及于民。

"止于至善"，就是在最善的境界中永不移动。在至善环境中没有一毫的人欲之私。为国君者，止于仁；为臣者，止于敬；为人子者，止于孝；为人父者，止于慈；与朋友交往，止于信。如果能做到这些，基本上可以"止于至善"。

"明德"、"新民"、"止于至善"，此三者，乃大学教育的纲领。而"明德"是纲领之首。只有明其"明德"，才能做到"新民"、"止于至善"。

《大学》云："古之欲明明德于天下者，先治其国；欲治其国者，先齐其家；欲齐其家者，先修其身；欲修其身者，先正其心；欲正其心者，先诚其意。""明明德于天下者"的目的，是修身、齐家、治国、平天下。

修身，必先正心诚意。正心诚意，就是心无邪念，勿自欺欺人，君子慎独，不欺暗室，使自己的德行人格达到完美。自己再以完美的德行去教育家人，以孝、悌、慈教育子弟，而后可以教育国人。"所谓平天下在治其国者，上老老，而民兴孝；上长长，而民兴弟；上恤孤，而民不倍。"统治者治国平天下，尊老敬老，则民才会兴起孝道之风；尊敬长者，则兄弟之间才会兴起悌；统治者优恤幼孤，则民就不会背叛。所谓明德，就是要以尽孝悌，恤幼孤，这就是治国平天下所必须之明德。

先秦时期的统治者是非常注意修身齐家治国平天下的。他们注意自己的修养，并以好的道德去教育百姓，希望得到人民的信服。

春秋时期晋文公回到晋国即位后，首先他修明政治，施惠百姓，然后奖赏跟随流亡的大臣。《史记·晋世家》记载：晋文公说："夫导我以仁义，防我以德惠。此受上赏。辅我以行，卒以成立，此受次赏。矢石之难，汗马之劳，此复受次赏。若以力事我而无补吾缺者，此（复）受次赏。"晋文公赏赐功臣的等级可以看出，晋文公对于教育他以仁义、德惠的大臣给予上赏，也就是他对"明明德"的重视。因为"明明德"是治理国家的基础。而对那些能够始终跟随或者冒矢石之难、有汗马之功劳者，或者以力奉事者受次赏，更加说明了晋文公把仁义、德惠看得是非常重要！

晋文公对于有谦让的人也是不没其德的。如晋文公命帅，欲命赵衰。赵衰第一次推荐了郤縠，第二次推荐栾枝，第三次推荐了狐偃，后来又推荐先且居。晋文公认为，赵衰三让卿帅，所让的皆是贤能有功的大臣。赵衰之让，推出了贤能，是广布国君之德，但不能埋没赵衰之德，于是为赵衰之故，又建一支新军，使赵衰为新上军之帅。晋文公的做法很明显，是鼓励表彰有能力又谦让的功臣，这对晋国君臣的团结、人才的提拔，都起着一个推动的作用。晋文公的这种做法确是明君之举，也是一种明德的做法。

春秋时期的另外一个明君楚庄王也把明德与教育国人看得非常重要。

公元前559年，陈国发生内乱，夏徵舒弑君。楚庄王以平定陈国内乱为借口，出兵征陈，并把陈国变成楚国的一个县。但楚大夫申叔时认为，楚灭陈是一种贪其富而不德的行为。楚庄王翻然醒悟，马上恢复了陈国。次年，楚庄王因郑国的叛楚而伐郑。当郑国表示愿意臣服时，楚庄王就答应了郑国的求和。楚庄王的做法使对手晋国的统帅随武子也很钦佩，认为"楚君讨郑，怒其贰而哀其卑，叛而伐之，服而舍之，德、刑成矣。伐叛，刑也；柔服，德也，二者立矣"。(《左传·宣公十二年》) 楚庄王伐郑，采用德威并用的手段，使郑国心悦诚服地臣服于楚。楚庄王"无日不讨国人而训之于民生之不易"，告诉百姓，殷纣王虽然打了许多胜仗，但最终失败，就是因为不能用德来治理国家。楚庄王之所以能够向周室问鼎，饮马大河，称霸中原，与其"明明德"有着密切的关系。

中国最早的书《尚书》是记载自尧舜至夏商周三代帝王的诰、命、文书、典、策等的书。《尚书》的每一篇基本都告诫帝王君主们无德将会亡国的惨痛教训，老的国君教导幼主要以德治国。《太甲》云："德惟治，否则乱。"即只有德才能治理国，如果不用德就会发生乱。《咸有一德》云："非天私我有商，惟天保佑于一德。非商求于下民，惟民归于一德。"伊尹告诉太甲说："并不是上天偏爱我商王朝，只因为我大商有明德；并不是大商王朝以力求民，而民归顺大商是因为有德。"

西周初年，成王、周公东征之后，杀武庚，以殷商故地封康叔。告诫康叔要很好治理这些地方,周公作《康诰》云:"孟侯(指康叔),朕其弟,小子封,惟乃丕显考文王,克明德慎罚,不敢侮鳏寡,庸庸祇祇威威显民,用肇造我区夏,越我一、二邦以修。"这段话的意思是,周公告诫康叔说:"孟侯,你是我的小弟,今封你(殷商故地),是为了光大我们先父文王之辉煌,你到那里治理,要明德慎罚,不要欺侮鳏寡孤独之人,要恩威分明,让百姓明白,在我们管辖的区域实施明德慎罚之道,在我们的邦国之内修明治理。"《康诰》中周公还说:"封有叙,时乃大明服。"即政教有次序,法理明晰,则民服。

《梓材》一篇中,周公告诫康叔,以为政之道,亦如梓人治材,即如工匠制木器。周公说:"先王既勤用明德,怀为夹。庶邦享,作兄弟,方来既用明德。"其中"夹",音协,近也。这段话是说,文王、武王勤劳治国,用明德使远、近相同。远方庶国朝聘,先王把他们看做兄弟,以亲善明德之道。

《尚书·周书》记载着西周王朝初年的诰、命、文书等。在这些文书中多次提到"明德"。《君奭》云:"嗣前人恭明德。"《洛诰》云:"惟公德明,光于上下。"《召诰》云:"保受王威命明德。"《多方》一篇中,周公认为,殷商王朝至帝乙皆能"明德",才能治理好国家,而至纣王时失德,才失天下。《文侯之命》周平王说:"丕显文武,克慎明德。"

由此可见,儒家把"明德"看得多么重要。他们认为,"明德",才能治理好国家;"明德",才能使百姓心悦诚服;"明德",是使社会安定的保证。《大学》把"明德"放在大学之道的首位。《大学》认为"明德"是治国平天下的第一要素。"明德",不仅治国者明白,还要使百姓明白,即"新民",使百姓亦"明德"。当然,"明德"的最高境界是"止于至善"。所以,"明德、亲民、止于至善"的目的是修身、齐家、治国、平天下。

四 《中庸》之"诚"与"明"的关系

《中庸》一书相传为子思所作。《史记·孔子世家》云:"子思作《中庸》。"子思是孔子的孙子,曾受业于曾子。学术界有人怀疑《中庸》是否为曾子所著。如杨伯峻先生在《论语评注》中说:"《中庸》,司马迁说是子思所作,未必可靠。从文字和内容来看,是战国至秦的作品。"笔者认为,如果没有充分的证据,是无法否定古史记载的。司马迁所处的西汉时代去战国未远。秦火虽然烧掉许多儒家著作,但儒家的师传及儒家经典的著者当是明白的。司马迁著史态度严肃,以信传信,以讹传讹,故太史公在《孔子世家》中记载《中庸》为子思所著当可是向壁虚谈。《中庸》为子思所著,表现的当是子思的思想。

子思在《中庸》中对"明"与"诚"的关系作了深入的研究。诚,是一种笃实可欺的精神。诚,就是兢兢业业,踏实认真,实事求是的精神。就是圣人之本性。明,就是对事物本质的明白和认识,对社会上一切事物的理解。《中庸》二十一章云:"自诚明,谓之性。自明诚,谓之教。诚则明矣,明则诚矣。"这段话的意思是,人们由于至诚,而明达事物之理,这是圣人之本性使然。而先明白事理,以后才有了至诚的精神,这是由于教育的结果。至诚,就会明理,明理之后也同样达到至诚,即"诚则明矣,明则诚矣"。南宋理学家朱熹在《中庸章句》中说:"诚则无不明矣,明则可以至于诚矣。"

"诚则明","明则诚",其实就是一个认识论的概念。儒家学派认为,诚是道,是性,是一种精神。明,是对客观事物的认识和把握。只有怀着一颗虔恭的心去观察和研究,才能明白事物之真谛。北宋儒学家周敦颐在《通书》中说:"诚精故明。"

唐代李翱在《复性书》中说:"诚者,圣人之性也,寂然不动，照乎天地，感而遂通天下之故。"又说："诚而不息则虚，虚而不息则明，明而不息则照天地而无遗。"这句话的意思是，诚是一种精神。这种精神无声无息，寂然不动，却广大清明，照耀天地，使人对天下的一切事物都明白，精通。即"明而不息则照天地而无遗"。至诚是认识事物的根本因素。

《中庸》20章云："诚之者，择善而固执之者也。博学之，审问之，慎思之，明辨者，笃行之。"子思认为，诚，就是选择善事而坚定不移，并且广博地学习，审慎地询问，慎重地思索，明辨是非，踏实地执行，这样才能真正地择善而从。

西周初年，周武王在克殷后两年死去，成王尚在幼中。在当时的情况下，西周王朝刚刚取得胜利。而在当时"灭国不绝祀"的思想主导下，殷商王朝还由纣王之子武庚继其祭祀。殷商王朝所属下的臣国势力根本没有消灭，还在虎视眈眈地看着西周王朝，准备随时卷土重来。周成王还是一个幼童，是无法应付那种复杂的形势的。于是周公旦摄政称王，团结了召公奭。周公的做法引起了武王的另外一些弟弟，如管叔、蔡叔、霍叔的不满。管叔、蔡叔、霍叔联合武庚作乱，并引起了殷商故地东夷地区的叛乱。周公旦毅然东征，经过三年的艰苦奋斗，平定了东夷的叛乱，巩固了西周王朝的统治。周公对西周王朝无限忠诚。本着这忠诚，周公旦在周武王死后担起了主宰王朝的大任。周公在处理西周王朝的国家事务方面，表现他的"明"。这种"明"是在他"诚"的基础上而形成的。

周公东征取得胜利后，又多次发布诰命，如《尚书》的《大诰》、《康诰》、《酒诰》、《召诰》等，探讨殷商王朝失败灭亡的原因，认为是"不德于民"而引起的，但认为殷商王朝的先王，如成汤等人还是明哲之王，因此告诫成王，康叔等要接受殷商王朝的教训。如《尚书·召诰》记载：周公说："我不可监于有夏，亦不可不监于有殷。"并认为夏、商灭亡的原因是"惟不敬厥德，乃早坠厥命"。夏商的灭亡是因失德而致的。

周公认为"德"就是为民保民。民心代表天意。如果统治者保民，使民得到安康的生活，那么天就会满意，天就会让你继续统治，天命永在。反之，如果统治者虐待民，使民不聊生，那么天命降灾，就会"易大命"，像夏、商一样终止其禄。天的意志就通过民心表现出来。《尚书·泰誓》云："天视自我民视，天听自我民听。"《尚书·酒诰》云："人无于水鉴，当于民鉴。"也就是说，上天欲了解天子统治国家的情况，则先看民的反应，听民的呼声。天子如果想了解自己的政绩，不要以水为鉴，当以民的反应为鉴。民拥护统治者，就说明统治者治理得好，得民心，同时也会使上天满意。如果民反对统治者，那么就说明统治者治理得不好。统治者治理得不好，那么，天就会降罪，夺去统治者的俸禄与统治。

周公的敬德保民思想对我国后代的封建王朝的统治者有深远的影响。这是我国历史上封建帝王所必须遵从的治政指导思想，是衡量昏君明君的界标。周公的敬天保民思想，从根本上说是为了维护西周王朝的统治，但他谆谆告诫西周统治者要敬德勤政，不要荒淫政事，要爱护人民，体恤鳏寡，他认为西周王朝的统治是由于天命，然而天命是通过民心表现出来的。周公的这种以民为本的思想，闪烁着我国早期封建社会民本思想的光辉。

周公的民本思想是出于他对西周王朝的诚。周公把维护西周王朝的统治当成自己奋斗的目标。为了维护西周的统治，周公冒着种种不利他的流言飞语，摄政称王，毅然带兵东征，这些都应当出于周公的诚。由于周公的"诚"，使他在东征胜利之后，不断地探索夏、商王朝灭亡的原因，从而提出西周王朝治国的主导思想——敬德保民。敬德保民思想的提出是一种明智之举，而这种"明"是出于"诚"。

周公执政七年后，又还政于成王，北面就群臣之位。周公还政，也表现周公的"明"。因为在当时的社会中，周公亲自制定宗法制。按照宗法概念，只有嫡长子才能继承大统，成王才是王位的继承者，周公是不应该继承王位的。周公在成王年长以后还政，是周公的"明"，而这种"明"，又表现了周公对西周王朝的诚。"诚则明矣，明则诚矣。"正反映《中庸》所阐发的"明"与"诚"的相互因果关系。

又战国时期，赵武灵王因赵国北边有燕，东与胡为邻，西与林胡、楼烦、秦、韩为界，中山国在赵之腹心。而楼烦、林胡等皆为游牧民族。他们善于骑马射箭，来如飘风，去如骤雨，经常在秋天收获季节对农耕地区进行抢掠。而赵国就是定居的农业区域。边境的胡人对赵国是一个强大的威胁。为了抗击游牧民族的骚扰，赵武灵王决定胡服骑射。

胡服骑射，就是脱去华夏民族传统的博衣大带的服饰，穿胡人窄衣小袖的服装；在作战中不用华夏民族传统的车战的作战方式，采用胡人的骑马射箭的方式。这种作战方式对于抗击游牧民族的骚扰当然是最有效的方式，骑兵是先秦社会中最好的兵种，博衣大带的华夏服装对于骑兵来说是极不方便的，窄衣小袖的胡服正是适合骑兵兵种的服装。赵武灵王采取胡服骑射是建立在对事物的深入研究和认识上，是对形势的明察。这种"明"引出了治国平天下的大策。这是赵武灵王的"诚"。

赵武灵王实行胡服骑射，使许多朝廷大臣不能理解，如赵武灵王的叔父公子成就认为，华夏之邦是诗书礼乐之乡，是文明仁义之地，如果舍此服而学胡服，是变古之教、易古之道，逆人之心。赵武灵王向公子成进行了耐心的解释，说："吾国东有河、薄洛之水，与齐、中山同之，无舟楫之用。自常山以至代、上党，东有燕、东胡之境，而西有楼烦、秦、韩之地，今无骑射之备。胡寡人无舟楫之用，夹水居之民，将何以守河、薄之水，变服骑射，以备三胡、秦、韩之地。"赵武灵王亲自穿胡服上朝，从而在赵国开始胡服骑射。

经过胡服骑射的赵国,空前强盛,灭中山,扩展疆土,北至燕、代,西至云中、九原。战国后期,秦国怀虎狼之心,欲以兼并天下,诸侯各国相继衰弱,而赵国"独抗强秦四十年,使秦人不能得所欲"。(《战国策·秦策四》)这正是赵武灵王胡服骑射的结果。

赵武灵王出于对国事的明,对赵国的热爱,对事务的分析与理解,实行胡服骑射则是一种明智之举。赵武灵王的"诚"与"明"是互为因果的。

五 荀子的"明"观念

荀子,名况,字卿,战国时期赵国人。他五十岁曾到齐国稷下学宫游学。齐襄王时,田骈等人已死,荀子是稷下学宫资格最老,地位最尊的学者。荀子曾三次为稷下学宫的祭酒。《史记·孟子荀卿列传》《索隐》云:"礼食必祭先,饮酒亦然,必从席中之尊者一人当祭耳,后因以为官名,故吴濞为刘氏祭酒也。而卿三为祭酒者,谓荀卿出入前后三度处列康之位,而皆为其所尊,故云'三为祭酒'也"。荀子后在齐国受谗至楚,春申君封他为兰陵令,终死在兰陵。荀卿后人又称之为孙卿,是因避汉宣帝讳改也,荀子是战国时期最有学问的学者之一。

荀子学识渊博,著书33篇,今存32篇。荀子的著作中对"明"进行有效深入的论述。荀子的关于"明"的理论可分为政治与哲理两个部分。

《荀子·王霸》云:"主能治明则幽者化,主能当一则百事正。夫兼听天下,日有余而治不足者,如此也,是治之极也。""主",指国君。上面这段话的意思是,如果国君、天子治理贤明,则那些幽暗不明之事就可以化解消除。国君能在君位上立正做主，则百事正，兼听天下之声。每天把事情都处理好，则是治之极也。《荀子·致士》中说："义及国而政明。"《荀子·君子》云："政令致明而化易如神。"《荀子·正论》云："上宣明则下治辨矣。""主道明则下安。"也就是说，只有以礼义治国，使政治修明。那么一切事情都会很容易解决，如神一样。国君贤明则下面的事务就会得到很好的治理。

《荀子·君道》："兼听齐明则天下归之，然后明分职，序事业，材技官能，莫不治理，则公道达而私门塞矣，公义明而私事息矣。如是，则德厚者进而佞说止，贪利者退而廉节者起。"

上段的话意为，如果君王广泛听取各种不同的声音，也就是兼听则明，那么天下人就会归顺。君王然后设职分官，建立业绩，各种贤才之士献出自己的技能，没有什么不能得到治理的，那就会公道出而私门塞，明确了为公的原则而且为私人请托的事就会停止了。有德者得以升迁，而奸佞者停止，贪利者退后而廉洁者出来。

《论语·颜渊》记载：孔子的学生樊迟问："什么是'知'？"

孔子回答："举直错诸枉，能使枉者直。"也就是说："把正直的人提拔出来，放在邪恶的人之上。"

樊迟对孔子的话不能理解，又去问子夏。

子夏说，夫子的话是太好了。舜有天下为天子，在众人中选拔皋陶，那些不仁之人就不能飞扬跋扈；汤有了天下，在众人中挑选伊尹为相，坏人也不能为非作歹。舜与汤之为，皆是仁与知之举。这就是明智和明德，只有这样，天下才能治理得好。

荀子对明君之"明"有较深刻的研究，《致士》云："今人主能明其德，则天下归之。若蝉之归明火也。"《议兵》云："故仁人用国曰明。"荀子认为，只有上明，即君王明，才能治理好天下。《荀子·富国》引《书》曰："乃大明服惟民其敕懋。"君主做到了"明达"，使人心服，人民就能尽力，顺从而又快速地为君主服务。

荀子还认为,明就是明礼义。礼是什么呢?礼实际是一种等级制度,是维护天子、国君绝对权威,调节统治阶级内部,贵族与平民之间关系的一种制度。《荀子·礼论篇》说:"礼起于何也?曰:人生而有欲,欲而不得,则不能无求,求而无度量分界,则不能不争。争则乱,乱则穷。先王恶其乱也,故制礼义以分之,以养人之欲,给人之求,使欲必不穷乎物,物必不屈于欲,两者相持而长,是礼之所起也。"所谓礼,是调节人们之间分配关系的制度。在礼制思想的指导下,国君和臣下,贵族和平民都要人为地划出等级。地位低卑者则穷则贱,而位高者则富则贵。《荀子·富国》:"故先王明礼义以壹之。"当然这里所说的"礼义"不仅仅是礼,是贵贱等级;这里说的还有"义",就是"使民夏不宛暍,冬不冻寒,急不伤力,缓不后时,事成功立,上下俱富,而百姓皆爱其上,人归之如流水,亲之欢如父母,为之出死断亡而愉者,无他故矣"。荀子所说的"明礼义",是明礼,明义。

《荀子·天论》说:"在天者莫明于日月,在地者莫明于水火,在物者莫明于珠玉,在人者莫明于礼义。"《荀子·礼论》云:"明者,礼之尽也。""明贵贱亲疏之节"荀子的意思是让人们懂得高低贵贱之别,又要懂得以仁义约束自己的行为。荀子的关于明礼义的思想表明他是儒家学派的支系。当然荀子崇法思想以及礼法并用的思想学说则是法家学派的先驱。

荀子的认识论在哲学史上占有重要地位。荀子认为,世界上的事物光怪陆离,千差万别,复杂多变。从这些事物中怎样去分辨正确与谬误,明白事物之真谛,这是古往今来人们认识世界的大问题。能够正确地认识世界上的事物就是明。荀子认为,人们对世界事物的认识是通过自身的感官而得到的,即《荀子·正名》中所说的"缘天官"。天官,即人们与生俱来所带的器官,如眼、鼻、耳、口、体等。《正名》云："形体、色、理以目异；声音清浊、调竽奇声以耳异；甘、苦、咸、淡、辛、酸、奇味以口异；香、臭、芬、郁、腥、臊、洒、酸、奇臭以鼻异；疾、养、沧、热、滑、铍、轻、重以形体异；说、故、喜、怒、哀、乐、爱、恶、欲以心异。"也就是说，以目去辨别颜色形体，以耳去辨别各种声音，以口去区分各种滋味，以鼻子去分别各种气味，以身体感受各种疾病，而以心去体验喜怒哀乐等情绪。不同的事物，以目、耳、鼻、口、形体、心，去区别分类，这是人们对事物得出的最初印象，即感性认识，这是感官上的"明"。

有了这种感性认识，还要通过心，即大脑的思维去考虑，以加深这些感性认识，然后上升到理性认识。荀子把这种从感性上升到理性的认识称为"徵知"。《正名》曰："徵知，则缘耳而知声可也，缘目而知形可也，然而徵知必将待天官之当簿其类然后可也。"徵知，就是徵召那些由天官得到的感性认识以综合、分析、比较、归纳，从而得到全面的理性的认识，即不仅明其外部，而且明其本质。

任何事物都是复杂的，都有其内部的、外部的、表面的、本质的、侧面的、全面的等不同方面和现象。如果只看到事物的局部现象而不能明其内部的本质，就不能得出正确的结论。《荀子·解蔽》说："凡人之患；蔽于一曲，而暗于大理。"如果人们只被事物的某一曲（某一侧面）所蔽，就不会明白其中之大理。所以人们只凭"天官"所得到的认识是不够的，必须上升到理性认识，才能明于大理。明于大理必须解除蒙蔽，即解蔽。

世上的万事万物，由于各种原因会使人们受蔽。荀子说：人们会因为事情已经过去而受蔽，会因为某种欲望而受蔽，因为爱恶受蔽，人们会因只看到事情起始而未见其终受蔽，或因只看到终结而未见其过程而受蔽，因为事物发生的远或近受蔽，因自己知识太浅薄，或因太博而受蔽，因为古、今时代不同而受蔽。世上的事物各有不同,以此物观他物,可互相为蔽。受蔽,就是不明。不明,就会得出错误的结论,从而错误地处理。

荀子在《解蔽》中讲了一个故事:夏首之南有一个人名叫涓蜀梁。此人较愚笨而胆小好害怕。有一个晚上,明月当空,涓蜀梁一人步行回家。月光下,他看见自己的影子,以为是一个鬼;又看见自己的头发,以为是鬼魅之发,吓得他转身就跑,当他回到家后,吓得已经没气了。"失气而死。"荀子说:涓蜀梁如此把自己的影子当做鬼,以至受惊吓而死,"岂不哀哉"。

荀子在《解蔽》中还指出,一个人如果头脑不清,或因酒而乱了神智,就会不明而受蔽。他见路上一块石头以为是趴着的老虎,见植林以为后面有人也。冥冥蔽其明也。醉者越百步之沟,以为一步之小沟也。俯身而出城门,以为是一个小狗洞口,酒乱其神智,醉眼而视者,视一以为两;掩耳而听者,什么也听不见以为声音喧闹。一个人必须在清醒的时候才能正确地认识事物,否则就会因神智不清而受蔽,这也是不明的结果,因"冥冥而蔽其明也"。

怎样才能不受其蔽呢?《解蔽》云:"圣人知心术之患,见蔽塞之祸,故无欲、无恶、无始、无终、无近、无远、无博、无浅、无古、无今,兼陈万物而中县衡焉,是故众异不得相蔽以乱其伦也。"即去掉偏见,不蔽一隅,尽列事物,互相比较,不受事物的片面的影响,而明了事物之真谛。

荀子认为,认识事物必须要闻、见、知、行,即要听、看、了解、行动,才能明白事物之真谛。《荀子·儒效》云:"不闻不若闻之,闻之不若见之,见之不若知之,知之不若行之。学至于行之而止矣。行之,明矣。"在对事物的观察、了解的过程中真正去做和行动,那么就"明矣"。

世界上的万事万物,如果事事参与,身体力行,这是不可能的。人们永远无法知道世界上所有的事物。荀子认为,如果想了解万物之理,了解事物的纲要和规律,那么就把事物分门别类,把相同类别的事物规律总结出来,以指导对事物的认识。《解蔽》曰:"法其法以求其统类,以务象效其人。"荀子认为,尽知天下万物之理者为圣,对万事皆有很适当的制度治理者为王。两者都具备者为"天下极矣"。这就是至圣至王。荀子的"法其法以求其统类",即闻一知十,以点带面,由个别求一般的认识事物,解决问题的方法是正确的。

荀子提出,不受任何干扰,不为事物(或人)的辉煌过去所称慕,不要忧患未来,不要有忧伤怜悯的思想,有恰当的时机就行动,这样才能懂得明白治乱之道。《解蔽》云:"不慕往,不闵来,无邑怜之心,当时而动,物至而应,事起而辨,治乱可否,昭然明矣。"明白了治乱之道,才能解蔽而不受蔽。

荀子的认识论是正确的,唯物的,科学的。他提出的"解蔽"的方法也是有道理的。荀子"解蔽"自然是为了帝王的统治,但他提出对事物要认真研究、分析、从事物表象而了解事物的本质和全面认识事物的方法至今仍有重要意义。荀子提出的"解蔽",就是解除蒙蔽、以达到明。

六 儒家光明磊落的处事原则

光明磊落是儒家学派要求的处事原则。儒家在社会交往、待人接物等方面有强烈的道德原则,表现出一种浩然正气,光明磊落的高尚德行。

孔子认为,一个道德高尚的人在处理一切事情时都应光明磊落,不能用不正当的手段谋取私利。《论语·卫灵公》云:"君子谋道不谋食。耕也,馁在其中矣;学也,禄在其中矣。君子忧道不忧食。"也就是说,有道德的人追求的道(道,这里指的是人间正道)。不应只去追求吃喝,如果认真去耕地,就会有食吃;认真地学习,就会得到俸禄。君子害怕失去道德,而不害怕没有食物。孔子举例说,富贵对于人来说是好事,但不能舍去仁义而用不正当、不光明的手段得到。《论语·里仁》云:"富与贵,是人之所欲也,不以其道得之,不处也。贫与贱,是人之所恶也,不以其道得之,不去也。"人们都希望得到富与贵,但必须以正当的手段获得。以不光明手段得到富贵,孔子坚决反对。宁愿不要这些富贵。人们都希望抛弃贫贱,否则,宁愿处于贫贱之中。这些都表现了孔子对待物质利益的光明磊落的胸怀。

孟子在《滕文公下》云:"古之人未尝不欲仕也,又恶不由其道,不由其道而往者,与钻穴隙之类也。"也就是说:古代的人也是非常想做官求富贵俸禄,但又讨厌不走正道,不光明磊落地去求官。求官者如因行贿,谄媚等手段去奉迎国君而求得的官,孟子认为,这是与钻墙洞狗穴而得到的财富是一样的。《论语·述而》云:"饭疏食、饮水、曲肱而枕之,乐亦在其中矣。不义而富且贵,于我如浮云。"不义得来的富贵,孔子是不会要的,认为像浮云一样,孔子认为,食粗茶淡饭,曲肱而做枕头,乐在其中矣。

在既得利益面前,孔子认为应首先考虑这种利益是否合乎道义?《论语·宪问》曰:"见利思义。"《论语·季氏》曰:"见得思义。"《论语·阳货》曰:"君子以义为上。"这些都表明了儒家对义、利关系的看法。儒家认为,利益包括金钱、名誉、地位等必须以合法手段取得,否则就是不义的;儒家认为,一切行为都必须正大光明。

春秋时期,楚国有贤相孙叔敖。孙叔敖的节俭在历史上是著名的。《韩非子·外储说左下》记载:孙叔敖相楚,使用的是柴车瘦马,粝饭菜羹,枯鱼之膳,冬天穿很薄的裘,夏天穿葛衣,面有饥色,其节俭的程度远超过他的下属,使其下属感到难为情。《荀子·尧问》记载：孙叔敖说："吾三相楚而心愈卑，每益禄而施愈博，位滋尊而礼愈恭。"《孙叔敖》碑说："（孙叔敖）至于没齿而无分铢之蓄，无立锥之地，破玉玦不以宝财遗子孙。"孙叔敖的后代子孙有"贫困负薪"者。孙叔敖身处尊位而节俭至此，可以说是尽忠至廉以为楚国。这正是儒家所提倡的那种毫不为己之私利，廉洁奉公的典型。孙叔敖"其俭逼下"，又无私利留给后代，这正说明孙叔敖心胸的坦白和高尚，只有光明磊落的人才能做到。

儒家认为，与人的交往亦当以光明磊落，而不应结党拉派。《论语》中的好多篇都探讨了这个问题。《为政》云："君子周而不比，小人比而不周。"《子路》云："君子和而不同，小人同而不知。"《卫灵公》云："君子矜而不争，群而不党。"孔子所说这几句话的意思是，光明磊落的君子可以与人广泛地交往，但不能结为朋党；君子与别人相处和谐但不能雷同迁就；君子不应与人争夺，虽然有很多朋友，但不能结党营私。

孔子提出，"君子成人之美，不成人之恶。""己欲立而立人，己欲达而达人。""己所不欲，勿施于人。"这些话都成为千百年来中国人民道德的格言，他们具有多么诚挚坦荡的胸怀和光明磊落的人格。

儒家提倡，在对待国家的公事上不能夹杂个人的私怨。特别是政府的官员，要本着公事公办的原则，正大光明地处理政事。

《韩子·外储说左下》记载了解狐荐贤的故事。解狐把自己的仇人推荐给赵简子为相。解狐的仇人以为解狐消除了对自己的私怨，因此前往解狐家拜谢。解狐乃引弓迎仇人而射之，说："推荐你，公也，因为你的才能可以承担；而对你的私仇是我的私怨。"另外，解狐还推荐邢伯柳为上党守令。邢伯柳前往谢之，说："您宽恕了我的罪过，我敢不拜谢。"解狐说："我推荐你，是为公也，而怨恨你，是私也。你回去吧，我还和过去一样怨恨你!"

　　解狐在毫不考虑自己私怨的情况下,完全为国家的利益而推荐了自己的仇人为赵简子的相,推荐邢伯柳为上党守,这种高尚的人格是值得赞扬的。

　　春秋时期的晋国许多官员都是非常光明磊落的。晋平公时期,晋大夫赵武向晋平公推荐了自己的仇人邢伯子为中牟令,又推荐了自己的儿子为中府之令。赵武像祁黄羊一样"外举不避仇,内举不避子"。赵武向国君共推荐46人。后来赵武死时,这46人各就宾位。赵武不仅"私仇不入公门",而且也不树私德。晋大夫叔向说:"赵武所举士也数十人,皆令得其意,而公家甚赖之。"赵武在荐才方面也表现了非常光明无私的品德。

　　春秋时期,齐桓公不计带钩之仇,任用管仲为相,从而成为春秋时期第一个霸主。但是劝齐桓公不计带钩之仇的是管仲的好友鲍叔牙。鲍叔牙与管仲是寒微未达时的朋友。管、鲍二人一块做生意,因管仲家贫,故在分金时,管仲总多分一些,鲍叔牙总是非常理解并照顾管仲。后来,鲍叔牙跟随齐公子小白,管仲跟随齐公子纠。公子小白与公子纠争夺齐国君之位。管仲埋伏小白所必经的路旁,用箭射中小白的带钩。小白佯死,管仲走后,小白连夜回齐国即位为国君,是为齐桓公。鲍叔牙向齐桓公讲述了管仲的能力超人,并劝说齐桓公不计一箭之仇要任命管仲为相。这样管仲才得以显贵齐国。历史上曾把管仲、鲍叔牙的友情称为"管鲍之义"。

　　《吕氏春秋·贵公》记载:管仲将死时,齐桓公曾到管仲家里看望,并询问管仲,谁可继任为齐国之相。齐桓公试探说:"鲍叔牙可乎?"管仲说:"不可。鲍叔牙虽是夷吾(即管仲)的好朋友,但鲍叔牙的为人太清廉洁直。他认为不如自己的人就不与之结交亲近,对别人的过错耿耿于怀,终身不忘。所以说,鲍叔牙为相是不合适的。"齐桓公又问:"隰朋可以吗?"管仲认为：隰朋对前代圣贤竭力效仿，希望自己能像前代圣贤一样。隰朋对于国家大事忠心耿耿，办事认真，隰朋可以为国家之相。

诸侯国的相，是重要的官职，管仲以国家为重，在推荐相时，不敢以私爱为先，他虽与鲍叔牙是最好的朋友，但因鲍叔牙性格太耿直的弱点，不适于为相。因为相必须有豁达的胸怀才可。俗话云："宰相肚里撑舟船。"管仲能够不阿所私，不以好友之谊为先，而一心为国家着想。这种胸怀和人格也是儒家所称道的光明磊落，是一种"明"而无私的行为。

七　儒家的"慎独"思想

"慎独"是儒家光明磊落处事原则的一个重要的内容。慎独，就是当自己在无人知晓的情况下，规范约束自己的行为，使自己的行为光明磊落，也就是俗语所说的"不欺暗室"，即使在暗室之中，也不做坏事，如同在光天化日之下一样。

儒家学说认为，慎独，必须意诚，不自欺。《大学》第6章云："所谓诚其意者，毋自欺也，如恶恶臭，如好好色。此之谓自谦，故君子必慎其独也。"谦，读作"慊"，快也、足也。上面这段话的意思是：一个人心意诚恳地修炼自己的行为，使自己的言行都非常光明正大，就不要自欺欺人，让自己恨坏行为如同讨厌恶臭，热爱称慕善良之举如同喜爱美丽的事物一样，这样自我修养的程度就会很快提高。这就要求有道德的人必须慎独。

《大学》又说：有的道德低下的人，即"小人"，当他自己独处的时候，做许多坏事，甚至无恶不作。而他在众人面前，或看到道德高尚的人则马上掩盖自己所做的恶事，而只做一些善事，让人家看，表现自己也是一个善良的人。但人们看自己，像看见肺肝一样，对自己做的恶事是完全了解的，只在人前表现。欲掩其恶而终不可掩，欲诈为善而终不能诈，又有什么好处呢？

因此，人们必须从内心虔诚地修养自己，这样才能表现自己的善，故有道德的人必慎其独也。

《大学》引曾子曰："十目所视，十手所指，其严乎！富润屋，德润身，心广体胖，故君子必诚其意。"曾子说，在自己做一切事情时，都如同十只眼睛盯着你，十只手指着你，即时刻都好像有人在监视自己，这样监督还不严格吗？俗语说：有钱了，就会把自己的居室装饰得阔气讲究，而道德高尚，就把自己的身体（这里指自己的品行人格）修炼得完美。心广体胖，所以有道德的人要认真地修养自己，更重要的是要慎独。

《诗经》中有许多篇目和句子都表现出儒家对内心修养的重视，对人性和内心美的追求，也要求人们要有慎独的修养和品质。《诗·小雅·正月》云："潜虽伏矣，亦孔之昭。"意思是，即使你潜伏到水中，也是有孔隙可以看到并昭然若揭的。又《诗·大雅·抑》："相在尔室，尚无愧于屋漏。"这句诗意为：你独处在自己的屋中，也应像屋漏能看到外面的天一样，无愧于天神。自己的行为在光明中仍然是无可指责的。《诗·周颂·烈女》云："不显维德，百辟其刑之。"也就是说：如果你非常有德，四方诸侯皆会以你为榜样。《诗·大雅·皇矣》云："予怀明德，不大声以色。"其意思是，如果你有明德，根本无须以声色去表现。《中庸》三十三章引孔子的话说，"声色之于以化民，末也。"所以说，修养自己的道德，要努力地提高自己，要慎独，要不怕"屋漏"，不怕见到光明。而自己怀有明德，才能教育天下的百姓，所以"修身"是为了治国平天下。

儒家学说要求人们"慎独"。东汉有一个太守杨震，当有人向他行贿时，杨震坚决不收。那人说："深夜没有人知道，天知、神知、你知、我知，这就是四知。"杨震的行为是光明，是典型的不欺暗室的慎独之举。这就是儒家要求的高尚道德的标准。

儒家学说认为，一个道德高尚的人不仅在大庭广众之前能够严格律己，无欲无私，有光明的善举；更重要的是要慎独。如有的人在自己熟人面前很像一个正人君子，而当独处时，或在外乡没有熟人的情况下，则为所欲为，甚至不顾羞耻。这是一种伪善的行为，而前面所说的东汉太守杨震在无人知晓的情况下不接受别人的贿赂，维护自己高尚的人格，这就是高尚的"慎独"道德。

慎独，是儒家光明磊落的处事原则的最高境界。每个人要想使自己成为一个具有高尚道德和光明人格的人，就必须慎独。

第三章 道家关于"明"的学说

道家的代表性著作,在先秦有老子的《道德经》(即《老子》)和庄周的《庄子》。汉晋时期有列御寇的《列子》。道家关于"明"的学说集中反映在春秋时期的《老子》和战国时期的《庄子》两书中。明与昏暗是相对的。在老庄那里,"明"是人生哲学的一个重要范畴。

一 老子关于"自知者明"的学说

老子哲学总体上要求个人自损、自弱、自谦,要自省、自察,自我体认、自知者明,否则就是昏聩、不祥。老聃以圣人作为成熟完美之人,作为一般士俗之人的榜样。他认为,"圣人处无为之事,行不言之教,万物作焉而不辞,生而不有,为而不恃。功成而弗居。唯弗居,是以不去。"(《道德经》二章)意思是圣贤做事顺其自然,以身作则,智慧自备,不矫揉造作。所产生的不占有,所制造的不依赖。不居功自傲,只有不居功,才能常被人看做功臣和英雄。这应该算作一种"自知者明"。在老子看来,人们应该自保。那么,怎样才能自保呢?他说:"圣人,后其身而身先,外其身而身存。"(《道德经》七章)如此看来,遇好事你越不往前挤,你越有可能获得优先权,或者好结果。相反,把身名置之度外、努力奋斗的人才能有利于自身的生存。应该说,这是有道理的。在官场常常出现这种情况,越是急于坐第一把交椅，急于抢班夺权的官迷，到头来就会竹篮打水一场空。在科技界，越是不顾个人利益，把毕生精力献给祖国、献给人民、献给科学事业的人，就越能够获得人民的回报。例如周光召长期在条件艰苦的三线大型企业工作，后来荣任中国科学院院长；袁隆平曾长期默默工作在科学实验第一线，培育出高产优质水稻，获得国家级重奖。一分耕耘一分收获。为人民作出贡献的人，党和人民是不会忘记他的。

"持而盈之，不如其已。揣而棁（棁音ruì）之，不可长保。金玉满堂，莫之能守。富贵而骄，自遗其咎。功遂身退，天之道。"（《道德经》九章）充足地持有某种宝贵的东西，倒不如将要把它消耗掉。揣有磨意，磨尖的东西是不能长期柔韧的。古来的王公贵族、帝王将相，家财万贯之富豪，有谁见过代代传承？即使三、五代也是难能不易了。富贵的人，已获得声望的人，可不要骄傲啊！如果骄傲那就等于自找犯罪。成功的将相贤才，应早日找好退路，适时引退，这是自然规律。俗话说，树大招风。人最理想的境界就是花儿未开月未圆。因为"好花不常开，好景不常在"。花开最盛时接着就是残花败柳。月儿最圆时接着就是残月暗夜。人们常说，见好就收吧。不信，你看汉代的张良功遂身退，得终天年，得享清福，得名传千古。相反，曾几乎是三分天下有其一的韩信，为刘邦得天下立下汗马功劳，获取赫赫战功，到头来自叹："飞鸟尽，良弓藏，狡兔死，走狗烹，敌国破，谋臣亡，今敌我已破，我故当亡！"慨叹归慨叹，悔之晚矣！历史上此类例子，真是数不胜数！做到"功遂身退"又是一种"自知者明"。

按照老子一贯的主张，为人处世要恬淡寡欲。"专气致柔，能婴儿乎。"（《道德经》十章）是说任自然之气致至柔之和能像婴儿一样无所欲求，无虞无贰，则能够保真全性，富有朝气和生命力，虽柔弱却长久。那么无欲不等于无知。"爱民治国，能无知乎？"(《道德经》十章)看来，老子对于人才的要求并不是一味到无欲无求，而是要求他们掌握治国安邦的知识。否则，就不能算作"自知者明"的人。每个人都要明白这层道理，加深自身的知识修养，了解自己的情况，可成为一个什么样的"器"，摆正自己的位置，达到又一种"自知者明"的境界。"功成身遂，百姓皆谓我自然。"(《道德经》十七章)自己有了功绩，春风得意，百姓都说您应当获得赞誉，那是自然。然而，自我却应当考虑这是天时地利人和的结果。不能把功劳成绩全归于自身，而忘记老百姓的帮助。

在老子看来，凡事都应适可而止，不可过头，过犹不及。理解了这一点，你就理解了老子哲学的真谛。"企者不立，跨者不行。自见者不明。自是者不彰。自伐者无功。自矜者不长。其在道也，曰余食赘行。物或恶之，故有道者不处。"(《道德经》二十四章)这里企是跂（qì）的借字。该段意为踮着脚跟不能算正确的站立。跨者腿伸得很长不能算走路。看见本人不能算是眼睛明亮。自认为是的人不能彰显。自我伤害是不会有功业的。一个爱自尊、骄傲的人不能获得同事的尊重，也就不能被视为尊长。这就要求一个官长礼贤下士，和普通百姓打成一片。办事好比吃东西，吃得过饱对身体不好；走路若已到站再走就是枉曲之路，废力而无功。所以，"余食赘行"是不被有道之士欢迎的。弄懂了这层道理，也是一种"自知者明"。这个意思，《道德经》四十四章老子表达得更加明白晓畅："知足不辱，知止不殆，可以长久。"知道自己的社会地位，哪些是自己的本分，可以避免自己栽跟斗，落陷阱。所以，该止足时要止足。在中国思想文化里，做到这一点，你就有福；忽略这一点，你就招祸。

老子进一步指出："知人者智。自知者明。胜人者有力，自胜者强。知足者富。强行者有志。不失其所者久。死而不忘者寿。"(《道德经》三十三章)在这里，老子教导我们，不仅要自知，而且要知人。在一定的物质基础上，从精神上升华自我，提高自我，满足自我，使自己成为一个真正"富有"的人和"长寿"的人。能够胜过他人的人是有力量的人，能够克服自身弱点的人是真正的强人。顽强拼搏、知难而进的人是有远大志向的人。知足的人心情坦荡平和可以说是富有的人。立足自己的本业、立足自己的祖国，保持自己的操守的人是长久的。人何以能够"死而不亡者寿"呢？替剥削人民、压迫人民的人而死，比鸿毛还轻；为人民的利益而死，虽死犹荣。臧克家也说过："有的人活着，他已经死了；有的人死了，他还活着。"中国古代儒家学派和其他一些学术流派均认为，人生有三不朽，即"立事、立德、立言"。所谓立事也叫立业，即成家立业，干一番事业。比如建一座特殊功能的工厂，制造出顶尖产品；作为工程师，或建筑设计师，建筑出世界独一无二的桥梁；或者办一所特色学校，从这里走出不少人才；或者有所发明创造；或者在竞技上创造了世界纪录；或者你创办了大公司，成为富豪；或者……总之是做出了利国利民同时又能养家的事业。所谓"立德"，那就是在立足事业的同时，你又做出了深得民心、受人崇敬的事情。比如说创办慈善事业、创办服务行业，解决下岗工人、待业青年的就业、再就业问题，深受民众欢迎和爱戴，这就是"立德"。古代汉语中德与得通假，所谓"德"即"得人"的意思。办事顺应民心，受到民众拥护，这就叫做"立德"。最后就是"立言"。思想家、哲学家的著作是立言；文学家的著作是立言；历史学家的论著也是立言。人文科学的创立者、发展者是在立言；自然科学各学科的论著也应该算是立言。立言不仅有数量上的差异，也有层次上的差异。有些学者著作宏富，立言多多。另一些学者著作虽短小却精悍。例如李耳的《道德经》曲曲五千言，却深刻阐述宇宙、人生大道理。鲁迅、欧阳修等人著作等身，质量上乘，也流传千古或将要流传千古。立言贵在质量优良，贵在精道诱人，而不是制造精神垃圾。立言的生命力在于道出"真理"。而真理无非是事实的忠实记录或者定理、规律的发现，千古之谜的破解。平常所说的"真知灼见"即是真理。例如哥白尼的太阳中心说、达尔文的生物进化论、阿基米德的杠杆原理等都是真命题，是真正的"立言"。当然，普通人也可以立言。例如，唐宋以后，特别是宋代退休的中下级官吏，写了大量的野史笔记。著名的如《齐东野语》、《邵氏闻见录》等等，具有可以补正史之缺的功用。有的则记一些文学掌故，或者记一些医学上疑难杂症的土单验方，或者一些手工艺技巧，有的涉及考古学（金石学）和古文字学知识。我们当代人，有些办商店、办场坊、办学校，年迈退居二线后可以写一些自己的工作经验、人生体验，这也是"立言"。这些言论如果对青年创业有指导意义，对人们工作、生活有益处，也将是不朽的，至少对于直接的后代人会有所帮助。当然，自己能够做什么，能够写出些什么，做得、写得成功不成功，这里也有个是否能够做到"自知者明"的问题。每个人对自己的性格、毅力、才学、见识、知识结构、组织能力等等都要做到心中有数。要想充分发挥自己的才能，就要用其所长，专业对口，又要具备发挥个人特长的物资、设备、环境条件，只有对事业成功的全部要件都具备了，或者基本上具备了，才能最大限度地发挥自己的聪明才智。这也是"自知者明"对个人的要求。成功者总是能够做到自知之明的。

二 老子关于"明白四达"的思想

老子指出："明白四达，能无为乎。生之，畜之。生而不有，为而不恃。长而不宰，是谓元德。"（《道德经》十章）他的"明白四达"的思想实际上是在用典。典出《尚书·虞夏书·尧典》："月正元日，舜格于文祖，询于四岳，辟四门，明四目，达四聪。"这句话是说，正月初一，舜到宗庙里祭祖，并和四方诸侯、辅政大臣谋议军国大事。开辟通往四门的道路，或者说，征召居住在四门的卿士，以明通四方的视听。它反映的是舜的时代尚保存着军事民主制的残余。后世的官吏、文士们提倡以尧舜为榜样，因为尧舜凡事能和部下商量，受人民拥护。老子借用这个典故，意思是说，做到明白四达，一定会有所作为。他奉劝统治者对待人民要像大地母亲对待芸芸众生一样，让它们好好生活，蓄养着它们。大地生出万物而不占有它，蕴涵并孕育它而不依赖它。使它们生长，而不宰杀它们，这才是至高无上的品德。老子还说："爱民治国，能无知乎。"（《道德经》十章）是啊，你要想爱护人民，安邦定国，没有智慧和知识行吗？你要想有丰富的智慧和知识，能不向由官吏组成的智囊团咨询吗？做到了这一点，就能有所作为甚至大有作为。

　　老子确实是所谓看破红尘的人。他看到天地万物变化无常，认为世界上没有恒久不变的事物，永世长存的品类。明白了这一点，无论一个人处于顺境还是处于逆境，无论春风得意还是漂泊潦倒，无论你得到实惠还是徒有虚名，你都不必喜不自禁或者悲痛不已，你都要泰然处之。凡事无论是得了脸，还是坐了冷板凳，都不必在乎，你可以持一个无可无不可的态度。因为，凡是在历史上出现的事物总要在历史上消逝。老子说："希言自然，故飘风不终朝，骤雨不终日。孰为此者，天地。天地尚不能久，而况于人乎。故从事于道者，道者同于道。德者同于德。失者同于失。同于道者，道亦乐得之。同于德者，德亦乐得之。同于失者，失亦乐得之。"（《道德经》二十三章）听之不闻名曰希。老子所说的"道"，指的是自然或者规律。并且他把自然人格化。根据王弼注的理解："道之出言淡，淡而无味，视之不足见，听之不足闻。然则不足听之言乃是自然之至言也。"狂风骤雨是不经常的情况，而且不会持续一整天。崇道即崇尚自然规律，遵循自然规律，就能以无为为君，不言为教。绵绵若存，而物得其真，与道同体，故曰同于道。这实际是说，自然规律是离不开自然的。对规律的认识靠我们真切体味自然才能感触它的变化规律，顺应规律办事。只有顺应规律办事，才能功遂事成。明白这层道理，就能四通八达，无往而不胜。本章最后几个排比句意思是同声相应，同气相求。相同或相似的事物适合互相搭配。"入芝兰之室久而不闻其香，入鲍鱼之肆久而不闻其臭。"这里是比喻人与人之间的互相渗透与影响。实际上呢，香者自香，臭者自臭。事物并不因他人的介入而轻易地改变它的特性。"信不足焉，有不信焉。"忠信不足，那是统治者缺乏忠信的结果。统治者朝令夕改，滥征赋税，人民无所适从，无以生计，这就难免出现坑蒙拐骗诈，甚至造反起义！所以，老子奉劝统治者要开明一些。

老子进一步指出："明道若昧，进道若退。夷道若纇。上德若谷。大白若辱。广德若不足。建德若偷。大方无隅。大音希声。大象无形。道隐无名。夫唯道，善贷且成。"（《道德经》四十一章）您想要明白四达，凡事畅通无阻吗？那就要遵循李耳老夫子描绘的处世哲学。明道即光明的规律就好比糊涂昏昧。清代大画家郑板桥说过："难得糊涂。"便是援引了老子的思想。进道何以若退呢？因为前途是光明的，道路是曲折的。既然在通往胜利的彼岸没有平坦的大道可走，要经过坎坎坷坷、曲曲折折，往返迂回的过程，那么，前进的道路当然就是好像退步一样，其实，事物经过螺旋形曲折正在向前发展。世界上没有绝对的事物。所谓"夷道"即平坦大路好比丝上有疙瘩，总是有些不是平夷如镜的。俗话说"虚怀若谷"，就是说谦虚、具有宽广胸襟的人，好比山谷一样，能容纳川流。所以说"上德若谷"，"广德若不足。建德若偷。"立了功不要居功自傲。一个有德行的人，有所成就的人，受人尊敬的人，要像自己有缺点、有错误一样，要战战兢兢，如履薄冰，才能有建树，立身长久。有了崇高的威望，就要见好就收，不要得寸进尺。这就是所谓"建德若偷"。好花不常开，好景不常在。人生最理想的境界，就是花儿未开月未圆。花开而败，月圆而缺。物极必反，物盛而衰。"质真若渝"是说，真的东西容易引起人的怀疑，假的往往逼真，往往雕饰得更美丽、更诱人。真的东西反倒不美了。《红楼梦》里说假作真时真亦假就是这个道理。和氏献璧，反被斫足。说的是楚国有个叫卞和的人，从山里得了一块璞玉，内秀外朴。他一片忠心，想要献给楚王。谁知楚王看了以后认为是一块石头，所以就治了他一个欺君之罪，处以刖刑，就是把脚给他砍掉了。真理也好，真宝也好，要让人们充分认识不容易。真货往往蒙尘。真经往往难懂。真理的光辉往往需要透过一层迷雾，才能使人领略到。道是哲学家概括万物规律或支配万物的一个东西，强名之曰道。实际上它看不见、摸不着，隐藏在万事万物的后面，有远见卓识、有洞察力的，隐约知道它的存在，一般人很少知道它的情况，所以说"道隐无名"。只有"道"这种东西，善于宽容人们，助人成功。只是人们不得违背道而大胆妄为。

"见小曰明，守柔曰强。用其光，复归其明。无遗身殃。是为习常。"（《道德经》五十二章）能够从细小处着眼，明察秋毫，仔细认真，这才算得上"明"。凡是强者都要能守柔，能守雌，能宁静，能谦卑。相反，脆者、雄者、刚者、骄傲的表面上强，实际上不能耐久，不耐打击。所谓"皎皎者易污，峣峣者易折"就是这个道理。"用其光，复归其明。无遗身殃。"这是说，要显道以去民迷，但是不苛察下情。俗话说："水至清则无鱼，人至察则无徒。"求全责备，使人动辄得咎，那就没有人愿意跟你学徒，跟你干事业，跟你合作做生意，跟你做朋友。"光"代指利益。"欠债还钱，理所当然。好借好还，再借不难。"所以，借来之"光"，用了就还，自己不独占，不专断，不吹毛求疵，于是也就不遗留身后之灾，不引起他人怨恨。

老子说："朝甚除。田甚芜。仓甚虚。服文彩。带利剑。厌饮食。财货有余。是谓盗夸。非道也哉。"（《道德经》五十三章）朝廷宫室，清除得干净整洁。万顷良田却长满了荒草。仓库里虚空无物，官民却竞相奢华穿绫罗锦缎。身佩利剑，遨游为乐。饱食终日，以为财货取之不尽，用之不竭。这种现象实际上是盗贼夸富，这绝不是什么正常现象。其结果必然引起天下大乱，这就"非道"，不符合统治者正常的统治法则。仔细琢磨，这段话实际是老子把抨击的锋芒指向了当时的奴隶主阶级政权。所谓"朝甚除"泛指官府把自己的公署、府邸搞得过度讲究、十分豪华，不去督察和鼓励农业生产。把府库消耗空了，还洋洋得意地穿上锦衣夸耀富贵。这和盗贼拿偷来的东西炫耀有什么两样？明白其中的利弊得失，作为一个官员你就会谨慎供职，生活朴素，引导大众发展生产，达到官员处处受欢迎，达到"明白四达"的境界！

"天之道，其犹张弓欤？高者抑之，下者举之。有余者损之，不足者补之。天之道损有余而补不足。人之道则不然。损不足以奉有余。孰能有余以奉天下。唯有道者，是以圣人为而不恃。功成而不处。其不欲见[现]贤。"（《道德经》七十七章）老子把公平、正直、中庸、慈善看做自然之规律，又拿张弓作比喻。射箭箭头要对准靶子，箭头如果高就往下降，如果低就往上举。多余的就减损，不足的就补缺。损有余以补不足是自然之理。谁能拿自己多余的财富来供奉天下百姓。只有得道的人，所以圣贤行善而不自恃有功。有功而不居功自矜。那是不想显现自己贤德的缘故。行善而不自夸，这是一种高尚的人生境界。达到了这种境界之圣人，将进退自如，"明白四达"。不以得而喜，不以失而悲。把人民的幸福看做自己追求的目标。老子在这段话里把人道与天道对立起来，认为人道"损不足以奉有余"是可悲的、可恶的。中国古代有句俗话叫"君子不续富"。君子不应该嫌贫爱富，损害穷人而增厚富人。老子先生实际上是讽刺、谴责贵族官吏加重赋税使穷人越来越穷，富人越来越富。两极分化的结果，导致人民不满，社会动荡，统治阶级将面临不得足食安寝的政治危机。而能够以富有的财物均匀给普天下大众，谁将是有道者，谁就是明白四达者，到处受欢迎而不是自我夸耀、恬不知耻的剥削者。老子在这里实际上是向当时不知餍足地厌榨人民的统治者灌输如何才能长治久安的政治哲学，一种"中"哲学。老子的目的虽然是维护奴隶主阶级的政治统治，然而，对于减轻中、下层人民群众的经济负担，改善人民的生存环境也具有一定的指导意义。直到今天，对于当代的政治家也具有借鉴意义。因此在当代，就世界言之，有南南差别；就国内言之，有东西差别、城乡差别、工农差别、高薪与低薪甚至有几十倍之多的差别。如何缩小这些差别，减少失业率，减少犯罪率，是当代政治家和各级官吏不能不思虑以解决的问题。解决好了这些问题，也将使一个国家或者地区的领导者"明白四达"！

"知者不言，言者不知。……解其分[纷]。和其光。同其尘，是谓无同。……"（《道德经》五十六章）在老子看来，智慧之人是不轻易开口的。咄咄不休、喧闹嚣张的人往往是不聪慧的。解除纷争的源头，无所特显无所偏争，要给对方以认同感，不要自命清高。曲高和寡，反而使自己孤掌难鸣。老子认为可得而亲的人也将可得而疏。可得之物有利，得来可能有害。金银珠玉，古玩钻石、名画珍宝，善于获得和善于保管的人，这些都是有利的，是身份、财富的象征。同时，这些宝物又可能给拥有者带来灾难。例如：劫难、偷盗、绑票，家庭纠纷，遗产继承纠纷，谋杀、虚假的爱情等等这些又往往因财货而招致祸乱。可得而贵者往往也是可得而贱。有人得了贵族、高官的荣禄，有可能因此而骄傲。骄傲导致骄横、无理、暴虐。物极必反，从而跌下深谷。而有的人身处逆境，可能就成为鼓舞自己前进的动力。如春秋后期，吴越发生战争。越国失败，仅以五千人保栖会稽。越王勾践向吴国投降，举国为臣妾，以越王之女为吴王之奴，越大夫之女为吴大臣之奴，勾践本人也到吴国为吴王夫差干杂役。而后越王勾践经过十年教训、十年生聚，卧薪尝胆，终于打败吴国，成为春秋最后一个霸主。

老子说："塞其兑，闭其门，挫其锐。"（《道德经》五十六章）"兑"，是洞穴之意，当指的是"口"。在这里，老子对待事物的态度也不是一味的忍让、退缩，在别人盛气凌人的进攻面前，老子认为应该挫败其锐气。上一段话的意思是说：堵塞他的口舌，挫败他的锐气。如果将这句话用于战争环境，可以解释为：堵塞城墙洞口，关闭其城门，挫败围城进攻者的锐气。这样说来老子主张以守待攻。总之是要打掉来势汹汹或不可一世的霸气，然后才能与对手谈判。这是老子哲学中难得的闪光点。这又是一种"明白四达"。

老子说："为无为，事无事。味无味。大小多少，报怨以德。图难于其易，为大于其细。天下难事，必作于易。天下大事，必作于细。是以圣人终不为大，故能成其大。……"（《道德经》六十三章）老子主张以无为为居，以不言为教，以恬淡作为一种立身处世的良好方式，或者作为天下大治的一种境界。为什么要报怨以德呢？因为小怨则不足以报，大怨则天下所欲诛，不待自己报而其将遭报应，顺天下之所同者，岂不是德吗？大事要从易处、细小处做起。不积跬步无以至千里，千里之行始于足下。高楼大厦是一砖一瓦垒砌而成，凡事不可能一蹴而就。所以说圣人看起来不做什么大事，所以最终成就了大事业。懂得了这层道理，做起事来就不会"大事做不来，小事又不做"。无论从事何种职业，扮演何种角色，都应该身心投入，进入"角色"，演出得有声有色，都是会受人称道，受人尊敬的。因而也是"明白四达"的。

老子认识到，人类个体在适应社会过程中，应当顺应"天道"，这"天道"就是指自然规律，这规律就是"不争而善胜"。相反，好争强斗勇的人，好事事出风头的人，往往"树大招风"。"木秀于林，风必摧之；行高于众，众必毁之。"想要急于把事情办成，往往欲速则不达。"螳螂捕蝉，黄雀在后"，两虎相斗，必有一伤。"鹬蚌相争，渔人得利。"奋争的有时而胜，有时而败。不争的，有时反倒像"黑马"一样，得胜唾手可得。当然，这个不争并不是不参与，而是在参与的过程中，不要过早崭露头角。这个观点曾经被明代帝王之师朱升所运用。他向朱元璋建议，在群雄角逐当中，朱氏集团应当"高筑墙，广积粮，缓称王"。这一妙策中妙就妙在"缓"字上。缓称王并不是不要称王，而是要在中原逐鹿过程中，朱元璋充分保存实力，待各派起义队伍互相削弱以后，相机取而代之。按照这个策略，朱元璋后来果然赢得胜利，做了大明天子。老子还要求具有雄才大略的人，要"自知不自见〔现〕，自爱不自贵"。(《道德经》七十二章) 这种自知不自见〔现〕，是说人贵有自知之明，不要在人前耀武扬威，或者出尽风头，自爱者不卑不亢，不狂言乱语，不做损人利己的事，这样做自然会受人尊重。那么，为什么要"不自贵"呢？按照王弼的说法，"自贵则物狎厌居生"。意思是，自贵的人，别人会轻侮讨厌。

三 道家关于"智"与"明"的关系学说

道家哲学是自我意识的哲学。道家具有强烈的自省意识，是开明的，不伤害他人的，愿与世界人类和平共处的。道家观念反映了中华民族自我意识的觉醒，和个体作为自然人的自我保护意识。道家有一种说法，叫做"大智若愚"。最聪明睿智的人，往往是似明而非明，似昏而非昏。当然，智者心明如镜，但他的表现是糊涂的，是假痴不癫的。这种情况大概就像晋朝时的阮籍那样吧！在笔者看来，嵇康算得上明，却算不上智，性命白白搭上了。一般来说，智者往往明，明者往往智。智决定明，明是智的反映。然而，世事洞明就会做出正确的判断，促成智者的正确选择。

在老子看来，凡事有所得必有所失。没有好事不付出代价的。人人都应该明白于此。明白这一层很重要，你就会不必为失去什么而悲伤，而遗憾，而斤斤计较，而丧魂落魄。老子说，"三十辐共一毂，当其无，有车之用。埏埴以为器。当其无，有器之用。凿户牖以为室。当其无，有室之用。故有之以为利，无之以为用。"（《道德经》十一章）老子认为，有无相生，利害相连。车辐条聚集在车毂上，似乎没有了，却可成轮车。黏土做成陶器。土消失了，变成有用之器。室屋凿开的窗、门洞，似乎是缺口，却有了可居之室。扩展开来，我们还可以说，漂亮的花布剪破了，却可以做成衣裤。如果有什么蠢人，害怕花布弄破，希望它保持完好无损而又做成衣裤，那裁缝师恐怕永远办不到这一点。这是众生皆明的道理，也是平常的道理，智慧的表现。所以，老子又说："知常曰明。不知常，妄作，凶。知常容，容乃公，公乃王，王乃天，天乃道，道乃久，没身不殆。"（《道德经》十六章）所谓"常"无非是常规、常理、规律、规则等通行的道理。不按照自然规律办事，例如拔苗助长，更有甚者，"河伯娶妇"，伤害民女，都是作茧自缚，是凶煞不吉的蠢事。拥有一颗平常心，你就会宽容，胸怀广大办事就公道，有公正之心受人拥护就能称王，王天下就能自然长久，自然长久就符合规律，符合规律就永世长远，终生不会危险。这是千真万确的真理。有容乃大，有道则长。对人宽厚公道，别人也不会伤害你，这能有什么危害呢？

老子还说:"大道废,有仁义。智慧出,有大伪。六亲不和,有孝慈。国家昏乱,有忠臣。"(《道德经》十八章)这里,"大道"是指治国安邦的政治大事。军国大政废弛,朝纲混乱,民间仍然有仁义存在。百姓的仁慈之心,社会的道义之理,济贫助弱的善良之举,绝不因王政昏恶而使平民百姓有所改变。智慧百出,民智大开的时代,千奇百巧,民用丰富,然而,同时也会出现鱼龙混杂、鱼目混珠,会出现伪劣产品,坑蒙拐骗诈。六亲不和,仍会有孝顺慈惠的子孙。国家政事昏乱,总会有忠臣良将挺身而出收拾残局。老子哲学是朴素辩证法活用的典范。他常用具体的事例暗喻深刻的哲理,又用深刻的思辨来阐述军国大政到民间村夫野老的生活,讲万事万物都有对立面,对立双方相辅相成的道理。有深邃之智,才有救世之明。"智慧"或者叫"慧智",是一把双刃剑,是一个多棱镜。智慧又好比"武器",看是敌方拥有还是我方拥有,是善人使用还是恶人使用。慧智有向善的一面,有向恶的一面,可以映射出赤、橙、黄、绿、青、蓝、紫。没有智慧,大家都是木头人,个个呆如绵羊、木鸡,这世界会是个什么样子的世界。然而,老子却说:"绝圣弃智,民利百倍。绝仁弃义,民复孝慈。绝巧弃利,盗贼无有。此三者以为文不足,故令有所属。见素抱朴。少私寡欲。"(《道德经》十九章)老子把圣智与民利、仁义与孝慈完全对立起来。老子认为圣智之君王无非是搜刮民间资财,就像"厉王专利",老百姓得不到什么利益。统治者口口声声提倡仁义,实际上是男盗女娼,上行下效,上有恶行用美丽的辞藻去粉饰,民间却恢复孝顺慈善之行。老子主张恢复结绳记事、钻木取火、构木为巢的愚昧原始时代。即使在那个时代结绳、取火、构巢也还是那个时代先进的人们智慧的产物。放弃一切技巧,不去追求利益,靠天然的野果或狩猎野生动物为生,还是需要点技巧与智慧,否则是连野兔也捕获不到的。对老子的社会观,我们不能苟同。至于"见素抱朴，少私寡欲"，这在当今是值得倡导的。生活朴素，节制欲望，这对于人欲横流，对于扼制贪财贪色，扼制卖淫嫖娼，无疑是一种清凉剂；这对于建设社会主义精神文明，提高公民道德情操有一定借鉴意义。"食色，性也"，应当允许满足。当然正常人的需要问题是要把握好它的度，把它限定到法律和伦理所要求的范围之内。正常的人欲，正常的需求不仅不应该遏止，而且还应该张扬。尽可能地、最大限度地满足人民群众的物质文化需求，是社会主义物质文明和精神文明的要求。不满足是人民群众追求幸福、发展生产不竭的动力。人们社会的发展正是不断克服不足、提供满足，在满足与不满足的交替出现与解决中前进的。否则，科技进步就无从谈起。正如恩格斯所说，一旦社会有了某种需求，这种需求对于科学技术进步的刺激作用就会比十所大学所起的推动作用还要大。

老子是个大智人。大智者的表现与俗人不同。别人对有利之事都趋之若鹜，而"我独泊兮"。我平淡无奇，不会光焰照人，红得发紫。昏昏然不着边际，就像那狂风，来去无踪，似有若无。"众人皆有以，我独顽似鄙。我独异于人，而贵食（sì）母。"（《道德经》二十章）大家都是有用之才，唯独我像顽童一样粗野无华。与众不同之处，我最重供养母亲。他说，别人，大概是指纵横家或游学之士，远离家国，远游从仕，而忘记奉养自己的双亲，待到功成名就，父母早已病故了。这在《韩诗外传》中有许多例子。老子的这一观点，与儒家是一致的。或者说，儒家创始人孔子与老子关于事亲的思想有相似之处。所以，孔圣人曾说过："父母在，不远游。"是的，父母万一有个三长两短，头痛发烧，做儿女的远隔万水千山，须知远水解不了近渴。还是儿孙绕膝好。老子应该算是超人的智者，其表现是"我愚人之心也哉"，实质是具有智者之明。其心明如镜的处世态度根源于他的超人之智。不管他人看得见看不见，他都是如此，其原则性是不变的。

老子进一步举了若干对矛盾或相对的事例,借用为辩证哲学的若干对范畴。他说:"曲则全。枉则直。洼则盈。弊则新。少则得。多则惑。是以圣人抱一为天下式。不自见,故明。不自是,故彰。不自伐,故有功。不自矜,故长。夫唯不争,故天下莫能与之争。古之所谓曲则全者,岂虚言哉,诚全而归之。"(《道德经》二十二章)上述若干对范畴中每对的矛盾的位置颠倒一下意思也是一样的。曲弯包含完全。枉斜可以正直。洼陷可以充盈。破旧可以更新。缺少可以获得。繁多容易挑花眼、迷惑人。因此圣贤守一作为天下的范式。上述几对范畴中矛盾双方可以对换一下位置:全整可以曲折。挺直可以汪斜。充盈可以洼陷。新崭会变破败。获得可以减少。迷惑往往因为同类事物太多。道家的这些观点,反映了他们关于万事万物互相转化的深刻认识。此外,老子还发现了非常有趣的现象:比如眼睛能看见光明和万物却不能看见自身。凡是业绩显赫的人,都不会自以为是,而是善于吸收他人经验,听取他人意见。功劳和战功显赫是靠团结,不自害、不内耗取得的。不自恃有功而自傲,所以才具长者风范。只有你与世无争,天下众生才不与你争斗。曲(屈)能保全自我。所谓委曲求全,话不空传,有其充分根据。俗话说,匹夫见辱,拔剑而起,此不足效法也。争斗者必伤,故不能自全。智者明乎此,所以总不肯争强斗胜,负气自伤。

在老子看来,国家政权是无形奥秘而难以捉摸的东西,所谓"天下神器"。想要获得政权而治理国家,那是不得已的事情。无论是通过造反还是政变夺取都是不可为的。非法夺得政权,就会失去它,甚至身败名裂。本来嘛,万物有行有随,有呼有吸,有壮有弱,有伤有毁。因此,圣智之人"去甚、去奢、去泰"。(《道德经》二十九章)国政可不能任意窃取。王莽、董卓不得善终且不论,就连秦始皇也不能保持国家长治久安。春秋时期弑君自立者不乏其人。哪一个也不能逃脱被人取而代之的命运。不得已而为之,是少数政治家出于"天下兴亡,匹夫有责"的良心,出于对万民平安而负责,挺身而出,拯救国家。正如清代政治家林则徐所说的:"苟利国家生死以,岂因祸福避趋之。"不得已"为民请命",没什么乐趣可言,不要认为得了天下就可以坐享其成。万物都有对立统一的矛盾的两个方面。做事要求中和平庸。不要过火、铺张浪费和走极端。

老子说:"将欲歙之,必固张之。将欲弱之,必固强之。将欲废之,必固兴之。将欲夺之,必固与之。是谓微明。"(《道德经》36章)这里又举了相反相成的数对矛盾。蚌壳的张是为了合。所谓布袋战术,也是敞开簸箕形的阵势,让敌方上圈套,最后合上袋口歼灭敌人。战术上为了打垮敌人,有时要故意示弱,使敌方骄傲、麻痹大意,相机突袭,使敌军猝不及防。政治家有时为了铲除非嫡系之竞争对手,对不信任之属下实行"欲抑先扬"的策略,有时将对手放在显赫而充满危机的风口浪尖上,当其飘飘然时,或上楼抽梯,或釜底抽薪,或抽梁换柱,将其至于尴尬局面。"将欲夺之,必固与之。"这在一般人看来,似乎不可思议。既想夺之,何必给之?清朝的大贪官和珅截取民间和少数民族地区向皇帝所献贡品,贪污数额巨大,乾隆帝弘历不会没有耳闻。但是对他的贪行默许不问。只是像养一头大肥猪,留给他儿子嘉庆帝去宰杀。结果,嘉庆帝一即位即拿和珅开刀,剿了他的家,亿万金银珠宝没入朝廷。民谣说:"和珅跌倒,嘉庆吃饱。""天机",一般人至死难明。因财丧命,因色丧命,因酒丧命,因气丧命,比比皆是。一个"贪"字害死多少高官显贵。这几对矛盾所说,都是先给对方甜头,就像钓鱼用饵,捕鼠用饵一样,吃到甜蜜的同时也就失去了生命。官吏都从垂钓中领悟,就不会再有贪官。智者有明有不明。唯大智可领略"天机",世事洞明。常智不明,是为"微明"。"微"有"小"之意。一般人可以做官,甚至做高官,不能不算有智。但属常智,有一些小聪明。"世事洞明皆学问,人情练达即文章。"

老子指出:"柔弱胜刚强。鱼不可脱于渊。国之利器,不可以示人。"这几句显然与同一章前文主旨不同。柔可胜刚,弱能胜强。例子很多。水滴石穿,水柔可以克坚。弱小之国,只要奉行与邻为善的睦邻友好政策,同样可以立足于国际民族之林。"鱼不可脱于渊"隐含着"条件论"、"环境论"、"生存论"的诸多命题。我们可以由此发挥说:天才离不开产生天才的土壤。健全的人格要有良好的社会环境去培育。

老子说:"明道若昧,进道若退。夷道若纇。上德若谷。大白若辱。建德若偷。"(《道德经》四十二章)道家把世间若干对矛盾如此巧妙地排列出来,并且认为矛盾双方是仿佛、类似的关系。明光强烈时,人眼就睁不开,跟黑暗有什么两样。前进的道路曲折多变,类似"Z"字形,像是返回后退实际上已经向前递进了。平坦大道如果用显微镜观察尽是疙疙瘩瘩。上德之人虚怀若谷。"峣峣者易折,皎皎者易污"。太白的东西极容易污染。建立德行的人好比小偷一样,胆小怯懦,不嚣张,不狂妄,才能受人尊敬。老子能把如此截然相反的事物用近似号、约等号联系起来,这是他的伟大之处,也是大智慧,把世事看得透明如镜!老子反复说:"祸莫大于不知足。咎莫大于欲得。故,知足之足常足矣。"(《道德经》四十六章)这大概主要指统治阶级中的某些人,对自己的官职嫌小,俸禄嫌少,谋篡王位等,导致杀身之祸和受刑之过错。有些人不安本分,想获取更大的权力和利益,他就可能遭受重大打击,甚至危及家族。老子的智慧是想把灾祸消灭于未发生之前和消灭于萌芽状态。

道家在"和"这一点上和儒家的主张很接近,提倡"和为贵"。老子说:"知和曰常。知常曰明。益生曰祥。心使气曰强。物壮则老。谓之不道。不道早已。"(《道德经》五十五章)和是常理常情，不和则乖理悖情。懂得常理，前景光明。有益健康叫做吉祥。心使气叫做强。强壮就趋向衰老。这就是说，争强好斗是不道的表现。不道会提前灭亡。老子强调和气为先，指出了"物盛而衰"是世间万物的普遍规律。强调人们适可而止，凡事不要走极端。明白了这层道理，遵循这一规律办事，那就是智慧者的表现。

以上是道家创始人老子在个人处事方面的教导。在处理军国大政方面，老子主张政策的稳定性、恒常性、连续性和有序性。他说："治大国如烹小鲜。以道莅天下，其鬼不神。其神不伤人。非其神不伤人。圣人亦不伤人。夫两不相伤。故德交归焉。"（《道德经》六十章）治理大国不要朝令夕改，反复无常，使老百姓无所适从。按照自然规律和社会发展规律办事，那坏人就不神气。老子的"道"是指规律。"鬼"是指坏人坏事。邪气压下去了，政府的法令就不会伤害良民。不仅"神"（代表官方的正义）不伤人，圣人（代表君王和有贤德的贵族）也不伤人。两者都不伤人，德政就全归于统治者了。末二句中的"相"是语助词，不是"相互"的意思。当然，老子理想的境界是统治者和人民"两不相伤"，形成和平繁荣的太平盛世。老子反对铺张浪费，"治人事天莫若啬"（《道德经》五十九章）。主张大小国家和平相处，具有明显的反战情绪。他说："大国者下流。……大者宜为下。"（《道德经》六十一章）主张大国"兼蓄"小国，小国不妨"入事"大国。这样，小国可以自存，大国可以自安。按照这种思路建立起来的国家模式实际上是以轴心国为主体的自治邦联。老子意在自己要想活得好也要让别人活下去，不要欺人太甚。这又是一种政治智慧导引出的光明之路。

老子之智顺应"道"。遵循道虽暖若明。老子善于把完全相反的同一矛盾的两个方面看做可以互相转化的因子，甚至看做同一事物。他说："道者万物之奥，善人之宝，不善人之所保。美言可以市尊，美行可以加人。"（《道德经》六十二章）根据王弼的注辞，奥者暧昧，万物可受道的庇护。权杖就是统治者的宝，而不善人借着它得以受保护。这似乎是古今常理，你只要对历史或现实进行一番考察，会发现这方面大量的例子。有官位有权势者身边往往聚集一些仗势欺人之人，所谓狐假虎威之人。老子的眼光具有历史穿透力，是他观察了他所处时代以及史载前代大量事实后总结出千古不易的深刻哲理的缘故。他的明白无误的表述得自他的聪慧睿智和精练的语言造诣。

四　庄子关于"明"的学说

　　道家学派的另一位奠基人庄子对"明"亦有精辟的论述。庄子希望慎选邻居、慎交友，认为人们在交往过程中的相互影响很大。他以镜子蒙尘不亮为例，指出"鉴明则尘垢不止，止则不明也。久与贤人处，则无过"（《庄子·德充符》）。这话有深刻哲理。事物首先要自明、自善，不明、不善之人或物不要去接近。蜜蜂采花，苍蝇逐臭。明镜不落尘埃。一个普通人与贤人相处，则少有过错。这就好比"久入鲍鱼之肆则不闻其臭，久入芝兰之室则不闻其香"。习惯使然。跟着善人习善人，跟着巫婆神汉下假神，说的是环境影响很重要。由此我们想到对子女的教育很重要。教育选择环境和互相影响的好人好友好学校同样重要。

　　庄子认为明于天、明于道是可贵的。他说："不明于天者，不纯于德。不通于道者，无自而可。不明于道者，悲夫。何谓道？有天道，有人道。无为而尊者，天道也。有为而累者，人道也。主者天道也，臣者人道也。相去远矣。不可不察也。"（《庄子·在宥》）不明于道是可悲的。什么是道？有天道与人道之分。天道是指君王之道，人道是指臣民劳作之道。天道与人道相去甚远。明白这个道理，人们将不会乐于为臣。当大臣唯唯诺诺，点头哈腰，勤勤恳恳，战战兢兢。稍不留意，身首异处。所以，在封建时代，君臣之道相去很远，臣民无性命保障。告诉人们不要盲目做君王的牺牲品。

庄子指出"不以王天下为己处显，显则明，万物一府，死生同状"（《庄子·天地》）。庄周是说，不因为想使自己显赫一世而称王天下。或者换句话说，不因自己当了国王而不可一世。万物一体相连，事物是互相联系、互相影响的，而且是互相转化的。当然，庄子的"死生同状"是极端的相对论和混同论。死生固然可以转化，然而是单向的，即生→死。而死却不可以生。正如时间的单向一维性一样，时间可以走向未来，然而，不可以由现在倒回过去。不了解事物转化的条件，这是庄子哲学的缺陷。

在《天地》篇，庄子几乎通篇在论述何谓"明"的问题。他的胸怀博大，包容天地。他说："夫道覆载万物者也，洋洋乎大哉。君子不可以不刳心焉。无为为之之谓天，无为言之之谓德。爱人利物之谓仁。不同同之之谓大。行不崖异之谓宽。有万不同之谓富。故执德之谓纪。德成之谓立。循于道之谓备。不以物挫志之谓完。君子明于此十者，则韬乎其事心之大也。"（《庄子·天地》）大意不外是说：道既承载而又覆盖万物，它无处不在。君子能够把目光投向寰宇，然后才可以清心寡欲，抛弃私心杂念，归于"道"。顺乎自然吧，实事求是吧，做事不要矫揉造作。以人为本，返璞归真吧！"不同同之"所谓到乡随乡，到什么山上唱什么歌；所谓和而不同，怨而不尤；行为不乖张，能够包容大众叫做宽恕；物什丰多叫做富。有行为规范叫做纪。获得成功叫做有力。遵循规律办事不误时叫做备。不因条件缺乏而丧失志向叫做完人。所谓君子能够明确这些道理，立心处世就能包容一切，无所不通。

"形非道不生，生非德不明。存形穷生，立德明道。非王德者邪，荡荡乎。"(《庄子·天地》)这里"道"是有生灵之万物之所以生的根本。"道"是规律、机缘，万物创生或存在的方式。老子早已讲明："一阴一阳之谓道。"道生一，一生二，二生三，三生万物。即言是宇宙间包含了无生物界在内所有的自然规律。老子又说："万物负阴而抱阳"。他首先讲生物界，然后讲无生物界。他总结了"孤阴不生，孤阳不长"的道理，指出了阴阳相对而又相合，万物既矛盾又统一，阴阳搭配，阴阳调和，万物才富有生机。所以，有形的事物不合"阴阳和合之道"就不能孕育生长，生长了不能获得应有的"阳光雨露"（换言之，良好的生态环境）而不能亨通繁盛（所谓"明"）。保存形体尽养生命，是人类建立良好生态环境，弘扬繁育景荣之道的根本。难道这不就是所谓君王坦坦荡荡的"德政"吗？一言以蔽之，君王的德政不外乎，万物繁息，生生不断；人民幸福，安居乐业。而要做到这一点，无非是"无为"二字。万物法道，道法无为，无为即明。

庄子要求"明于天通于圣。"那么，怎样才算"明"呢？"水静则明。烛须眉，平中准，大匠取法焉。水静犹明，而况精神。……夫虚静恬淡寂寞无为者，天地之平，而道德之至。"(《庄子·天道》)他希望人心都像一汪静水，精神安定不受烦扰就明。所以虚静无为的人，是衡量道德标准最高的准绳。"是故古之明大道者，先明天而道德次之。道德已明，而仁义次之。仁义已明，而分守次之。分守已明，而形名次之。形名已明，而因任次之。因任已明，而原省次之。原省已明，而是非次之。是非已明，而赏罚次之。赏罚已明，而愚知（智）处宜。……天地固有常矣，日月固有明矣。"(《庄子·天道》)庄子认为天即自然，而自然是道德之本，所以说道德次之。仁义又次之，上下职守又次之，物象名称又次之，因材而用又次之，原恕省察又次之,是非曲直又次之,赏罚又次之,愚智的处置又次之。做到了这些,就像天地有常道,日月有光明。不必用什么智谋,社会秩序就能顺其自然地运行。庄子历来认为"道法自然",不可言说。"知(智)者不言,言者不知(智),而世岂识之。"(同上)天地化生万物。孔仲尼说:"天何言哉!四时行焉,万物生焉,天何言哉!"(《论语·阳货》)真正有智慧的,并不多言,夸夸其谈,爱吹牛的并不真正有能耐。有一句讽刺诗说:"公鸡咯咯地叫,不是下蛋的征兆。"鲁迅说:"猫捉老鼠。吱吱叫的是老鼠,不声不响的是猫。吱吱叫的被不声不响的吃掉。"这么说来,那默默无闻的奉献者是可爱的。但是,商业家并不因为老子说过"知者不言"而从此不再做广告。不宣传、不做广告,那怎么成?信息产业作为第四产业靠的就是"言"。我们要注意把老子哲学应用到适当的范围内。任何真理都要依时间、地点、条件为转移。这又是一种"明"。

庄子对于生死看得超脱,看得像走平路一样。"明乎坦涂。故生而不说(悦),死而不祸,知终始之不可故也。计人之所知,不若其所不知。其生之时,不若未生之时。以其至小求穷其至大之域,是故迷乱而不能自得也。由此观之,又何以知毫末之足以定至细之倪,又何以知天地之足以穷至大之域。河伯曰:世之议者,皆曰,至精无形,至大不可围,是信情乎。北海若曰,夫自细视大者不尽,自大视细者不明。"(《庄子·秋水》)庄子从自然规律着眼,认为万物有生就有灭,有始就有终。生也不必喜,死也不必悲。所以,他妻子去世时,他鼓盆而歌。人的明白倒不如混沌状态。至小求至大之域,好比井蛙想测量大海,迷惑不可得真知。由此看来,毫末未必最小,天地未必至大。河伯和北海若所讲都有其道理:最小的东西无形,河伯这句天才的预言已被现代物理学所证实:最小的原子核有核外电子的运动。此外有质子、中子等形状并不稳定。从小处观庞然大物不可能穷尽每个角落,同样,从大处细看原子、分子不可能分明。即使借助显微镜也只能看其大致的结构。明与不明都是相对的。绝对的"明"是没有的。"明"都是相对的。

庄周借温伯雪子之口说:"吾闻中国之君子,明乎礼义,而陋于知人心。"(《庄子·田子方》)这是指儒家具有较烦琐的仪式而缺乏对人的需求、人的情感、人的心理的深刻了解。这是就人事而言。庄子还指出:天地阴阳"两者交通成和,而物生焉。或为之纪,而莫见其形。消息满虚,一晦一明。日改月化,日有所为,而莫见其功。生有所乎萌,死有所乎归。始终相反乎无端,而莫知其所穷"(《庄子·田子方》)。人类对自然界的认识首先从寻求生活来源,从开发土地,顺应农时开始。然后,逐渐认识动植物的生长条件和原理。日月"一晦一明,日改月化"反映了自然界的互动消长规律。"自然"每天都在不声不响地作为,我们看不到(而且它自己也不显示)它有什么功劳。在庄子看来万事万物有始就有终,有生必有死。他还认识到,时间(或宇宙)既有始有终,又无始无终,因为它"无端",从相反的两极诘问考究,人们"莫知其穷"。晋代哲学家王弼说"无能生有"。现代科学认为宇宙是在最初一次大爆炸中形成的。而大爆炸之前物质处于一种稀薄状态,近似于"无"。这种"稀薄状态"从何而来,宇宙的结局如何,人们很难穷尽这些道理。这就是说,庄子哲学中"明"的观念告诉我们,可明则明,不可则蒙。人类对于自然界的认识,将永远处于明与非明这样一个"区间",它是动态的,人类在这一区间由蒙昧向着光明像渐近线一样逐渐向真理靠近,然而,终究是"靠近",而不是"穷尽"真理。这便是庄子哲学天才地猜测到的认识论哲学。

"夫天下也者,万物之所一也。得其所一而同焉。则四肢百体,将为尘垢。而死生终始,将为昼夜,而莫之能滑。而况得丧祸福之所介乎。弃隶者若弃泥涂。知身贵于隶也。贵在于我,而不失于变。且万化而未始有极也。夫孰足以患心。"(《庄子·田子方》)按照庄子的自然观,天下是万物所共有的。人类应当与自然界其他生物共享生态环境。人类面对生死不必惊慌,就好比自然界有昼夜交替一样。"隶者"是指官职、名声、金钱等等隶属于身体的附属物,通常说这些都是"身外之物"。丢弃它们就好比甩掉路途上的泥巴一样。道家是贵生主义者,把身体安康看得高于一切。"贵在于我",我不因外物而改变,不为外物所左右,不被外物牵着鼻子走。万物变化无极,喜怒哀乐不必介意于心。人要活得自然而达观。不要勉强束缚自己。返璞归真,不修不矫,保持真性情才对。"夫天之自高,地之自厚,日月之自明。夫何修焉。"(《庄子·田子方》)天地日月各有本性,不修自生,不修自明,修之何用?凡事要顺其自然,不可强勉而为。

《庄子》外篇一般认为是庄周后学所续写的道家著作。庄周本是达观的。其后学更进一步:"富贵显严名利六者,勃志也。容动色理气意六者,缪心也。恶欲喜怒哀乐六者,累德也。去就取与(予)知(智)能六者,塞道也。此四六者,不荡胸中则正。正则静,静则明,明则虚,虚则无为而无不为也。"(《庄子·庚桑楚》)这里,"严"是威严、权势之意。富贵名利是兴志之动力,是缠束心灵之绳索;厌恶人、欲求多、好发怒、好悲哀自然不讨人欢喜,失人心。喜此乐此必恶彼烦彼。有喜乐必有烦闷。这样就不能得到大家的支持和拥护。如果用智能去得到财富之类,是对道的阻塞。庄子认为,如果不让名利、情感、智能在心胸中存在,那么你的心性就会很正,那么正则静,静就会对世上的一切事物都明白,明白就会很淡漠,即虚;而虚了就会无为,无为才能无不为。这就是庄子的人生哲学。

《庄子·应帝王》(内篇)里,引用老聃的话:"明王之治,功盖天下而似不自己。化贷万物,而民弗恃。有莫举名,使物自喜。立乎不测,而游于无有者也。"(《庄子·应帝王》)这是说,明王从不居功自傲。教化民众和施恩于万物，而民也不要仰赖官府。万物各得其所，立不测之功，游不意之境。这就是所谓明王与众不同之处。明王不"显严"。庄子借老聃之口指出，"物彻疏明，学道不倦"，道可学又不可学。终身求未必得道。万事之明，无非执一得中。

第四章 法家的"明"思想

法家是我国先秦时期的重要流派。法家学说是维护君主专制的学说,故法家学说的许多内容是为君主的统治和治理服务的。法家的早期代表人物有李悝、商鞅、吴起、申不害等。这些人多是政治家,参与诸侯国的治理。他们把自己的思想制定成治国政策,运用到富国强兵的实践中去。战国中期以后,法家思想形成一套完整的理论,整理成许多法家著作,如《商君书》、《管子》、《韩非子》等。

法家学派主张用"法"去治理国家,维护君主的统治,故法家学说认为,诸侯国君应为明君。明君要有明术、明法、明察、明断,知人善任,信赏必罚之术,才能治理好自己的国家。法家认为,真正强有力的国君必须是明主。

一 申不害的"明术"与"独断"思想

申不害是韩国(郑韩)的京邑(今河南荥阳东南20里)人。曾担任韩国的下级官吏。他学成后曾经以法术以求晋用,被韩昭侯用为丞相。"内修政教,外应诸侯,十五年,终申子之身,国治兵强,无侵韩者。"关于申不害的身世,另据《战国策·韩策一》鲍彪注说他是荆人。其实,他是申国人,楚灭申,申氏归楚。申不害从楚至郑,后来,韩灭郑,申不害于是成了韩国人。

春秋战国之际，社会经济发生了深刻变化。战国初年，新兴地主阶级为适应开疆拓土、兴国争霸的需要，争相聘用有学有术之士。地位较低的士人也想在学有所成的情况下施展自己的政治才干。申不害在求仕过程中受到韩昭侯赏识，遂得以有为。申不害的著作《申子》现已散失。有关申子的言论散见于《韩非子》等先秦著作中。

申不害的重要政治主张是君王"独断"。他指出："独视者谓明，独听者谓聪，能独断者，故可以为天下主。"（《韩非子·外储说右上》）申不害认为，国君必须独视、独听、独断、不要与臣下商量，要善于驾驭臣下，让各种人才为己所用，方可成为天下之王。申不害奉劝国君不要相信任何人，只相信自己亲眼看到的、亲耳听到的，然后由自己独自处理政务。这就是所谓"独断"。申子的这一政治主张很受韩非子的赞赏。韩非说，"明主之道，在申子之劝独断也。"（《韩非子·外储说右上》）可见，在法家看来，"独断"是如此重要，以至成为不可缺少的"明主之道"。那么，为什么要这样呢？换句话来问："独断"的理由是什么呢？

申子指出："上明见，人备之；其不明见，人惑之。其知（智）见，人饰之；不知见，人匿之。其无欲见，人司（伺）之；其有欲见，人饵之。故曰：吾无从知之，惟无为可以规（窥）之。"（《韩非子·外储说右上》）这里是说：主上想要清楚地了解情况，臣下总是防备他，弄虚作假，不让他了解真情。欺下瞒上是官场的习气。主上不能明察，人们就会设法迷惑他，使他信以为真。主上以智察视，臣下往往掩饰缺点，报喜不报忧，夸大功劳。主上不能敏锐地洞察，臣下往往隐藏过恶。主上不想看到的某些方面，臣焉往往伺察窥测主意，以便迎合君主之意。主上有想获得的譬如美女、珍宝等等，佞臣往往物色进献以作渔权的钓饵。所以说，（凡军国大权之得失和臣僚政绩之真伪）我无从得知,只有无为可以窥视。"无为",垂拱司契可以知道政情吗？可以。大臣各司其职,主上只要在年终或适当时候看一看你的政绩、战绩以及属下百姓是否安居乐业就明白了。正是因为害怕有臣下谎报政情、军情,所以才要自己明察明断,独断不群。

申不害又说："慎而言也,人且知女（汝）；慎而行也,人且随女（汝）。而有知（智）见也,人且匿女（汝）；而无知见也,人且意女（汝）。女有知（智）也,人且臧女（汝）；女（汝）无知也,人且行女（汝）。故曰：惟无为可以规之。"（《韩非子·外储说右上》）大意是说,出言谨慎,人们才能附和你,谨慎行事,人们才能追随你；而有智慧,人们将在你面前隐藏自己的观点；而没有智慧,人们将妄自臆度你。你有智慧见解,人们将赞扬你；你没有智慧,人们将毁谤你。所以说,只有无为才可以谋划他们。这里的无为是指国君不要轻易表态。

申不害和韩非子都主张不要轻易相信人。申不害要求官员"治不逾官,虽知弗言。"（《韩非子·定法》）意思是,治理政事不应逾越本官职权,在本职范围之外的政事,虽然是有所知也不表态不说话。韩非子对申不害这句话加以评论。他说："治不逾官,谓之守职也可；知而弗言,是谓过也。"（《韩非子·定法》）韩非子认为知而不言是不对的。因为人主应以一国的耳目为自己的耳目进行视听才能耳聪目明。大臣明知应当怎样治国而不向主上献策,国君凭借什么能治好国家呢？所以,我们说,申不害的独断独行比唐代魏徵所说的"兼听则明,偏信则暗"要愚暗得多。现代社会要求任何一个社团、机构、实体都有自己的智囊团,有自己的参谋、顾问官,以便使自己的单位集思广益,获得取胜的最佳方案。当然,申不害所说的"独断"主要是指国君自己不要偏听偏信,不要为佞臣所左右。要独立思考,有自己的主见,在参考多种意见后,根据自己的判断作出决定。笔者认为,只有这样来理解"独断"才是正确的。否则,那就是武断专横的,治国是危险的。

关于申不害的术。"术"是国君驾驭群臣、统治万民的技巧。用战国时代法家的话说,"术者,因任而授官,循名而责实,操杀生之柄,课群臣之能者也,此人主之所执也。"(《韩非子·定法》)当有人问到申不害的"术"、公孙鞅的"法"二者用来治国哪最急用、最重要时,韩非子借评论者的口说:这是不可比量的。二者各有各的功用。譬如:人有十天不吃饭必死;寒冬季节,不穿衣必死。衣与食二者对于养生来说是缺一不可;同理,法与术二者对于治国来说是缺一不可。法、术都是帝王所要具有的治国工具。这是当时乃至后来封建社会两千余年统治阶级的观点。在我们看来,法与术都应该为维护正常的社会秩序、经济秩序,为社会主义经济的发展,为物质文明和精神文明、政治文明的进步而服务。

申不害较早提出国君必须明"术"来羁縻臣下。术,是指权术。申不害把他的明术思想进献给韩昭侯。韩昭侯学了申子之术,就经常用"术"来考验臣下对他是否忠实。有一个有趣的例子:韩昭侯把自己的长指甲剪下,握在手里,谎说丢失,让大臣帮助寻找,找得很急。大臣们都找不到,有人把自己的指甲剪下献上,昭侯就拿这件事测度左右大臣是否忠诚。(《韩非子·内储说上七术》)在笔者看来,这是韩昭侯玩弄的愚人把戏。治国要从大处着眼,不要从小处耗神。作为国君自己引导大臣看指甲是否丢失,这本身就是不对的,是把军国大政、万民幸福看做儿戏。在这里,那个剪自己指甲献上的大臣,忠耶?非忠?从满足国君需要、投其所好这一角度,这也算得上忠;从以假代真,隐瞒非原物这一事实来看,又不能算忠。可是,你国君求之过急,万一怪罪大臣,大臣们又该如何呢?昭侯在另一件事上做得对。即"当苗时,禁牛马入人田中"。地方长官上报一些牛入人田野的事情。昭侯故意指出自己出行时所发现的南门外黄牛犊入田踏啃庄稼之事有遗漏,以此使群臣和下级官吏"以昭侯为明察,皆悚惧其所而不敢为非"。

韩国国君采纳申子意见,以术治国,常常任用两个性格不同、利益相左的大臣,国君利用他们的不和,从中驾驭。如韩宣王同时任用公仲与公叔,韩烈侯同时任用韩傀与严仲子等。申不害的明"术"治理论对韩国造成重大影响。但是,他并未能使韩国强大起来。利用大臣的矛盾从中调停驾驭这是一种愚蠢的权术。它虽然可以使国君不受蒙蔽,但它使臣僚互相扯皮、互相拆台、互不团结,削弱本国的政治实力。我们知道,团结就是力量。对于一个团体、一个民族、一个国家都是如此。所以,"术"只能用来伺察、笼络臣僚,而不能挑起大臣之间的矛盾使其互相倾轧。将相和好是国家之幸。大臣相倾是民之不幸。大臣都把精力用在钩心斗角上哪有精力从事治国安邦?哪有时间考虑民政生产?所以,申不害的"术"具有两面性。其中具有可资借鉴的成分,也有些必须摈弃的内容。

二 韩非子的"明术"观念

韩非子是战国末期韩国贵族子弟。据《史记·老子韩非列传》记载:韩非子"喜刑名法术之学,而其归本于黄老。非,为人口吃,不能道说,而善著书。与李斯俱事荀卿,斯自以为不如非"。韩国处于强秦的进攻之下。作为一个政治家和思想家,韩非子多次上书韩王,而韩王不能用其策。"于是韩非疾治国不务修明其法制,执势以御其臣下,富国强兵而以求人任贤,反举浮淫之蠹而加之于功实之上。以为儒者用文乱法,而侠者以武犯禁。宽则宠名誉之人,急则用介胄之士。今者所养非所用,所用非所养。悲廉直不容于邪枉之臣,观往者得失之变,故作《孤愤》、《五蠹》、《内外储》、《说林》、《说难》十余万言。"(《史记·老子韩非列传》)韩非子对韩国当时用人不重功绩又养非所用，用人不贤，用人不廉的状况十分焦虑。由于韩非子所处的时代，法家之外，道、儒、墨、名等诸家已名扬于世，有可读之书甚多。所以，韩非子作为战国时代晚期法家思想学说的集大成者，综合战国以来法家学说，吸收道、墨、名等家的思想成分，著成大著《韩非子》一书。

据说韩非子之书传至秦，秦王见其《孤愤》、《五蠹》两篇，十分崇拜，于是急攻韩国，想得到韩非子这个杰出人才。韩王不得已，派韩非子出使秦国。到秦国后，受到李斯、姚贾等人的谗害。他们认为韩非子是爱韩国的，终不为秦所用，劝秦王除掉他。而事实是李斯的个人嫉妒心在作怪，李斯害怕韩非子若得志将位居他之上，故用计害死韩非子。

韩非子的"明术"观念主要体现在治国方面。他认为，君主治国要明于治道。韩非子指出："爱臣太亲，必危其身；人臣太贵，必易主位。"(《韩非子·爱臣》)这是说君主不要太亲近大臣，即使最宠幸之臣也要保持一定距离，不要让他摸透你的底细，受他左右。根据历史经验臣子地位过于尊贵，特别是宰臣、将帅往往想取代国君，坐上宝座。这些案例是屡见不鲜的。所以，国君要想巩固自己的地位，就要经常更换将帅宰执。

韩非子说："昔者舜使吏决鸿水，先令有功而舜杀之；禹朝诸侯之君会稽之上，防风之君后至而禹斩之。以此观之，先令者杀，后令者斩，则古者先贵如令矣。……故先王以道为常，以法为本，本治者名尊，本乱者名绝。凡智能名通，有以则行，无以则止。"(《韩非子·饰邪》)这里，"先令"、"后令"是指臣下先与命令而行动，或者没有按命令规定期限而迟延。在这两种情况下，虽有功也不赏，而且都要重罚。这是为了严明法纪，杜绝"妄意之道行"。

韩非子认为君王应杜绝臣下"行私惠"。注释者蒲阪圆说："舍赏罚之权而行惠以争民，犹释车舆之利而逐兽也，谓其难及也。"（梁启雄《韩子浅解·外储说右上》引文为注者语）制止行私惠的目的是防止臣下如田常那样"行惠以争民"，防止大权旁落，防止臣下权重以犯上。《外储说右上》以"季孙让仲尼以遇（耦，敌）势"为例，认为君主更应当如此。韩非子还以薛公等人为例，教人两招，要恩威并施。要抓住臣下的弱点为把柄使臣下服服帖帖为自己服务。说这是"明主之牧臣"之术。

韩非子认为人主为防止大权旁落，就要权不外借，刑赏均操于人主自己之手。他以宋君为例说明君主用权失误导致丧失身国。司城子罕对宋君说："庆赏赐典，民之所喜也，君自行之；杀戮诛罚，民之所恶也，臣请当之。"（《韩非子·外储说右下》）宋君答应了子罕的请求。于是凡出威令，诛杀大臣，权归子罕。臣民都畏惧归顺子罕。一年光景，"子罕杀宋君而夺政"。这个例子对于国君用权无术、少问政事是个严重的警告。韩非子以齐简公和田成恒的君臣关系为例，说明"术"不在形式，而在得民心。显然，他并没有谴责田恒而同情简公。他说："简公在上位，罚重而诛严，厚赋敛而杀戮民；田成恒设慈爱，明宽厚。简公以齐民为渴马，不以恩加民；而田成恒以仁厚为囿池也。"（《韩非子·外储说右下》）爱护人民的人，人民当然也会爱护他。单以心术算计老百姓，这"明"也无济于国政。

韩非子等法家人物反对"非令而行"。不管这种擅自行动对君主有利还是不利，爱护君王还是大臣仅仅为了私利，都必须制止，事后都要对当事人进行惩戒。否则，大臣有可能以维护君主为名滥用职权。如果是战争状态，未接到命令而行则可能泄露军事机密、过早地暴露目标。所以韩非子要求臣下绝对接受君王命令。如何做到这一点呢？他以秦昭王为例。秦昭王的百姓私自买牛为王祝祷免病。昭王说："夫非令而擅祷者，是爱寡人也。夫爱寡人，寡人亦且改法而心与之相循者，是法不立。法不立，乱亡之道也。不如人罚二甲，而复与为治。"（《韩非子·外储说右下》）这是昭王为树立权威而实行的治术，说明秦昭王明于治道。

韩非子主张君王要大权独揽，小权分散。具体地说就是："事在四方，要在中央；圣人执要，四方来效。"（《韩非子·扬权》）这里提出一个元首和大臣、中央与地方关系如何处理的问题。国家元首或首脑过于超脱，将相可能会擅权，甚至使君王受到威胁。"卓齿之用齐也，擢闵王之筋；李兑之用赵也，饿杀主父。此二君者，皆不能用其椎锻榜檠，故身死为戮，而为天下笑。"（《韩非子·外储说右下》）那么，国家元首或首脑参与意识太强，事必躬亲好不好呢？不分大小事，事事过问，事事插手，这也不利于国计民生。因为一个人的精力毕竟有限，应当有所为而有所不为。否则，那将一事无成。例如，田婴相齐时，故意"令官具押券斗石参升之计。王自听计，计不胜听，罢食，后复坐，不复暮食矣"（《韩非子·外储说右下》）。其结果，"王自听之，乱乃始生"。这说明，君王应当只抓大事，而将具体事务交给丞相去处理。君王应选择可靠的人才。这个人才既是朋友亲信；又要有真才实学，二者缺一不可。田婴就算不上是忠臣。他想将烦琐的日常事务推给齐王，使他陷入杂事不能脱身，同时又想让君王体会丞相替他操劳之苦。等齐王烦腻了，权力再由田婴接过来。这是丞相在玩弄权术，在要国君。所以，选好丞相，对于君王治国至关重要。君王应当考虑的则是军事、外交、经国要略，考虑富国强兵的施政方针，偶尔考察一下将相的政绩，但不可陷入琐屑事务之中而不能自拔。

韩非子主张国家元首或首脑要善于"因物以治物"，"因人以知人"。他嘲笑郑子产亲自查知恶妇绞杀丈夫之事。他说："不明度量，恃尽聪明劳智虑而以知奸，不亦无术呼！且夫物众而智寡,寡不胜众,智不足以遍知物,故因物以治物。下众而上寡,寡不胜众者,言君不足以遍知臣也,故因人以知人。是以形体不劳而事治,智虑不用而奸得。"(《韩非子·难三》)这是说,君王对于林林总总的万事万物不可能尽知,对于形形色色的各级臣下不可能全晓,要通过对一些事物的熟知来治理另一些事物,通过直接的大臣了解间接关系的各级官吏,然后提拔重用那些口碑很好的官员。这样,才能避免过度繁忙劳累,避免用人失察,才能以一当百,充分发挥元首或首脑的伟大作用。

韩非子认为治国之术有三条是必须遵循的。他的原话是:"圣人之所以为治道者三:一曰利,二曰威,三曰名。夫利者所以得民也,威者所以行令也,名者上下之所同道也。"(《韩非子·诡使》)这里所谓"利"是指受民众拥护;所谓"威"是指令行禁止;所谓"名"是指治当其名,即上下同道。换句话说,君主所倡导的应当符合法律要求,君主所摒弃的应当是法律所禁止的。如果君主提倡的却是法律禁止的,那么,这就是"治不当名",就是上下不同道。同理,君主应考虑民众的生产、生活、健康和安全,这才是上下同道,即上下一心,民富国强。

韩非子认为用治术应权衡利弊得失。凡事应知舍小利而成大事。他说:"甲兵挫折,士卒死伤,而贺战胜得地者,出其小害,计其大利也。夫沐者有弃发,除者伤血肉。为人见其难,因释其业,是无术之事也。"(《韩非子·八说》)人君遇事要迎难而上,不要遇到困难就退却。人世间事,有所得必有所失,没有十全十美而又不付出任何代价的事情。韩非子又说:"慈母之于弱子也,爱不可为前,然而弱子有僻行使之随师,有恶病使之事医。不随师则陷于刑,不事医则疑于死,慈母虽爱,无益于振刑救死,则存子者非爱也。"(《韩非子·八说》)大意是说治国爱国必须惩治贪官污吏,就好比慈母去除爱子身上的肿瘤,或把子女交给严师去带是一样道理。一味对枉法、渎职的官吏心慈手软,则"国将不国"。因此,他说,"明主之国,官不敢枉法,吏不敢为私,货赂不行,是境内之事尽如衡石也。此臣有奸者必知,知者必诛。是以有道之主,不求清洁之吏,而务必知之术也。"(《韩非子·八说》)显然,这里"衡石"是比喻全国官民所遵循的法律。所谓"不求清洁之吏",是说,官吏有用兵治国之术,不必计较他的小瑕疵,以不触犯法律为度。明智的国君则是要具有对臣下的"必知之术"。这样,有法律做准绳,约束各级官吏,何愁国不治呢?

韩非子研究并建立了一系列君主御臣术。他说:"知其诚,易视以改(攺)其泽(择),执见以得非常,一用以务近习,举往以悉其前,即迩以知其内,疏置以知其外。握明以问所暗,诡使以绝黩泄,倒言以尝所疑,论反以得阴奸,举错以观奸动,明说以诱避过,卑适(谪)以观直谄,宣闻以通未见,作斗以散朋党,深一以警众心,泄异以易其虑。似类则合其参,陈过则明其固,知辟罪以止威,阴使时循以省衷,渐更以离通比,下约以侵(浸,'渐'之意)其上。"(《韩非子·八经》)这段话大意是说,参听人言以审察其是否诚实,调动官吏到不同地区以考验他的选择和操守。掌握现有的事实推知他难以察知的特殊情况。君主分别专用左右大臣,用职责分明来勉励各人的志趣。重其禁令则远使知惧。君主历举臣的往事,借此以知臣僚从前的经历(使他知道君主明察秋毫)。君主接近臣僚,从就近的观察中明白臣的内心;君主疏远地安置臣,从外官的政事上来知道臣的表现。君主掌握着已知的事来询问臣僚秘密的事。用诡秘的行动对待有嫌疑的臣僚,让他久待而不任,阴谋会像惊鹿一样逃散;派人询问他则不敢蒙蔽君上;倒言反事用来尝试有嫌疑的臣僚,奸情就能获得;讲一些与内心相反的话来考察臣下有无阴谋诡计;设伺察之官来对抗专擅独为的官吏;举出臣僚的错误以便观察他是改正还是阳奉阴违;明白地说出国家的政策,为的是要诱导避匿罪过的人们来坦白;贬谪或降低臣僚的职务以便观察他们忠直还是谄佞;宣布不坦白的臣下的某些过错,为的是要揭发出他们未肯暴露的阴情;故意制造矛盾,以便拆散朋党的小集团;深知某类民情,使有奸心的部众惊惧;泄露出不同的意见以改变臣僚的思虑;对于臣僚的言行,不论是好的或坏的,从表面看,只是类似,未能证实,那么君主就要用证据来考察他是否可靠;指陈臣僚的过失,就应该阐明他的锢蔽在哪里。君主应知辟除罪过的方法,借此使自己处于有威信的境地;秘密地派人随时巡察下级,以便省察自己的内心和政策是否正确;逐渐更化以改变朋党勾结不利于执法公正的局面;国君用约束下属的纪律和行动作为政治教化逐渐进步的手段。接着,韩非子论述了建立从中央到民间层层约束,以及"郎中约其左右,后姬约其宫嫒"的严密控制网的治国方略。他明确指出这是他的"明"。韩非子的这些见解,这些可用于实施的统治"术"是非常有效的、值得借鉴的政治经验。当然,其中也有些是受了申不害术治思想影响的一些封建的陈腐观念,应当摒弃。例如"诡使以绝黩泄,倒言以尝所疑"这只可用于警察或特务的侦察过程,而不适于政府。"论反以得阴奸,设谏以纲独为"也是这样。政府要光明正大,把自己应当实行的政策法规明白无误地传布给各级官吏和民众之中,才能上情下达,政令畅通。否则,政乱民违,事业无成。特别是"作斗以散朋党"最要不得。君主不能挑起臣僚矛盾、斗争,而是要制定法令惩治违令违法之官吏。官吏违法害民,应由司法机构给予处罚。君主应维护臣僚和军民的团结一致,因为团结就是力量。这一点,古代封建官吏乃至君王并不看重,当然我们也不能要求他们超越自己的时代。

韩非子在《解老》篇把"无为无思"看做国君的治道之"明"。"夫无术者,故以无为无思为虚也。夫故以无为无思为虚者,其意常不忘虚,是制于为虚也。虚者,谓其意无所制也。今制于为虚,是不虚也。虚者之无为也,不以无为为有常,不以无为为有常则虚,虚则德盛,德盛之谓上德。"故曰:"上德无为而不为也。"这是说:所谓真正做到虚者,是指他的心意无所专注。如果专心注意要做到虚,那显然是不虚了。虚者的无为是这样:他绝不把无为作为一种具有经常性的工夫,如果做到这一点,那就是虚了。虚就是盛德,盛德就是上德。所以说:"上德是无为的,然而又是无不为的。"(《韩非子·解老》)韩非子在这一篇里的观点无疑是以自己的见解来解说《老子》。《解老》显然不完全等于他个人的政治主张。拿《解老》与《八经》一比较,可知,前者超脱,后者参与意识很强,既投入又缜密。后者是入俗的,一点也不"虚"的。难道韩非子不想拥有"上德"吗?可见,二者有重大差别。

韩非子认为,"母"、"道"、"术"是从根本上相通一致的。他说,"所谓'有国之母',母者,道也。道也者,生于所以有国之术,所以有国之术,故谓之'有国之母'。"(《韩非子·解老》)有道就有术,有术即有道,道术一也,也叫有国之母。换句话说,拥有国家政权的根本是君主掌握了道术。道是统治规律好比日月运行一样,有其恒常的道理,术是统治方法,是君主本照规律而积累的经验办法,它不能脱离"道"而存在。

韩非子不仅指出人主最重要的是法与术,而且将法与术进行了区分和比较。他说:"术者,藏之于胸中以偶众端,而潜御群臣者也。故法莫如显,而术不欲见。是以明主言法,则境内卑贱莫不闻知也,不独'满于堂';用术,则亲爱近习莫之得闻也,不得满室。而管子犹曰:'言于室满室,言于堂满堂。'非法术之言也。"(《韩非子·难三》)韩非子认为"法"要编著于图籍,制定于官府,公布于百姓。法律越显明、传播得越广泛越好。相反,"术"是尽量不让臣下和大众看见的东西。善于用术之人主,连他的左右亲信和家人都不可知晓他的手段和用意。例如激将法、旁敲侧击法、遥控法等等都是被用术者不能事先知道的法术。这也是明主的治术。韩非子说："术者，因任而授室，循名而责实，操杀生之柄，课群臣之能者也，此人主之所执也。"(《韩非子·定法》)这里所说的"术"也是明主之术，是指根据职任乃至臣下的才能、特点而授给适当的官职，根据官职的责任要求来考课他的政绩。君主根据臣下是否忠于职守、功过大小进行处置，掌握对大臣生杀之权的机要方略，这是人主时刻须要牢牢把握的。"法"要求的赏善罚恶，君主也是要过问的。

三 韩非子等关于明君的认识

韩非子是深受道家特别是老子思想影响的法家学派大师。他所说的明君之道是无为，这"无为"并不是什么都不干，而是抓住要害，掌握"课群臣之能"的方法。他说："明君无为于上，群臣竦惧乎下。明君之道：使智者尽其虑而君因以断事，故君不穷于智；贤者敕其材，君因而任之，故君不穷于能。有功则君有其贤，有过则臣任其罪，故君不穷于名。是故不贤而为贤者师，不智而为智者正；臣有其劳，君有其成功。此之谓贤主之经也。"(《韩非子·至道》)中国古代的法家是将君主排除于法之外的，主张君主至高无上，搞君主专制。对君主只是要求一个"明"字。他要求君主有威严，而"群臣竦惧乎下"。明君只是善于利用贤臣（智者）替他出谋划策，然后由他自己作出决断。任贤使能，用好人才，君主就有威名。所以说：不贤（指君主）可以为贤者（大臣）师，不智（指君主）可以为智者（大臣）的君长。这样，大臣有功劳，君主就成功。这就是贤明君主的经国要术。贤明君主所用的统治术叫做"道"。"道在不可见，用在不可知。"(《韩非子·主道》)用"权术"这只看不见的手统御全国的臣僚，即使君主算不得大贤大智，却能达到大贤大智才能实现的伟大政治目标。这就是贤与不贤的辩证逻辑。

韩非子总结了商周衰亡,晋齐之君被夺,燕宋之君被弑的历史教训,指出:"是故明君之蓄其臣也,尽之以法,质之以备,故不赦死,不宥刑。赦死宥刑,是谓威淫,社稷将危,国家偏威。是故大臣之禄虽大,不得借威城市;党与虽众,不得臣士卒。故人臣处国无私朝,居军无私交,其府库不得私贷于家。此明君之所以禁其邪。是故不得四从(驷乘),不载奇兵,非传非遽,载奇兵革,罪死不赦。此明君之所以备不虞者也。"(《韩非子·爱臣》)这里是说君主要防备臣下权重势大,尾大不掉,防备大臣谋逆,禁止带武器上朝,禁止乘车骑马逾制即超出规格。大臣不得擅自私定税法借重城市扩大实力。人臣不能私朝,就是说不允许在规定的朝见日之外擅自私拜君主。人臣在军队不能结党营私,没有调防、奖功、战前动员等重大行动不得擅自会友、联络。国家府库不能以任何名义设置在私人庄园(大夫之家)。如果有违反上述种种规定者,要刑死之罪不赦宥,不饶恕。这是明主防止大臣篡弑、以下凌上等不测变故的有效办法。

韩非子认为人主有五壅:"臣闭其主曰壅;臣制财利曰壅;臣擅行令曰壅;臣得行义曰壅;臣得树人曰壅。"(《韩非子·主道》)这是说,臣下蒙蔽主上、臣下控制财利、臣下擅自下令、臣下做善事收买人心、臣下树立朋党结伙这几种情况都是不利于君主统治的。这几种情况都必须由君主掌握,才能使国政牢牢掌握在国君手里。韩非子所说的"人主之道,静退以为宝"(《韩非子·主道》),实际是要求君主善于用人,而处于看似虚无的不显明地位,实际上操纵着军国大政。

韩非子主张明君不要"以誉进能,以党举官"。如果只听信臣下的夸赞、以同伙互相吹捧而任用官员,就等于鼓励官员结党营私。这样,"交众与多,外内朋党,虽有大过,其蔽多矣"。意思是朝廷内外结成朋党,如有大的渎职罪过,就会隐瞒起来,朝廷不知。朝廷或君主不知，就会影响到正确决策，就会引起国乱。

韩非子主张"以法治国……法不阿贵，绳不挠曲。法之所加，智者弗能辞，勇者弗敢争。刑过不避大臣，赏善不遗匹夫。故矫上之失，诘下之邪，治乱决缪，绌羡齐非，一民之轨，莫如法。属官威民，退淫殆，止诈伪，莫如刑"（《韩非子·有度》）。这里有些"法律面前人人平等"的意味。法律不能屈从贵族的意志。只要有人违法，不管他出身如何，智愚如何，怯勇如何，都要以法为准绳，谁也不许逃脱。要制止好色懒惰、欺诈伪造，只有认真执行刑法。做到这些，差不多可以算是明君。

韩非子认为明主用来引导、控制臣僚的手段有两种，即刑和德。"何谓刑、德？曰：杀戮之谓刑，庆赏之谓德。"（《韩非子·二柄》）这实际上就是通常所说的恩威并施。明主要把实施刑与德的权力掌握在自己手里，赏罚自君王出，国家权力自然就归于国君了。国君要善于倡导善的、美的、真的。上层统治者可以开一代风气。"故越王好勇而民多轻死；楚灵王好细腰而国中多饿人；齐桓公妒而好内，故竖刁自宫以治内；桓公好味，易牙蒸其子首而进之；燕子哙好贤，故子之明不受国。"（《韩非子·二柄》）这里是说，榜样的力量是无穷的。主上喜好什么，臣下就奉献什么；主上提倡什么，臣下就追逐什么；上行下效。君主对一国乃至数国具有无可估量的影响力。古时候有个诸侯喜爱良马，他的谋士告诉他可以贴个广告，说本侯王重金收买马骨，其他商人听说此事，就会把千里马赶来卖。这些道理都说明，统治者的言论行动要谨慎、规范，才能引导时代潮流，引领民族国家繁荣富强。

韩非子指出："明主之为官职爵禄也，所以进贤材，劝有功也。故曰：贤材者处厚禄，任大官；功大者有尊爵，受重赏。官贤者量其能，赋禄者称其功。是以贤者不诬能以事其主，有功者乐进其业，故事成功立。"（《韩非子·八奸》）显然，韩非子认为官职爵禄的设置是为了晋升贤才，奖励有功之臣。贤才应享受优厚俸禄，担任高官；功劳大的人应受重赏，有尊贵的爵位。官职与俸禄要和他的才能与贡献相称。做到了任贤奖功，就能事成功立。所以，他又说，"圣人之治国也，赏不加于无功，而诛必行于有罪者也。"（《韩非子·奸劫弑臣》）

韩非子认为，"世主美仁义之名而不察其实，是以大者国亡身死，小者地削主卑。"何以见得呢？"夫有施于贫困，则无功者得赏；不忍诛罚，则暴乱者不止。国有无功得赏者，则民不外务当敌斩首，内不急力田疾作，皆欲行货财，事富贵，为私善，立名誉，以取尊官厚俸；故奸私之臣愈众，而暴乱之徒愈胜，不亡何待！……故善为主者，明赏设利以劝之，使民以功赏而不以仁义赐；严刑重罚以禁之，使民以罪诛而不以爱惠免。"（《韩非子·奸劫弑臣》）这就明确告诉人们：仁义惠爱是不中用的。对罪犯不忍心诛罚，就会放任犯罪，引起更多的犯罪。对罪犯的仁慈就是对人民的残忍。这就是辩证法。严刑重罚会使故意犯罪而侥幸逃避惩罚的人缩手退却。"操法术之数，行重罚严诛"，可以使天下安定。这就好比陆行有车马，水行有舟楫，乘之可以达到目的地。故主张"重赏严诛"。（《韩非子·五蠹》）

韩非子认为明君要广开言路，否则"壅于言者制于臣矣。主道者，使人臣必有言之责，又有不言之责。言无端末，辩无所验者，此言之责也；以不言避责，持重位者，此不言之责也"（《韩非子·南面》）。闭塞言路，不知下情，就会受制于臣下。主公要督察臣下的职责。那些讲起话来没头没尾，却没有事实可以证验的人，应该负言论责任；而那些凡事不开口、遇到困难绕路走的大臣是只想拿俸禄而不想尽义务的混混，对于这些混混儿，也要追查他们的责任。因为无功就是过，白吃国家皇粮就要受处分。君主办事，要考虑所行之策成本大小，后果如何。"计其入多，其出少者，可为也。惑主不然；计其入不计其出，出虽信其入，不知其害，则是名得而实亡，如是者，功小而害大矣。"（《韩非子·南面》）韩非子要求君王要具有经济眼光。凡经营事业，收入多，支出少，就可以进行。昏庸的主子，只考虑收入，不考虑支出。支出超出成本若干倍，却不知道害处，这就是名义上取得，而实际上得不偿失。这样，功不抵害的事情尽可能在兴办之前就要避免。不要等到造成百姓怨怒、无益官民还要持续进行，这样就会危及国家政权。在这里，韩非子实际上提出了政策成本论和工程审计论两种主张，是审计理论的发端。

韩非子指出："明主之道，必明于公私之分，明法制，去私恩。夫令必行，禁必止，人主之公义也。必行其私，信于朋友，不可为赏劝，不可为罚沮，人臣之私义也。私义行则乱，公义行则治，故公私有分。人臣有私心，有公义：修身洁白，而行公行正，居官无私，人臣之公义也；污行从欲，安身利家，人臣之私心也。明主在上，则人臣去私心，行公义；乱主在上，则人臣去公义，行私心。"（《韩非子·饰邪》）意思是，贤明君主能做到公私分明，不因私恩而违反法律。一言九鼎，令行禁止，才是人主所应做到的。赏罚不行，迁就朋友，这是臣下的私义。私义行必引起国政昏乱。只有按照国家法律行事，才能达到天下大治。臣僚有私心用公理来约束：修身清白，公道正直，廉洁奉公，这是贤臣应当做到的；贪污腐化，公款嫖赌，经营私利超过国家公干，这是人臣中会有的。只要君主清明，上行下效，人臣就不敢行私，就会奉公守法。总之，"公私不可不明，法禁不可不审"。能做到公私分明，令行禁止，上下和同，万众一心，则民富裕，国无敌。

所谓明君无疑是有道之君。"有道之君，外无怨仇于邻敌，而内有德泽于人民。夫外无怨仇于邻敌者，其遇诸侯也外有礼义；内有德泽于人民者，其治人事也务本。遇诸侯有礼义则役希起，治民事务本则淫奢止。"相反，"人君者无道，则内暴虐其民而外侵欺其邻国。"(《韩非子·解老》)韩子深谙老子哲学，把老子哲学运用到政治领域。他赋予"道"新的意义，认为得道之君，对外与邻国友好相处，对内向人民施加恩泽。对外与邻国无冤无仇，遇诸侯必然具有礼义，就不会发生危及国家安全的战争。所谓对人民施恩泽，无非是重视农牧生产，实行轻徭薄赋，严格约束官吏禁止奢侈淫荡。

韩非子所说的明主对于不忠之臣有其驾驭之术。"故明主者，不恃其不我叛也，恃我不可叛也；不恃其不我欺也，恃吾不可欺也。"(《韩非子·外储说左下》)明主要做到不可叛、不可欺，无非是要实行兼听之明，多了解大臣，任用多个大臣，而不是只听信一个宰执，舍此之外，不设副贰。对大臣实行互相牵制而又互相协作的政策。政出一门，执行时则是各司其职。对于失职、渎职者，与他同级的臣僚有监督报告的义务。

韩非子指出，"明主之国，有贵臣，无重臣。贵臣者，爵尊而官大也；重臣者，言听而力多者也。明主之国，迁官袭级，官爵受功，故有贵臣；言不度行，而有伪必诛，故无重臣也。"(《韩非子·八说》)贤明君主对忠臣良将迁官封爵，就不乏贵臣；对那些言行不一，心存诈伪的臣僚，进行谴责和贬谪。所以，不允许这样的人成为重臣，不允许自作主张、结党营私的权臣发展个人势力。晏子、管仲都是贵臣，田氏家族所出皆重臣，重臣将危及君主统治。但是田恒之流对普通人民并不坏。所以，韩非子是站在维护固有君主统治立场说这番话的。在我们今人看来，重臣如果得了天下，实行轻徭薄赋的政策，对人民实行休养生息的仁政，这重臣也应当万世长存。韩非子主张君臣有别，不与臣下谋事。认为臣下了解君王心思太透，容易形成篡弑之势。"故明主审公私之分，审利害之地，奸乃无所乘。乱之所生六也：主母，后姬，子姓，弟兄，大臣，显贤。……"(《韩非子·八经》）要求明主实行政令公私分明，公事公办，使奸臣无所乘隙。在封建社会（或奴隶制晚期）统治集团中，国君的母后，妃姬，儿女亲家，弟兄，大臣和所谓名流显宦，这些人都是致乱根源。不可让他们过多过问政事，决定政事和处理政事。即使偶尔委托他们当中的某些人处理一两件政务，但是要轮流使用，不可长期听任一人指挥。如果经常委任一人安排大事，久而久之，权柄外移，国君就会被架空，无法左右全局。至于提到主母、后姬、子姓等等，这是封建时代或者说是世袭制家天下时代特有的政治现象，对于进入共和时代的现代政治来说已没有什么借鉴意义。当然，对于高干来说，夫妻、子女、弟兄是否能守法遵纪，能否不以私害公，高干同志应始终保持清醒头脑，以便使自己为广大人民群众掌好权、用好权，同时也使自己和家人不犯错误，坚守正气和节操。

韩非子进一步指出："翳曰诡，诡曰易。见功而赏，见非而罚，而诡乃止；是非不泄，说谏不通，而易乃不用。"（《韩非子·八经》）这是说，对君上障蔽隐瞒叫做诡诈，诡诈行为必然，引起变故，引起变易无常，从而使君王难以控制。真正做到赏善罚恶，功罪分明，诡诈行为自然就会止息。宫廷内部的是非争端和不同意见不外泄，大臣的说谏不传告民间，使奸臣无可利用的矛盾，变故自然就不会发生。"废置之事生于内则治，生于外则乱。是以明主以功论之内，而以利资之外，故其国治而敌乱。"（《韩非子·八经》）韩非子力主君主专制，认为君主决定国家机构的设置和太子大臣的废立，而外朝官不得干预。因此明主论功行赏，取利于敌国。其结果是国治而敌乱。这是侵略其他民族国家的错误思想。他希望"敌乱"。在我们今人看来，无论是邻国或意识形态不同的国家，都应该与它们和平相处。它们乱对我们没有任何好处。他国富裕了，在与我国进行商业贸易时，无疑我们也能买到廉价商品。所以，商品经济是无国界的。我国中央政府制定的"与邻为善、与邻为伴、与邻交友"的外交政策是十分正确的。

在今天看来,韩非子的一些政治理想实在是过时了。他说:"明主之道,臣不得以行义成荣,不得以家利为功,功名所生,必出于官法,法之所外,虽有难行,不以显焉,故民无以私名。"(《韩非子·八经》)他所说的"行义成荣"、"家利为功",其实并不坏。义者宜也。对人对己都适宜的事业,大臣做了有什么不好?例如修桥铺路,经营工业。靠发展生产致富,对人不坏,对己有利,何乐而不为?几千年来,中国的官家都不允许民间有所创造和经营,事事都要听命于朝廷,严重限制了臣民的主动性和创新性,扼杀了人民的创造力。任何事情都要"出于官法",所以,中国人自古不仅没有财产权,而且没有人权。君叫臣死臣不得不死,父叫子亡子不得不亡。古代中国人连生命权都得不到保障,哪里谈得上私权。所以,我们的人民除了官家外,贫穷得一无所有。既然无私人财产可言,不允许私人成名,又有什么"私名"?只好人人都做奴隶!

韩非子认为,明主应当"一法而不求智,固术而不慕信,故法不败而群官无奸诈矣"(《韩非子·五蠹》)。他要求一切以法律为准绳,不凭智、信。智者可能犯禁,信者朋友之间可能以江湖义气而妨碍国政。所以,只要严格执行法律,就不怕官吏奸诈,不怕出现违背朝政的渎职行为。认为"智士退处岩穴,归禄不受"是对国家、人民的利益不负责任。所以,不可"美其声而不责其功"。不能盲目地称赞那些藏岩穴、逃封赏的人士,而应对有战功、政绩的士人给予名、利之笼络。

在如何发展农业生产、发展经济方面,韩非子并没有超出商鞅的见识。他的重农抑末主张与商鞅雷同。他说:"夫明王治国之政,使其商工游食之民少而名卑,以寡趣本务而趋末作。"(《韩非子·五蠹》)(此引语末半句有逻辑缺陷,但不影响全句理解）他认为商工是"末"，与游食之民并列，这是战国时代法家的普遍观点。其实工商对于社会经济的发展来说同样是必不可少的。无工不富，无商不通。生产不专业化，工艺就不精；商业不发达，工、农业产品就不能进行交换。不交换就不能实现各自商品价值，不能达到进一步发展生产的目的。农业能离开最基本的生产工具如犁、锄、镰而存在吗？不能！这些工具能不在工场或作坊靠工人制造吗？不能！既然农业离不开工业，也离不开商业，为什么一定要对其视作末业而进行抑制呢？所以，无工不利农，无商不利民，无流通不能互通有无。韩非子把工商看做五蠹之一，这种观点是不对的，对工商业者是不公正的。这种历史观已被我国改革开放二十多年的社会实践所推翻。其实，细究韩非子抑末思想的原委，他实际上是想说要打击投机倒把、囤积居奇的商人，打击那些"聚弗靡之财"的人。关于这一点，国家可以通过立法，建立正常的经营规范，对于守法纳税的商人仍应加以保护。

  韩非子的明君思想深受道家观念影响。他说："谨修所事，待命于天。毋失其要，乃为圣人。圣人之道，去智于巧；智巧不去，难以为常。"（《韩非子·扬权》）大意是说，要谨慎供职。谋事于人，成事在天。天是指自然规律。明君即所谓圣人抓要害。去智去巧，符合常道。看来，韩非与李耳一样，是主张实行愚民政治的。大家最好都是蠢货、笨蛋，唯有国君是圣明的，好比牧主对待羊群一样，自然人人都是顺民。

  韩非子的主张，是要求国君严格考课群臣。"君臣不同道，下以名祷，君操其名，臣效其形，形名参同，上下和调也。"（《韩非子·扬权》）这是说：君臣有别，做法不同。臣僚拿事理或言论来请求君主指示，臣僚根据指示、诏令去执行，并贡献出事功。等到事功完全符合理论或诏令要求，得到验证，这样，君臣上下之间就和调一致。"是非辐辏，上不与构。"君主听言的方法，装作醉汉一般，倾听各种是非言论，君主借此获得各种信息和意见。这些意见就像车轮的辐辏集中到转轴一样集合到君主心中，而君主并不参与这个辐辏般的结构过程。这样做，可以发挥臣下的主动性。只是在臣下行动中有了偏差，君主才出来纠正或禁止。

韩非子认为明君应该依法治国。他反复强调："治强生于法，弱乱生于阿，君明于此，则正赏罚而非仁下也。爵禄生于功，诛罚生于罪，臣明于此，则尽死力而非忠君也。君通于不仁，臣通于不忠，则可以王矣。"（《韩非子·外储说右下》）这段话是韩非思想的闪光点。因为，在这里，他不把法仅仅看做约束臣下的工具，而是治国安邦的良方。守法就强盛，违法就弱乱。明君只要做到依法赏罚就可以了。有功就封赏，有罪就诛罚。大臣明白这个道理，就会尽心尽力为国出力，这并不是为了忠。君不必仁，臣亦不必忠。这样才是真正的王政。为什么呢？因为人人都依法办事，公道职事，为人民、为国家而办事，这样，有条文律令在约束，谈不上什么仁与忠。相反，如果臣下犯了罪，国君为了仁而不去惩罚，这实际上是乱法害民；如果国君有过失，臣下不去规谏，反而沿着错误道路走，使君王以言代法，臣民竭尽愚忠愚孝，这实际上对民族、对国家危害更大。所以，"君通于不仁，臣通于不忠"，才是真正的王政，否则是暴政，充其量是霸道而已。

一般来说，在法家著作中，商鞅只是直陈自己的主张，不大讲究说理和逻辑，甚至有些"霸气"。作为法家思想集大成者，韩非子比较讲究逻辑，说理翔实透彻。然而，他毕竟是在建立法制道路上的探索者，其言论也有前后相矛盾的地方。例如，在赏罚的问题上，忽而讲赏刑要适中，忽而讲要厚赏重罚等前后不尽一致的主张。在《饰邪》篇他说："主过予则臣偷幸，臣徒取则功不尊，无功者受赏则财匮而民望，财匮而民望则不尽力矣。故用赏过者失民,用刑过者民不畏。有赏不足以劝,有刑不足以禁,则国虽大必危。"(《韩非子·饰邪》)大意是说,过多的赏赐会使臣僚以侥幸心理获意外之财,白拿俸禄而不思进取立功,无功者得赏赐则财物匮乏而百姓失望,民不尽力。韩非子不仅认识到赏赐过滥丧失民心的问题,而且认识到用刑枉滥会导致民不畏死,民无所适从反而要以武力反抗获得侥幸免死。这样做的结果,赏赐不能劝功,刑罚不能禁罪,那么,国家即使很大也必定有亡国的危险。韩子在这段话里所说的是赏刑适中,即赏当其功、罚当其罪的问题。然而,在另一处,即《守道》篇,韩子却说:"治世之臣,功多者位尊,力极者赏厚,情尽者名立。善之生如春,恶之死如秋……"又说:"古之善守者,以其所重禁其所轻,以其所难止其所易。"(《韩非子·守道》)显然,这里是主张赏厚罚重的。按照太田方的说法,重罚者,人之所畏而难侵也;小不善者,人之所轻而易止也。所以要设立重刑重罚,使人对于小小的过失也要谨慎避免,而令人惧怕的要犯重刑的重罪就更可以远离而不遭受。

商鞅关于明君的认识与韩非子略有同异。下面我们加以辨析与比较。商鞅指出:"圣人之为国也,观俗立法则治,察国事本则宜。不观时俗,不察国本,则其法立而民乱,事剧而功寡。此臣之所谓过也。"(《商君书·算地第六》)商鞅强调根据民情、国情立法,因地制宜、根据社会情况决定政策,这是立法的根本准则。不然,法繁民乱,达不到治国之效。秦统一之后的情况证实了这一点。所以,法律既要具有相对稳定性,又要根据发展、变化了的实际情况进行修订,简而言之,法随时务而订。用商鞅的话说就是:"今时移而法不变,务易而事以古,是法与时诡,而事与务易也。故法立而乱益,务为而事废。"[《商君书·六法(佚文)》]法律与时代务要相脱离甚至相违背,那么,法不仅起不到促进社会经济发展,稳定社会秩序的作用,而且有可能引起或加剧社会动乱,国家兴起事业而开办起来很难发展,甚至半途而废。如果法律按照国情的实际建立起来了,结果,如果臣僚不去认真执行,这就是臣僚的过错。如果立法不当,引起民乱功少,那就是朝廷的过错。法立而正,"必使之明白易知,名正,愚智编能知之";"万民皆知所避就,避祸就福",所以,"令万民无陷于险危"。(《商君书·定分第二十六》)这实际上也吸收了儒家的主张,明确政令,使人民避免陷于刑罚之网,反对"不教而诛"。

商鞅首先提出赏罚要分明。"明君之使其民也,使必尽力以规其功,功立而富贵随之,无私德也,故教流〔法〕成。如此,则臣忠君明,治著而兵强矣。"(《商君书·错法第九》)在地著、重农这些方面,商、韩二子是一致的,赏善罚恶也没有什么大的差异。所不同的是,商鞅要求"臣忠",而韩非子则认为"君不通于仁,臣不通于忠"是最理想的治国境界。韩非子要求一切以法律为准绳,唯法是求,毫无疑问,韩非子是对的。他否定了臣子的愚忠愚孝,在法家的法律思想史上,韩非子毕竟向前迈了一大步,超越了商鞅的忠臣明君的陈腐观念,将法律至上的观念奉为圭臬。这是韩非子所特有的远大眼光。

商鞅除主张地著外,特别强调实行免税赋开荒发展生产的政策,主张"徕民"。他的"徕民"政策适宜于地广人稀的地区,相反,人稠地密的地方,则宜于垦荒扩土。在我们今人看来,发展科学技术,开发地矿、开发人力资源等等都不失为良好的政策。商鞅对明君的这一要求,应该说是对的。韩非子没有强调这一点,这是他的缺失。

四 韩非子的"明察"学说

前面我们分析的是韩非子等法家关于明君的认识。下面我们再探讨一下韩非子关于"明"的学说。这里所言"明"是指士人。在表述时，韩非子有时称人臣，有时称智法之士等。他说："智述之士，必远见而明察，不明察不能烛私；能法之士，必强毅而劲直，不劲直不能矫奸。"（《韩非子·孤愤》）有远见之明，有劲直之强的士人，能明察私情，矫克奸佞。这种人，"循令而从事，案法而治官，非谓重人也"。重人是怎样的呢？"无令而擅为，亏法以利私，耗国以便家，力能得其君，此所为（谓）重人也。"（《韩非子·孤愤》）刚劲正直的人臣并不是重人。重人是指假借天子名义擅自发号施令的人，是枉法以行私的人，是损耗国家资财而发家的人，这种人往往被君主所看重，这就是重人。"故智术能法之士用，则贵重之臣必在绳之外矣。是智法之士与当涂之人不可两存之仇也。"（《韩非子·孤愤》）执法之人被重用，那么贵重之臣即前面所说的重人必定被清除于用人的标准之外。执法之士与当途的贪官是水火不容的仇人，二者绝不能两存。

韩非子认为，只要所立新法能有利于国家的长治久安，即使人民暂时不理解，也要力争实行。他说："凡人难变古者，惮易民之安也。夫不变古者，袭乱之迹；适民心者，恣奸之行也。民愚而不知乱，上懦而不能更，是治之失也。人主者明能知治，严必行之，故虽拂于民心，立其治。"（《韩非子·南面》）这里所说"变古"即变法。变法难是惧怕改变老百姓安于现状的习惯。如果不变法，就会重蹈覆辙；照着一般人的想法去做，迎合人民守旧的习俗是错误的。人主要具有魄力，勇于实行新政，即便违背习俗，只要从长远利益来看，能够利国利民，就要坚决推行新法。"明法者强，慢法者弱。"（《韩非子·饰邪》）认为只要"有功者必赏，有罪者必诛"，令行禁止，国必大治。

韩非子认为士人要有不被虚假现象所蒙蔽或掩盖的慧眼。他说："礼为情貌者也，文为质饰者也。夫君子取情而去貌，好质而恶饰。夫恃貌而论情者,其情恶也;须饰而论质者,其质衰也。何以论之?和氏之璧不饰以五彩,隋侯之珠不饰以银黄,其质至美,物不足以饰之。夫物之待饰而后行者,其质不美也。是以父子之间,其礼朴而不明。"(《韩非子·解老》)君子士人讲求实情而舍弃现象,喜好质朴而厌恶雕饰。好的东西,真宝真货往往并不华丽。正因为如此,和氏献璧,反被误认为欺君。隋侯之珠也是这样,不加修饰,质朴可人,虽然不是光彩照人,但其内蕴是极美的。父子至亲也不必有很显明的礼节。这是士人应当明白的。

关于变法的利害、标准、时限问题,韩非子也有着深刻的论述。他说:"工人数变业则失其功,作者数摇徙则亡其功。……凡法令更则利害易,利害易则民务变,民务变谓之变业。故以理观之,事大众而数摇之则少成功,藏大器而数徙之则多败伤,烹小鲜而数挠之则贼其宰(泽),治大国而数变法则民苦之。是以有道之君贵静,不重(缠)变法。故曰:'治大国若烹小鲜。'"(《韩非子·解老》)职业技术人员不断变换工种就不能使技术熟练,增加工效。凡是结合变更都会影响到不同阶层的利益,利害关系变化了影响到人民对于职业的选择,民众的劳务变化就改变了行业。所以以理观察,多次改变工种很少能成功。就像小猫钓鱼那则寓言讲的,做事三心二意就不能做好。贵重物品和文物多次迁徙必定坏伤。治大国就像煎小鱼,翻动勤了会搞得一塌糊涂。治理大国变法过于频繁会导致民无所适从,行业数变,人民不胜其苦。因此,贤明君主贵静,不去重叠地、屡次地改变法令。法令反复变化,会引起既得利益者不满,未得利益者看不到希望。所以,治理一个国家或者一个部门,要反对朝令夕改,要能令政必行。变业变法是可以的。但是,要看准了目标,照准了参照物(系),依据可以借鉴的史例,进行严密的论证,然后制定一整套适合国情、民情的法律。变法要慎变,不要屡变。就是说，时代变化了，经济关系、阶级关系变化了，法律也要跟着变动。不过，变化要跟随经济事实的变动，要实事求是，恰如其分，不能感情用事，随意变动。

"天下之难事必作于易，天下之大事必作于细。"(《韩非子·喻老》)士人要乐于从小事情做起。"莫因善小而不为"。大事做不来，小事又不做的人最蠢。明智之人要找准自己的位置。把自己乐于做而又能够做的事情做好、做成功。古人说：人贵有自知之明。"故知之难，不在见人，在自见。故曰：'自见之谓明。'"(《韩非子·喻老》)能够了解自己的弱点和优点，克服自己的缺点，发挥自己的长处，这就是自见之明，也叫做自知之明。杨子对他的弟子说："行贤而去自贤之心，焉往而不美。"(《韩非子·说林上》)克服骄傲自大，克服自卑，有功而不居功，落后能力争上游，保持乐观向上的心态，是每个士人应采取的态度。例如"西门豹性急，故佩韦以自缓。董安于之心缓，故佩弦以自急"。这二位政治家都是在控制自己的弱点，发挥自己的优势。

吴国太宰嚭给越国大夫文种的赠语说："狡兔尽则良犬烹，敌国灭则谋臣亡。"太宰嚭是佞臣、贪官，但也是能臣、谋臣。从这句话来看，他是想施离间之计，挑拨越大夫文种和越王勾践的关系，削弱越国的力量。历来史论家认为伯嚭是个奸臣，从这里我们可知他仍然是忠于吴国和吴王的。他的话虽有实际用意，但也可以说是说破天机，说出了千古至理名言。中国自春秋战国以后两千多年历史中无数忠臣蒙冤的例子不幸被伯嚭所言中。韩信如此，周亚夫如此，蒙恬如此，扶苏也如此。此类史实，不胜枚举，此处从略。这说明，伯嚭其实也有一定程度的明智。

韩非子针对某些君王听不进劝谏的毛病，指出："夫良药苦于口，而智者劝而饮之，知其入而已疾也。忠言拂于耳，而明主听之，知其可以致功也。"(《韩非子·外储说右上》)《孔子家语》也以近似的语言表达了同样的意思:"良药苦于口而利于病,忠言逆于耳而利于行。"这些话无非是要求大臣或君王要听得进不同意见,逆耳之言好比苦口良药,虽苦能治理。不要只听一面之词,兼听则明,偏信则暗。用自己的头脑分析是非成败,分析部下的言论,可采纳就采纳,不可采信的也不要加害于人,这才是明智之士应取的态度。

韩非子认为"知微之谓明"。"事以微巧成,以疏拙败。"凡成大事者均应小心谨慎,见微知著。君主要品行端正,明察秋毫。臣若有奸心,也不敢轻举妄动。"臣之忠诈,在君所行也。君明而严则群臣忠,君懦而暗则群臣诈。"(《韩非子·难四》)这里对君王提出了高的要求。贤明君王,群臣都不敢怠慢,不敢不辅佐。昏暗君王,群臣必有不宾服的,甚至有想要取而代之者。君既昏,政既乱,爱国之士谁人不想改变现状?所以,要改变君昏臣佞的现状,群臣之中必有伪诈相生。

韩非子指出:"……为匹夫计者,莫如修行义而习文学。……行义修则见信,见信则受事;文学习则为明师,为明师则显荣:此匹夫之美也。然则无功而受事,无爵而显荣,有政如此,则国必乱,主必危矣。"(《韩非子·五蠹》)韩非子的这一观点我们不敢苟同。行义者当然应被信用;明师当然应该显荣。仁义、文学是和平事业必不可少的。前者属道德伦理范畴,后者属于知识范畴。就中国古代"文学"一词的含义而言,实际涵盖人文科学若干方面。从上下文意来看,"文学"实指科学。科学为农业和国防提供技术支持。"习文学"何以被算"无功"呢?又怎能引起主危国乱呢?这一立论显然不能成立。韩非子大概是受了商鞅"游官者不任,文学私名不显"(《商君书·外内第二十二》)思想的影响而写的。

韩非子所说的"明"指政治清明。而政治清明的重要标志是廉政。他举了战国时代的一位廉政模范公仪休。公仪休是鲁国的丞相。他嗜好吃鱼。鲁国官员都争相买鱼送给他,公仪子坚决不受。他的弟弟劝说,你既然喜欢吃鱼为什么不收下呢?他回答说:"正因为吃鱼,所以我才不收呢。倘若我收了鱼,我必然感到亏欠人情。欠人家人情,将会枉法行事。枉法行事就会被免去相位,到这时候,这些人不一定会自动给我鱼,我又不能自给鱼。即便现在不收鱼,只要我不被免去丞相之职,即使十分爱吃鱼,我也能长期自给有鱼吃。"这就明白告诉人们,恃人不如自恃,明白别人为自己不如自己劳动自得的这一道理。(《韩非子·外储说右下》)

韩非子引用申子的话说:"治不逾官,虽知不言。"(《韩非子·难三》)要求官员各守本职,在自己职责以外的事情,即使知道情况怎样,应当如何处理,也不要多嘴多舌。这些想法无疑是封建社会的信条。不越俎代庖,不越职从事,无疑是正确的。然而,事关国家兴亡大事,人人都有权过问。天下兴亡,匹夫有责。人人关心国家大事,提出合理化建议是必要的。甚至在国家危急关头,像郑国商人弦高那样,无私地用自己家财产换取国家安全的义举是千古传颂的爱国主义行动。尤其在社会主义当代,这种远见卓识和无私奉献精神更值得发扬。

韩非子指出:"故治民无常,唯治为法,法与时转则治,治与世宜则有功。故民朴而禁之以名则治,世知维之以刑则从。时移而治不易者乱,能治众而禁不变者削。故圣人之治民也,法与时移而禁与能变。"(《韩非子·心度》)在这里,韩非子实际上提出了一个十分重要的问题,即法律的实效问题。春秋战国时代,我国社会政治经济科技文化变化都非常之大。原本制定好的法律,随着社会实践的变动,几年之后已不合时宜,就需要重新制定或修订。能使国泰民安,民富国强的法律才是好法律。法律要随着经济、社会结构的变动而变动,治理的方法与时代精神相符合才会有功效。法令禁律要跟上时代步伐。时代变了,用老黄历管理民事，会牛头不对马嘴，会出乱子。靠压服大众而不是服务社会服务经济，这样的执法官要被夺官或削职。是啊，民间有朴素之风时，珍视荣誉；世风智巧伪诈就要靠刑法严厉来维持秩序。以我国当代为例。20世纪80年代之前，民之懋朴，做了好事，立了功，只要发一张奖状，戴一朵大红花，或者发一条大毛巾，我们的英雄、模范们就会乐呵呵得合不拢嘴，就会更加努力工作。80年代后，这些奖状往往形同废纸。人心不古。奖金少了看不上眼。大红花被看做哄小孩。伪劣产品多起来，坑蒙拐骗诈多起来，法律必须详细而条文清晰，法律要求严格而准确。所谓"乱世用重典"，就是要紧急刹住世风日下的民情，使国民经济在正常的轨道上正常运行。这就是"法与时转"的最好注脚。用我们时下的官话说，法律也要"与时俱进"。每个士人都要有知世之明。韩非子关于"明"的思想是关于士大夫个人修身与治国相结合的思想，是怎样才能济世经邦的政治主张。

第五章 《吕氏春秋》关于"明"的学说

《吕氏春秋》是秦相吕不韦集合门客编订的一部杂家著作。这篇著作首开杂家之先河,反映了吕不韦及其幕僚、门客的政治理想。它以历史经验为根据,指出一年四季什么时候应当从事什么样的政治、经济活动。如孟春纪、仲夏纪等等都是论述耕耘、理政以及刑法的活动。按照古人的理解,帝王是无所不管的。经济生活、社会生活等等统统纳入帝王的治理系统。而且按照时序有条不紊地进行。《汉书·艺文志》指出:"杂家者流,盖出于议官。兼儒、墨,合名、法,知国体之有此,见王治之无不贯,此其所长也。及荡者为之,则漫羡而无所归心。"这段话有三层意思:首先叙述了杂家的历史渊源,接着论述了杂家之长在于兼容并包各家学说,看到各派学说都是治国安邦的一个方面。杂家不褊狭,不故步自封,不夜郎自大,而是如江河纳百川,吸收各家观点,丰富自己。最后,杂家似乎没有自己最崇尚的政治主张。它拼合了许多遗文资料,却看不出有什么中心思想。客观地说,这也许是杂家的长处。它只提供丰富的历史经验和思想资料,提供遗闻轶事和从政"工具",至于政治家怎样运用吕氏就不管了。就好比满汉全席做出来了,端上了酒席桌,客人各凭自己的爱好各取所需。至于客人喜欢吃什么,那全然是客人自己的事情,厨师不去过问一样。《吕氏春秋》一书为我们积累保存了大量的历史文化资料,诸如神话传说、旧史轶闻、前人格言、科技知识，以及已经湮没的各家学说。在这里，我们对于其他内容姑置不论，只就其中关于君王和大臣之"明"的学说进行研究。

一 《吕氏春秋》关于"明理"的观念

《吕氏春秋》卷七："凡君子之说也，非苟辨也；士之议也，非苟语也。必中理然后说，必生义然后议。故说义而王公大人益好理矣，士民黔首益行义矣。义理之道彰，则暴虐奸诈侵夺之术息也。"

"暴虐奸诈之与义理反也，其势不俱胜，不两立。故[义]兵入于敌之境，则[士]民知所庇矣，黔首之不死矣。"

在这里，"君子"是指具有一定政治地位的官长，不是指诸侯。官长和士的言谈不能随随便便。必须符合义理才肯议论。所以，言论符合义，官长们就喜好讲道理，士民百姓更加推行义理。义理的道术彰显，那么奸诈、侵夺的智术就会止息。暴虐奸诈与义理是水火不相容的。因此，义兵进入敌境，士民就会保护他们，老百姓也会认识到义兵维护自己的利益。这种义兵历史上真是不胜枚举。武王伐纣，商民阵前倒戈。因为他们深受暴君纣王之害，了解到周邦国首领政治清明，军纪严正，所到之处，对人民利益，秋毫无犯，所以受到拥护。宋军下江南，南唐小朝廷顷刻土崩瓦解。那是因为李煜集团腐败堕落，不理朝政，把声色歌舞代替了经国大业去张罗。当然，单靠义理治国是不行的。义理只有转化为法律，法律只有靠健全的机构、设施去执行，义理才能真正成为治理国家的力量。

《吕氏春秋》卷八认为，凡是军队和武器，不能轻易使用。这是"凶德"，必不得已而用之。用之是为了震慑犯罪，或者威慑敌国。"用之"是下策，不用军兵而达到天下大治，才是上策。"凡兵，天下之凶器也；勇，天下之凶德也。举凶器，行凶德，犹不得已也。举凶器必杀，杀，所以生之也；行凶德必威，威，所以慑之也。敌慑民生，此义兵之所以隆也。故古之至兵，才民未合，而威已谕矣，敌已服矣，岂必用枹鼓干戈哉？故善谕威者，于其未发也，于其未通也，窅窅乎冥冥，莫知其情，此之谓至威之诚。"在这里，《吕氏春秋》的作者们充分运用了当时所能达到的辩证思维水平，指出，运用凶器是要杀人的。杀人不是目的，杀人即杀少数罪犯，篡逆、谋反的人，是为了让广大人民群众，让士农工商等等民众更好地生活下去。所以说，"杀，所以生之也"。正因为如此，古代最英明的军事统帅，在敌兵未发，敌众未合之时，就能威服敌国，就不必动干戈大量地杀人流血，这就叫"至威之诚"。威从何来？威从正义而来，威从明理而来。国家或军队能替大多数人民群众着想，为治下子民造福，它就有权威。否则，不管是神圣罗马帝国，也不管是不可一世的成吉思汗，迟早要被推翻，迟早要葬送权威。《吕氏春秋》接着指出："夫兵有本干：必义，必智，必勇。"义、智、勇之者，义为首。在"义"的统率、主导下，以智知时化，知盛衰虚实远近取舍，以勇作出决断，这样才能完成平定内乱、统一国家的伟大事业。

"圣人必在己者，不必在彼者，故执不可胜之术以遇可胜之敌，若此则兵无失矣。凡兵之胜，敌之失也。胜失之兵，必隐必微，必积必抟。"（同上）这是说，掌握军国大政的政治家和军事家，首先把握好自身，把握好我方，武装自己。敌人的情况我们不可以决定，不可以改变。要掌握不可战胜的战术去面对可以战胜的敌人。这样，我方军队就不会有损失。我方之胜是敌方之失。战胜的军队，必定是隐蔽的、微妙不显的，必定是有积累、有聚拢的，必定是让敌方捉摸不透的。保存自己，消灭敌人。保存自己就要知己知彼，消灭敌人就要集中优势兵力。

《吕氏春秋》卷九《审己》篇指出："凡物之然也，必有故。

而不知其故，虽当与不知同，其卒必困。先王名士达师之所以过俗者；以其知也。水出于山而走于海，水非恶山而欲海也，高下使之然也。稼生于野而藏于仓，稼非有欲也，人皆以之也。故子路掩雉而复释之。"这里"故"是原因，借用为"规律"的意思。不懂得事物运行的规律，不能够运用事物的变化规律，最终必然遭受困厄。先王名士博学通达的大师之所以超过普通人，是因为他们有智慧、懂规律。例如水往低处流，不是水厌恶高山而向往大海，而是高下的形势使它成为那样。庄稼秋收冬藏，不是它本身有这种愿望，而是人们的需要而对其加以处置。所以，子路捕捉到野鸡又把它放了，那是为了顺应它适宜在山林生长的本性。圣明的人都知道顺应事物的发展、变化的规律，运用这些规律进行生产、生活、学习、工作、创造、发明、交往等等社会活动，这就是"先王名士达师"不同于常人、超过常人的优点。每个普通人，只要明白了这层道理，学会运用自然和社会规律，他都有可能变为名士达师。

《吕氏春秋》卷十《异宝》篇举了古人明理的四个有名的事例。这些事例中，所讲到的古人都是有别于常人的人，是慧眼能穿透历史、以别人不以为意的事物为宝物的大哲人。"古之人非无宝也，其所宝者异也。"首先，以楚国大臣孙叔敖拒绝楚王封上等良田而不受，反而"请寝之丘"的故事。孙叔敖对他的儿子说：楚王多次封我，我不受。因为我死后，王就会封你。你一定不要接受有利可图的良田沃土。楚、越之间有一片山冈薄地，没人看中。荆楚人害怕鬼，而越人相信祈福。可以长久占有的，将会是只有这块硗薄之地。孙叔敖死后，楚王果然用美好的田地封其儿子，其子坚决推辞，请求一片墓地，即所谓"寝丘之地"，孙氏能长久地占有。孙叔敖的智慧过人，知道以不利为利，知道人们所厌恶舍弃的东西没有人去争夺，自己才能安全地拥有。这是有道之人之所以和常人不同的地方。

《异宝》篇接着又讲了伍员（即伍子胥）逃亡的故事。说的是伍子胥逃亡至郑国，荆国急忙求索追捕。他又离开郑国来到许国，许国不予礼遇，因而他又去吴国。过楚境，到江上，想要涉水，见丈人（老年男子），准备开小船捕鱼，因而请求摆渡。丈人让他渡江，渡过江上岸时，问他的名姓和族望，他不肯告诉，解去随身长剑递给丈人说：这是千金之剑，愿献给丈人。丈人不肯接受说：荆国的法令，得伍员的人，可以获高爵、食禄万担、黄金千镒。以前子胥过江，我就不取，现在我哪里会在意你的千金之剑？伍子胥入吴后，派人到江上求他找不到，每次吃饭必祝祷说："江上的丈人！天地至大无比，人民至众，你将不算有所作为吗？而无所作为，求之不得，名声不能闻，身影不可见，将永远只是做个江上丈人吗？"这个江上丈人，是"江上往来人，但爱鲈鱼美"的江上隐士，不图名不图财不图利。不计个人得失，行义而不图回报。这是一个真正的人。这个丈人与伍员不是同类人，即是价值观完全不同的人。伍员是雄心勃勃、积极入世、知恩仇必报的人，而丈人则是以天地为怀、以万物为友的善人。同时，那个丈人也是明理之人。

其次，《异宝》篇又举了贤明政治家的例子。宋国的司城子罕是中国古代罕见的具有伟大人格的政治家。宋国的农民耕地得玉，献给司城子罕，子罕不受。这位农民说："这是乡间人的宝贝，希望相国接受奉赐。"子罕却说："先生以玉为宝，我以不接受为宝。"因此，宋国的长者说："子罕不是无宝，所宝重的与众不同。"司城子罕以不受贿赂为宝，他所宝重的是国家的政治清明，人民安宁幸福。在笔者看来，司城子罕是最懂得什么是宝物的人。

最后，《异宝》篇又以不同层次、不同身份、不同文化修养的人对所珍爱之物取舍不同，说明道德之至言、伟大理论的极端重要性。从而，论证了明理之人必是具有高深修养的贤者，而贤者往往是轻财物、重义理的人。"今以百金与抟黍以示儿子，儿子必取抟黍矣；以和氏之璧与百金以示鄙人，鄙人必取百金矣；以和氏之璧、道德之至言以示贤者，贤者必取至言矣。其知弥精，其所取弥精；其知弥粗，其所取弥粗。"很明显，小儿取黍抟，是小儿蒙昧无知；鄙人取百金，是鄙人不识货，不知和氏之璧价值连城的缘故；贤者在和氏之璧与道德之至言之间选择后者，是因为贤者懂得良言值千金，一言抵九鼎。伟大的理论可以指导伟大的运动。同样，杰出的科学理论可以指导重大的科技创造和发明。人的知识越多，他所选择、获取的就越精；人的知识越粗陋，他所选择获取的就越粗陋。"慧眼识真金"。如果缺少一双慧眼，那就难以获取真金。明理之人把道德至言看得比和氏之璧还宝贵。贤者的选择与众不同，因为他是明理之人。

《异用》篇以商汤对待下网捕兽这件事的态度，告诫人们，做事不要搞极端，不要做绝，要网开一面，富有灵活性和宽容精神。汤见祝网者，置四面，其祝曰："从天坠者，从地出者，从四方来者，皆离（罹）吾网。"汤认为，只有像昏君夏桀这样的人才会这样做。汤收其三面，置其一面，重新教那个人祷告说："……欲左者左，欲右者右，欲高者高，欲下者下，吾取其犯命者。"南方诸国听说此事，争相告诉说"汤的德行惠及禽兽"。于是40多个邦国归顺商汤。人置四面，不一定能得鸟；汤去其三面，置其一面，反而得40余国，不是白白地网兽而已。君王善，人心就向着善良的君王。周文王收葬枯骨，天下归心。这就是遵循道义、明理晓世之君王之所以得天下的原因。

《吕氏春秋》卷十一《当务》篇指出："辨而不当论，信而不当理，勇而不当义，法而不当务，惑而乘骥也，狂而操'吴干将'也，大乱天下者，必此四者也。所贵辨者，为其由所论也；所贵信者，为其遵所理也；所贵勇者，为其行义也；所贵法者，为其当务也。"按照笔者的理解，这段话是说：辩论要精当准确，信守诺言是对的，然而这信诺应是当理即合乎道理的。"勇"不是能打能杀，而是为正义而斗争。法随时变要解决时务问题，不然，就好比迷惑的人骑乘良马，即俗语所说"盲人骑瞎马"，漫无目标是很危险的。又好比狂躁的人携带干将莫铘，对于人民群众同样是危险的。这四者会引起天下大乱的。"辨"字之所以宝贵，是所论至当；"信"字可贵，是其遵循道理；"勇"字可贵，是"义"在其中；"法"字可贵，在于所定条文符合人民利益，合于时务。明乎经理，那就是真正的辨、信、勇、法。否则，那无疑是杂乱的、无序的，引起人民不满的，引起国家动荡不安的。

《吕氏春秋》卷十二《士节》篇专门讲述了作为知识分子的"士"怎样做人，怎样以国家、民族利益为重，为正义慷慨赴死的政治理想。"士之为人，当理不避其难，临患忘利，遗生行义，视死如归。有如此者，国君不得而友，天子不得而臣。大者定天下，其次定一国，必由如此人者也。故人主之欲大立功名者，不可不务求此人也。贤至劳于求人，而佚于治事。"这里有两点值得注意：为正义事业而献身的视死如归精神；贤明君主要在寻求人才、重用人才上下工夫，一旦获得人才，一切治国问题就易于解决，就会迎刃而解。齐国的晏子是个难得的人才。事俸昏庸的齐景公尚能挽救败局。晏子对乞食的北郭骚尚能礼遇，所以，在晏婴受到国君嫌疑时，北郭骚愿意为这样的贤臣慷慨赴死。以死谏君，"请以头托白晏子也。"这如清代林则徐所说："苟利国家生死以，岂因祸福趋避之。"晏婴与北郭骚真可以说是惺惺惜惺惺，英雄慕英雄。二人的行为超越了一般的友谊，是真正的知音。

《吕氏春秋》卷十三指出："凡兵之用也，用于利，用于义。攻乱则服，服则攻者利。攻乱则义，义则攻者荣。……故割地宝器，卑辞屈服，不足以止攻，惟治为足。凡人之攻伐也，非为利则固为名也,名实不得,国虽强大,曷为攻矣?"在作者看来,凡是打仗用兵,不是为利就是为义。作为国家的统治者,要想使国家长治久安,就要注重内治。内治无非是发展生产、训练军队、惩治犯罪、教化民众,使社会生活有条不紊,人民群众安居乐业,当国强民富,统治者受到百姓拥护时,外国就不会轻易入侵。因为它如果侵犯就会受到团结一致的军民的激烈抵抗。用兵进犯的国度既出师无名,又得不到实利,它何必自讨苦吃,自找流血呢?

"古之事君者,必先服能然后任,必反情然后受。主虽过与,臣不徒取。"(《吕氏春秋》卷十三《务本篇》)用后世的话说"良臣择主而事,良鸟择木而栖"。"服能"指大臣或幕僚对君主的政治认识到清明、公正,然后以身相许,乐于为国效力,甘当重任,虽万死而不辞。俗话说:士为知己者死,女为悦己者容。君主既是圣明之君,臣僚即当竭尽忠诚。作为工作报酬,国君可能封授,但臣下绝不无功受禄受封,绝不妄取。臣下所能做到的是应该做的,所受之禄是为进一步事君提供条件,而不是贪图享乐,无限索取。要适当地接受君主的赏赐。

季札是春秋时期吴国的贤公子。季札作为长子主动让出太子之位。在去鲁国观乐途中,季札路过徐国,徐君很欣赏他的剑。因为执行任务,在返途时徐君已去世,所以,季札就"挂剑徐君冢"。说明季子是很守信义、忠于友情的人。同时,他也是一个很有远见,很替国忧虑的志士。季子认为,一个国家就好比一个鸟巢,他的臣民就好比处于屋檐下的燕雀和鸟卵。当房屋将倒时,燕雀全然不知。"覆巢之下,安有完卵?"所以,要保护好自己的窝,要首先保护好自己窝所附丽的房屋。这"房屋"就是人民自己的国家。由此看来,季札还是一个深沉的爱国主义者。故曰:"天下大乱,无有安国;一国尽乱,无有安家;一家皆乱,无有安身,此之谓也。故小之定也必恃大,大之安也,必恃小。小大贵贱，交相为恃，然后皆得其乐。"（《吕氏春秋》卷十三《有始览》《谕大》篇）这里提出了君臣父子、官吏百姓"交相为恃"的问题。如果我们展开来说，一个社会的各行各业都是互相依赖的。工业离不开农业提供食粮和原料，农业离不开工业提供工具和技术设备，商业不能离开工、农业而独立存在，军队和人民是鱼水相依，大学靠社会来提供资金、生源，又服务于社会，为社会提供人才和现代化科技。官府离不开民众的支持，民众也需要政府维持秩序、建设公共设施，进行协调、领导、服务。总之，一个好的社会，是各行业、各部门各司其职，各得其乐的。

"君子之自行也，敬人而不必见敬，爱人而不必见爱。敬爱人者，己也；见敬爱者，人也。君子必在己者，不必在人者也，必在己无不遇矣。"（《吕氏春秋》卷十四《孝行览》）这里"君子"显然是指品德高尚的人。君子敬人、爱人，而不必被敬被爱。敬爱他人是自己的义务，至于别人是否敬爱自己，那是他人的事情。自己既不能做主，也不必介意。君子只要严格要求自己，规范自己的行为，控制自己的行为，做到敬人、爱人，不强求他人的作为，那么，自己就会左右逢源，所谓路路皆通。吕氏及其门客要求每个政治家加强自我修养。事实上，如果每个公民都做到了自我修养，那么，不仅社会犯罪率会逐年下降，而且社会生产率将会稳步提高。人们之间的信任、和谐、友谐将与日俱增。

田赞是战国时期的反战主义者。他穿着补丁衣服去见楚王，以此引起话题，抨击楚王"好衣民以甲"甚于衣服以破衣，指出："甲之事，兵之事也，刲人之颈，刳人之腹，隳人之城郭，刑人之父子也，其名又甚不荣。意者为其实邪？苟虑害人，人亦必虑害之；苟虑危人，人亦必虑危之。其实又甚不安。之二者，臣为大王无取焉。"（《吕氏春秋》卷十五《慎大览》）田赞这番话，直说得楚王无以应对。他认为甲兵之事，重伤杀人，使无罪之人受苦受难，毁人城郭，扰乱民生，能得到什么实利呢？假如你考虑危害别人，别人也必定会考虑危害你；自己何必自取祸害呢？即使得到些许利物，也会招来报复与不安。从害与招祸这两方面来考虑，田赞认为楚王不要侵略他国为好。田赞的话是深明大理的。如果不能立即止兵，起码也会促使楚王在用兵之前，仔细考虑利害，慎用甲兵。

"慎大览"篇要求人们做事情要顺应自然规律，讲求方法。"顺风而呼，声不加疾也；登高而望，目不加明也；所因便也。"《吕氏春秋》没有门户之见，善于吸取各家各派的思想成果和文化精华，这是杂家的优胜之处。该引语显然是借用《荀子·劝学篇》中的话。与《劝学》篇原文的意思是相通的。劝学的目的是要人们掌握自然规律，掌握科学技术，掌握认识自然、改造自然和认识社会、改造社会，建设美好家园的方略。

在治理国家方面，吕氏及其门客要求士人善于"察微"，慎于防微杜渐，把罪恶和错误消灭在萌芽状态。"使治乱存亡若高山之与深豁，若白垩之与黑漆，则无所用智，虽愚犹可矣。且治乱存亡则不然，如可知、如可不知、如可见、如可不见。故智士贤者相与积心愁虑以求之，犹尚有管叔、蔡叔之事与东夷八国不听之谋。故治乱存亡，其始若秋毫。察其秋毫，则大物不过矣。"（《吕氏春秋》卷十六《先识览》《察微》篇）治乱存亡的迹象是幽而显，似无却有，捉摸不定，难以窥测的。但是，既然事物有发生、成长、发展的过程，有萌芽、蓬生、成熟的过程，那么，人们只要善于从细微处着眼，发现不利于国家长治久安的苗头、源头，就要铲除苗头、堵塞源头。治乱存亡，危及统治的东西其最初如秋天的毫毛，虽然细小，一经发现必须及时制止，这样，大的道理是不会错的。

在做了好人好事、见义勇为、救人危险以后，要不要报酬的问题上，近些年来学术界颇有争论。今人多认为，既然是做好事就要做到底，要讲无私奉献，不能索取，或者接受报酬，或者接受感谢性礼品。笔者认为，这要视情况而论。受益人及其亲属在受到救助人帮助之后应当向救助人提供适当的谢恩礼品，这是做人的基本道德所在。当然，没有经济能力的，应有礼貌性谢语以表彰救助人。救助人一般不必索取，获益人有能力给予救助人时间、劳力、精力方面补偿，又自愿给予礼品表示感谢，救助人理所当然的应当收取谢礼。自愿放弃谢礼者除外。如果一个人丢失了贵重物品，拾物者将失物归还原主。原主应向拾物人提供相当于失物价值5%～10%的酬金。如果一个人落水或被歹徒纠缠，救助人因而生病或受伤害，获益人扬长而去，将救助人视作普通路人置之不理，那么这种没良心的人则应受到处罚，至少是舆论的谴责。获益人必须视经济能力给救助人以补偿。如果救助人死亡，获益人应给其家属以精神抚慰金。在这个问题上，二千多年前的祖先已为我们做出了规范。"鲁国之法，鲁人为人臣妾于诸侯、有能赎之者，取其金于府。子贡赎鲁人于诸侯，来而让不取其金。孔子曰：'赐失之矣。自今以往，鲁人不赎人矣。取其金则无损于行，不取其金则不复赎人矣。'子路拯溺者，其人释之以牛，子路受之。孔子曰：'鲁人必拯溺者矣。'孔子见之以细，观化远也。"(《吕氏春秋》卷十六《先识览》) 我们知道，子贡和子路都是孔仲尼的高足。所不同的是，子贡因经商发了财。他私自从诸侯那里赎回本国的人众。按规定，应"取金于府"即从国库取回相应的补偿金。但是，他不在乎钱财，谦让而放弃了补偿金。而且，他连被赎认的感谢礼品也不接受。孔子认为他这样做是不对的。为什么呢？因为子贡在当时也是有名望的人。他这么一来，别人就不愿再赎人了。因为赎人如果不学着子贡的做法，会被视作贪财。如果学着子贡的做法，赎人者将得不到补偿。好利者总是多于让利者，赎人之举会日渐减少。再说子路救人之事。被救者拜送给子路一头牛做礼物。子路欣然受纳。孔子认为，子路做得对。为什么呢？被救者自愿送一头牛答谢，这是他力所能及的，理所应当的。救助人如果收下来，会使被救者和救助人都得到心理平衡：被救者将不亏欠人情；救人者的辛苦得到补偿。获得答谢是理所当然的，接受答谢同样是光荣的。子路受赠这件事为将来的舍己救人事件做出了光辉榜样。无论是从图义还是从图利角度来看，今后如果有溺水者就不会眼睁睁看着被溺死。因为获救者和救人者都能各得其所。一头牛之礼品并不为过分。试问，一条人命值多少？所以，得者自得。这样，如果人人都是这样明理，那么，就不会让"英雄流血又流泪"的悲剧重演。救人者获得些许谢礼又有何不可呢？孔子这些话才是真正的"明理"。做到这些，才有利于一个社会的人伦教化，对人对己，对国对民都是有百利而无一害。

《吕氏春秋》卷十七《审分览》篇吸取了儒家"修身齐家治国平天下"的理想，要求士大夫"为国之本在于为身，身为而家为，家为而国为，国为而天下为。"认为这四者是异位同本的。这是田骈答楚王问政的内容。可见，儒家的政治思想、伦理思想影响到了大国荆楚。田骈是战国时期思想家。田骈以道术说齐王。他指出："变化应来而皆有章，因性任物而莫不宜当，彭祖以寿，三代以昌，五帝以昭，神农以鸿。"这里是将社会发展规律纳入自然规律的体系。认为万事万物的变化由来都是有章法可循的，凭借本性任由物理是无不适宜妥当的。只要遵循着事物的运行、成长规律，彭祖因而长寿，三代（夏商周）因而昌盛，五帝因而得尊显，神农氏因而得以发扬光大。这里彭祖是传说中的人物，传说彭祖成了神仙，活了八百岁。

在吴起与商文的对话中，显示了商文与吴起都具备国相国将的特质，各有其长短，而且，各自都具有一定的自知之明。二人相比之下，吴起只知进而不知退，缺乏全面的自知之明。正如作者评论的:"吴起见其所以长,而不见其所以短;知其所以贤,而不知其所以不肖。"所以,吴起身不得正寝。"夫吴胜于齐,而不胜于越;齐胜于宋,而不胜于燕;故凡能全国完身者,其唯知长短赢绌之化耶。"这里用历史事实本身说明了历史辩证法:凡大国强国有所胜有所不胜。不胜往往是在得胜之后。得胜之国往往自恃强盛,不可一世,将军骄傲轻敌,忘乎所以。所以,大胜之后跟着大败。同理,失败之国,如果得到休养生息,再战未必再败。因为有了前车之鉴,有了深刻教训,蓄积力量,发愤雪耻,往往转败为胜。中国在酒席中猜拳行令有杠打老虎游戏。这"杠子——小虫——鸡子——老虎"是循环相克的关系。中国古代的五行学说"金木水火土"则是相生相克的循环关系。这些都是中国古代的朴素辩证法的浅明之理。

昏庸的封建君王有时候只知道重敛税赋,而不知安抚民众,维护自己的统治。例如卫嗣君想要加重米税征收,民众不安,他对大臣薄疑说:"民甚愚矣。夫聚粟也,将以为民也。其自藏之与在于上,奚择?"薄疑曰:"不然。其在于民而君不知,其不如在上也;其在于上而民弗知,其不如在民也。"薄疑无疑是一位贤臣。他认为,如果站在君王立场上,粮粟在民间多,就不如在官府;如果站在老百姓立场上,粮粟在官府,老百姓不知在哪里,就不如在老百姓手里。看来,这粮食放在谁手里谁当家。卫嗣君自以为聪明,认为老百姓都是愚蠢的。这粮食放在官府是为民而储备。农民是最现实的,不肯信他那一套花言巧语。"农民自藏粮与上缴官府有什么不同,何必选择?"薄疑告诉这位假聪明真糊涂的君王:农民愿意自藏。不管官吏如何伪善,农民还是认为粮食在手,用起来当家又方便。薄疑是明理的。(《吕氏春秋》卷十八《审应览》)

赵惠王问公孙龙,说他主张偃兵十多年,为什么没有成功?公孙龙回答说:"偃兵之意,兼爱天下之心也。兼爱天下,不可以虚名为也，必有其实。"然后，公孙龙指出，"秦得地而王布总，齐亡地而王加膳，所非加爱之心也。此偃兵之所以不成也。"公孙龙实际上指责卫君言行不一，"止兵"没有见之于行动，行动上即使有想"裁军"、和平的表现，也没能贯彻到底，而是缺乏一贯性。看到大国攻城得地，反而前去祝贺。这就难怪"止兵"不见成效了。公孙龙言之有理。（《吕氏春秋》卷十八《审应览》）

吕氏及其门人对历史上忠臣不得善终之事无限感慨，指出："夫无功不得民，则以其无功不得民伤之；有功得民，则又以其有功得民伤之。人主之无度者，无以知此，岂不悲哉？比干、苌弘以此死，箕子、商容以此穷，周公、召公以此疑，范蠡、子胥以此流，死生存亡安危，从此生矣。"（《吕氏春秋》卷十八《审应览》）民间有一种说法，叫做"忠臣保国无下场"。经过秦以后两千多年封建社会的历史，我们看得更清楚，此类事例更多。秦的蒙恬、公子扶苏，汉的韩信、周亚夫，三国魏的毛玠、崔琰，晋朝的邓艾、钟会，南朝的檀道济，后周末年在陈桥兵变中殉国的三杰，北宋的苏轼、寇准，南宋的岳飞、韩侂胄，明朝袁崇焕、文天祥、史可法，清代的隆科多等人都是或功高盖主、或声名远扬的杰出忠臣良将，下场都是可悲的。他们为民族、为人民立下的功劳、提出的主张是值得纪念的，将流传千古。在道家看来，得全生，能善始善终者往往在才与不才之间和有功与无功之间，中功而非大功者，终吉。中国还有句流行话：最平庸者就最长久。这也是中国之所以落后于西方的原因之一。要克服这一状况，就要健全法制，真正实现"奖功罚过，奖勤罚懒"。

楚昭王时候，有个士人叫石奢。这个人公正无私。王任命他为廷理，即负责治安。当他追捕杀人犯时，杀人者竟是其父。他处于两难境地：拿他的父亲行法，于心不忍且不孝；枉法不顾，不忠。于是到昭王那里请死。楚昭王赦免了他"追而不及"之过。他自裁于王廷。石奢是个忠且孝之人，他是很明理的。按照现代法律，我们可以让他"回避"，他完全不必自杀，去执行其他司法任务，仍然可以实现忠孝两全。

《吕氏春秋》卷二十《恃君览》指出："类同相召，气同则合，声比则应。"这句话深刻地揭示生物界和人类的一些同气相求现象。"物以类聚，人以群分"。无论任何物种，都会用自己特有的声音、动作、姿态召来同类，聚集一起，繁衍同种，扩大种群。人类大致也是这样。人类从各个角度可以划分为不同的种类和群体。从种族来看，人类可分为黑、白、黄等三种人。从民族来看，人类可分为英、法、德、葡、澳、华等几千个民族。从语言来看，人类可划分为英、法、德、葡、西、汉等几千个语种和若干语系。各种类型的人类都根据地区、种族、语言、信仰等特点进行交往与联系。当然，市场经济已把全世界联系在一起。无论种族、语言、信仰如何，人类都可以通过经济贸易获取优势互补和共同利益。

关于用兵，前面我们已讲过，用兵者，不为利则为名。《恃君览》篇进一步说，"凡兵之用也，用于利，用于义。""乱则用，治则止。治而攻之，不祥莫大焉；乱而弗讨，害民莫长焉。"很明白，用兵是为了维护社会秩序。秩序稳定了，这兵就没必要用了。无论是对于国内还是国际，这道理都是一样的。凡军事统帅都应是对家国负责的人。楚国想要向北方扩土，派士尹池考察。尹池归楚，谏楚王说："宋不可攻也。其主贤，其相仁。贤者能得民，仁者能用人。荆国攻之，其无功而为天下笑乎！"因此，楚国放弃攻宋转而攻郑。宋国在三个万乘大国之间，子罕之时，无所相侵，边境四益，司城子罕凭着仁与节相平公、元公、景公三代君主，真是功莫大焉！孔仲尼听到后赞扬说，司城子罕能够"修之于庙堂之上，而折冲乎千里之外"！一个国泰民安，军纪严明的国度，即使它的敌人也不能不宾服，不能不望而却步！赵简子本来打算袭卫。但是听史默说卫国有大批贤人从政谋政，例如"蘧伯玉为相，史䲡佐焉，孔子为客，子贡使令于君前，甚听"。赵简子只好按兵不动。"察其理而得失荣辱定矣。"何必等到人仰马翻、旗偾将毙、丢盔弃甲才知胜败？到那一步再止兵既是可悲的，也是可耻的。周代明堂茅茨蒿柱，土阶之等，以见节俭，深得人民拥护。凡是能长治久安的王朝大致都是如此。周、汉、唐、明均无显赫的浩大工程。秦、隋等短命王朝往往是工程浩大的，而且是多头序多种类的。当人民承受不了苛重负担时，封建政权也就土崩瓦解了。

在春秋历史上，鲁国郈成子是个明理而又诚信守义之人。郈成子看出右宰谷成对他虽然很恭敬，但是，"陈乐而不乐，告我忧也；酒酣而送我以璧，寄之我也。由是观之，卫其有乱乎？"（《吕氏春秋》《恃君览》）事态发展，果然不出郈成子所料。谷成遇难后，郈成子对其妻、儿进行资助奉养，又将璧奉还其子。这是历史上比较罕见的真正的君子，真正的明理之人。

古人讲究"君爱臣以礼，臣事君以忠"。有一个君王礼遇臣民的例子，这就是魏文侯与段干木的故事。魏文侯路过段干木的门前街巷，扶车轼而行礼。仆人说："君为何行礼？"魏文侯回答说："段干木是个贤人，我怎么敢无礼？段干木光于德，而我光于地；段干木富有仁义，而我只是富有财产。"段干木辞不受相位，而乐得俸禄百万，难道能算替国负责、分忧的贤人吗？古人的心态我们确乎难知。但因魏文侯礼遇段干木，却退去秦兵入侵。《吕氏春秋》的作者无疑是和平主义者。不得已而用兵，目的是以兵止兵。"尝闻君子之用兵，莫见其形，其功已成，其此之谓也。野人之用兵也，鼓声则似雷，号呼则动地，尘气充天，流矢如雨，扶伤舆死，履肠涉血，无罪之民其死者量于泽矣，而国之存亡、主之死生犹不可知也，其离仁义亦远矣。"（《吕氏春秋》卷二十一《开春论》）这里列举了截然相反的用兵原则，用兵态度。圣贤用兵，兵不血刃。昏暴之君用兵，争城夺地，杀人盈野，血流成河，伤及无辜，结果仍可能是国破家亡。即使国不亡也将是断垣残壁、萧条荒凉。这离仁义实在是十万八千里。礼贤下士、保家卫国、无兵却敌，这是圣明君王之理和贤明将军之为。

"却也不论其义，知害人而不知人害己也，以灭其族，费无忌之谓乎！"（《吕氏春秋》卷二十二《慎行论》）这里讲无论是在官场还是在民间，为人处世都要与人为善。这是楚国的例子。鲁国也是这样。"庆氏不死，鲁难未已"。崔杼与庆封谋弑齐庄公，以害人开始，以害己告终。这个道理，古今中外概莫能外。先秦之事例且不论。秦后之例，数不胜数。"凡乱人之动也，其始相助，后必相恶。为义者则不然，始而相与，久而相信，卒而相亲，后世以为法程。"（《吕氏春秋》卷二十二《慎行论》）司马迁曾说："人固有一死，或重于泰山，或轻于鸿毛。"人皆有死。"黄帝之贵而死，尧、舜之贤而死，孟贲之勇而死，人固皆死。"然而，这些人都是值得纪念的。明理并不是件很容易的事情，行动按理进行更难。"使人大迷惑者，必物之相似［者］也。玉人之所患，患石之似玉者；相剑者之所患，患剑之似吴干者；贤主之所患，患人之博闻辩言而似通者。亡国之智似智，亡国之臣似忠。相似之物，此愚者之所大惑也，而圣人之所加虑也。故墨子［见练丝而泣之，为其可以黄可以黑；杨子］见歧道而哭之，［为其可以南可以北。］"（《吕氏春秋》卷二十二《慎行论》）世界上有无数种相似、近似的事物，使人难以辨别。俗话说：大奸似忠。佞人都是有智谋且有辩才的人。历代奸臣都是人主之近臣亲幸。秦有赵高，五代有朱温，宋有蔡京、童贯、秦桧，明有严嵩、魏忠贤，清代和珅等人都是非佞即贪，权倾中外，黑手遮天。面对君主，个个言辞得体，能说会道，谎话连篇，说假话不用打腹稿。个个都把国家弄得非乱即亡。这些人，只要他还活着，君王往往不易识破，识破了也不易收拾他。因为他广有羽翼，只要他活着，他不是横行霸道，就是逍遥法外。然而，只要制度健全，有个把这样的人，也无损于国家大体。制度只要健全，他贪起来会有所收敛，横行起来会有所妨碍。什么时候都不可能完全杜绝。中国有句老俗话说："逮不尽的虱，拿不完的贼。"坏人只能相对减少。就像扫地一天二十四小时还是有灰尘。对于恶人丑行不能只靠一些人来监督，要靠制度和法制去解决。同时，还要从政治伦理、精神追求方面对整个社会风气加以引导。

我们都知道"狼来了"的故事。牧羊童整天喊着"狼来了，狼来了！"一群农夫听到后急忙赶过去，得知这孩子是在撒谎。后来，当狼真的来到时，农夫们听见喊"狼来了"的呼救声，异口同声地说：那个牧羊娃又在撒谎。牧童的羊群被狼冲散，小羊被吃掉了。无独有偶。周幽王烽火戏诸侯的故事大家耳熟能详。幽王无故发出受到战争威胁向诸侯求救的信号。诸侯急忙发兵勤王。原来，这是周幽王为了取悦妃子褒姒而搞的骗局。俗话说，君无戏言。幽王的举动岂止是儿戏，简直是拿大国万民的生命和自己的政治前途开玩笑。结果，戎狄真的攻来了，被耍弄的诸侯们再也不肯拿他的鼓声、烽火当一回事。周幽王终于国破家亡。小到牧童，大到国君都要诚信，都不能随意撒谎诓人。否则只能是以害人开始，以害己告终。人人需明白此中道理，庶几少受挫折。

历史上，凡是把国家治理得秩序井然、国泰民安的君主都有一些共同的优点。这些优点不外乎生活节俭、不兴办大工程，尤其是不图排场的宫廷建筑，不滥用武力，不朝令夕改，不偏听偏信，不滥宠女色。所谓文景之治，贞观之治，康乾盛世，这些时代的君王无不如此。相反，凡亡国之君或者把国家搞得千疮百孔的败家子们个个无不暴虐、奢侈、狂征滥伐、穷兵黩武，政出多门，朝令夕改，宠信奸臣和宦官，贪恋女色，迷恋酒席、游乐，大兴土木，不管是都城皇宫，还是运河、长城。工程超过人民承受能力，不知与民休养生息。这类昏主，如夏桀、商纣、周幽、秦代君王、新莽、隋炀帝、唐玄宗、宋徽、钦二宗、李唐后主、明英宗等等。正如《吕氏春秋》卷二十三《贵直论》所说："亡国之主一贯，天时虽异，其事虽殊，所以亡同者，乐不适也。乐不适则不可以存。"本段举了历史上昏君大量的例子。如糟丘、酒池、肉圃、炮烙，剖孕妇之腹，挖比干之心，这些是夏、商亡国的征兆和重要原因。这些昏君的所作所为实际等于自掘坟墓，用一个成语来说，就是幸灾乐祸。拿别人的痛苦寻开心，不亡何待？

另有一个悖理的例子。"晋灵公无道，从［台］上弹人而观其避丸也；使宰人臑熊蹯不熟，杀之，令妇人载而过朝以示威，不适也。"（《吕氏春秋》卷二十三《贵直论》）赵盾骤谏而不听，灵公派人杀赵盾。沮麑不忍下手因而自触槐而死。沮麑虽有对贤臣敬爱的意识，但仍逃不出"忠君"的窠臼。"忠君"要看这君是贤是昏。像晋灵公这样的恶君，臣子何必忠？不必忠又何必为其而死？古人思维是直线思维，简单化思维，在两难选择中，往往有许多生命被毁。为贤明之君，为大众而献身才是值得的，否则，像沮麑这样的死，是可悲的。

在《吕氏春秋》《士客论》的作者看来，"故君子之容，纯乎其若钟山之玉，桔乎其若陵上之木。淳淳乎慎谨畏化，而不肯自足；干干乎取舍不悦，而心甚素朴。"好人如玉如木，淳朴自然，可以成材，不自以为了不起，宠辱不惊，取舍无所谓，而心性很质朴。反对华而不实，主张素朴有用，这显然是受了道家自然主义思想的影响。这种对于士人"淳朴自然"的要求在今天我们仍然值得向知识分子推广。士人要谦虚谨慎，虚心倾听民众意见，发扬光大优秀的文化传统。知识分子要具有"骥骜之气，鸿鹄之志"，"柔而坚，虚而实"这些美好品质。所谓"志存高远"就是知识界宏图大略的真实写照。所谓"柔而坚"，就是说干事业要坚持原则，意志坚定，与人为善，处事灵活。所谓"虚而实"就是要求做人要虚怀若谷，能广泛接纳良谋良策，对知识的追求永不满足；同时，待人接物要实实在在，工作态度要踏踏实实，处理问题要实事求是。"故败莫大于愚，愚之患，必在自用……"刚愎自用小则败身，大则败国。

二 《吕氏春秋》关于"察传"的思想

所谓"察传"是指言论在辗转传播过程中由于音变现象或歧义现象或者误解而形成错误的认识。由于误解会导致不良后果甚至重大损失，所以，在听到某些消息时一定要冷静加以分析，且不可以讹传讹，传谣信谣。否则，谬种流传将会误人不浅。《吕氏春秋》卷二十二《察传》篇指出："夫得言不可以不察，数传而白为黑，黑为白。故狗似玃，玃似母猴，母猴似人，人之与狗则远矣。此愚者之所以大过也。闻而审则为福矣，闻而不审，不若无闻矣。"像齐桓公从鲍叔牙那里听到管仲，楚庄王从沈尹筮那里听到孙叔敖，听得了真话，找到了人才，所以二位君王都达到了国治而称霸诸侯。吴王从太宰嚭那里了解勾践，智伯从张武那里了解赵襄子，得到的是假象，所以，丧失了警惕，最终国亡身死。

《察传》篇还指出，"凡闻言必熟论，其于人必验之以理。鲁哀公问于孔子曰：'乐正夔一足，信乎？'孔子曰：'昔者舜欲以乐传教于天下，乃令重黎举夔于草莽之中而进之，舜以为乐正。夔于是正六律，和五声，以通八风，而天下大服。重黎又欲益求人。'舜曰：'夫乐，天地之精也，得失之节也，故唯圣人为能和。[和，]乐之本也。夔能和之，以平天下。若夔者一而足矣。'故曰夔一足，非一足也。"这里很明显，原意是像夔这样的音乐家有一人就足够了。原文明明是"若夔者一而足矣"，流传到春秋时期，就连国君鲁哀公也弄不清名叫夔的乐正是不是一条腿一只脚。问题出在"足"这个词是个多义词，在流传过程中又省去了连词"而"字，难怪后人误认为夔一足。甚至认为"夔"是一种一只"角"的动物。所以，我们阅读古籍一定要弄懂原文本意，注意音韵、训诂、校雠，弄清古文的来龙去脉，才能真正理解古人的著作。同时，当我们得到一些消息时，一定要弄清楚信息来源，是真实情况还是虚假材料，是确切消息，还是半真半假，信息来源是否可靠，是否敌人的反奸之计，或者烟幕弹。

宋国又一例传得更加离奇。丁氏家无井而外出提水，常常一人住在外面。到他家淘井时，告诉房东说："吾穿井得一人。"有人听到就传开了说："丁氏穿井得一人。"于是离谱而又稀奇的传言流于全国。宋国国君也派人到丁氏家里去考察。丁氏回答说："得一人之使，非得一人于井中也。"这才使真相大白。近现代的一些报纸新闻往往用类似于这种讹传来推销报纸，然后再去辟谣，仍然可以再卖一批报纸。这里，丁氏所说"得一人"是"打井需要用一个人"的意思，而不是"从井中获得一人"。一些戆人听风就是雨，把本来子虚乌有的东西能传得神乎其神、活灵活现，这就是社会上掀起谣言波澜的一种信息接受学上歧义理解造成的情况。

子夏到晋国去，路过卫国，有人读史书说："晋师三豕涉河。"子夏说："非也，是己亥也。夫'己'与'三'相近，'豕'与'亥'相似。"到晋国后问这句话，则证实了应是"晋师己亥涉河"。古代汉字采用篆文，篆文中的"己亥"与"三豕"二字相似，所以容易读错。成语"鲁鱼亥豕"说的就是这类问题。"辞多类非而是，多类是而非"。专业的古籍学者不可不细究底里。

　　说到这里，笔者将自己亲身经历过的两件事记在这里，以告诫后学言行不可不慎，听言不可不明，居心不可不良。20世纪70年代中期，唐河县某乡（公社）召开全乡干部大会，会上乡党委书记请某村干部向军属传达一个消息："××提升了。"村干部在向被提升干部的亲属转告时说成"××牺牲了"。不知是误听还是有意误传，村干部把军属的喜讯传作一个噩耗。军人的哥哥哭了整整一晚上。后来，当兵的弟弟来家信，才知是虚传。再说一个笑话。20世纪90年代，有一次，一个英语学习班上一个女学员刘某对朋友说："我来晚了。我父亲正要出guo。我帮他拾掇东西去了。"男生某以为这个女生的爸爸一定是个官员。所以，从此就有意接近她，要和她交朋友，想要做她家的"新客"。后来，当他来到女友家里，才知道女友的爸爸出的是这个"锅"，而不是出的那个"国"。原来，女生刘某的爸爸下岗无事可做，就推车去卖熟牛肉。势利的男友就不再去做他的"乘龙快婿"之梦了。想来，刘某也并没有骗人之意，只是，她并没有言明出的是"锅"还是"国"，拾掇的是货摊还是公文行李罢了。

　　教育要求人们见多识广。如果长期囿于某种闭塞的环境，理解事物就容易产生偏见。儿童应该多接触大自然和真人真事，以便成为今后研究自然科学的材料和写作、进行社会科学研究的素材。城市里小孩之所以分不清什么是麦苗、什么是韭菜，主要是接触农业环境少的缘故。甚至可以说，看电视并不能代替去亲近自然。有一年，我带着三岁的女儿去老家农村探亲，女儿望着唧唧叫的小鸡儿和咯咯叫的大母鸡说："爸爸，这鸡怎么不说话呀！"单凭这句令人可笑的话，并不能认定女儿就一定智商低。因为，她从来没有见过真的鸡是个什么样子。她只是从电视上听到鸡是会说话的。中央电视台的儿童节目带有寓言性质，那个

"偷蛋鸡"是会说话的。所以，在幼小的心灵里得出的断语就是：鸡会说话。由此看来，直观直感教育多么重要。

三 《吕氏春秋》关于"兼听则明"的思想

无论是政治家、高级领导人，还是一个部门的负责人，在制定政策和计划，作出判断或决定之前，都要多听听各方面的意见。如果偏听偏信就会作出错误决断，甚至伤及无辜。就好比"金银盾"的故事昭示给我们的：如果你只站在一个方面，只能看见银质的一面，没有看到金质的一面，你不可能认定是个金银盾。事实是，盾的两面质料不同，各为金和银。所以，听意见也好，看事物也好，要从多方面、多角度了解情况，才能全面、准确。

齐湣王就是一个偏听偏信专爱拍马屁的人。齐湣王逃亡来到卫国避难，对卫公王丹说："我是怎样的君主呀？"王丹回答说："王是贤主呀！我听说过古代有辞去天下而没有遗憾的人。我虽听说过，在大王您这里才算见以实有其事。大王名称东帝，实际辨别天下。离开国家客居卫境，容貌丰满，红光满面，神采飞扬，并不在乎国不国的。"湣王说道："很好！王丹是最了解我的。寡人自从离开本国迁居卫国，腰带增加了三围。"齐湣王真是昏庸愚昧到透顶，连讽刺、挖苦都听不出来，反把耻辱当光荣，大肆宣扬，自己腰带长了，身子更胖了。真是心宽体胖的蠢猪，假如他肯听从忠臣的直谏，听听平民的呼声，到民间走动走动，听听黎民百姓的意愿，他会弄到失国如丧家之犬吗？这就是不肯兼听无尺寸之明的显例。

再以宋王为例。我们知道，宋国是一个夹在齐楚等大国、强国之间的弱小邦国。宋国以礼义之邦维系着摇摇欲坠的陈腐统治。有一年，宋王想要振兴旧邦，成为新生之"蘗帝"。用鸱夷盛血，穿甲胄高悬靶的，由宋王从下面射鸱夷。血坠流地。身边大臣都祝贺说："大王贤明超过了商汤、周武王。汤武不过胜人，今大王能胜天，贤明无以复加呀！"宋王万分欣喜，饮酒。堂上堂下、门外庭中，朝臣幕僚个个山呼万岁。宋王忘乎所以，忘记了自己是个小邦诸侯，真当自己上能威天帝，寿能比南山。全然不知楚国窥伺已久了。宋王在一片喝彩声中听不进不同声音。"万岁"的发明权原来归属于一个行将亡国的小国朝臣们。这些朝臣们如果肯听一听别的声音，那"万岁"声还会那样有力吗？

"事多似倒而顺，多似顺而倒。有知顺之为倒、倒之为顺者，则可与言化矣。至长反短，至短反长，天之道也。"（《吕氏春秋》卷二十五《似顺论》）宝石与石头具有惊人的相似。在军国大事方面，同样的事实，会得出不同的结论，作出不同的决断。楚庄王想要占领陈国，派人去探视。使者说，陈不可伐。原因是："[其]城郭高，沟洫深，蓄积多也。"宁国却说："陈是可伐的。陈是个小国，蓄积多，赋敛重，则民怨上；城郭高，沟洫深，则民力疲。"庄王听后，兴兵伐陈，果然取隙。宁国的判断是对的。他指出的国小蓄积多、赋役重，民有怨，这是问题的实质。庄王兼听众人意见才作出正确决定。

尹铎治晋阳。赵简子命尹铎夷平绛之垒。尹铎反增之。简子准备诛杀尹铎。孙明向简子进谏说：见乐则淫侈，见忧则诤治，这是人之常情。今君见垒念忧患，何况群臣与民众呢？尹铎是冒着罪名而惊醒国主，照理应受赏。于是赵简子以免难之赏赏尹铎。赵简子能够兼听，得以保全能臣。"世主之患，耻不知而矜自用，好愎过而恶听谏，以至于危。耻无大乎危者。"（《吕氏春秋》卷二十五《似顺论》）。凡是有作为、成大功的主公都是能够"兼听"得明，取得胜利的。

"过者之患，不知而自以为知。物多类然而不然，故亡国僇民无己。"（同上）高应阳想盖新房。匠人告诉他，正在生芽的新木不利于建房。高阳应不听。结果，未经水煞的新木容易弯挠。新房刚成还不错，不久就坏了。高应阳好小察不通大理。不知顺应自然规律。伐木材应选取冬季。如果急用也要在树落叶之后，新绿之前采伐才管用。新木必须及时放在水中沤煞，以防虫蛀。高阳应不信任匠人，匠人也不愿多费口舌以应付他。高氏是犯了不"兼听"他人正确意见，一意孤行、刚愎自用的错误。

凡事不义莫为。义，小为之则小有福，大为之则大有福。所谓"有益家国书常读，无益身心事莫为"。牢记以义立家，以信立身，信义为本，虚心学习他人，事业必胜，人生必幸。古贤人考虑问题，苟利国家，可以辞君位、辞相位而让予他人。前者如吴公子季札、夏代之许由等人；后者如齐国之鲍叔牙、楚国之沈尹茎。齐桓公不计前嫌，能听鲍叔牙之言，舍弃带钩之仇，用管仲为相而霸天下的故事广为人知。进贤的另一例子是沈尹茎推荐孙叔敖于楚王。沈尹茎游于郢五年，荆王想让他当令尹（楚相），沈尹茎辞让说，我有个乡友叫孙叔敖，他是个圣人。我比不上他，请大王垂用。荆王于是派人用大王的轿子抬回孙叔敖做令尹，十二年而庄王霸。楚庄王肯听臣下荐贤，得一杰出人才。秦代以后此类例子多有，如，徐庶走马荐诸葛，韩维见称赞安石。王安石出身寒微时，与韩绛、韩维、吕公著交，三人更相称引。当神宗称赞韩维时，韩维忙说，这不是臣的话，是我的朋友王安石的主意。结果王安石被大用，以寒门官至参知政事，成为大宋王朝的宰相。长江后浪推前浪，世人今人胜古人。今人在任贤使能方面更具有自知之明，能荐人自代，更能不诬良才。这样国家才能兴旺发达。

再叙述"兼听"之一例。魏文侯燕饮，让大夫们评论自己。任座言辞冒犯文侯，文侯不悦，轮到翟黄。翟黄说：臣闻其主贤者，其臣之言直。文侯下阶将任座迎入，终席以任座为上客。如

果没有翟黄，或者不能"兼听"大夫们的意见，可能就会失去忠臣。翟黄是值得尊敬的。（故事见《吕氏春秋》卷二十四《自知》）

  总之，《吕氏春秋》作为先秦重要的杂家著作，吸纳了道、儒、墨、法等各家关于"明"的思想，形成了自己完整的洞明世事的理论。这一理论，既从学理上阐发了富含逻辑名辩思想的"明理"观念；又从社会或新闻传播学的角度阐发了听话要从环境、意蕴中了解说话人的意愿和实质的思想；再次，提出了"兼听则明"的重要思想，为丰富社会实践、约束暴政、多角度了解事务真相提供了理论依据，成为后世"兼听则明、偏信则暗"、"兼容并包"等重要政治策略的先河。

第六章 董仲舒"明"观念的丰富和发展

汉代在思想文化方面虽然没有完全走出神权迷信的氛围,但是,在逐渐从追求思想平民化,并向追求吏治清明、刑法公正的方向发展。士人从战国的追求思想自由化和多元化向为正义事业视死如归、慷慨赴义的实践真理精神,出现了范滂、李膺等可歌可泣,以身殉国的悲壮英雄人物。在继战国时代反映大一统观念的《春秋公羊传》等著作基础上,董仲舒的《春秋繁露》适应汉代统一皇朝的政治需要,更从天人合一等观念出发,论证了西汉大一统皇朝符合自然规律的天然合理性。此外,有分量的哲学、政论等富创见的思想理论著作问世不少。例如,王充的《论衡》、桓谭的《新论》、贾谊的《新书》、陆贾的《新语》、刘向的《新序》、司马谈的《论六家之要旨》等等。在直接指导、维护统一的汉皇朝的理论原创者除提出"治安策"的贾谊外,还有提出"削藩"策的晁错,提出"推恩"策的主父偃等人。尤其是汉初大臣陆贾向汉高祖提出"天下可以从马上获得但不可以马上治之",即要求已经获得国家政权的统治者接受亡秦教训,迅速改变政治策略,实行比较灵活的政治措施。具体说来,王霸道杂用、郡国并行制、轻徭薄赋、减省刑罚、运用黄老之术,体现了道、儒、法人才和思想杂用、不拘一格,根据政治实践修正政策、法令,实行灵活务实的处民措施,这些都是汉代士人对"明"观念的丰富与发展。下面我们分别从几个方面,就汉代董仲舒对于"明"观念的进一步发展加以阐述。

一 董仲舒关于"吏治清明"的思想

1. "吏治清明"在于行仁政

吏治清明在于实行仁政,以义为先和不误农时。董仲舒指出:"凶年不修旧,意在无苦民尔。苦民尚恶之。况伤民乎?伤民尚痛之,况杀民乎?故曰:凶年修旧则讥。造邑则讳。"(《春秋繁露·竹林》)这里是说,兴工动土,无论是建立城邑还是维护旧居,都要根据老百姓的收成、经济承受能力、农闲如冬季等情况来决定。项目不能盲目上马。尤其是在生产力极其落后的古代,兴造城邑就意味着要挪用大量具有生产能力的劳动力,消耗较多的生产和生活资料。这就不能不直接对生活资料的生产造成影响。为政者要首先进行可行性论证。待专业人士认为可以兴工动土之前,还要进行有效设计。设计考虑的因素很多,比如建筑的规模、规格、式样、方位、周边环境、供、排水系统、粮菜等供应系统、交通设施、消防设施、安全防护设施、调节气候用的森林、地形条件以及符合人们的信仰、美学观念等等。这些条件都具备了,才可以付诸实施。根据丰歉、农隙情况决定兴建规模、时机,这就是因财因时节俭的原则。"凶年不修"是个重要原则,违背这一原则,就说明统治者不懂从政的禁忌,就要影响到民生和社会稳定,就要遭到有识之士和史官们的讥笑。能顾忌到这一层,就是考虑到民生民情。

国家的官员在处理政务的过程中,必须遵循以"义"为先的原则。孟子说过,"民为贵,君为轻。"君王无道,民可得而诛之。权变无非是说,"期于有成,不问所由,论于大体,不守小节。"《公羊传》就不轻言权。权即义也。中国封建时代士大夫认为,"古今多错用权字,才说权,便是变诈,或权术。不知权只是经所不及者,权量轻重,使之合义。才合义,便是经也。"在家国身君义利等若干范畴中,讲求"杀身以成仁,舍身以取义"。以身较君则君重,以君较国则国重,以国较义则义重,故圣人之以义。身、君、国、义四者相比,正义高于一切。人之所以为人,就在于人类有理想,有是非、美丑、正义观。用董仲舒的话说就是:"天之为人性命,使行仁义而羞可耻[之事],非若鸟兽然,苟为生,苟为利而已。"人不是鸟兽,只知道苟活为生,为活着而实行"弱肉强食"的鸷猛战略,无羞耻可言,无仁义可言。人活着总要充满理想,否则就把自己降低到动物的水平。

孟子曾提出"杀身以成仁,舍身以取义"的观点。董仲舒进一步发展了这一思想。认为"天命之在人者,使人有廉耻。有廉耻者,不生于大辱。"(《春秋繁露·竹林》)人是"好荣憎辱"的,然而,"夫冒大辱以生,其情无乐,故贤人不为也,而人人疑焉。"(同上)所以,如果辱不可避,"君子视死如归"。志士仁人在为人民、为民族、为国家、为公利、为人类的正义事业而献身,是死得其所的。正如司马迁所说:为人民的利益而死,就重于泰山;为人民的敌人而死,就轻于鸿毛。

汉代儒家董仲舒反对与民争利。《春秋》记载鲁隐公"观鱼于棠"。按照《左传》的说法,这是"耻公去南面之位,下与百姓争利,匹夫无异,故讳若以远,观为讥也。"这句话有三层含义:其一,鲁隐公去观鱼——作者把网鱼叫做观鱼是说得体面一些,这件事是有失身份的。这里含有等级意识在里面。其二,一国之君,所操之心应当是军国大政,如果去干预政事无关的求财求利之事,这是不务正业的表现。其三,政者正也。政治家应不失权柄,以国为家。不应贪图小利、大财,去与民争利。官员、朝廷要的是俸禄,靠的是整个国家的繁荣富强。如果官员甚至君主都去渔利,那么哪里还有平民百姓的份?当代禁止官员及其直系家属经商，就是担心以手中权力为保护伞，非法牟利，正是出于这一考虑。税有定则从1/15到1/30，不另加赋，力役不过三日。董仲舒指出，"霸王之道，皆本于仁。仁，天心，故次以天心。爱人之大者，莫大于思想而豫防之，故蔡得意于吴，鲁得意于齐，而《春秋》皆不告，故次以言怨人不可迩，敌国不可狎，攘窃之国不可使久亲，皆防患为民除害之意也。"（《春秋繁露·俞序》）《春秋》拨乱反正，去诈归仁。如果亲攘窃之国，使吾民潜移外化，或且据以为利，而患莫大于此。董子以楚灵王、晋厉公为例，认为他们"生弑于位"是"不仁之所致也"。他们不爱百姓，作威作福，挥霍无度，引起人民不满，最终被人民所愤而击杀。

2. "明教化民"的政治修养

《春秋繁露义证·深察名号》引《对策》云："天令之谓命，命非圣人不行。质朴之谓性，性非教化不成。人欲之谓性，情非制度不节。是故王者上谨于承天意，以顺命也。下务明教化民，以成性也。正法度之宜，别上下之序，以防欲也。修此三者，而大本举矣。"这实际上承认人性有善有恶，最初表现为质朴。性非教化不成。我国自汉代以降有一个重政治教化的传统。从汉代的三老五更到唐宋的宣教郎、府学教授再到明清时期的宣抚使之类都是负有教化人民职责的。当然各级官员如守令、巡抚等都要向人民进行避恶向善的教育。"教化"是整个国家机器的重要职能之一。封建君主的"藉田"，是以象征性的行动向人民宣示不误农时、积极耕作的重要意义。各级官吏也都借助学文化的乡校来向人民群众灌输守法、勤劳的思想。儒家反对不教而诛，陷人民于不义。国家首先要彰明法令，晓告是非，然后才对那些明知故犯、执法犯法的官、民进行严厉的惩处。如果一些官吏做不到这一点，而是"退匿贤士，绝灭公卿，教民奢侈，宾客交通，不劝田事，博戏斗鸡，走狗弄马，长幼无礼，大小相殴，并为寇贼，横恣绝理"，那就要像齐桓公时的司徒执法一样严正加以诛罚。明教化的主张还体现在"存幼孤、矜寡独"，扶老助弱等政治措施方面。

董仲舒主张重人才的传统。据《后汉书·应劭传》载："故胶西相董仲舒，老病致仕，朝廷每有政议，数遣廷尉张汤亲至陋巷问得失，于是作《春秋决狱》二百三十二事。"我们所说"儒"不是特指作为一家学派的儒家，而是泛指一切知识分子。历代成功的大政治家都要笼络乃至尊崇知识分子、信任乃至咨询知识分子，以便推行王道政治。南朝号称山中宰相的陶弘景便是这类大学者。当然，我们所说的知识分子是学有素养，不囿门户之见的学术大家，或具有远见卓识的政论家，而不是仅具一技之长的术士甚或装神弄鬼、巫蓍卜祝之类。要向全国人民把朝廷政令宣示得"黑白分明，然后民知所去就，然后可以致治，是为象则"。"为人君者居无为之位，行不言之教，寂而无声，静而无形，执一无端，为国源泉。"(《春秋繁露·保位权》)显然，董子受道家影响颇深，要求君王"安精养神，寂寞无为。体形无见影，揜声无出声，虚心下士，观来察往。谋于众贤，考求众人，得其心遍见其情，察其好恶，以参忠佞，考其往行，验之于贤。释其讎怨，视其所争……"(《春秋繁露·立元神》)谋贤考众的目的是达到"顺人心，安情性，而发于众心之所聚。是以令出而不稽，刑设而不用"。苏舆在"义证"中的说明引用的是《管子·君臣篇》中的原话，考课吏治、彰明教化的最终目标是政令合民心，刑设而不用。

《春秋繁露·盟会要》指出：君子以天下为忧，"立义以明尊卑之分，强干弱枝以明大小之职；别嫌疑之行，以明正世之义；采撷托意，以矫失礼。善无小而不举，恶无小而不去，以纯其美。别贤不肖以明其尊。亲近以来远，因其国而容天下，名伦等物不失其理。公心以是非，赏善诛恶而王泽洽，始于除患，正一而万物备。故曰大矣哉其号，两言而管天下。此之谓也。"继承周礼的传统，区分尊卑、大小，以树立中央权威，矫正失礼的秩序。不因善小而不为，不因恶小而不去。见善如恐不及，见不善如探汤。亲近尊贤，明正是非，赏善罚恶。这就是"两言而管天下"。所谓"两言"即指以褒贬为管键锁钥。旗帜鲜明地赞扬好人好事，奖励功臣英雄；毫不留情地鞭挞坏人坏事，惩治罪犯元凶。一褒一贬，正义乃彰，天下则安。"故倡而民和之，动而民随之，是知引其天性所好，而压其情之所憎者也。"(《春秋繁露·正贯》)总之是抑恶扬善，引导众生向善。人人向善，而万邦和协。万邦和协，则天下和平。天下和平，则众生幸福。众生幸福，是谓万事吉祥，通于神明。所谓"德在天地，神明休集，并行而不竭，盈于四海而讼〔诵〕咏。无相夺伦，神人以和。"说的就是明于情性的为政境界。为政之要在于强干弱枝，大本小末，亲近来远，同民所欲。上下分明，仁恩通达。普通民众都能得到实惠，得到可见利益。再者，要做到质文平衡。质胜文则野，文胜质则史。质朴是好的，但是，国民人人都保持温饱甚或基本温饱的水平，作为人家不体面，作为国家也难于屹立于强族之林。这样是不利于科技发展的，这样的人民只是好使唤罢了。相反，文饰过度则导致人心不古，大兴诈巧，铺张浪费，尔虞我诈，是非颠倒、美丑莫辨。所以，这里笔者提出"质文平衡"的概念。希望善良质朴的劳动者永不被巧言令色的官吏和以阿谀逢迎人物所诓惑。如果说入关的旗人尚有一技之长的话，那么贪冒之吏则除了玩玩做官的花架子则别无他术。这就提出一个严肃的问题，即官员既是一个地区、亿万人民、一个时代的引导者，那就应有"学者之明"，官员应当学者化、具有哲学头脑。这里的哲学是指领导艺术、领导才能、领导应具备的素质等等。"以仁安人，以义正我"，与民休息、安于寂寞，这些都是领导者的修养功夫。董仲舒认为领袖人物应具备的知识修养是："君人者，国之元，发言动作，万物之枢机。枢机之发，荣辱之端也。失之毫厘，驷不及追。故为人君者，谨本详始，敬小慎微，志如死灰，安精养神，寂寞无为。休形无见影，掩声无出响，虚心下士，观来察往。谋于众贤，考求众人……"(《春秋繁露·立元神》)这是说，高干是国家的柱梁，一言一行，都会引发万端。俗话说，一言既出，驷马难追。既日理万机，就要以身作则。如《诗经》所说，工作起来，要"战战兢兢，如履薄冰"，不敢有丝毫马虎草率。要有一番淡泊宁静、修身养性、甘于清贫、甘于无闻的务实精神。不能弄虚作假、邀功请赏，或者为自己树碑立传，搞花架子，做样子给上司看，或蒙蔽百姓。这些都是具有良心的好官所不取的。按照苏舆的说法，"欲者，圣人所不能无，但有节以制之。由是推己所欲以达人立人，推己所不欲以毋加于人。"杨龟山言，饥食渴饮，手持足行，便是道。笔者认为，这话庶几近于真理。顺其自然，这便是道。"为人君者，固守其德，以附其民；固执其权，以正其臣。"(《春秋繁露·保位权》)董仲舒进一步说："不以著蔽微，不以众掩寡，各应其事以致其报。黑白分明，然后民知所去就，民知所去就，然后可以致治，是为象则。为人君者居无为之位，行不言之教，寂而无声，静而无形，执一无端，为国源泉。因国以为身，因臣以为心。以臣言为声，以臣事为形。有声必有响，有形必有影。声出于内，响报于外；形立于上，影应于下。"(《春秋繁露·保位权》)这就是说，国家元首、首脑、高干阶层，对于部下和民众会产生重大影响。民众效仿高官，如影随形，如响随声，岂可不慎之又慎？所谓"象则"，就是"象型"，"则"是榜样，"刑"是型范。高官是百姓的榜样。要想把国家或政区领导好，高官们就要率先垂范，行动上可以使人奉为楷模，才不致将社会引入歧途。"明"与"昏"是相对的。"不见不闻，是谓冥昏。

能冥则明，能昏则彰。能冥能昏，是谓神人。君贵居冥而明其位，处阴而向阳。"（《春秋繁露·立元神》）这是董仲舒运用朴素辩证法最精彩的一段话。我们知道，人处于幽暗处可以看清楚光明处。相反，人处于光明之中却看不见昏暗之处的物什。所以，高明的统治者不要总是高高在上，处于显赫之位。能处于昏冥之处方可明白世间万象。这便是"能冥则明，能昏则彰"的深刻含义。

董仲舒指出："循天之道，以养其身，谓之道也。天有两和以成二中，岁立之中，用之无穷。"（《春秋繁露·循天之道》）两和是指春分、秋分，二中是指冬至、夏至。汉儒吸纳了道家崇尚自然、模仿自然的观点，认为"不得东方之和不能生，中春是也。……不得西方之和不能成，中秋是也。"因为圣人之道以中和为原则，故取法春秋而不取法冬夏。"夫德莫大于和，而道莫大于中。中者，天地之美达理也，圣人之所保守也。《诗》云：'不刚不柔，布政优优。'是故能以中和理天下者，其德大盛，能以中和养其身者，其寿极命。"（《春秋繁露·循天之道》）看来，中和之道的作用大着呢！小而视之，可以用来养生。《庄子·让王篇》指出："道之真，以治身。"中和二字得道之真谛。可以用来保持、养护身体。中而视之，可以长养万物。"起之不至于和之所不能生，养长之不至于和之所不能成。成于和，生必和也；始于中，止必中也。中者，天地之所终始也；而和者，天地之所生成也。"世间万物，无论动物、植物的生长都离不开一个"和"字。雌雄和合，繁育后代。气候中和，长养红绿。在汉代，儒家的中庸、致中和的处事观与道家的中和、尚中的自然观取得了惊人的一致和协同。董仲舒把二者熔为一炉，简直看不出他是师从哪个门派。大而言之，治国平天下也要尚和守中。当然，在平叛征服天下中尚须武力。然而，一旦初定，就不能离开中和。要想保持长治久安，也不能离开中和。

3. 设考核黜陟之法以明吏治

董仲舒指出："考绩之法。考其所积也。……考绩绌陟，计事除废，有益者谓之公，无益者谓之烦。揽名责实，不得虚言，有功者赏，有罪者罚，功盛者赏显，罪多者罚重。不能致功，虽有贤名，不予之赏；官职不废，虽有愚名，不加之罚。赏罚用于实，不用于名，贤愚在于质，不在于文。故是非不能混，喜怒不能倾，奸轨不能弄，万物各得其冥［真］，百官劝职，争进其功。"（《春秋繁露·考功名》）汉代统治者已经提出对各级官吏实行功绩考课之法。官员的政绩要日积月累加以核计，不以虚言为准，而以实绩为证，赏善罚恶，赏功罚罪。赏罚凭其实际所为，不因虚名或政治靠山而废弛。奖勤罚懒，唯法是依。做到是非分明、舞弊有罚，不因长官喜怒而改变对官吏应得的处置办法。只有赏罚得其实，才能使各级官员尽心尽力，尽职尽功，忠于职守，不敢亵渎其职。以汉代为例。"县之课丞尉也，令长于秋冬岁尽，各计县户口垦田，钱谷入出，盗贼多少，上其集簿。"郡守课县亦近是。这就是所谓年终"上计"制度。"上计"比我们当代的年终考核述职稍复杂一些。它要看各级长官在本辖区的一系列数字，通过这些数字来反映地方官吏的政策、社会治安状况，以便决定来年对官员的升降调遣。

以上所述汉代关于不违农时、节约俭朴、反对与民争利、存恤孤寡老幼、建立政绩考核制度、提倡学者之明等一系列正确的观念、思想、政策、措施，都为奠定一个太平盛世、实现吏治清明作出了应有的作用。"吏治清明"不是一个简单的制度约束问题，也不是一个宣传正确理念的问题。它是在一定物质财富基础上，政府进行政治教化和法制约束双重作用的情况下可以逐渐达到的政治目标。《管子》说过，"仓廪食而知礼节，衣食足而知荣辱"。吏治清明固然在一定的物质基础上有些作用，但不是决定作用。教化、法制仍然是实现吏治清明的关键。"吏治清明"是历史昭示给我们的永恒的话题,是国家政治追求的,也是万民期盼的永恒的目标。

二 "德主刑辅"明察狱讼思想的发展

汉代的人们普遍认为古代社会是理想社会,犯罪率极低,甚至没有人犯罪,有刑罚而不用。汉代士人针对武帝以后的残酷刑罚,在不敢直接抨击的情况下,往往借古讽今,劝谏当时的统治者,实行轻徭薄赋,减省刑罚,以优容人民。《周礼》一书较晚出,有人认为即是刘歆根据古代的遗书加上自己的政治理想为汉代制定的政治参考书。《周礼·司圜》疏引《孝经》中的话说:"三皇无文,五帝画象,三王肉刑。"极言上古社会和谐,至商周实行残酷的肉刑。人们借此寓意宽赦触犯墨、劓、剕、宫、大辟这五种刑罚的人。其中,主要是指幼少、老耄、愚蠢这三种人。这三种宽恕条件在以后的中国法制史中产生了深远的影响。至当代,我国对于十七岁以下的青少年减免刑事责任,但要负民事赔偿责任。对于愚蠢者改为精神病患者不负刑事责任。对于年老体弱病重之人实行监外执行刑罚的措施。这些都从犯罪主体本身有无刑事责任能力以及有无主观故意等方面加以考虑,适当量刑。另有《周礼·司刺》篇指出三种宽赦对象:"一宥曰不识,再宥曰过失,三宥曰遗忘。"俗话说,不知不为罪。不识即不知。过失指非故意造成的对他人的损害,如车祸等意外事故。这一点,当代刑法界已做出轻罪处罚律条,不再做无罪处理。否则会导致事故增多,敬业意识降低。"遗忘"当代刑法中已不作为赦免对象,但也不是可以成立的"罪名"。正是因为刑罚可能会伤及无辜,所以《尚书》的作者告诫政治家和司法官员要慎之又慎,唯刑是忧("钦哉,钦哉,惟刑之恤哉!")要明确法律条文,使百姓知避忌。且不可以抓了多少罪犯为荣,不可不告而诛。真正的治世,犯罪率接近于零。"凤凰麒麟游于郊。囹圄空虚,画衣裳而民不犯。四夷传译而朝。民情至朴而不文。"(《春秋繁露·王道》)董仲舒为我们描绘了一幅太平景象图。在这幅图里,反映出良好的生态环境,神鸟神兽集于郊野。牢狱空虚,以图画昭示罪行及相应处罚,民知畏惧而不轻犯。少数民族和番邦经过转译向中央王朝进贡。民情质朴而不狡诈。汉代义在重人。《白虎通·诛伐篇》:"父杀其子当诛何?以为天地之性人为贵,人皆天所生也,托父母气而生耳。王者以养长而教之,故父不得专也。"该篇并以晋侯杀太子申生为例,替申生无罪而遭诛鸣冤。很显然,汉代士人具有明白无疑的人权意识。不管你是谁,不管你地位多高,无论是君王对待臣民,还是父辈对待子女,都无权无辜剥夺他人性命。即使臣民、子女有罪,君上也只能交由有关刑法部门,按律惩处,不得专杀。君王和官吏"不以著蔽微,不以众掩寡,各应其事以致其报。黑白分明,然后民知所去就,民知所去就,然后可以致治,是为象则。"(《春秋繁露·保位权》)"象则"与"象刑"意同。意思是不要以某些人的功劳遮蔽他们的过错,不要以人多势众压制少数人。凡事要做到事实清楚、黑白分明。既然是非分明,人民就不难取舍。人民知道该做什么,不该做什么,然后可以达到国家政治稳定,这就是效法模范、遵循标准。汉代有一种制度,皇帝提出一些有关军国大政的问题,臣下以论文的形式作答,以供朝政作政策、订法律的依据。如贾谊的《治安策》便是。《对策》中说:"人欲之谓情,情非度制不节。"贾谊解释说:"今世以侈靡相竞,而上亡制度,弃礼谊,捐廉耻,可谓月异而岁不同矣。逐利不耳,虑非顾行也。"又《新书·瑰玮篇》云:"世淫耻矣,饰知巧以相诈利者为知士,取犯法禁、昧大奸者为识理。故邪人务而日起,奸诈繁而不可止。罪人积下众多,而无时已。君臣相冒,上下无辨，此生于无制度也。"(转自苏舆《春秋繁露义证·度制》)这就是说，人欲是无止境的。人的情欲要靠制度来节制。汉代至武帝时也出现奢侈之风，逐利不止，不回头看影响，君上缺乏制度限制，不顾礼义廉耻，贡纳花样翻新，年年加码。清醒的政论家贾谊担忧汉朝重蹈亡秦覆辙，呼吁汉皇朝悬崖勒马，回到轻徭薄赋、减低人民负担的正确轨道上来。

董仲舒认为："利以养其体，义以养其心。心不得义不能乐，体不得利不能安。义者心之养也，利者体之养也。体莫贵于心，故养莫重于义，义之养生人大于利。奚以知之？今人大有义而甚无利，虽贫与贱，尚荣其行，以自好而乐生，原宪、曾、闵之属是也。人甚有利而大无义，虽甚富，则羞辱大恶。恶深，祸患重，非立死其罪者，即旋伤殃忧尔，莫能以乐生而终其身，刑戮夭折之民是也。夫人有义者，虽贫能自乐也。而大无义者，虽富莫能自存。吾以此实义之养生人，大于利而厚于财也。民不能知而常反之，皆忘义而殉利，去理而走邪，以贼其身而祸其家。此非其自为计不忠也，则其知之所不能明也。"(《春秋繁露·身之养重于义》)在汉代人看来，解决好利与义的关系，既是社会政治需要，也是个人养生需要；既是达到"吏治清明"、政治昌明的途径，也是每个士人从"象刑惟明"到自知之明的良好生活体验。物质利益是用来保证身体需要的，义即正确处理人际关系是使心情快乐的。义者，宜也。行为适当，或者以友好的姿态对待他人，或者实行利他主义，那么，心情就一定从友邻满意的微笑中获得快乐。心是身之宝，那么，"义"既然可以养心，那么，养义就是首先重要的了。人人讲义而轻利，虽然清贫，然而，却能使自己仕途通达或发展事业左右逢源。由于洁身自好，故可以快乐地过日子。人过于追求物质利益，却不顾财富来历是否正当，甚至极不正当，那么迟早要蒙受大恶大辱。恶深祸重，即使不立死，也将不久灾殃临头。古今中外，概莫能外。试看那些绑票案、抢劫案、杀人案犯罪分子，哪个得以善终？逃之夭夭，东躲西藏，战战兢兢，等来的无不是严惩，无不是"刑戮夭折"。有正义、有人情味的人，虽然贫困却能自得其乐。所以说，"义"对于人的生命超过利多财厚。"忘义而殉利，去理而走邪"，是忘身败家的征兆。这是不明做人的道理而造成的。士大夫应当"正义不谋利"，否则表面富贵利达，一旦失势，"扰扰而不安"。自古至今，谁见国不易君姓？田不易主人？宅不易居者？人无常贵，官无常达，货无常主。司马光注扬雄《修身篇》引用董仲舒的话说："皇皇求财利，常恐乏匮者，庶人之意也。皇皇求仁义，常恐不能化民者，大夫之意也。"这实际上是对亚圣孟轲所说"君子喻于义，小人喻于利"的进一步发挥。他把"君子"的原则推广到"大夫"，在更大的范围内提倡仁义道德比追逐功利更重要的主张。古人对那些"无义而有名"的人嗤之以鼻，认为应当"穷处以守高"。毫无疑问，这"高"即指节操高尚，清高以自持，而不是欺世盗名、作威作福，高高在上。

在汉代人看来，政令不仅要"法天"，而且要符合"人情"。认为"人情莫不欲寿，三王生而不伤也；人情莫不欲富，三王厚而不困也；人情莫不欲安，三王扶而不危也；人情莫不欲逸，三王节其力而不尽也。其为法令也，合于人情而后行之；其动众使民也，本于人事然后为之。……情之所恶，不以强人；情之所欲，不以禁民。是以天下乐其政，归其德，望之若父母，从之若流水"（《汉书·爰盎晁错传第十九》），这里所说"人情"就是民意，也包含人的天性意思在内。"三王"指夏、商、周三代开国君主。三王通达人情民愿，抚危济困，省减民力，长养百姓。颁布法令之前，首先要征询民意。人的天性不乐之事，不强免民众实行；人的天性所想要的，不可加以禁止。所以普天之下乐于实行政令，归顺领导，像儿女仰望父母一样，顺从他们的军令、政令。这些想法，是汉儒崇古意识幻化出来的美好的理想国。对于劝诫帝王虽然是软弱无力的，然而毕竟是有利于形成民众至上、民本主义的大的氛围，对于横征暴敛，贪冒欺诈庶几起到谴责、约束作用。即使正确的法律，也要有正确的舆论和民众的觉醒作为保证。否则，执法者如果是法盲或者缺乏道德感，就会使法律成为一纸空文，达不到廉洁、准确、公平、公正的水准。

董仲舒从天人合一观念出发，认为天是泛爱群生的，可作为天下"刑范"。人们应该向上天学习，这是"象刑惟明"的另一层意思。"天高其位而下其施，高其位，所以为尊也；下其施，所以为仁也；藏其形，所以为神；见其光，所以为明。故位尊而施仁，藏神而见光者，天之行也。故为人主者，法天之行，是故内深藏，所以为神；外博观，所以为明也；任群贤，所以为受成；乃不自劳于事，所以为尊也；泛爱群生，不以喜怒赏罚，所以为仁也。故为人主者，以无为为道，以不私为宝。"(《春秋繁露·离合根》) 董子劝诫皇帝无私无为，赏罚有度，不因一时喜怒而改变制度。效法天之行，深藏不露，不泄天机，不使奸佞窥伺和逢迎上意。做到"位尊而施仁，藏神而见[现]光"，广施恩泽，兆民沾光。"故明圣者象天所为，为制度，使诸有大奉禄亦皆不得兼小利，与民争利业，乃在理也。"(《春秋繁露·度制》)《汉书·董仲舒传》有类似记述。正如《对策》所抨击的："身宠而载高位，家温而食厚禄，因乘富贵之资力，以与民争利于下，民安能如之哉？是故众其奴婢，多其牛羊，广其田宅，博其产业，蓄其积委，务此而亡已，以迫蹙民，民日削月朘，寖以大穷。富者奢侈羡溢，贫者穷极愁苦。穷极愁苦而上不救，则民不乐生，民不乐生，尚不避死，安能避罪？此刑罚之所以蕃而奸邪不可胜者也。故受禄之家，食禄而已，不与民争业，然后利可均布，而民可家足。此上天之理，而亦太古之道……。"在战国秦汉之际，士大夫不与民争利，已成为一种风气。如公仪子相鲁，回到家里见其妻织帛，怒而休了他的妻子。这可能与诸侯国的制度有关。有些诸侯，如越王勾践在战败期间，夫妻共同耕织，自食其力。总之，诸侯士大夫取了俸禄就不能再另占耕地，或参与工商经营。正如我们当代禁止党政干部经商办企业一样。因为这容易使官员分心，又不利于企业监督，容易混淆公私界限，官员往往以官商的优势排挤无官府背景的守法商人或企业家。官好义，则民向仁而俗善；官好利，则民好邪而俗败。一个地区的官员对引导一个地方社会的风尚起到极其重要的作用。

《春秋繁露·观德》篇指出："天地者，万物之本，先祖之所出也。广大无极，其德昭明，历年众多，永永无疆。天出至明，众知类也，其伏无不焰也。地出至晦，星日为明，不敢暗。君臣、父子、夫妇之道之此。"董仲舒这一思想具有唯物论的成分。认为天地是万物之本，人类的创生者。天地是昭明的，所谓朗朗乾坤，亿万斯年。日月高悬，万类分明。就像万类事物各有区别一样，各种社会角色，即君臣、父子、夫妇也有着严格而分明的区别和界限。《春秋繁露·天地之行》进一步指出，"天地之行美也。是以天高其位而下其施，藏其形而见其光，序列星而近至精，考阴阳而降霜露。高其位所以为尊也，下其施所以为仁也，藏其形所以为神也，见其光所以为明也，序列是所以相承也，近至精所以为刚也，考阴阳所以成岁也，降霜露所以生杀也。为人君者，其法取象于天。"这一段的深刻含义是：天地的行为太美啦。天虽位高而却向亿兆民众普施阳光雨露，是神秘的——宇宙确实是奥秘的，但显现其日月之光芒。列星井然有序。"五星连珠"、九大行星成一直线，大约千年一遇，而特大洪水也大约千年一遇。洪水泛滥大概与"五星连珠"等多星接近地球造成强大引力和降雨有关。日月运行形成年岁，雪雹霜露昭示惩戒和收成的丰歉。国主之法也应像天一样博大仁爱，普施众生。希望封建统治者认识到阳光雨露长养万物是上苍的伟大恩赐,而阴杀的严冬、暴风惊雷只是用来警戒臣民的极少发生的情况。"天出阳,为暖以生之;地出阴,为清以成之。不暖不生,不清不成。然而计其多少之分,则暖暑居百而清寒居一。德教之与刑罚犹此也。故圣人多其爱而少其严,厚其德而简其刑,以此配天。天之大数必有十旬。"(《春秋繁露·基义》)天(这里包括太阳之光)出暖,生成万物,地出阴,阴阳交合而育成万物。是啊,万物的生成都需要一定温度、气候条件。但是,一味温热下去反而不成。所以说不清不成。世间暖暑居百、清寒居一,光明居百,阴暗居一。阴杀只是借以惩戒贪、懒、淫、贼等丑恶的一种手法。贤明之君如同广大昊天一样,恩赐多而刑罚罕用。所谓爱多严少,德厚刑减。这才可以配天。"十旬"实指十个月。每年十个月都是上天长养万物的,只有入冬后两个月是严寒阴杀,借以除害、除暴的。汉代士人认为:"善师者不阵,善阵者不战,善战者不败,善败者不亡。"(《汉书·刑法志》)政治家和军事家的最高目标是国泰民安。所以,善于掌握和运用军队的,就不用摆阵势。善于摆战阵的则并非真的打仗,只是"引而不发",起到对敌人和乱党的震慑作用。善于打仗的人永远立于不败之地,能攻善守,能进能退。善于处理败局的将军则是败而不亡。刑法的目的在于保护人民,在于威慑犯罪,而不在于多杀戮、多用刑。"导之以德,齐之以礼,有耻且格;导之以政,齐之以刑,民免而无耻。""礼乐不兴,则刑罚不中;刑罚不中,则民无所错[措]手足。"(《论语》《为政》和《子路》两篇的话)儒家的政治观是教化为主,刑罚为辅。以礼、乐、道德教育民众,民众有荣誉感就会归于正道;用严刑警众,把犯罪消灭在萌芽状态,使大多数民众免于耻辱。这是社会安定的保证。不要等到罪恶、罪犯多然后再来个一网打尽,这样做,是陷民于不义。清明的父母官是常常告诫百姓须遵守的律条和道德信念。因为许多犯罪都是由于道德堕落而导致的。如遗弃父母，古人叫不孝，"不孝"本身就是罪；现代叫遗弃罪或虐待父母罪，这些罪名是从违反道德基准开始坠入罪恶渊薮的。儒家反对"不教而诛"。当政府的宣传教育工作做到了家，仁至义尽，有人竟敢顶风作案，背弃良心，那么，严刑重法也是可以用的，借以"罚一儆百"。法令的目的在于抑暴扶弱，使豪强不敢无故施暴于弱者，借以保护公私财产和人权、安全等等，律条应简明，使人人难犯而易避、知避，这就能达到使人人具有安全感的良好境界。开明的刑法不能累及无辜，不能"收族"。刑轻，不能达到震慑犯罪的目的；相反，刑重，诛杀或残损肢体过多，或者株连或者出现冤狱，会引起民众积怨背叛。汉代士人认为置刑要适度，治狱要公允；若能强调文德之教，就可能达到刑置而不用的理想境界。这可以说就是太平盛世。"世治而民和，志平而气正，则天地之化精，而万物之美起。世乱而民乖，志僻而气逆，则天地之化伤，气生灾害起。是故治世之德，润草木，泽流四海，功过神明。"（《春秋繁露·天地阴阳》）吏治清明就是要达到全社会气正民和、泽流四海。只有少数具有正气的官吏还不够，要人人疾恶如仇，富有正义之心。不然，像汉代李膺、范滂、陈蕃、王允、荀爽等等虽有一帮清正廉洁之官员，仍不免遭宦党的迫害。所谓"八俊、八顾、八元、八恺"等都是可贵的贤官良吏。

三 "圣人不以独见为明"

《后汉书·申屠刚传》云："圣人不以独见为明。"这句话是今天人人皆知的真理，然而战国时代的申不害曾提出"独见"、"独断"的治国方略。申不害曾提出"独亲者为明，独听者谓聪，能独断者，故可以为天下主"（引自《韩非子·外储说右上》）。申不害的主张是为国君专制服务的。但即使如此，申不害也主张"上明见",即一定要把事情看明白,否则也就会得到错误的印象,作出错误的判断和结论,并由此作出错误的决策和行为,出现严重的、无法挽回的后果,因此国君要"明见"。

汉代人提出"圣人不以独见为明",当然比申不害的"独见"高明得多。其实这种集思广益,兼听则明,偏听则暗的思想和认识自先秦时期就已经产生。

《吕氏春秋·有始览》指出:即使尧舜那样的圣人在认识上也会有差别。"太上知之,其次知其不知［智］,不知则问,不能则学。"《韩诗外传》以"齐桓公设庭燎"为例,指出广招士人,多纳众智的必要性:"夫泰山不让砾石,江海不辞小流,所以成其大也。《诗》曰:'先民有言,询于刍荛。'言博谋也。"(晨风等《韩诗外传选译》,书目文献出版社,1986年版)齐桓公礼贤下士,采纳东野鄙人的意见,不久贤才接踵而至。先秦统治阶级中清醒的人士规劝君王在制定政策之前,要开阔视野,多学多问,包括向割草打柴的山夫野老了解民情,以获取真知灼见,防备被身边的佞臣所蒙蔽。到了汉朝王符在《潜夫论·明闻》中指出:"君之所以明者,兼听也;其所以暗者,偏信也。"这一观点,在唐朝初年被丞相魏徵概括为"兼听则明,偏信则暗"八个字。唐太宗从谏如流,能够听进去不同意见,和他的贤臣们共同缔造了贞观之治的太平盛世。《淮南子·主术训》进一步阐发了这些思想:"夫人主听治也,虚心而弱志,清明而不暗,是故群臣辐辏并进,无愚智贤不肖莫不尽其能者,则君得所以制臣,臣得所以事君,治国之道明矣。文王智而好问,故圣;武王勇而好问,故胜。夫乘众人之智,则无不任也;用众人之力,则无不胜也。千钧之重,乌获不能举也;众人相一,则百人有余力矣。是故任一人之力者,则乌获不足恃,乘众人之智者,则天下不足有也。""夫人主之情,莫不欲总海内之智,尽众人之力……是明主之听于群臣,其计乃可用,不羞其位;其言

[而]可行，不责其辩。"以上这些说教，无非是要人君或者圣人"总海内之智"、"乘众人之智"，集思广益，无愧于职守，以达到政治清明。《淮南子》的作者不厌其烦地劝诫最高统治者，要"以天下之目视，以天下之耳听，以天下之智虑，以天下之力争。是故号令能下究，而臣情得上闻。百官修同，群臣辐辏。喜不赏赐，怒不以罪诛。是故[厉]立而不废，聪明而不蔽，法令察而不苛，耳目达而不暗。善否之情，日陈于前而无所逆"。能够做到这一点的，无非是人君乐于纳谏，善于用人。以上引文中所有这些提法概括起来无非是两个字："纳谏"。换句话说，主要是劝诫君主多听听臣下的意见，不要刚愎自用，自以为是，做出误国害民、殃及政权的蠢事。当然，这仍然是以君主为中心的观点。然而，这比起君权至高无上，"君教臣死臣不得不死，父让子亡子不得不亡"这样的绝对专制主义观念来说，毕竟是前进了一步。在这样的观念下，历史的必然性有时候就要让位于偶然性。即，恰巧劝谏对象是像汉文帝、唐太宗那样的从谏如流的贤明之君，那么社会将会是国泰民安的太平盛世；假如劝谏对象是像夏桀、商纣等暴君一样，劝谏不仅没有效果，甚至劝谏者连性命也不保。这就决定了历史的丰富性和迂回性。当然，昏君终归是少数，一治一乱，一乱一治，乱后必治。只是这"治"要以历史的"乱"作为代价。贤臣明臣所能做到的，就是尽可能通过自己的努力，减轻乱政，减短乱期，或者，必要时发动政变，改朝换代。以使减少乱世的代价。这就如孟轲所说，君王暴虐，臣民人人可以得而诛之。因为"民为贵，君为轻"。孟子、荀子都不能超越他那个时代、历史条件的限制，更不能超越中国传统思维关于"天无二日，国无二王"，或者"溥天之下，莫非王土；率土之滨，莫非王臣"这样大一统个人专制主义的观念。而在后来，这一思想逐渐透露出"集思广益"的民主意识和运用集体智慧的正确观念。例如汉代人就很赞赏《鹖冠

子·道端篇》中"众见为明"的思想:"夫寒温之变,非一精之所化也。天下之事,非一人之所能独知也。是以明主之治世也,急于求人,不独为也。"这里由"众见为明"的观念推论出重视人才、明主应求贤若渴这样的人才观和政治观。"圣人所以强者,非一贤之德也。……圣人务众其贤……务其贤而同其心。……是以建治之术,贵得贤而同心。""贤者备股肱则君尊严而国安,同心相承则变化若神,莫见其所为而功德成,是谓尊神也。"(《春秋繁露·立元神》)治国之术在于备股肱、得贤良、同心谋,功德成而民安乐。"故王者为民,治则不可以不明,准绳不可以不正。王者貌曰恭,恭者敬也。言曰从,从者可从。祝曰明,明者知贤不肖,分明黑白也。听曰聪,聪者能闻事而审其意也。思曰容,容者言无不容。"(《春秋繁露·五行五事》)王者不仅要做事恭谨,而且要能够明辨黑白是非忠奸正邪,能知臣下意图,宽宏从容而不褊狭。俗话说"宰相肚里能撑船","人上一百,形形色色"。社会好比一个大森林,什么鸟都有。君王、丞相不能因一时喜怒而决断,不能缺乏对不同事物、人物的宽容之心。凡事要冷静,正如古人所说"诸葛一生唯谨慎,吕端大事不糊涂"。在面临重大决策的时候,要善于多征求方方面面的意见,庶几无大过。孔子认为,(能像楚国的公子行那样)结合25个人的智慧,治理整个天下都不会有什么问题。(白罗翻译《孔子家语》,黄山书社,1993年版)。《孔子家语》晚出,多被视作伪书。但其中反映的思想大多反映汉代知识分子的观点,当是有一定根据而又经后人加工的产物。这里所说的"集思广益"的观点是值得倡导的。君主处理军国大政要尽量倾听多方声音,"良药苦口利于病,忠言逆耳利于行"(《孔子家语·卷六》,版本同前)。古人说:"不知来,视诸往。今《春秋》之为学也,道往而明来者也。然而其辞体天之微,故难知也。弗[夫]难察,寂若无,能察之,无物不在。"(《春秋繁露·精华》)人类对未来的预测,是根据以往所走过的历程。研究《春秋》目的就是以史为鉴,预见未来。《春秋》简奥难明。难以洞察理解的东西,历史寂无声籁;倘若读懂《春秋》,细细体味,万理都包含其中。军国大事,依靠人才。人才发现,良臣举荐。欲识高下,多听意见。然后方可,确认佞贤。"以所任贤,谓之主奠国安,所任非其人,谓之主卑国危。万世必然,无所疑也。"(《春秋繁露·精华》)从古至今帝王高层,解决了这一问题,就保证了政权稳定、经济繁荣。相反,就会出现邪佞当道,或暴人篡权,或国人不服,或人民遭殃。多听听各方面的意见,这是绝对必要的。这还不够。还要将储君或者接班人放在风口浪尖上锻炼。要像大人教育孩子走路那样,既放手让他去行动,又在一旁牵扯一只手防备他栽了跟斗。"故明于情性乃可与论为政,不然,虽劳无功。"(《春秋繁露·十指》)《书》曰:"八音克谐,无相夺伦,神人以和。"就是说的这个意思。一个政治家一定要懂民俗、民族风情,懂得不违农时,懂得环保和与自然和谐相处,懂得民生疾苦,一句话懂得人情世事,知道天高地厚。汉代的察举征辟制如果按照早期的做法是很管用的。起码有助于倡导孝廉的社会风气。汉代如果一个年轻人在乡里不被乡邻称做是一个孝子良民,那是没有资格做官的。这是很对的做法。据笔者了解,现在某些跟亲爹对着骂娘的人都能当上村支书或村长,这简直不可思议。诚想,老百姓都指着他的脊梁骨讥嘲他,这种连爹娘都不爱的人,会替乡邻百姓办实事、办好事吗?

董仲舒指出:"莫近[《淮南子》作'贵']于仁,莫急于智。不仁而有勇力材能,则狂而操利兵也;不智而辩慧獧给,则迷而乘良马也。故不仁不智而有材能,将以其材能以辅其邪狂之心,而赞其僻违之行,适足以大其非而甚其恶耳。其强足以覆过,其御足以犯诈,其慧足以惑愚,其辨足以饰非,其坚足以断辟,其严足以拒谏。其非无材能也,其施之不当而处之不义也。

有否心者，不可藉便埶，其质愚者不与利器。"（《春秋繁露·必仁且智》）人才最重要的两条标准，一个是仁，一个是智。只有仁而无智，那就是宋襄公式的蠢人。只有智而无仁，那将是赵高式的恶臣，更加可怕。当代大学生马加爵由高才生变成死刑犯，就在于他既缺乏仁，又缺乏恕。这样，他在走向社会之前就暴露了他的刻薄与残忍。他杀害了朝夕相处嬉戏的同窗好友，他的不仁，使他的智也等于零，甚至等于负数。不仁的人越是有智慧就越有可能对社会造成更大的危害。法西斯分子希特勒等人就是如此。假如他们拥有原子弹，地球和人类就有归于寂灭的危险。不仁、不智而任高官好比迷醉而疯狂之人，手握利器而乘快马。对于社会来说，其危险程度好比"盲人骑瞎马，夜半临深池"。在汉代人看来"智"与"材能"是两个概念，"智"含有"贤明、贤德"的意思，"材能"则是特指具有某种特殊的技术、艺术、技巧以及创造、发明之能力等等。"仁而且智"的人将会是社会的建设者；相反，不仁不智而有才能，就会起到助长邪僻狂妄行为，对社会造成极大危害的人。高层统治者选拔接班人可不慎乎？特别是性格过于刚毅之人，有可能无视法律、破坏法律（断辟），更容易听不得不同意见，贪残刻酷、文过饰非。所以，国家之要害部门万万不可让这些人染指。如同懿狂之人不可手握利刃一样。"仁者所以爱人类也，智者所以除其害也。"没有仁爱之师的训导，一个武艺高强的人也许是一个更可怕的人。

"王者明则贤者进，不肖者退，天下知善而劝之，知恶而耻之矣。聪作谋，谋者谋事也，王者聪则闻事与臣下谋之，故事无失谋矣。容作圣，圣者设也，王者心宽大无不容，则圣能施设，事各得其宜也。"（《春秋繁露·五行五事》）王者之明在于任贤使能，并向全社会宣示善恶，教化人民"知耻"即富有荣誉感。有荣誉感则有明辨是非之心，远离犯罪。王者聪即善于倾听臣下意见，有军国大事常与有关大臣商议，因而不会出现重大过失。

"圣"是个神秘的字眼，董夫子给它下的定义是"容即圣"，心胸宽广，无所不容，就是圣。俗话说"有容乃大"。海纳百川方成其为海。所以，一个高明的统治者，能够倾听各种各样的不同意见，尊重形形色色的人才，方能兴起方方面面的事业，成就千千万万的功业。"世治而民和，志平而气正，则天地之化精，而万物之美起。世乱而民乖，志僻而气逆，则天地之化伤，气生灾害起。是故治世之德，润草木，泽流四海，功过神明。"（《春秋繁露·天地阴阳》）看来，太平盛世的重要标志是气正、民和。气正无非是指政府能明镜高悬、扬善抑恶，民和无非是指团结互助、事无私斗。事事有公法，按律条办理。这种春风化雨般的政风、民风，会造成全国富庶繁荣的和平景象。归根结蒂，这都是君王"不以独见立法"（《论衡·知实》），不以独见为明，集中诸多贤臣智慧，有仁智之明的结果。已经形成崇高威望的统治者，其政策措施都会借助传统习惯而生效。这里不是"英雄史观"，是有史可鉴的。毛泽东是伟大的，正是因为他的崇高威望没有很好珍惜，错误地发动"文化大革命"，给中国经济、文化建设造成重大损失。所以，一个时代往往以一个伟大人物而命名，例如毛泽东时代、亚历山大时代、勃列日涅夫时代等等。显然，毛泽东时代和"文化大革命"的结束，使中国进入了改革开放、经济快速发展的邓小平时代。毛泽东晚年犯错误，正是因为他以"独见为明"，沉醉于他在军事上的一贯胜利，听不进泱泱大国万千杰出人才的治国良谋，一味"以阶级斗争为纲"，搞政治斗争扩大化，使大批功臣受迫害，知识分子寒心。他沾沾自喜于自编自导自演的"莺歌燕舞"、形势大好的自欺欺人的颂歌之中。他误用"四人帮"以至于使"国民经济濒临崩溃的边缘。"所以，荀子的名言"兼听则明，偏信则暗"是正确的。唐太宗照着魏徵的建议广纳良言，创立了"贞观之治"的大唐盛世。邓小平拨乱反正，重建民主与法治，健全政协、人大、各民主政党与社会贤达参政制度、重视知识与知识分子、重视科技的作用，开创了我国富有活力的经济、社会发展的新时期。

"满招损，谦受益"，领导者应该永远记取这一格言，才能保证政治清明。

总起来说，汉代"明"观念的丰富与发展，包括反对与民争利、为正义事业而献身的"吏治清明"思想；包括父不得杀子的人权思想，反对不教而诛、提倡刑法文明的"象刑惟明"思想；包括明于情性、鉴往知来、从谏如流、天下为怀的思想，"圣人不以独见为明"，明辨贤愚，礼贤下士的人才思想，等等。

第七章 魏晋时期的"明"观念

一 西汉卓茂的礼让与深明大义

西汉末年,有一人名曰卓茂,河南南阳人。卓茂的父亲和祖父皆官至郡守。卓茂自少年时在长安学习《诗》、《礼》等儒家经典,称为通儒。卓茂宽仁恭爱,深受乡里的敬慕。《东观记》记载:卓茂"为人恬淡乐道,推实而不为华貌,行己在于清浊之间,自束发至于白首,与人未尝有争竞。"卓茂是一个遇事礼让,与人无争的谦谦君子。

卓茂初入仕途曾被任命为丞相府史。有一次,时值春天,卓茂驾车来到郊外游春,只见田野里万物复苏,麦苗返青,花儿盛开,柳丝倒垂,卓茂不觉心旷神怡,驾着马车观看着路边的美景。忽然有一人拦住去路,说:"你车上所驾的这匹马是我的。我的马丢了,我到处找,就是找不到,谁知被你捡到!"丢马的人本想说"被你偷去",但还是忍住了已到口边的话,然而他那副神情就像抓住了偷马贼。卓茂的从人非常生气地说:"你怎么知道这马是你的?你的马什么时候丢的?"此人回答:"我的马丢一个月零一天了。"卓茂的从人回答:"而我们的马已经买好几年了,怎么会是你的?!"丢马的人大声说:"反正这马是我的,这马的颜色和大小高低都与我的马一样!"一场争马的冲突眼看就要发生,难解难分,路上的行人皆停了下来,想看看这场冲突的发展。

卓茂赶快从车上跳下来，他心中非常明白，自己的马已经喂了好几年，而此人的马才丢一个月，这人肯定是认错了。但他还是把马解掉，拉着缰绳递给丢马的人，说道："这可能就是你的，你先将马牵回！假如将来发现马不是你的，可到丞相府还我，我是丞相府史。先生请吧！"卓茂把自己的马送给了丢马的人，然后卓茂和随从一起拉着车子回家。随从对卓茂说："先生你太好说话了，我们这匹马明明不是他的，先生却如此谦让，让他把马牵走，害得我们拉车行走，也失去游春的兴致。"卓茂笑着说："一匹马是小事，那人说得如此肯定，很明显是他认错了，但他丢马也是件令人心疼的事，如果因为一匹马而发生冲突，太不值得了。你说呢？如果他能找到自己的马，他会把我们的马送回，人都是有良心的。假如他找不到自己的马，我们的马就算赔偿他了，这也不算得什么！"随从人说："也只好这样吧。"

又过了一些日子，丢马的人从别处找到了自己的马。这时丢马的人才感到内疚，他觉得太对不起卓茂。自己的冒失无礼，与卓茂的谦恭礼让形成多么鲜明的反差。丢马的人牵着卓茂的马送到丞相府，叩头感谢。丞相府中的人皆敬慕卓茂的忠厚宽容和处事之明。

几年后，卓茂被放了外任，被任命为密（今河南省密县）令。卓茂劳心谆谆，视人如子，举善而教，口无恶言，吏人皆对卓茂恭敬亲爱。卓茂治理密县，以教化为主。有一天有人来告卓茂部下的一个亭长接受了他送给的米肉。东汉时期，凡官吏接受贿赂是要按法治裁的。

卓茂支开了左右，问这人道："亭长接受了你送给他的米肉，是他要求你送的，还是你有事求他而送的？或者是你平素为了表示友情而送的。"来人说："是我自己送给他的。"

卓茂说："你自己送给他的，为什么又告他？"

那人说:"我听说,贤明的君主,使人不畏吏,吏不取人。今我畏吏,所以才送他米肉,他接受了,就是犯法。"

卓茂说:"汝为敝人矣。凡人所以贵于禽兽者,以有仁爱,知相敬事也。今邻里长老尚致馈赠,此乃人道所以相亲,况吏与民乎?吏顾不当乘威力强请求耳。凡人之生,群居杂处,故有经纪礼义以相交接。汝独不欲修之,宁能高飞远来,不在人间邪?亭长素善吏,岁时遗之,礼也。"(《后汉书·卓茂列传》)

卓茂按礼义处理这个案件,也可以说是一场民事纠纷,使来告状的人心服口服,而那位亭吏更感其恩。卓茂明察案件的原委,从而能正确处理。卓茂治理密县,数年,教化大行,道不拾遗。汉平帝时,发生蝗灾,河南二十余县皆受其灾,但蝗虫不入密县界。蝗虫不入密县,大约与当时的气候、县境的其他情况皆有关系;但在封建社会却认为,这是卓茂在密县治理得好,民心向化,而致风调雨顺的缘故。卓茂的上司郡太守听督邮说,密县无蝗灾,不相信,亲自去察看,方才信服。卓茂任密县令表现了他的深明大义。

王莽执政时,曾调卓茂为京部丞。而王莽居摄篡政,卓茂马上告老致仕还乡。卓茂认为王莽不能成大气,他的政治头脑是清醒的。

汉光武帝刘秀即位后,访求先贤,下诏令让卓茂到京都去,卓茂已七十岁了。光武帝的诏令说:"前密令卓茂,束身自修,执节淳固,诚为人所不能为,名冠天下,当受天下重赏。"于是以卓茂为太傅,并封为褒德侯,食邑二千户,赐几丈马车等;又把卓茂的长子卓戎封为中大夫,次子卓崇封为中郎,给事黄门。卓茂的子孙后裔,世世荣禄。

东汉初年,雄杰并起,贤能辈出,而卓茂以小小县令,因性情慈爱、宽厚待人,竟然惊动天子,封为太傅,优辞重礼,正说明宽恕与谦让乃人之至德。

二　东晋郗超的深明大义

西晋王朝经历了"八王之乱",导致了天下分崩离析。少数民族匈奴、鲜卑、羯、氐、羌等进入中原,晋室南迁,史称"东晋"。建都建康(今南京市),与北方的少数民族政权呈对立状态。东晋政权自建立之日起,就存在重重矛盾。

东晋政权中有一个少年名士郗超,在关键时深明大义,能消除嫌隙,外举不避,使东晋王朝转危为安。郗超的祖父郗鉴是辅助东晋建立的功臣。东晋元帝时,郗鉴被封为龙骧将军,后又封辅国将军,都督兖州诸军事。郗鉴辅助东晋朝廷,平"反贼"镇江左,数立大功。成帝时,官拜司空,加侍中,后又进位太尉。郗鉴死时,赠大宰。晋成帝曾亲自表册云:"惟公道德冲邃,体识弘远,忠亮雅正,行为世表,历位内外,勋庸弥著。乃者约峻(指东晋时造反的祖约、苏峻)狂狡,毒流朝廷,社稷之危,赖公以宁。功侔古烈,勋迈桓文……朕用震悼于厥心……今赠太宰,谥曰文成,祠以太牢。魂而有灵,嘉兹宠荣。"(《晋书·郗鉴传》)由此可以看出,郗鉴是东晋朝廷依赖的大臣。

郗超父亲郗愔,自少就不喜与人争竞,官至黄门侍郎。郗愔自以为资望不够,出于官场之外,谢绝高官厚禄,与姑父王羲之、当时名士许询一起同在乡郡中饮酒作诗写字,修黄老之术,有出世之风,以至很少与世人交往。以后,郗愔坚决要求解职,把自己所部军队交给东晋拥有重兵的桓温统辖,告老还乡。

郗超就出生在这样一个名门望族之家。郗超是一个很有才干的青年。他少有大志,有旷世之才,豁达大度,喜结交贤士,性好施。郗超的父亲郗愔好节俭储存,积累钱数千万。父亲特别喜爱郗超,开府库,任郗超所取。郗超将父亲的存钱很快散给亲朋好友。如果有因贫困找他,郗超为之营造屋宇,制作器具衣服,费百金而不吝惜。他所结交的朋友，皆当时俊杰，虽寒门后进，亦提拔之，结为密友，所以郗超在当时名声大振，在东晋士大夫中威信很高。

郗超被朝廷封为中书侍郎，掌管朝廷的文书档案、军事秘文等，在朝廷有举足轻重的地位。郗超又与当时拥有重兵的桓温关系密切，在东晋朝廷势力很大。

郗超与当时朝廷中另一个大臣谢安关系极其恶劣。郗超认为自己的父亲郗愔是名臣之子，其官位应在谢安之上。谢安的家族在名望上是无法与郗氏相比的。东晋是一个重门第的王朝，所以郗超对此常心怀不满。后来东晋王朝褚太后又拉拢谢氏，谢安官拜宰辅，入掌机权，郗超的父亲只是优游而已。因此，郗超常怀愤愤不平之心，出言慷慨，抨击谢安，于是与谢氏家族怨隙日益加深。

郗超与当时在朝廷中拥有重兵的桓温将军结为一派，东晋朝廷是因畏惧桓温的势力才转而重用谢氏家族的。所以郗超是朝廷中最重要一派势力的代表，对谢氏家族具有威慑的力量。有一次，谢安与大臣王文度前去拜望郗超，商议一些事情，从早晨一直等到"日旰未得前"。（《晋书·郗超传》）天色已黑，王文度欲还，谢安说："不能为性命忍俄顷邪？"由此可见，郗超的权力之显赫。同时也可以看出，郗超与谢安之间矛盾之深。郗超对一些寒门子弟器重异常，而对宰相谢安却如此不恭。郗超年轻气盛，少年得志，谢安恨之不已，故在朝廷中见面时也常常不说话。

东晋时期，北方长安政权前秦是由氐族首领苻健建立的。苻健死后，其侄苻坚杀苻健之子苻生而自立。苻坚努力学习吸收汉族文化，有谋略，任用汉人王猛，安辑流民，以劝农桑，国力大盛。前秦逐渐统一北方，太和五年（公元370年），苻坚大败桓温的北伐军，成为东晋政权的强大威胁。太元八年（公元383

年），苻坚亲率大军九十万，号称"劲卒百万"，大举南下，欲平服东晋，统一全国。

东晋政权急忙选择贤才良将，以御前秦。宰相谢安推荐自己的侄子谢玄为将。

谢安，身居宰辅，竟然推荐自己的侄子为将，统重兵在外，这在当时是犯忌的。将、相如出自一家，那样会对朝廷构成威胁，这也是封建王朝极端忌讳的。而丞相谢安竟然推荐自己的侄子，引起了朝中舆论大哗。一些大臣，特别是谢安的政敌——桓温集团的成员纷纷上疏，弹劾谢安。

而在这里，郗超却深明大义。郗超与谢玄年龄相仿，曾共同在桓温的府上做过事，担任文书。郗超对谢玄的才干深有了解。谢玄聪慧颖悟，有经略国家之才，做事谨慎认真，而又果断明快，有勇有谋，是难得的将才。当他得知谢安推举谢玄时，他认为，谢安是正确的，当前在国家存亡之际，要想保存东晋，恐非谢玄莫属。然而，谢玄与自己关系不好，且谢氏全家都与自己为敌，假如一旦谢玄建功边庭，就有可能构成对自己的威胁，谢氏家族是自己的政敌。《资治通鉴·晋纪二十六》云："中书郎郗超……与谢氏有隙。是时朝廷方以秦寇为忧，诏求文武良将可以镇御北方者，谢安以兄子玄应诏。超闻之，叹曰：'安之明，乃能违众举亲；玄之才，足不负所举。'众咸以为不然。超曰：'吾尝与玄共在桓公府，见其使才，虽履屐间未尝不得其任，是以知之。"在这里，谢玄虽然不是郗超所举荐。但当谢安举荐自己的侄子，委以重任时，朝廷大臣皆以为谢安结党营私，为家庭争权。而此时郗超能挺身而出，认为谢安"违众举亲"，乃为明举，并认为谢玄之才，足不负所望，把自己对谢玄才能的了解坦诚认可，郗超当时在朝廷威信很高，又与谢氏有怨隙，所以郗超的话在当时有导向作用。谢玄被推为建武大将军，监江北诸军事。

谢玄果然不负众望,他担任御敌大将军后,对军队进行了严格的训练,严明军纪,使东晋军队很快成为一只精锐的部队。当前秦九十万大军来到淝水岸边压境之时,苻坚声称:"前秦军队投杆可断淝水之流。"可东晋的兵力总共只有八万人。但东晋军队由于训练有素,谢玄又在寿阳城外八公山上遍插旌旗,使得前秦首领苻坚大吃一惊,甚至把八公山的草木全当做晋军,即"草木皆兵"。谢玄熟读兵书,精于谋划。他与诸将认真地研究作战计划,于是派使者前往前秦营中下书信说:"今君远涉而来,临水为阵,怎么能打仗呢?请君稍却,腾出一阵地来,我军渡河,然后与诸君比武交锋,岂不乐哉!"苻与其部下商议:"我们可以向后稍退,待其渡河,我乘半渡而击,岂不是取胜之道?!"于是,前秦军队同意向后退军,遂挥旗使军队后退。前秦军队由于退军,阵容马上散乱不整。

谢玄遂令精兵八千强渡淝水。东晋军队渡过淝水,军士皆有破釜沉舟的勇气和决心,向着前秦军队奋力出击。

前秦军队见此,马上组织反击,然而由于军队向后退却,已经不听指挥,顿时大乱。前秦军队中有一人名叫朱序,此人原是东晋的降将,这时也反过来为东晋效力,大喊:"前秦败了!前秦败了!"前秦的军队原来都是强征来的汉族和其他各族的百姓,根本不愿为前秦卖命,此时,听到"前秦败了"的喊声,更是一片惊慌,向后逃跑不止。前秦军队自相践踏,尸横遍野。

东晋军队一路追杀,直追至秦阳城西面三十里的青岗,才收兵。前秦的百万大军,经此惨败,至洛阳时只剩下10多万了。从此前秦土崩瓦解,苻坚被部下所杀,前秦政权灭亡。

淝水之战是我国历史上以弱胜强的著名战例,是谢玄一生功业辉煌的顶峰。以后,谢玄北伐,收复徐、兖、青、司、豫、梁六州,大军进抵黄河以北。后来,北伐虽然因谢安、谢玄相继去世而中止,但当时的形势造就了谢玄一代名将。

时势确实造就了谢玄,然而淝水战前,假如郗超与东晋朝廷的大多数官员一样,坚决反对任命谢玄。谢玄这个人才肯定会被埋没,他也不会创造出在历史上放射光彩的业绩,东晋有可能被前秦扫灭,历史将会重写。在人们去赞美千里马的时候,也不要忘记推荐千里马的伯乐之明。在这方面,历史给人们的既有经验也有教训,千万不要因党派之争贻误国家大事。在国家存亡的关键时刻,要有鲜明的"明"观念。

三 魏晋时期军纪严明是"明"思想的重要内容

自古治国先治军,治军之策先立纲纪,立纲纪重在实施,实施要分步骤,有监督,中绳墨,合法度。这就是严明军纪的思想。魏晋时期的政治家、军事家曹操、诸葛亮、孙权等人无不重视军队严明纪律。他们往往是王霸道杂用,王道是常,霸道是变。王霸道的交替无非是儒法并用。原则是儒家的所谓修身齐家治国平天下,而在乱世所能做到的就是以法立国,以严明军纪为天下率先垂范,方能让部下甘心效命和使敌国镇服。在三国的政治舞台上,曹孟德作为魏国的奠基者首倡严明军纪的思想,并身体力行,以至于推行至全军,使魏军队伍不断扩充壮大。

据《三国志·魏书·武帝纪一》裴松之注文:"《魏书》曰:'太祖自统御海内,芟夷群丑,其行军用师,大较依孙、吴之法,而因事设奇,谲敌制胜,变化如神。自作兵书十万余言,诸将征伐,皆以新书从事;临事又手为节度,从令者克捷,违教者负败。与虏对阵,意思安闲,如不欲战,然及至决机乘胜,气势盈溢,故每战必克,军无幸胜。知人善察,难眩以伪,拔于禁、乐进于行阵之间,取张辽、徐晃于亡虏之内,皆佐命立功,立为名将;其余拔出细微,登为牧守者,不可胜数。'"由此可知,曹孟德从孙子、吴起那里学习设奇兵、建奇功,勤奋著兵法之书,而不拘泥于古兵法套路,临战事实行机变,服从命令者往往能胜,违令者要负法律责任。由于既熟谙兵法,又纪律严明,凡曹操所指挥的战役,"每战必克,军无幸胜"。凡事军纪严明体现在如下三点:一是违反军纪,军法处置,王子犯法与庶民同罪;二是战胜立功者,不问出身是否寒微,皆得拔擢;三是虽无才智,而以勇力擒敌者给予物质奖励。曹操人格具有多重性,有时身边近臣被铲除,有时在击溃的逃亡俘虏之中却又发现人才委以重任,如张辽、徐晃。所以,有才德功劳之将士,即使出身贫贱,往往也能列为名将,登为牧守。奖励军功,破格用人是他的一大特长。军令如山,峻刻寡恩是他的另一大特点。多妒忌之心,正如注文所言:曹操"持法峻刻,诸将有计划胜出己者,随以法诛之,及故人旧怨,亦皆无余。其所刑杀,辄对之垂泣嗟痛之,终无所活"。此处引文可能出自当时的政敌所著《曹瞒传》,在某种程度上反映了他奸诈的一面。然而,他对自己也并不宽贷。如同一注文又说:"常出军,行经麦中,令'士卒无败麦,犯者死'。骑士皆下马,付麦以相持,于是太祖马腾入麦中,敕主簿议罪;主簿对以《春秋》之义,罚不加于尊。太祖曰:'制法而自犯之,何以帅下?然孤为军帅,不可自杀,请自刑。'因援剑割发以置地。"——这就是人们常说的魏太祖马踏青苗、割发自刑的故事。"割发以代首",在今天看来是一场滑稽剧。本当死罪,而割掉一缕头发,这亏得曹瞒想得出来。其实,能做到这一点,对于一个军帅来说已是很不容易了。因为,在汉魏人看来,身体发肤,受之父母。古人是不剃发的,只有刑徒、罪犯才剃发。而古语又有"士可杀而不可辱"之说。曹操虽舍弃一撮血余之物,也是难能可贵的。当时,献帝在他的掌握之中,他是实际上的帝王和最高统帅。如果曹操自己犯了军令保持沉默,谁敢吱声?所以,曹操是有远大志向,可为万人表率的政治家。他的自刑,为部下和全体兵士严守纪律树立了榜样。当然，曹操酷虐变诈，推诿责任、杀臣下以谢众也是常有的。要想使臣下不贪财，不扰众，不害民，必须养成良好的习俗风尚。在这方面，曹操堪称楷模。魏太祖"雅性节俭，不好华丽，后宫衣不锦绣，侍御履不二采，帷帐屏风，坏则补纳，茵蓐取温，无有缘饰。攻城拔邑，得美丽之物，则悉以赐有功，勋劳宜赏，不吝千金，无功望施，分毫不与，四方献御，与群下共之"（同前注）。富贵能守俭廉属真英雄本色。大凡风流人物，在于其德才、功业出众，不在于他的奢华和富可敌国。曹孟德作为地主阶级的政治家，不苟同流俗，不追求过多的物质享受，不追求华丽奢侈。帷帐坏了补补缝缝，被褥只图保暖。缴获的战利品，尽数赏赐有功之部下，奖勤惩懒，赏功罚罪，利害分明。民间贡献的特产，总要分给臣下共同享用。这就难免部下不为他去卖命，去冲锋陷阵，去克敌制胜，去兢兢业业，克己奉公。在这里，使我们想到了明末李自成进北京时的情景，牛金星、刘宗敏，等等，贪财者有之，贪色者更有之。李自成坐视他的绿林弟兄抢劫、勒索，不去安抚民心，而是夺财自肥。更为甚者，大将刘宗敏不去环顾四周伺机反扑的敌人，不去尽可能笼络有意归降的明朝大将，而是带头强虏明将吴三桂的爱妾陈圆圆，让部下肆意抢劫。这就不能不让历史给他们开一个大玩笑，让他们和他们的首领得不到天下，万古只传为草寇。这些掌天下的"英雄"是制定了一整套明文而严谨的刑法（包括军法军纪），去认真执行，还是得过且过"过罢瘾就死"。李自成最终没有当上真龙天子，就在于他的军纪不够严明。这是一支军队乃至一个国家生死攸关的大问题。读一读明末农民战争史，人们就会悟出这番道理。张献忠时降时叛、捣鬼有术、杀人如麻、失信于民，谈不上有什么军纪。所以，他终于也没能成大事。正如鲁迅先生所说，"捣鬼有术，亦有期，然而以此成大事者，自古未有"。

严明军纪，不仅体现在事后对违令违法之将士的处罚，而且表现为杰出的将领临危不惧,坚守阵地的英雄气概。据《三国志·魏书·文聘传》载:"文聘,字仲业,南阳宛人也,为刘表大将,使御北方。"后来文聘归曹魏,曾封新野侯。"孙权以五万众自围聘于石阳,甚急。聘坚守不动,权住二十余日乃解去。聘追击破之。"以孙权大名亲率众压境,紧急猛攻。文聘"坚守不动",相机行事,待孙权退兵时,一举追击而使其溃退大败,这是需要善于严谨治军胆略的。

军事行动是一个系列行动。军事组织是一个相互关联的结构。要打赢一场战役,不仅靠前线将士的勇猛善战,冲锋陷阵,而且还要靠坚强的、可靠的后勤补给做保障。《三国志·魏书·任峻传》载:"任峻,字伯达,河南中牟人也。""太祖每征伐,峻常居守以给军。是时岁饥旱,军食不足,羽林监颍川枣祗建置屯田,太祖以峻为典农中郎将,[募百姓屯田于许下,得谷百万斛,郡国列置田官],数年中所在积粟,仓廪皆满。官渡之战,太祖使峻典军器粮运。贼数寇钞绝粮道,乃使千乘为一部,十道方行,为复陈[阵]以营卫之,贼不敢近。军国之饶,起于枣祗而成于峻。"任峻在魏初所起的作用好比萧何在楚汉战争至汉初为刘邦担任治粟内史所起的重要作用。作为军队的后勤部长,同样需要铁的纪律。行军打仗,兵马未到,粮草先行。粮草武器供应不上,那就非打败仗不可。所以,授后勤官,往往是授给亲信。这个亲信必须是忠诚的、严守纪律的、有全盘观念且善于统筹全局的。任峻可以说是这样一个人,而且做到了这一点。诚想在大旱饥荒之年,如果没有严明的纪律,屯田是不可能成功的。屯田丰收的成果不经过严格把守、严格押运,曹魏大军就得不到及时供用。正是任峻有严明的军纪,运送前线的粮谷,"贼数寇钞绝粮道",而任峻用复阵营卫,做到万无一失。这是曹魏之幸,也是当时北方广大人民之幸。

另据《三国志·蜀书·吕乂传》:"吕乂,字季阳,南阳人也。……丞相诸葛亮连年出军，调发诸郡，多不相救，乂募取兵五千人诣亮，慰喻检制，无逃窜者。徙为汉中太守，兼领督农，供继军粮。亮卒，累迁广汉、蜀郡太守。蜀郡一都之会，户口众多，又亮卒之后，士伍亡命，更相重冒，奸巧非一。乂到官，为之防禁，开喻劝导，数年之中，漏脱自出者万余口。"人们称赞吕乂，"治身俭约"，"持法刻深"。吕乂和魏国任峻一样，担任督课农桑，"供给军粮"重任。所募之兵，无一逃窜之人，这在兵荒马乱的年头，是非常难能可贵的。士卒脱逃者经吕乂清算整顿，亡命士卒，自动到官军报到。可见，他不仅军纪严明，而且严而有方。比方说，不许中下级军吏克扣军饷，违者严判。士卒丰衣足食，家有丧难，允许探亲，兄弟二人在军，只留一人从伍。对部下恩威并施，同时充满人文主义的关怀，这就是吕乂"历职在外"，得心应手的秘密。陈寿评论吕乂"好用文俗吏，故居大官，名声损于郡县"。所谓文俗吏，即往往是地位较低下而又有实践经验的读书人。这些下级知识分子了解民生疾苦，大多有良心，用心多在治国平天下之策。吕乂用这类人，可能触怒那些达官显宦的贵族及其子弟，所以，在郡县官僚中不被称道，但这无损于吕乂的正直清名。

　　三国时代治军严明的另一位人物是诸葛孔明。据《三国志·诸葛亮传》载："魏明帝西镇长安，命张郃拒亮，亮使马谡督诸军在前，与郃战于街亭。谡违亮节度，举度失宜，大为郃所破。亮拔西县千余家，还于汉中，戮谡以谢众。上疏曰：'臣以弱才，叨窃非据，亲秉旄钺以厉三军，不能训章明法，临事而惧，至有街亭违命之阙，箕谷不戒之失，咎皆在臣授任无方。臣明不知人，恤事多暗，《春秋》责帅，臣职是当。请自贬三等，以督厥咎。'"诸葛亮以布衣出身，治军严谨，执法如山。马谡虽是他最信赖的将军，一旦犯了重大过错，绝不以情代法。所谓"诸葛挥泪斩马谡"，不斩马谡不能整肃军队。对马谡家属给予妥善安置。马谡失街亭，没有接受孔明节度，擅自离开险要军事重镇街亭，不重罚不足以服众。孔明实有自知之明，他认识到马谡好大言、华而不实。孔明用人不当，自己违背众多将领意愿，独任马谡，致使街亭之失，影响全局。孔明自请自贬三等的做法是对的。后主准"以亮为右将军，行丞相事"让他戴罪立功，无疑是宽大而公正的处理。因而西蜀当时实在难找到孔明这样文武兼备的人才。当然，人才在智能方面虽相当，但在阅历方面和人际协调方面像孔明这样的才干确实独一无二。此时，可以替代孔明的凤雏庞统早已辞世，伯乐式人物徐庶被曹魏掳走，西蜀后继乏人。

诸葛亮还对后主说："愿陛下托臣以讨贼兴复之效；不效，则治臣之罪，以告先帝之灵。〔若无兴德之言，则〕责攸之、祎、允等之慢，以彰其咎。"（见《三国志卷》三十五）这说明，诸葛先生注重以法治国、以法治军，要求军国大事要有章法条例约束，实属儒法并用、王霸道杂用的这一思想流派。他用法制思想、用法令制度来约束自己和部将。所谓"诸葛一生唯谨慎，吕端大事不糊涂"，说的就是孔明凡事按章法、纪律从事，从不含糊。要求部下同样谨慎，就等于说要部下凡事遵守纪律，不要擅自行动，要听从调遣，遇到突发事件、特殊情况要及时请示、汇报，做到全局行动一致，配合默契，战争才能获胜。

《三国志·蜀书·诸葛亮传》还指出："诸葛亮之为相国也，抚百姓，示仪轨，约官职，从权制，开诚心，布公道；尽忠益时者虽雠必赏，犯法怠慢者虽亲必罚，服罪输情者虽重必释，游辞巧饰者虽轻必戮；善无微而不赏，恶无纤而不贬；庶事精练，物理其本，循名责实，虚伪不齿；终于邦域之内，咸畏而爱之，刑政虽峻而无怨者，以其用心平而劝戒明也。可谓识治之良才，管、萧之亚匹矣。"

陈寿关于诸葛亮的这段评语是中肯的。说诸葛亮精兵简政，安抚百姓，颁布条例，办事公道，赏不避仇，罚不避亲，赏善罚恶，功过分明，刑罚政令虽严厉而百姓却爱戴他而无怨愤，是因为他能够真正执行法令，刚正不阿。可以说，他的治国才能仅次于管仲、萧何。蜀与魏当时同样用的是谨慎的人才。如果司马懿不是过分谨慎的话，孔明玩空城计、街亭之失等次对峙，司马氏完全可以追击制胜。难怪有人叹息说："死诸葛走活仲达"，战争双方真是将遇良好，旗鼓相当。

另据《三国志·诸葛亮传》裴松之注，"亮之行军，安静而坚重，安静而易动，坚重则可以进退。亮法令明，赏罚信，士卒用命，赴险而不顾，此所以能斗也。曰：亮率数万之众，其所兴造，若数十万之功，是其奇者也。"这说明，孔明能体贴士兵，使士兵愿意奋不顾身去战斗，确实做到了赏罚有信。正因为如此，行军才"坚重"，即安定而牢不可破。然而，他以国力较弱的蜀国与中原强国魏国进行战争，无疑是力不从心，只能以攻为守，长期劳而无功，处于守势。

东晋时期的大将祖逖是一个治军严明，而且又爱护百姓，非常重视与父老乡亲关系的大将军。《晋书·祖逖传》记载："时赵固、上官已、李矩、郭默等各以诈力相攻击，逖遣使和解之，示以祸福，遂受逖节度。逖爱人下士，虽疏交贱隶，皆恩礼遇之，由是黄河以南尽是晋土。……其有微功，赏不逾日。躬自俭约，劝督农桑，克己务施，不畜资产，子弟耕耘，负担樵薪，又收葬枯骨，为之祭醮，百姓感悦。尝置酒大会，耆老中坐流涕曰：'吾等老矣！要得父母，死将何恨！'乃歌曰：'幸哉遗黎免俘虏，三辰既朗遇慈父。玄酒忘劳甘瓠脯，何以咏恩歌且舞。'其得人心如此。"祖逖是桓温、刘琨等北伐抵抗派的代表人物。他的英名在当时民间广为传颂。中原一带父老乡亲称他为"慈父"，好比后代所说的"父母官"一样。祖逖深受人民爱戴。假如祖逖的军队所到之处抢掠财物，扰乱民众，他们能获得箪食壶浆的欢迎吗？这是不言而喻的。做到不扰民，对于拥有甲兵的部队来说，特别不容易。祖逖带头过俭朴生活，督劝农桑，施舍贫困，不聚资产，培养子弟亲自耕耘、打柴，自食其力，所有这些，都体现了祖逖受传统儒家教育而形成的崇高美德，体现了他治军严明。他不仅约束部下，而且身体力行，严格约束子弟，不浪费，不脱离劳动，不骚扰平民百姓，堪称万世楷模，令后人敬仰。

第八章　失去"明"观念的悲剧

人生活在世界上，他的心理活动是非常复杂的，是变化万千的。随着人们地位的改变，也会发生各种变化。如有些人在其微时，也可能是非常明白理智，但当其地位一旦发生变化，成为显贵，就可能失去明白之性，变得昏庸贪婪，甚至失去人之本性。还有的人在一类问题上很明，但在另一类问题上不明；在有些人面前很明白知理，而在另一些人面前就不明理。然而，一个人或者一个家族，甚至一国，当其明理之时就会发展兴旺，在其不明理时就有可能酿成悲剧，甚至会丧生、破家、亡国。这些悲剧的产生皆因其处理事物不明。历史像一面镜子，它给人以教训，向人们提供借鉴，应引起当代人的重视与反思。

一　西汉执政女主吕雉的"明"与"不明"

当人类社会从母系社会进入父系社会以后，恩格斯说：这是女性世界意义的失败。中国古代曾有周穆王西征见西王母的故事。西王母当是古代氏族部落的女性酋长。但当中国进入阶级社会以后，特别是夏、商、西周、春秋时期，就没有女性的天子或国君出现，甚至连女性的官员也未曾见过。战国以后，诸侯国出现了女主。一些诸侯国君死后，年幼的新君即位。老王后就以太后的特殊身份辅助幼主执政。如秦国的宣太后、赵国的赵太后、齐国的齐王后等。中国历史上开始了女主执政。

两汉（即西汉、东汉）是封建社会前期，共有八位女主临朝称制：吕雉、王政君、窦太后、邓绥、阎姬、梁妠、窦妙、何太后等。这些女主中有一些人在其执政时期还是很英明的，可算得女性的佼佼者。但由于执政时期在处理家族与国家政权的关系方面不明，导致了许多悲剧的发生。

吕雉（单县人），是西汉开国皇帝汉高祖刘邦的皇后。在刘邦打天下的过程中，与刘邦可谓是患难夫妻，而且是刘邦的股肱之臣。吕雉曾与太公一起被项羽抓走做了人质，大难不死。当刘邦得天下之后，由于形势所迫，刘邦在不得已的情况，分封了异姓诸侯王七个，如韩信、彭越等，因为他们帮助刘邦打天下，立过大功。没有他们，也许就没有刘氏天下。然而刘氏政权建立后，这些异姓王严重地威胁着刘氏政权。吕后辅助刘邦剪除异姓，显示了她的刚毅、果断和胆识。

公元前197年，高祖刘邦御驾亲征陈豨。吕后与相国萧何商议，以庆皇帝在外打仗大捷为由，在长乐宫举行庆典。由萧何邀韩信一块去参加庆典。结果韩信一进宫，马上就被武士拿下砍头。以后，吕后又用计谋诛杀了彭越。

刘邦宠爱戚姬，欲立戚姬之子如意为太子。吕后又以其谋略才智保住了太子刘盈之位。公元前195年，刘邦驾崩，刘盈即位，是为汉惠帝。他是吕后的亲生儿子。

汉惠帝即位时，年仅十七，尊吕后为皇太后。惠帝性格温和懦弱，虽践大位，但一切军事大事皆决于太后。她统治时期，"天下晏然，罪人是稀，民务稼穑，衣食滋殖"。（《史记·吕后本纪》）这些都说明吕氏执政的聪慧与能干。当时百姓脱离了战国时代长年征战的苦难，也没有秦王朝时期的苛政。汉惠帝、吕氏时期，西汉以清静无为的黄老思想治国，采取与民休息的政策。惠帝垂拱而治，吕后女主临朝，政不出房户，天下安乐；刑罚几措，百姓安居乐业，西汉经济迅速发展。吕后可谓一个明智的女主。

然而，吕后在处理军国大事方面是明智的；在处理个人、家族关系方面，她报复心理极强、私心极重。她的不明，既断送了儿子，也断送了吕氏家族。

吕氏执政后，首先报复当年与她争宠的戚姬。她先杀害了戚姬之子如意。如意，当年刘邦想立之为太子，被吕后强逼饮了毒酒，七窍流血而死于非命。吕后又令人将戚姬的眼睛挖去，四肢砍去，做成"人彘"。其手段之残忍，令人发指。她派人让惠帝来看这个"人彘"。当惠帝得知这个血肉模糊的"人彘"就是戚姬时，大哭一场，回去精神恍惚，病了一年多。宫廷冷酷残忍的斗争在惠帝仁弱的心灵留下无法愈合的创伤。惠帝在位7年后，就离开了人世。是年，他仅24岁。

惠帝在位时，吕后把鲁元公主（吕后之女、惠帝的姐姐）的9岁的女儿张氏接到宫中。当其14岁时，与惠帝结婚，立为皇后。因年龄太小，尚未生子。吕后又把惠帝后宫美人之子，假充张皇后之子，立为太子，杀掉美人。惠帝死后，假冒张皇后所生之子刘恭立为帝，称为少帝。刘恭尚在襁褓之中，吕氏临朝执政。当少帝稍长，知道自己的身世，生母被杀，说将来要为母亲报仇。吕氏又废杀少帝；又立恒山王刘弘为帝。刘弘也是一个小孩，朝廷大权掌握在吕后手中。

吕后执政，引起了朝廷刘氏宗室的不满。吕后打击刘氏诸侯王。赵王如意被鸩杀后，淮阳王刘友徙为赵王。因刘氏对吕氏不满，吕氏将刘友召到京师，秘密囚禁，活活被饿死。吕后又将梁王刘恢徙为赵王，后又逼刘恢自杀。吕后又撤了梁、赵、燕三个刘氏诸侯王的封国。

在打击刘氏的同时，吕氏大肆分封吕氏王。刘邦临崩前，曾与大臣杀白马以盟，誓曰："非刘氏而王，天下共击之。"吕氏不顾这些誓盟，把自己亡兄吕泽之子吕台、吕产、吕禄及吕台之子吕通封为王。吕氏家族共封四王、六侯。又封吕产为相国、吕禄为上将军,其女儿为皇后。吕台、吕产、吕禄皆为将军,掌管全国军队。

然而,时局变化是人们难以预料的。当吕后在朝廷大封诸吕之时,她也行将就木了。公元前180年,吕氏晏驾。吕太后驾崩一个多月后,齐哀王刘襄首先发难,杀死齐相国吕平,传檄天下,大兴讨伐诸吕之师。相国吕产派灌婴前去镇压,但灌婴却按兵不动,并联络丞相陈平、太尉周勃,待机讨伐诸吕。

陈平、周勃设计,使上将军吕禄交出兵权,又令刘章杀死吕产,夺去军权。然而对吕氏家族皆行捕获,不论男女老幼,尽被斩首;接着又诛杀了少帝刘弘和吕姓诸侯王。连吕后的妹妹吕嬃、妹夫樊哙及他们9岁的儿子也不能幸免。

一场腥风血雨之后,代王刘恒被立为帝,是为孝文帝。西汉王朝进入了其鼎盛时期。文景之治,被称为西汉王朝的盛世。

西汉王朝的盛世——"文景之治"的出现,与高祖、吕后执政时期经济的迅速发展有密切的关系。是高祖、吕后在位时积累下来的财富为"文景之治"打下了良好的物质基础。吕后不愧一个治国的英主,但她的不明,她的恶毒的报复,她视国家为私有,不明白在她之前中国已有两千年男性执政的历史,刘姓皇室在群臣的观念中不可动摇的地位。她打击刘氏宗室,分封诸吕在刘氏宗室及群臣引起的共愤是多么强烈。这是她的不明不智之处。吕后的不明,使自己的母家吕氏遭到了灭门之灾。

二 东汉章帝窦皇后的"宫闱惊变"

东汉章帝的皇后窦氏是一个很有作为的女性。章帝死后,她以皇太后的身份临朝称制5年,专擅东汉王朝的朝政大权。她执政时期,因其明而政绩卓著,是东汉王朝的盛世。她一生的悲剧在于处理人际关系的不明。

窦氏是章帝最宠爱的妃子,曾封为贵人,专宠后宫。但可惜的是,窦氏未生儿子。章帝曾是马太后(东汉初年的名将马援之女)辅助即位的。马太后把自己的侄孙女宋氏纳入章帝后宫,封为贵人。宋贵人生下一子名刘庆,是章帝的长子。宋贵人极尽孝道,深得马太后的欢心。马太后欲把宋贵人立为皇后,但章帝宠爱窦氏,而且马太后已70多岁,且重病在床,无力争执。最后,窦氏立为皇后,刘庆被立为太子。章帝与马太后达成了平衡。

建初四年(公元79年),马太后撒手人寰,驾鹤西去。宋贵人的靠山倒了。窦皇后认为时机到了,就诬陷宋贵人巫术害人。章帝派宦官蔡伦审理此事,蔡伦依附窦皇后,对宋贵人严刑拷打逼供。宋贵人不堪折磨,被迫自尽。

宋贵人死后,太子刘庆也被废为清河王。章帝听从窦皇后,立窦皇后收养的儿子刘启为太子。刘启是梁贵人所生。窦皇后害怕将来太子刘启即位,其生母梁贵人地位显贵,于是指使人作"飞书"(即匿名信)告发梁贵人的父亲梁竦谋反。梁竦被下在大狱,折磨致死。梁氏家族被流放到九真(今越南境内)。梁贵人在宫中忧郁而死。

公元88年,章帝驾崩。10岁的太子刘启即位,是为汉和帝,尊窦氏为皇太后。太后临朝,大权落入窦氏手中。太后这年27岁。

窦太后执政以后,励精图治,革除弊政,劝民农桑。自西汉武帝,就实行盐铁专卖政策。窦太后罢专卖政策,听任百姓煮盐、铸铁,促进了东汉经济的发展。

公元88年10月,窦太后利用南、北匈奴内讧之机,派其兄窦宪为将军,耿秉为副将,率数十万大军出塞,北伐匈奴。次年,窦宪大军与北匈奴相遇,战于稽落山,大破北匈奴军。北匈奴单于败逃，窦宪大军追赶斩匈奴诸王以下一万三千余人，获牲畜一百多万头，匈奴诸裨小王率众投降，共81部，20多万人。

窦宪、耿秉率大军出塞外，绝大漠，共计三千余里，登燕然山刻石铭功。从此南匈奴归汉，北匈奴单于率部而逃，远至欧洲，引起日耳曼人的大迁徙，欧洲社会的变动。范晔在《后汉书·窦宪传》中说："卫青、霍去病资强汉之众，连年从事匈奴，国耗大半。后世犹传其良将，岂非以身名自终邪。窦宪以羌、胡边杂之师，一举而空朔庭。"以朝廷精锐之师，连年攻伐匈奴，国力耗费巨大，尚未制服匈奴，世犹称之良将。窦宪率羌、胡边杂之师，一举而赶跑了匈奴，其功当在卫青、霍去病之上。

公元90年5月，窦太后又派班超为边帅大破月氏军，迫使月氏每年向东汉帝国贡献。龟兹、姑墨、温宿等国皆归降汉朝。太后在这里设置西域都护府，加强对这一地区的控制。

在窦太后的统治之下，剿灭北匈奴，建西域都护府，可以说建立了旷世功勋。东汉帝国达到鼎盛时期。

正当窦太后雄心勃勃治理朝政，庆祝胜利之时，一场宫廷政变正在悄悄地进行。汉和帝刘启与以前的废太子刘庆密谋策划，和帝利用宦官郑众，联合千乘王刘伉，司徒丁鸿等人，乘窦宪做功臣志得意满之时，兵围窦宪府，逮捕窦宪。窦宪、窦笃、窦景、窦环皆被迫自杀；北征匈奴的功臣耿秉之子耿忠被削去封国（耿秉已死）。班固下狱折磨致死。窦氏满门抄斩。

和帝剿灭窦氏家族以后，禀告太后。太后知大势已去，还政于和帝。窦太后不久即忧郁死去。随着她的死亡，东汉帝国也走完其鼎盛时代。汉和帝刘启用功臣的血染红了皇帝的宝座。

窦太后的悲剧在于她不明白人的亲情是无法割断的。她为了自己的尊位，以极其残酷的手段逼杀了两个太子的生母和外家，这就给她的未来埋下仇恨的种子。当她执政以后，虽然她有治国的严明和才能。但是中国封建王朝以男性为中心，小皇帝迟早会长大亲政的。而她自己也迟早会衰老。她杀害了太子（后为皇帝）的生母，但又必须立小皇帝即位，这就是她的不智。窦太后在处理人际关系方面的不明不智是其悲剧发生的原因。

两汉时期，执政的女主有8人之多，如西汉的吕后、王政君，东汉的窦太后、邓绥、阎姬、梁妠等。她们执政时期，任用外戚。女主的兄弟子侄手握重权，蟒袍玉带，飞扬跋扈，朝野侧目；而对刘姓皇帝及皇室贵胄却采取限制的态度。然而一旦山陵崩，皇太后死去，其母家无一例外地被族灭。这是两汉时期执政的女主不明白中国封建社会的特点，不明白人们根深蒂固的刘姓君主才是正统的观念而造成的悲剧。

三 死于非命的三国名将——关羽和张飞

关羽和张飞都是三国时期盖世的名将，有万夫不挡之勇。《三国志·蜀书·张飞传》云："关羽善待卒伍而骄于士大夫，张飞敬君子而不恤小人。"关羽、张飞二人在待人接物方面皆有惊人的短处和不明之处。所以他们皆因不明人际关系之理，而最终死于非命。

关羽，字云长，河东解良（今山西临猗县西南）人。关羽武艺超群绝伦，有万夫不挡之勇，可于万马军中轻取敌将之首级。他在家乡时，曾路见不平，仗义杀人，逃亡到涿县（今河北涿州市）。

东汉末年，爆发了有名的黄巾军大起义，给东汉王朝以致命的打击。为了维护东汉王朝的统治，各地豪强招兵买马，镇压义军。关羽来到涿县，正遇东汉皇室的远支宗亲刘备招募军队，关羽于是参加了刘备领导的军队。同时参加的还有张飞等。

刘备、关羽、张飞志趣相同，情同手足。关羽深受封建的

"忠臣不事二主"的影响,对刘备赤胆忠心。故《三国演义》中曾把刘、关、张的友情渲染美化为"桃园结义"等。关羽、张飞确实是刘备政权发展中的栋梁材,立下了盖世的功勋。

建安五年(公元 200 年),刘备驻在小沛(今江苏沛县),关羽驻在下邳(今江苏邳县南)。曹操发大兵攻刘备,刘备落荒而逃。关羽被围得水泄不通,万般无奈,带领刘备的家眷(刘备的两位夫人)投降。曹操知关羽勇将,于是礼遇关羽甚厚,封为汉寿亭侯,赐之金银。但是关羽忠于刘备,告诉曹操,一旦找到刘备就要离开。曹魏大将曾试探关羽。关羽说:"吾极知曹公待我厚,然吾受刘将军厚恩,誓以共死,不可背之。吾终不留,吾要当立效以报曹公乃去。"(《三国志·关羽传》)后来有一次曹操被袁绍军所围困,袁绍军中有一大将颜良,骁勇善战,曹军无人敢敌。关羽策马直战颜良,于万众之中,斩其首而还,从而解去曹操的"白马之围"。关羽杀颜良以后,尽封曹操赏赐的金银和侯印,即"封金挂印",拜辞而去。关羽千里走单骑,保卫二位皇嫂,寻故主刘备,忠义可憾天地,在历史上曾传为风流佳话。

当时在梁、郏、陆浑等地的山林豪杰皆遥尊关羽为主,投在关羽的麾下,《三国志·蜀书》说"关羽威镇华夏",可谓一代名将。

赤壁之战后,刘备占领荆州,攻取了长沙四郡,继而又西向攻取了西蜀和汉中。刘备在益州(今四川成都)称帝。刘备派他最信任的大将关羽驻守荆州。

关羽驻守荆州,被封为前将军。关羽智勇双全,又攻曹魏襄阳。关羽攻克襄阳后,虎视汉水北岸的樊城。襄阳与樊城仅以汉水相隔。曹仁当时驻守樊城。曹操派于禁增援曹仁。关羽乘秋季汉水泛滥之机,掘开汉水北岸的堤口,滔滔江水淹没了曹仁、于禁的七军。于禁率军以战关羽,关羽俘获于禁、庞德。樊城被围困，成为一座孤城。

这时，曹操以许昌为都。樊城如果被攻下，那么许昌就赤裸裸地暴露在关羽的眼下。许昌一片惊慌。曹操与所部臣下商议迁都，以避其锐。关羽声势大振。

曹操的部将司马懿认为不可，认为应挑起孙、刘之间的矛盾，团结东吴，以攻关羽，以图荆州，若不行，再行迁都之事。于是曹操派使者前往东吴，游说孙权，共同攻伐关羽，并许成功之后，"共分疆土，誓不相侵"，割江南之地以封孙权，承认孙权的合法地位。

一场算计关羽的阴谋开始了。关羽平素关怀士卒，但轻视士大夫，在他眼中只尊敬刘备、诸葛亮、张飞、赵云等为数不多的人。他忠诚可信，但对于其他人却少敬重。如当时刘备派在镇压南郡（今湖北沅陵）的糜芳和驻守公安（今湖北公安县）的守将傅士仁，关羽对他们呵斥怒骂，非常轻视。

关羽忠于刘备政权，耿耿忠心，上天可鉴，但对于敌手，关羽却视之如仇，甚至对于应该联合的东吴政权也是如此。

孙权曾经为了结好刘备政权，听说关羽有一女儿，尚幼，未曾许婚。孙权派使者前往荆州为自己的儿子提亲，东吴使者见关羽说："吾主吴侯有一子，甚聪明，闻知将军有一女，特来求亲，吴侯愿两家和好，结为婚姻，并力以破曹操，不知将军意下如何，肯许亲否？"关羽不愿意把女儿嫁到东吴，婉言拒绝就是了，但关羽性情刚烈骄傲非常，大骂东吴使者说："吾虎女怎么能够嫁犬子？回去转告孙权，休生妄想，我堂堂汉臣，怎与鼠辈结亲？"一席话把使者骂得羞惭满面，回去如实转告孙权。孙权闻之大怒，咬牙切齿，发誓要报此仇。而如今曹操使者带来书信，谋求攻打关羽，正中孙权之下怀，立即遣使去许昌见曹操，同意与曹魏联合，共图关羽。

孙权派大将吕蒙点将领士，扮作客商，把关羽布在江岸上烽火台的守兵全部俘获，然后吴军以继，长驱大进，来到荆州，用关羽烽火台上的兵赚开了城门，不费气力占领了荆州。驻守公安的傅士仁看到荆州已被吴人占领，故当吴军到来之际大开城门，投降了吴军。傅士仁又到南郡劝降糜芳。二人商议，认为关羽平时太傲慢，不能容人，时已至此，不如投东吴。于是两人投降孙权。

关羽此时正在襄阳，提兵攻打樊城，根本不知荆州被攻取，公安、南郡降吴之事。

曹操派南阳守将徐晃以援樊城曹仁。关羽与徐晃曾经是好友。当两军相对之时，徐晃与关羽相互问候，只说生平之事，不提及军事。然而徐晃忽然下令曰："得关云长之头者，赏千金！"关羽重朋友义气，并无提防，惊问："大兄，这是什么话？"徐晃说："刚才我与云长所叙，只是私事，现在私事完毕，是行国家之事！"徐晃与关羽厮杀，而此时，曹仁知徐晃来救，于是引军杀出城来，与徐晃会合，两下夹攻，关羽所率军队顿时大乱，关羽急忙鸣金收兵，渡过汉水，奔襄阳，忽然探子报说，荆州已被东吴所夺。关羽急走公安，当到达公安时，方知傅士仁与南郡糜芳俱降东吴。

关羽被围困在临沮（今湖北远安县北），被东吴军俘获。孙权因关羽勇武，想劝关羽降吴以敌刘备和曹操。东吴人士皆劝之曰："关羽乃何等忠义之人，想当年，曹操待之何等宽厚，终不能换得他的心，他人在曹营心在汉，终于不辞而别。日后曹操竟然被他逼得几乎要迁都，自取大患，今日既得关羽，岂可放他生？！"于是关羽、关平父子被害。

孙权将关羽首级献于曹操。曹操乃雕以金身，以诸侯之礼葬关羽，这是后话。

后人曾评价关羽"大意失荆州"，其实关羽的失败并非完全由于大意，关羽平素爱惜士卒、礼敬贤能，但他太骄傲，特别是对于尚能团结作为朋友的人也一概排斥，拒之于外，甚至显得傲慢无礼。另外他对部下傅士仁、糜芳等将领也不知笼络，结果在失败的时候，他的敌人、自己的部下，以及可以团结为朋友的人联合起来，从而遭遇不测之难。关羽英雄一世，然而最终遭到算计，关羽失于他的刚愎与傲慢。

张飞，字翼德，河北涿郡（今河北涿州市）人。张飞与关羽一样是三国时期盖世的名将。

张飞与关羽皆为刘备政权的忠臣。他比关羽小几岁，以关羽为兄长。刘备三顾茅庐，请出诸葛亮后，曹操曾率大兵进攻刘备，诸葛亮火烧新野，刘备大军向江南退却时，张飞曾于湖北当阳（今湖北当阳县）长阪坡，带20个骑兵断后。张飞令这20个骑兵躲在树林后，用树枝曳起尘土，作为疑兵，他自己一人一骑站在桥头，横眉瞋目，厉声大喝：“吾乃燕人张冀德，谁敢来决死战?!”曹操百万大军无敢近前。后人有诗云：

　　长坂桥头杀气生，横枪立马眼圆睁，
　　一声好似轰雷震，独退曹家百万兵。

张飞的英雄气概跃然纸上。

张飞随刘备定江南之后，又随诸葛亮一道前往益州，一路上分定郡县，所至必克，收复了严颜，为刘备建业于四川立下了第一功。

诸葛亮收复汉中时，张飞大破曹魏名将张郃，使张郃放弃马缘山，只剩十余人而逃。刘备进位汉中王后，曾封张飞为右将军。

张飞这样一个三国名将，当世英雄，却因脾气暴躁，殴打部卒，而陷于生命的悲剧。当刘备政权建立之时，并不断完善，张飞已经成为一个国家官吏，领兵的将领，但张飞却不这样要求自己,而是任情任性,对待士卒,毫不爱惜。士卒稍有过失,轻则鞭打,重则刑杀。刘备曾告诫说:"卿刑杀既善,又日挞健儿,而令在左右,此取祸之道也。"(《三国志·张飞传》)然而张飞根本听不进去。

关羽被东吴、曹魏联合图谋,兵败遇难而死。张飞日夜啼哭,上书刘备,出兵伐东吴报仇。刘备也由于感情激奋,命张飞率兵万人,自阆中(今四川绵阳市境)会合刘备大军,以讨伐孙权。

张飞一面整装待发,一面借酒泄愤。诸将士皆劝其不要饮酒,说马上就要出征,但张飞哪里听劝,越劝怒气愈大。对于稍微违犯将令或怠慢者,即酷刑鞭挞,多有鞭死者。张飞让全体军士皆用白旗白甲,挂孝以伐东吴,并令某帐下的两将范疆、张达三日内置齐白色旗甲。二人回告张飞:"白色旗甲,一时很难筹措,愿少宽限时日,让百姓交纳!"张飞闻之大怒说:"你竟敢违犯吾令!"于是张飞将二人绑于树上,尽情鞭打,直打得二人满口出血。二人切齿痛恨张飞,说:"与其他打死我们,不如我们杀了他,投东吴去!"

当夜张飞又与部将同饮,激愤不能自已,不觉酩酊大醉,卧于帐中。范疆、张达借着夜色,怀揣短刀,悄悄地来到军帐,对守卫的兵卒说:"有紧急情报要禀告将军",从而进入军帐。

张飞在酣睡中,忽然大喊:"不杀老贼,誓不为人!"二人吓了一跳,后又听见张飞鼻息如雷,方敢接近,以短刀刺入张飞的腹中,可怜这个大战长坂桥的英雄死于两个无名小卒之手。

张飞对待士卒,不知怜惜,不加爱护,而是凭着刚烈和勇猛,使士卒畏之。要知道,士卒也是人,他们更需要关怀抚爱,张翼德尽管以他的英武、刚毅、忠义博得了世代的敬重,但粗暴少思却是取败之道。

《三国志·蜀书·关张传》评曰:"关羽、张飞皆称万人之敌，为世虎臣。关羽报效曹操，张飞义释严颜，并有国士之风。然而关羽刚而自矜，张飞暴而无恩，以短取败，理数之常也。"

关羽和张飞皆三国名将，但由于他们在人际关系的处理方面，虽有其独到的长处，但都有不能回避的致命弱点。二位英雄，死于非命，可惜可叹！杜工部曾有诗赞诸葛亮：

"出师未捷身先死，常使英雄泪满襟。"

这首诗献给关、张二位将军还更合适些。

第九章 唐代的"明"观念

唐代是中国封建社会的鼎盛时期。唐朝之所以成为盛世，与唐朝君臣的"明"观念和措施有密切的关系。唐王朝的明君明臣缔造中国古代最辉煌的盛世，而比较典型并且最有代表性的当为唐太宗和魏徵、唐中期武则天和狄仁杰。

一 唐太宗和魏徵的"明"观念

唐太宗李世民是中国古代历史上的有为皇帝。史书记载：唐太宗为人聪明英武，有大志，而能屈节下士。隋朝末年，天下大乱。李世民明于形势，把握时机，劝说其父李渊举兵起事。在当时的情况下，这是一种明智的选择，从而开创了李唐王朝200多年的基业。

李世民在打天下的过程中，善于团结贤能之士。如屈突通、尉迟敬德、秦琼、程咬金等，皆曾为敌方之骁将，而皆归顺并忠于时为秦王的李世民，说明李世民任人之明。尉迟敬德曾为刘武周的偏将，后跟随一名叫寻相的人投降了秦王李世民。然而寻相又背叛了唐。唐将领赶快囚禁了尉迟敬德，并上奏秦王，立即杀掉敬德。李世民说："敬德如叛，为什么不与寻相一起叛变呢?!"于是释放了敬德，并把敬德引入卧室召见说："大丈夫以义气相许，很小的嫌隙，不要记在心中，我绝不会因别人的谗言而杀害良士。"又拿出银两说："如果你一定要走，这是给你的路费。"

敬德大为感动，表示愿意跟随秦王。

刚好这日王世充将兵前来讨战。单雄信是王世充部的一员骁将，拍马挥剑直刺秦王。敬德跃马大呼直奔单雄信。单雄信落马，从而救出秦王李世民。李世民之明，不仅使自己获救，还得到一个肝胆相照的忠臣。故太子李建成曾拉拢敬德，赐金器皿一车。敬德婉言谢绝，说自己不能"徇利弃忠"。尉迟敬德的归顺，表现李世民的知人之明。

李世民还任用一批谋略过人的文臣，如房玄龄、杜如晦、徐茂公等，其中最有名的当属魏徵。

魏徵，魏州曲城（今河北省大名县东）人，自幼就失去父亲，家道中落。但魏徵勤奋好学，酷爱读书，希望将来能成就一番事业。当隋末天下大乱之时，他曾伪为道士，以观天下之形势。后魏徵受好友元宝藏的邀请，参加了李密领导的瓦岗军。是时，瓦岗军攻下洛阳，声势大振，魏徵乘机向李密提出军队建设的十策，但李密刚愎自用，不能接受。

有一次，瓦岗军受到另一支起义队伍王世充的进击。魏徵闻知，马上找到李密的长史（类似今秘书长一类的官职）说："今魏公（指李密）虽骤然取胜，但军中无英勇善战之将，而且府无库财，战胜不赏，只此二者不能与王世充争锋。当今瓦岗军应先退避，高筑垒垒，以待敌军粮尽将退军时，我军追击之，方能取胜。"但李密的长史郑颋瞧不起魏徵，根本听不进魏徵正确的建议，说："此老生常谈耳！"瓦岗军骄傲轻敌，欲速战王世充，但在王世充的火攻与奇袭下，全军溃败。王世充占据洛阳。

李密失败后，率瓦岗军投降李渊，魏徵也随之投唐。

李密投唐，被封为邢国公，但并不受重视。他借李渊让他去洛阳招抚自己过去的部下之机，又打出了反唐的旗帜，后来兵败被杀。

魏徵在唐朝固然不会受到重视，但他仍尽忠尽职，为唐招降了瓦岗军旧部徐世勣。在黎阳（今河南浚县东北）魏徵被窦建德部俘虏，以后窦建德兵败，魏徵又随之来到长安。李渊的太子李建成，听说魏徵很有才干，就招为洗马，在太子东宫主管图书。魏徵由于地位低下，在瓦岗军李密帐下，或在窦建德营寨，皆得不到重用，而李建成把他招为洗马，魏徵也非常感激，就向太子献策。他认为太子李建成在功劳与能力方面皆不能与李世民相比，只有除掉李世民，才能根除后患，永保社稷。从历史史实的发展来看，假如李建成采取了魏徵的策略，对他无疑是有好处的。但建成失去了机会，李世民首先发难，玄武门之变中射杀建成，即位为大唐皇帝，魏徵自然成为十恶不赦的阶下死囚。然而，豁达大度的唐太宗原谅了他，并封为谏议大夫的显要官职，这对于出身微贱的魏徵是根本没有料到的。他知恩图报，感谢太宗皇帝的再生之恩，决心肝脑涂地，以报圣主。

魏徵竭尽股肱之忠，凡军国大事、朝政得失，知无不言，言无不尽。他向世民上二百余奏折，皆切中时弊。他在上疏中反复陈述隋朝灭亡的原因，在于"扰民"，指出当今天下必须居安思危，以民为鉴。他在贞观七年给唐太宗的上疏说："《诗》曰：'殷鉴不远，在夏后之世。'臣愿当今之动静，以隋为鉴，则存亡治乱可得而知。思所以危则安矣，思所以乱则治矣，思所以亡则存矣。存亡之所在，在节嗜欲，省游畋，息靡丽，罢不急，慎偏听，近忠厚，远奸佞而已。夫守之则易，得之实难。今既得其所难，岂不能保其所易？保之不固，骄奢淫泆以动之也。"（《新唐书·魏徵传》）他劝谏太宗不要追求享乐，放纵嗜欲；不要大兴土木，滥用民力。他认为，人君如舟，百姓是水，水能载舟，亦能覆舟，只要爱惜百姓，人君的统治才能长久。他还劝谏太宗"每以谏诤为心，耻君不及尧舜"，"兼听则明，偏信则暗"。魏徵忠心耿耿，面折廷争，数批逆鳞，得到唐太宗的赏识，魏徵被提升为尚书右丞，兼谏议大夫。其职责就是劝谏皇帝，匡正皇帝的朝政得失。

大臣郑仁基有一女，貌美而才。唐太宗想把该女召进宫，封为充华，并已写好诏书。但此女已经许聘，有了婆家。魏徵闻知，立即上谏曰："陛下处台榭，则欲民有栋宇；食膏粱，则欲民有饱适；顾嫔御，则欲民有家室，今郑已约昏，陛下取之，岂为人父母意！"（《新唐书·魏徵传》）听此，唐太宗痛心自咎，马上停止下达诏书。

有一次，唐太宗的长乐公主出嫁。长乐公主乃长孙皇后所生，太宗特爱之，敕有司给公主的嫁资比唐高祖女永嘉长公主还要多一倍。魏徵谏曰："昔东汉明帝在封赏皇子时曾说：'我子岂得与先帝子比！'皆令半于先帝之子。今陛下资送公主，倍之长公主，难道合于古人之道吗？"太宗认为魏徵说得很对，回到后宫对长孙皇后说此事。皇后说："过去我听说陛下称赞魏徵，不知魏徵到底怎样直谏，今日才知魏徵引礼仪以抑人主之情，真乃社稷之臣也。"唐太宗赏赐魏徵，钱四百缗，绢四百匹。魏徵以其"明"，多次匡正唐太宗的朝政得失。唐太宗有时对魏徵的犯颜直谏也很恼火。一天下朝回到后宫，太宗恼怒地说："将来我一定杀了这个乡下佬！"长孙皇后吃了一惊，问他要杀谁，太宗说："魏徵每在朝廷，当文武朝臣之面，与我争执，使我羞辱难堪，我一定要杀了他！"皇后回去，立即穿上朝服，立于宫廷，以行大礼。太宗惊问其故，皇后说："妾闻主明臣直，今魏徵直，由陛下之明使然，妾敢不贺。"太宗顿时气恼全消，从心中佩服魏徵之忠直。正是唐太宗的虚心纳谏，政治开明，才能造就魏徵这样的谏臣。有一次，太宗皇帝得一美丽的鸟雀，放在臂上，与鸟逗乐，而这时魏徵入朝奏事，李世民恐魏徵又要谏诤，批评他淫乐，荒废政事，于是赶快把鸟儿藏在怀中。魏徵奏事不止，待奏事完毕离殿后，鸟雀竟死于怀中。

贞观六年（公元632年），唐太宗认为自己大业已成，天下宴然，欲封禅泰山。封禅泰山，乃帝王盛事，我国历代帝王都在自己认为功德无量之时，登泰山之巅，以祭天，对天来祭告自己的功劳，以求天之福佑。满朝文武大臣皆劝太宗封禅，只有魏徵坚决反对。唐太宗非常生气说："公不欲朕封禅者，以功未高邪？"对曰："高矣。"

"德未厚邪？"对曰："厚矣！"

"中国未安邪？"对曰："安矣！"

"四夷未服邪？"对曰："服矣！"

"年谷未丰邪？"对曰："丰矣！"

"符瑞未至邪？"对曰："至矣！"

"然则何为不可封禅？"对曰："陛下虽有此六者，然承隋末大乱之后，户口未复，仓廪尚虚，而车驾东巡，千乘万骑，其供顿劳费，未易任也。且陛下封禅，则万国咸集，远夷君长，皆当扈从，今自伊、洛以东至于海、岱，烟火尚稀，灌莽极目，此乃引戎狄入腹中，示以虚弱也。况赏赉不赀，未厌远人之望；给复连年，不偿百姓之劳。崇虚名而受实害，陛下将焉用之？"刚好，河南一带发大水，封禅之事遂停止。（《资治通鉴·唐纪十》）

大唐王朝在李世民君臣的治理下出现了贞观盛世。李世民欲修洛阳宫，有一个大臣上疏认为："修洛阳宫，劳人也；收地租，厚敛也；俗尚高髻，宫中所化也。"太宗大怒说："难道国家不役使一人，不收一租，宫人无髻，才称其意吗?!"魏徵上谏，说："人臣上疏，不激切不能引起人主意，激切则近讪谤。"太宗马上醒悟道："非公，没有能说出此道理者，人苦于不能自觉耳！"

太宗皇帝要修建飞山宫，魏徵切谏："今宫观台榭，尽居之矣；奇珍异物，尽收之矣；姬美淑媛，尽侍于侧矣；四海九洲，尽为臣妾矣。若能鉴彼（指隋朝）所以亡，我所以得，焚宝衣，毁广殿，安处卑宫，德之上也。"（《新唐书·魏徵传》）于是太宗皇帝废止修建宫殿的计划，将银两赈济遭到水灾的人民。

　　魏徵以其独到的"明"思想，逐渐地成为唐太宗身边任何人也不能代替的谋臣。太宗每有一个计划，或要做一件事，假使没有征求魏徵的意见，就不敢去做。太宗皇帝要到南山去游玩，一切准备工作都做好了，迟迟没有动身。因魏徵不在家，回故乡扫墓，李世民怕魏徵又要上谏，说这是贻误政事。魏徵回来，问世民为何还没去南山，世民回答："怕卿嗔怪。"

　　唐太宗晚年，随着政治巩固、经济形势好转，而逐渐变得傲慢，不再像贞观初年那样听群臣的意见。魏徵连续四次上《论时政疏》，又呕心沥血写了著名的《十渐疏》，从十个方面指出唐太宗的变化。他指出，"陛下在贞观初，清静寡欲，化被荒外。今万里遣使，市索骏马，并访怪珍……贞观初，亲君子，斥小人，而今却昵小人，疏君子；贞观初，思贤若渴，爱护民力，而今却滥用民力，以好恶取士……臣愿陛下善始善终，永为明主。"唐太宗读完上疏，喟然长叹："朕今闻过矣，愿改之，以终善道。有违此言，当何施颜面与公相见哉！"（《新唐书·魏徵传》）太宗皇帝将魏徵的《十渐疏》令人抄写，列为屏障，时时警戒自己；又付史官誊录，载于史册，使万世知君臣之义，魏徵之忠。

　　在魏徵的直言不讳的匡正下，唐太宗政治清明，大唐王朝走上我国封建社会的鼎盛时期。唐太宗对魏徵数次加官晋爵，封魏徵为左光禄大夫、郑国公，而魏徵却以年高多病推辞。太宗皇帝情绪激动，真诚地说："公独不见金在矿，何足贵邪？善冶锻而为器，人乃宝之。朕方自比于金，以卿为良匠而加砺焉。"（同上）一个皇帝竟然对臣下说出如此真切之言，可见太宗对魏徵评价之高，情意之真，依托之重。

　　金光流彩，灯红酒绿，在一次宴享群臣的宴会上，唐太宗对群臣说："贞观以前，从我定天下，间关草昧，玄龄功也。贞观之后，纳忠谏，正朕违，为国家长利，魏徵而已。虽古名臣，亦何以加？""徵蹈履仁义，以弼朕躬，欲致之尧、舜，虽亮无以抗。"（同上）

唐太宗对魏徵以"恕"，魏徵报之以"忠"。魏徵为大唐王朝竭诚尽力，致君以尧、舜，导国以富强。唐太宗与魏徵可谓君臣友谊的千古风范。

魏徵死时，唐太宗亲临哭丧，罢朝五日，亲作碑文，祭奠魏徵。太宗难过地说："以铜为鉴，可正衣冠；以古为鉴，可知兴替；以人为鉴，可明得失。朕尝保此三鉴，内防已过，今魏徵逝，一鉴亡矣。"（同上）

太宗皇帝派使到魏徵家，魏徵的书案上还留着魏徵未完的遗稿，是写给皇帝的上疏，曰："天下之事，有善有恶，任善人则国安，用恶人则国弊。公卿之内，情有爱憎，憎者惟见其恶，爱者止见其善。爱憎之间，所宜详慎。若爱而知其恶，憎而知其善，去邪勿疑，任贤勿猜，可以兴矣。"（同上）太宗皇帝令公卿侍臣将此稿刻在群臣上朝所执的笏上，不结比党，不忘谏诤。魏徵至死也不忘对大唐王朝的忠诚。

唐太宗的纳谏如流，知人善任，才造就了魏徵一代名臣。唐太宗不愧"明君"的称号。正因为唐太宗和魏徵的"明"观念和"明"思想，才创造了唐王朝的贞观盛世。

二　则天女皇的"明"观念

武则天是我国历史上唯一冲到前台自称皇帝的女皇。当然我国历史上还有许多皇后、皇太后，她们或临朝称制、或垂帘听政，行使着皇帝的权力，但真正地自称皇帝，并建立王朝的仅武则天一人。

武则天也可谓历史上的千古一帝。在她的治理下，大唐王朝走向鼎盛。在她之后，大唐王朝出现了开元盛世。开元盛世的出现与则天女皇在位时打下的基础有密切的关系。则天女皇治理天下，知人善任，法纪严明，深明大义。武则天可谓一代明君。

武则天，名曌，并州文水（今山西文水县）人。其父武士彟，是一个大商人。隋末，李渊被封在山西为慰抚大使，组织屯田，后为唐公，经常在武氏家中居住。武则天是武士彟之仲女。唐王朝建立后，太宗皇帝李世民闻听此女很美，将其女纳入宫中。武则天的母亲听说女儿入宫，大哭，其女云："见天子庸知非福，何儿女悲乎？"武氏入宫后，唐太宗赐号"武媚"。唐太宗死后，武媚被打入长安（今西安市）郊区感业寺为比丘尼。

太宗死后，其子李治即位，是为唐高宗。李治为太子时，曾在宫中见到过武媚，就非常喜欢她。有一次高宗到感业寺烧香，见到武媚娘。武媚见高宗大哭，高宗心中非常难过。而此时宫中高宗的王皇后与萧淑妃正在为争宠而斗争不休。王皇后为了阻止萧淑妃，于是把武媚娘引入宫中。武媚娘曲事皇后，又深得高宗之宠，于是晋封为昭仪。

武昭仪得宠后，开始陷害王皇后与萧淑妃，最终使高宗废掉皇后，将王皇后和萧淑妃打入冷宫。武昭仪被立为皇后。

武皇后又进号"天后"。她曾上言十二条建议，主要是：(1) 劝农桑，薄赋徭；(2) 在三辅之地区免除赋税；(3) 息兵；(4) 禁止浮巧；(5) 省功费力役；(6) 广言路；(7) 杜谗口；(8) 王公以下贵族皆习《老子》；(9) 父在为母服齐衰三年，高宗认为，皇后的建议非常切中时弊。

高宗后期多病，百官奏事，武皇后开始垂帘听政，参与政事。武皇后所决大事，皆符合高宗之意。公元683年，高宗驾崩，中宗李显即位。武则天以皇太后辅助中宗皇帝。一个多月后，皇太后废中宗，又立李旦为帝，是为睿宗。皇太后临朝称制。武则天的四个儿子，或被鸩杀，或被逼死，或遭废斥，只有小儿子李旦尚在，虽然被立为皇帝，但像一头接母虎哺乳的小鹿，终日惶恐，根本不敢过问政事。武太后击败了一个又一个的对手，至此，她完全控制了朝政大权。

光宅元年（公元684年）九月，李敬业、李敬猷、唐之奇、骆宾王、杜求仁等李唐王朝旧臣聚集10万兵卒在扬州，发动反武斗争。武后派大兵30万前往镇压。李敬业兵败被杀。

武后镇压了李敬业叛乱，开始革命，建立大周朝，以周代唐。武后称帝，群臣上尊号"圣神皇帝"，"则天大圣皇帝"。睿宗李旦被降为皇太子，赐姓武，把皇太子改为皇太孙。武则天是中国唯一登上皇位又称帝的女人。

武则天之所以打败其强大的对手，不仅靠她狡诈凶狠的手段，还有她的"明"思想。

武则天对任用人才有非常清晰的"明"观念。如武则天曾任一女官，名曰上官婉儿。婉儿是上官仪的孙女。上官仪乃唐太宗、唐高宗两朝重臣。唐高宗在世时，曾对武则天的专权不满，使上官仪草诏废除皇后的诏命，被武后安排在皇帝左右的耳目告密武后。武后又到高宗处申诉，高宗后悔，夫妻和好。高宗说："此乃上官仪教我！"武后得志，杀了上官仪及其子上官庭芝（即婉儿之父）。而婉儿与其母充掖庭，以为宫女。而武则天初见婉儿，认为婉儿天资聪慧，端庄淡丽，才华出众，于是不计前嫌，朝中大事皆付以婉儿。群臣奏议皆由婉儿过目。朝中诏命由婉儿所拟。这表现了武则天之明。她的任人观念唯才是用，而不因其为仇人之后裔予以摈弃。如前所述，李敬业在扬州发动反武叛乱时，唐初才子骆宾王曾撰讨武檄文，"伪临朝武氏者，人非温顺，地实寒微，昔充太宗下陈，尝以更衣入侍，洎乎晚节，秽乱春宫……人神所同嫉，天地所不容。……包藏祸心，窃窥神器，君之爱子，幽于别宫；贼之宗盟，委以重任。……一抔之土未干，六尺之孤安在？试观今日之域中，竟是谁家之天下？!"当檄文传至京师。武则天见檄文大吃一惊说："这都怨宰相不识贤能。骆宾王如此惊世才华，而朝廷不用，难怪其谋反了。"从这件事可以看到武则天爱才的心理，也可以理解她器重仇人之女上官婉儿的行为。

　　武则天称帝后，有一刚直之臣苏良嗣，时任文昌左相，为朝廷三品官。有一次下朝，遇则天女皇的男宠薛怀义。当时薛怀义侍寝女皇，与驸马薛绍为本族。薛绍以父事奉薛怀义。太平公主、武承嗣、武三思皆"尊事惟谨"。薛怀义初任白马寺主，后因建造明堂有功，任为左威大将军、梁国公等官职。薛怀义恃女皇之宠而骄，在朝廷见苏良嗣非常傲慢无礼节。苏良嗣大怒，命自己的左右从人给薛怀义两个耳光，并令拖下去。薛怀义挨了打，到女皇处告状。则天女皇说："今后你再进朝，可走北门（即朝廷后面小门），而南边大门则是宰相所走之路，今后你不要再冒犯那些宰相。"由此事可看出则天女皇不因私宠而毁公正。她爱惜人才的"明"观念在这里也充分地表现出来。则天女皇重大臣，轻男宠溢于言表。武则天之所以能稳定朝廷，取代李唐天下，与她重视人才的"明"思想有密切关系。

　　则天女皇在位，夙夜忧劳，知人善任。科举制度自隋朝开始，唐太宗时大盛。自则天女皇，科举制度增加了殿试一门。女皇要亲眼看一看她所选中的官员，亲自考一考中试的才华。皇帝对新科的文、武得第者实行殿试，对于文吏要察其才能，对于武吏要观其勇略。国家官吏一定要取有真才实学者。四方豪杰纷纷应试，为国家所用；虽下层庶士，如有才能者，皆授以官职。但如有不称职者，或胡作非为者，坚决罢黜或制裁，绝不放纵。《新唐书·后妃传》云："太后（指武则天）不惜爵位，以笼四方豪杰自为助，虽妄男子，言有所合，辄不次官之；至不称职，寻亦废诛不少纵，务取实才真贤。"则天女皇有知人之明，这是她成就大业的保障。

女皇为了使吏治清明，下情上通，使野不遗贤，奸佞得惩，使人铸一个大铜匦，如方屋一样大小。匦上铸铭文"置之朝堂以受天下表疏铭"十一个字。铜匦中间有隔，为东、西、南、北四室。四面各有铜门，门上留有一孔。东门称为"延恩"，如果有求仕进为官者，可献时事对策，写成策文投入东门；南门叫"招谏"，上疏朝政得失者，可著文以投南门；西门叫"申冤"，受冤屈压抑者可投表上诉；北门名"通玄"，上言天象灾异和军事机密的疏文可投北门。各门派官吏负责，下民有投表上疏者，不准阻碍。女皇希望以此种方式达到明察政治国情，表现女皇以"明"治理天下的愿望。

则天女皇任用狄仁杰为宰相。狄仁杰执法严明，宽恕公正。狄仁杰曾多次匡正女皇朝政得失。女皇要造浮屠大像，计划花费数百万银两。各地官员拿不出银两。女皇则诏令天下僧人每天化缘一钱资助。狄仁杰上谏说："国家应保护民力，惠顾百姓；现在边陲未宁，应宽赋省役，不务农时。官府无有银两，此造浮屠大像之工役可省；怎么让僧人去化缘呢？现在如果浪费民力，将来边境有急，如何救之。"则天女皇认为有理，遂罢工役。又如襄阳人张柬之，行年七十，在则天女皇应策的一千多人中，名列第一。女皇授予监察御史之职；又经狄仁杰推荐，又授予张柬之为凤阁鸾台平章事之职。

女皇任人休明。她提拔的姚崇、宋璟皆成为唐朝的中兴宰相。则天女皇赏赐狄仁杰官袍，并作诗赐之："敷政术，守清勤。升显位，励相臣。"则天女皇与股肱之臣的殷殷之情可见一斑。

则天女皇让人造一个字"曌"，音"照"。她以此字作为自己的名字，名曰"武曌"。这个字的意思其实就是"明"。它表现了女皇希望自己像日月照耀在天空一样光明，一样伟大。武则天以女儿之身登上至尊宝座，宣布建立大周朝以取代李唐王朝。

她是中国历史上唯一宣布自己就是皇帝的女性。则天女皇之所以能建立这样的丰功伟业，不仅由于她的狡诈、聪慧、凶狠，更重要的是她深明大义、明察善任，以严肃的"明"观念治国的结果。

三 唐玄宗与开元盛世

大唐王朝自贞观年间，经济迅速发展；中经则天女皇的文治武功，为唐朝的鼎盛打下了基础。武则天死后，唐中宗即位。唐中宗昏庸懦弱，大权落到韦皇后手中。韦皇后想仿效武则天，先后杀死了太子李重俊和唐中宗。武则天的第四子李旦的儿子李隆基与武则天的女儿太平公主发动羽林军攻进皇宫，杀死韦皇后及其党羽。李旦即位，是为唐睿宗。睿宗无能懦弱而昏庸。公元712年，唐睿宗将帝位传给李隆基。他就是历史上有名的唐玄宗。

唐玄宗即位以后，明察时弊，进行改革。他首先任用一批正直能干的大臣，如宋璟、张说、魏知古、卢怀慎、姚崇、张九龄等。这些人皆是武则天时期考中的进士。

开元年间的名相姚崇向唐玄宗提出十项建议：（1）废除自则天女皇以来实行的严刑峻法，改行仁恕之政。（2）对边疆少数民族采取安抚怀柔政策，不启边患，不求边功。（3）朝廷之法应不避权贵，王子犯法与庶民同罪。（4）禁止宦官参与朝政。（5）杜绝对地方上除地租以外的一切摊派，以减轻百姓的负担。（6）外戚不准干政。（7）严格君臣大礼，不得轻薄。（8）愿皇上能听忠言，纳忠谏。（9）群臣能批逆鳞、犯颜直谏者应受到褒奖。（10）武后时期曾大兴佛教，营造寺院；上皇（睿宗）又造金仙、玉真道观，费钱巨万。请皇帝杜绝佛、道二教，以仁为本，永为我朝之万代历法。

唐玄宗完全接受了姚崇的建议，第二天就任命姚崇为宰相。

姚崇的十条建议表现其对时政和"明"观念。李隆基将姚崇任为宰相，表现了他的知人之明。

睿宗时期，太平公主干政，纪纲大坏。朝廷中冗职冗员，仅宰相就有17名。台、省中央要职官员多得数不清。姚崇辅助唐玄宗裁汰冗官，罢去冗职。玄宗诏令，朝廷各部、司官员一共不准超过700名。史书记载，唐玄宗"大革奸滥，十去其九"，从而精减了庞大的官僚机构，大大缩减了朝廷的开支。唐玄宗对吏部选用的官员亲自进行复试，对各州郡的地方官的政绩进行考核，以定升迁或罢黜。

唐玄宗还整顿宫中的奢侈之风，把中宗、睿宗时期的一些珠玉锦绣焚烧掉，并下令禁止采珠玉、把珠玉镂刻成器玩的做法；禁止在衣服上系珠绳，罢废专供内宫所用的织锦坊；开元二年（公元714年），又下令禁女乐，遣散宫女，严禁奢靡，勤政务本，崇尚俭朴。唐玄宗的这一系列做法确为明智之举，说明他有正确的"明"思想和"明"观念，从而使大唐王朝走上鼎盛。

开元四年（公元716年）的夏天，天气炎热多雨。田中的禾苗在湿热的气候下拔节生长，青翠喜人。然而不久，河南、山东等重要的产粮区发生了蝗灾。遮天盖地的蝗虫像狂风一样席卷广大田野。大片的庄稼被蝗虫吞食。当时的人都非常迷信。他们呼天抢地，但不敢捕杀，在田边地头焚香上供，以求上天的保佑。然而发了疯的蝗虫毫不理会领情，照样吞吃庄稼，也吞噬着农夫的心。眼看金色秋天的好收成变为泡影，作为有见识的知识分子宰相姚崇挺身而出，上奏玄宗，要求朝廷组织人员捕杀蝗虫。姚崇引经据典，认为西周、春秋时期就有捕杀蝗虫的先例。如《诗经》中有"秉彼蟊贼，付畀炎火"。东汉光武帝有诏令："勉顺时政，劝督农桑，去彼螟蜮，以及蟊贼。"这些都是古人捕杀蝗虫的例子。姚崇还提出具体的捕杀蝗虫的措施，让百姓在田中挖好坑，于夜间在坑边燃起火堆，蝗虫看见火光肯定会投入火堆，而被烧死，对蝗虫边焚边埋，肯定会把蝗虫除尽。

汴州（今河南省开封市）刺史倪若水说："蝗虫乃天灾，除蝗虫应修以德，此种方法不好。"姚崇回信讽刺他说："古者贤良太守，蝗虫都避开他管辖之境，修德可免。今蝗虫蜂拥而至您管辖的地方，难道是因为无德吗？您怎能忍心坐视蝗虫食苗而不救，从而造成饥荒？"倪若水害怕别人说他无德，马上组织捕杀蝗虫，得蝗虫14万石。又有黄门监卢怀慎说："蝗灾亦天灾，怎么可以人力制呢？而且杀虫太多，恐伤祥和之气，以带来凶灾。"姚崇气愤地说："捕杀蝗虫，古人已有之，难道坐视蝗虫将庄稼吃尽。作为国家大臣怎对得起百姓呢？假如因捕杀蝗虫，上天降灾，可祈祷将灾祸全部降在我姚崇的头上，不要伤害到您就是了。"

唐玄宗坚决支持姚崇的捕蝗谏议，他下令说："谁再反对捕蝗，即将处死！"这样才禁止了不敢捕蝗的议论。朝廷派遣官吏到各州县指挥捕蝗。蝗害渐息，当年的农作物没有受太大的损失。这对封建国家的稳定起了良好的作用。从捕蝗一事可以看出唐玄宗与姚崇不迷信，积极务实，与自然蝗灾作斗争的"明"观念。这在古代崇尚迷信的世界中是难能可贵的。

农业是古代社会重要的生产部门，发展农业是封建国家稳定发展的重要基础。唐玄宗在河东道、关内道、河南道、剑南道、河西道、陇右道等发展屯田。在全国建立1000多个军屯，垦田面积500万亩。唐玄宗派劝农使到各地检查农田水利及庄稼收成情况，安抚流民，免租税徭役6年，奖励生产开荒，使农业生产迅速地发展起来。

在姚崇、宋璟等人的支持下，唐玄宗采取灭佛政策。武则天时期，全国兴建了很多佛寺，僧尼人数膨胀至几十万人，使农业生产人数大大减少。唐玄宗下令减汰僧尼，强迫还俗；并下令不准再造佛寺，禁止民间抄写佛经、铸造佛像。灭佛措施使大批僧尼变成生产者，对唐朝经济的发展起到了积极作用。

唐玄宗在位前期，唐王朝的纺织、冶铸、烧瓷都得到空前的发展。丝织物争奇斗艳，精美异常；瓷器光泽晶莹，华美瑰丽。中国的丝绸、瓷器远销新罗、日本、东南亚、伊朗、阿拉伯和罗马。唐朝与各国互派使者、留学生、僧侣进行经济文化的交流。大唐王朝达到鼎盛期。

唐代大诗人杜甫的《忆昔》诗云：

忆昔开元全盛日，小邑犹藏万家室。
稻米流脂粟米白，公私仓廪俱丰实。
九州道路无豺虎，远行不劳吉日出。
齐纨鲁缟车班班，男耕女桑不相失。

开元年间，唐玄宗励精图治，勤于国政。他有非常突出的"明"观念。他有知人之明，所任用的姚崇、宋璟等被称为开元盛世的名相。史书记载说："前称房、杜，后称姚、宋。""房、杜"，指的是房玄龄和杜如晦；"姚、宋"就是姚崇和宋璟。唐玄宗君臣可谓君明臣忠，将大唐王朝推向辉煌。

唐玄宗后期，贪图寿王妃杨玉环的美色，将玉环纳进宫中，从此深居简出，以声色自娱。朝中杨国忠、李林甫擅政，朝纲渐坏。安禄山以讨杨国忠为名，发动安史之乱反唐。"渔阳鼙鼓动地来，惊破霓裳羽翼曲。"唐玄宗率领宫中眷属逃离长安，播迁巴蜀。关中地区被抢掠，致使唐朝几百年的基业被毁于一旦。唐王朝由盛而衰。历史上曾把唐王朝的衰败归于杨玉环，说是"女祸"。这太不公平了。

唐玄宗早年何等英明，晚年又何等昏庸。唐玄宗不仅抢占了儿媳，贪图享乐，置朝廷大事于顾，这是封建帝王的荒唐本性所致。唐玄宗的"明"，成就了大唐王朝的盛世；他的昏，又使大唐盛世遭到毁灭。"明"与"昏"是相对的，对一个人来说，可能仅一步之遥；而对帝王来说，则分别带来盛世与衰亡两种不同的后果。

第十章 北宋时期的"明"观念

一 北宋大臣的"明"观念与忧国忧民

宋代重视文治,在北宋160余年里,培养了大量懂得政治教化、深明大义、忧国忧民的政治家、政论家和杰出的军事人才以及其他关心民生疾苦的知识分子和志士仁人。雍熙中叶,皇帝曾下诏咨询文武御戎之策。赵孚主张"圣人以百姓之心为心,君子见几而作,谕以祸福,示以恩威,设定边疆,永息征战。养民事天,济时利物,莫过于此"。(《宋史·列传第四十六》)这种"以百姓之心为心"的理念,是儒家仁慈教育的主张在政界官吏中产生重要影响的结果。真宗时期,出师大名,赵孚之子、太常寺丞赵安仁上疏指出:"臣以为有急务者三,大要者五。急务三者:其一,激励戎臣,举劝惩之典;其二,振救边民,行优恤之惠;其三,车驾还京,重神武之威。大要五者:其一,选将略;其二,持兵势;其三,求军谋;其四,修军政;其五,爱民力。"(《宋史·列传第四十六》)赵安仁的这些政治主张无疑是正确的,比他父亲赵大信妥协、退让、守雌、止兵的主张更加客观、务实,利国利民。除了对人民仁慈为怀的一面,他还将治国安民的主张具体化,即:1. 对将士实行奖惩制度(所谓"劝惩之典");2. 赈救边民,施以恩惠,即实行免除赋税之类的优惠政策;3. 注重皇家威仪,车驾出入京师要有严整的仪仗队伍;4. 选任军事人才,注重军事谋略;5. 国家中央机构严格控制军队，正确部署军队；6. 修明军政，即搞好军事训练和军事装备以及后勤补给，搞好预备役等；7. 爱惜民力，尽量避免大兴土木工程，尤其是在农忙季节，更应当停止征调民力，去从事非农业的劳动。以上这些建议，毫无疑问是有利于人民安宁、富余的，有利于国家政治稳定、边疆安定、国家政权巩固的。

至道元年，济州巨野（今山东巨野）人王禹偁上奏章讲五件国家大事："一曰谨边防，通盟好，使辇运之民有所休息。……二曰减冗兵，并冗吏，使山泽之饶，稍流于下。……三曰艰难选举，使入官不滥。……四曰沙汰僧尼，使疲民无耗。夫古者惟有四民，兵不在其数。盖古者井田之法，农即兵也。自秦以来，战士不服农业，是四民之外，又生一民，故农益困。然执干戈卫社稷，理不可去。汉明之后，佛法流入中国，度人修寺，历代增加。不蚕而衣，不耕而食，是五民之外，又益一而为六矣。假使天下有万僧，日食米一升，岁用绢一匹，是至俭也，犹月费三千斛，岁用万缣，何况五七万辈哉。不曰民蠹得乎？臣愚以为国家度人众矣，造寺多矣，计其费耗，何啻亿万。……事佛无效，断可知矣。……五曰亲大臣，远小人，使忠良謇谔之士，知进而不疑，奸憸倾巧之徒，知退而有惧。……"（《宋史·列传第五十二》）王禹偁关心时政，忧国忧民。他主张对边防要加强军备，同时，也要同邻国契丹会盟互市，使各族人民都能休养生息。在历史上，他首倡裁减冗兵冗吏，即现在所说的精兵简政。认为官多，平民百姓所供养的闲人就多。官多会挤占山泽之利，加重人民负担。认为赢得战争也不在于兵多将广，而在于"兵锐而不众，将专而不疑"。要想打胜仗，不能搞人海战术，而要强将、精兵、锐武器，要靠灵活善战，靠勇而有谋。所谓"将专而不疑"，那就是古人所说"将在外君命有所不受"，给前线将军督帅以自专的特权。因为，军事战机千变万化，如果按照预先的方案，在遇到敌情变化时很难制胜。在前线情况变化又来不及报告的情况下,可由前线将军自行处断。所谓"用人不疑,疑人不用",不要轻易阵前易帅。阵前易将帅,就等于自挖墙脚。王禹偁还指出:"冗吏耗于上,冗兵耗于下,此所以尽取山泽之利,而不能足也。夫山泽之利,与民共之。"很显然,实行裁汰冗兵冗吏的目的,就在于还利于民,让利于民,减轻劳动人民徭役赋税负担,扩大百姓财源,使山泽之利,与民共享。再说"选官任官"问题。无论是"乡举里选",还是"科举考试",都可以发现人才。只是这种选举的程序应当严密允当,真正能够通过铨选获得治国良才。他所说的太宗"不求备以取人,舍短用长",大意是说:不要对人才求全责备,要能够看到选拔对象的长处,舍弃他的短处,用其所长,避其所短。这样,就可以发现有用之才。如果吹毛求疵,要求完美无缺,那就永远也难以找到合适人选。因为,金无足赤,人无完人,没有缺点的人在现实世界是极难找到的,犹如凤毛麟角。关键是在于让这些人人尽其用。即便如此,在选举过程中也要经过种种关口的考验。要经过适当的基层锻炼,不能把未经实践锻炼的人选,一下子拔高到重要的领导职位上来。王禹偁关于"沙汰僧尼"的思想,同样是出于给人民减压的目的。所谓"四民"即士农工商。先秦唯此。秦代开始设专职兵将,不事生产。汉明帝之后又多出个不事生产的僧侣阶层。他们表面超脱,实际上占有大量良田,所谓寺院经济,或者以"化缘"为名,把生活费用转嫁给普通劳动者。王禹偁对僧尼的态度,反映他对宗教并不是采取极端主义。"沙汰",即裁减,而不是取缔和杜绝。看来,他也承认宗教信仰自由,承认佛教界和僧侣的生活诉求。但是,他反对以宗教之名占领大量良田和山林川泽以欺压百姓的假僧侣现象。禹偁关于"亲大臣、远小人"的说教,实属陈词滥调,什么是"小人",怎么识别"小人",怎么疏远"小人",他都没有个标准。

明道年间,出一个毛遂自荐式的地方官,这个官叫张旨,能文能武，勤政爱民。据《宋史·张旨第六十》记载，张旨"愿补一县尉"，转运使钟离瑾答应了他的请求，让他做了安平尉。"前后捕盗二百余人。尝与贼斗，流矢中臂，不顾，犹手杀数十人。""明道中，淮南饥，自诣宰相陈救御之策。命知安丰县，大募富民输粟，以给饿者。既而浚淠河三十里，疏泄支流注芍陂，为斗门，溉田数万顷，外筑堤以备水患。再迁太常博士、知尉氏县，徙通判沂州。"充分说明，张旨是一个勇于承担责任，具有忧患意识，以强国富民为己任的封建官吏。在任期间，注意均贫富、赈饥民，兴水利，溉农田、防水患，是不可多得的良官，故史书赞曰"有古道焉"。与张旨功绩相仿佛的，还有"（袁）抗论互市，（徐）起振穷戢暴，（郑）骧推功与人，皆无所愧矣"。（《宋史·列传第六十》）

宋代名相韩琦关心民生疾苦，"益、利岁饥，为体量安抚使，异时郡县督赋调繁急，市上供绮绣诸物不予直，琦为缓调躅给之，逐贪残不职吏，汰冗役数百，活饥民百九十万"（《宋史·列传第七十一》）。在河北定州"又振活饥民数百万"。面对元昊借契丹为援，强索大宋财物不知厌足，文人出身的宰相晏殊等人厌兵，"将一切从之"。韩琦针对弊政和朝臣懦弱的情况，提出宜先行者七事："一曰清政本，二曰念边计，三曰擢材贤，四曰备河北，五曰固河东，六曰收民心，七曰营洛邑。……"这七事确实是当务之急，涉及任用官吏问题，选拔将帅问题，加强边地武备问题，官府要爱民，笼络民心的问题，以及营造西京洛阳的问题。有宋一代，有远见的士大夫均认为开封是四战之地，是太平都会。而一旦有战事，不如洛邑易守难攻，进退有据。故不少士大夫曾议迁都洛邑，终因北方少数民族南下而搁置下来。韩琦在政治改革方面不赞成王安石变法。因为变法过程中确实有扰民行为：如"所置的市易务法"，对小商细民，进行盘剥，无所措手。新制日下，更改无常，官吏茫然，不能详记，监司督责,以刻为明。所谓市易务,实际上是最早的工商管理机构,官府从中渔利。"小商细民"也经不起盘剥。韩琦的奏章,应当说是客观的,切中时弊的。

元祐年间,值得一提的官吏还有忠彦。他曾向徽宗陈四事:"一曰广仁恩,二曰开言路,三曰去疑似,四曰戒用兵。逾月,拜尚书右仆射兼中书侍郎。上用忠彦言,数下诏蠲天下逋责,尽还流人而甄叙之,忠直敢言若知名之士,稍见收用。"(《宋史·列传第七十一》)忠彦所陈前三事可用,所谓"广仁恩",是指赈灾济贫,开仓放粮之类善举;所谓"开言路",则是希望皇帝能多方面听取各种意见、建议;所谓"去疑似"当指官职冗滥,职责不明的吏职应裁汰。所谓"戒用兵"集中反映了北宋中后期,从君主到大臣都是一味妥协、退让、守成,缺乏开拓进取精神。"怕"字当头,耻于言兵。好像辽、夏、金不曾扰边,或者虽扰边,大宋有送不完的布帛、银两、茶叶。只要能苟安下去,万事大吉。像忠彦这样胆小怕事、不谈军事的相官,《宋史》评论说他能追随韩琦"世济其美",看来,可资效法的丞相实不可多得。曾公亮是一个实践型人才,他以司空兼侍中致仕。在以端明殿学士守郑州期间,"为政有能声,盗悉窜他境,至夜户不闭"。

忧民必忧国。富弼,字彦国,河南人。他和文彦博是宋代少有的老成持重、为政勤勉的政治家。富彦国出使北朝,力拒契丹索取十县的狂妄要求,指出宋朝皇帝"不忍多杀两朝赤子,故屈己增币以代之。若必欲得地,是志在败盟,假此为词耳"。严词指责北朝即辽国首开兵端,过不在宋,"北朝既以得地为荣,南朝必以失地为辱。兄弟之国,岂可使一荣一辱哉?"(《宋史·列传第七十二》)富彦国面对强邻的高压,义正词严,使辽国的无理欲求在谈判桌上无法得逞。当然,外交使臣的胆略要靠国家坚强的军队、雄厚的经济实力做后盾。富彦国在治理内政方面注意救济灾民、安置流民。流民的问题处理不好,一是浪费大量劳动力;二是其食宿问题造成困难,将负担转嫁给其他地区的普通民众;三是容易聚众闹事,产生偷盗等犯罪现象,甚至造反、危及政治安定。所以,富彦国在守青州兼京东路安抚使时,对灾区加以救助。"河朔大水,民流就食。粥劝所部民出粟,益以官廪,得公私庐舍十余万区,散处其人,以便薪水。……山林川泽之利可资以生者,听流民擅取。死者为大冢葬之,目曰'丛冢'。明年,麦大熟,民各以远近,受粮归,凡活五十余万人,募为兵者万计。"(《宋史·列传第七十二》)这就是说,富弼知青州期间,对受灾的河朔地区饥民进行散处安置。山林川泽如有可资以为生的野生动物、果实、鱼虾、柴草,让灾民自取。同时发动官员都捐献粮物,或收容老弱病残,给以记功,来日受赏。这样做,既提高了灾民自救能力,也减轻了邻近州县官民的经济负担。"前此,救灾者皆聚民城郭中,为粥食之,蒸为疾疫,及相蹈藉,或待哺数日不得粥而仆,名为救之,而实杀之。自弼立法简便周尽,天下传以为式。"(《宋史·列传第七十二》)富彦国以身作则,令所属官吏为灾民提供食宿便利,事后对救灾有功者加以奖励。这些做法简便周到,易于实行,全国都以他的做法为榜样,避免出现聚集灾民,导致食宿供应不上,传染病流行的弊端。

以《岳阳楼记》中"先天下之忧而忧,后天下之乐而乐"一语而名传千古的大政治家范仲淹曾多次上书皇帝"请择郡守,举县令,斥游惰,去冗僭,慎选举,抚将帅,凡万余言"(《宋史·列传第七十三》)。中国古代封建社会,国家大政,无非是选拔杰出官吏;制定安民的内政、安边的军事措施,处理好与相邻国家的互市和交聘。范希文上述奏章的要义不外乎这些。内政方面,"去冗僭"是指减少官吏、职位,严格控制官吏待遇超规格,从而加重平民负担。"斥游惰"则是要"人尽其用,地尽其力"，要求尽可能减少游手好闲、不事生产的懒汉。这是历来重地著、尽地力之教思想的继续。"麟州新罹大寇，言者多请弃之，仲淹为修故砦，招还流亡三千余户，蠲其税，罢榷酤予民。又奏免府州商税，河外遂安。……"（《宋史·列传第七十三》）范仲淹不慕虚名，不恋高位，曾"自请罢政事"，守邓州期间，深受邓州官民眷恋，外徙时众人遮道挽留。古人评论范仲淹为"一代名世之臣"，无愧于贤人。"仲淹初在制中，遗宰相书，极论天下事，他日为政，尽行其言。"他属于那种"言必信，行必果"的忠信君子，且敢于仗义执言。范仲淹曾向皇帝上十事：

一是明黜陟。二府即丞相府和枢府的长官必须授给有大功劳大善举之人。内官（指皇宫）和外官（指相府和枢府以及所属文、武官吏）必须在职满三年；在京各直属机关官员如果未经科举而授职的，必须任满五年，才得以挂职锻炼（例如给予代理职务），这差不多接近正确的考课方法。二是抑侥幸。罢除高级官员在乾元节的赏赐；正部长以下司厅级或师旅级必须任职满二年后，才可以安排其子女做职员；大臣不得推荐自己的子弟担任文史馆阁等清闲官职，任用子弟不得过多。三是精贡举。进士和其他科目的选举要罢除糊名法，要重在考察参加科举考试者的道德品质和实际才能，以实名荐举。进士科要先试策论，后试诗赋，其他各科取兼通经义的人。赐予官任以上的，都要钦定。其余优等生安排为选注官，依次按本科授职。这样可以使进士之选士实现循名责实之效。四是责长官。委托中书省、枢密院先选转运使、提点刑狱、大藩知州；其次委托两制、三司、御史台、开封府官、诸路监司举荐知州、通判；知州、通判再举知县、县令。限定官员名额，以举荐人数（即提名者多）的人上报中书省选授。刺史、县令才可以真正得到人才。五是均公田。地方官员如果生活来源供应不足，如何求其向善？清查地方官员收入，均给贫困官员，保证他们能自养，然后可以责廉节、诛非法、惩贪官。六是厚农桑。每年都要晓谕各路，讽劝吏民农桑水利的重要，沿河湖诸州县，派善治水的官员治之。全面兴农，减轻漕运压力。七是修武备。实行从府兵制向募兵制过渡的政策。从畿辅地区选拔强壮者为卫士，以协助府兵护卫京师。实行农兵合一，三季务农，一季（冬天）教习战术，省减军费，减少国库开支。其他各路府州可以仿效。八是推恩信。赦令有所施行，各职能部门置留推诿，监察部门一经查实，将严厉处罚。九是重命令。法度是为了示信于民。朝令夕改，旬日数变，则使臣僚和民众无所适从，于建设极为不利。所以，法令要慎于制定，一旦颁行，就要雷厉风行，贯彻到底。十是减徭役，裁并官衙。户口减少而朝廷征收费用日益增多，农民负担日重。裁并乡、镇，使、州两院合而为一。制定军需、政需审计制度，按需取值，按需取役，民无重困，国无大忧。（参见《宋史·列传第四十三》）

范仲淹在天圣年间所上十事，都是国家大事。其中前五项都是有关人事制度、官员考课奖惩和廉政建设等方面的问题。如对丞相府和枢密院（简称枢府）。这二府之官职，特别是同中书门下平章事（丞相）和参知政事（执政、副丞相），枢密使（知枢密院事）和枢密副使（同知枢密院事），仆射、侍郎、尚书、知制诰等重要官职，没有大功劳、大善举者必定不迁不授。特别是宰相、执政和使相，除授应特别慎重。"内外"官是指在朝官或外任地方官必须在相应级别满三年，在京百司非经选举而除授必须在相应职级满五年，才算经过锻炼条件成熟，符合考绩标准。在京官员锻炼年限规定稍长些，可能考虑到京官接触文牍多，接触社会实践少一些。地方官与上级主管、朝政要员和皇帝接触少，即使规定年限少，晋升的机会往往也较少。范仲淹主动辞让副相之位，出守陕西前线，说明他更重视实绩。缺乏做官经验、突击提拔会导致政事混乱、政局不稳、人心不服。对卿、监之职的恩荫之制，正郎以下如监司、边任要职满两年，才可给儿子安排一份工作（吏职）。大臣不得推荐子弟担任馆阁等清闲官职。范仲淹的这项改革建议很重要。他试图取消恩荫世袭制，为官吏队伍的纯洁、办事能力、效率提高而制定规划。因为世袭制导致文盲、半文盲甚至白痴也能在官场滥竽充数做混混儿，占着茅坑不拉屎。位子就那么多，如果让那些文化不高，能力低下的人占满了高位，那么，有真才实学的贫家子弟就会永远屈沉下僚，或干脆去做陶学士。这对于国家政权的巩固极其不利。因为，历史经验证明，国家如果不能通过制度化的、正常的选拔茂才途径获得官吏，德才兼备的青壮年精英就可能通过策反成为国家的不安定因素。那种靠恩荫、靠一人得道而升天的侥幸心理应当抑制。但是，迫于官场习惯势力的压力，范仲淹又不敢直接提出废除恩荫制，主张并不彻底。对于科举制改革的愿望是良好的，思路是不错的。"糊名法"是科学制度史上的一项伟大创举，同时也是一次巨大的历史进步。科举制既是中国古代的考试制度也是选官制度。因此，它对国家政治的影响非常重要。自从隋唐以降，无数庶族地主出身的知识分子通过科举制度走上从政为官的道路，从而跻身统治阶级行列。对于他们自己来说，科举制度为他们提供了荣登金榜、晋身为官的阶梯；对于国家来说，这一制度保证了了解民情的下属杰出人才被吸纳入官府，扩大了封建制度的统治基础。对于所有庶族贵族来说，科举制度当有平等之处。糊名法在创设之初是保证实现这一平等制度的重要手段。因为先糊名后评卷，才可以避免人为的、主观的因素作怪，影响到评卷的客观公正。先判卷论等，后拆卷登分，名次才能体现公平公正。但是，这一制度也并不能完全杜绝舞弊行为的发生。例如，主考官与监考官可能串通一气，调换名次，等等。范仲淹实际上是想说，科举采用糊名法并不能保证获得德才兼备的人才。他认为不能只看考卷，应该也看履历品行，没有劣迹，有孝廉之名的人士才可做官。然而，要取得德才兼备的候补官员，应当继续实行糊名法。从糊名法中获得高分、高等次的试卷中批选智能才学合格者，然后用差额录用的办法，再从中挑选出具有良好品质的人才，具体考核办法可以设民意调查，或者由吏部逐级征询意见。这些初选被录用的官员统统放到县以下去锻炼，授以副职，待三五年后从这些政绩突出的官员中再逐级晋用。所以，要选出治国良才是不必取消糊名法的。只是在考试过程中和察举征辟过程中要防止冒名顶替、弄虚作假等舞弊现象的发生。相反，如果只看履历和听取名声，那么就很难避免官员造假。范仲淹在选拔各级长官问题上的主张是比较正确的、合理的。只是应当建议设置相应的标准，包括资历、年龄、政绩、品德、才能，等等。还应当设置相应的监督执行机构，设置一定的任期，根据任期政绩，决定晋升或罢黜，或转业安置。均公田，这是一个以足俸养廉的问题。范氏认为由于官阶，使各级官吏所拥有的公田田亩差别太大，使低级官吏不能满足养家户口的需要。所以，他作为高官，从大局出发，提出平均官田。他不是从官田系统外增加田亩，而是从官田系统内平均供给田亩。他不是要高俸养官，而是要足俸养廉。他认为低品级官吏如果没有正当收入养家糊口，就无法保证他不贪污、受贿，行善举。这是唯物论的观点，值得肯定。有足够田亩或俸禄，然后官府可以理直气壮地处置贪官，诛废不法分子。以上五条均是关于领导机构及其官员素质、待遇等人事问题的政见。他提出兴修水利，治圩田渠塘，定劝课之法，使各地家给人足，减少漕运之劳苦。另外，他还提出减少官兵名额，以募兵为辅。减少府兵即正兵名额，可以节省财政开支。他希望辅兵（民兵）实行农战合一。推恩信，这是解决违犯律条超期羁押犯人，或者不按赦令及时释放轻罪犯人的问题。以此实行司法行政部门的责任追究制，达到上情下达，法令畅通的目的。所谓重命令，是指在制定法令时要求政事之臣全员参议，所定制敕条例明确可行，尽量删繁就简。一旦形成正式文书，就要认真实行。切忌朝令夕改，失信于民。数变政令，则使百姓不知所措，会使一些事业半途而废。范仲淹还提出减徭役。这里实际上提出了精简机构，裁并县邑和使、州两院，减少兵丁，相应地也减少了官府日用供给。多余吏员、兵员都回到原籍务农，减轻农民赋税负担。在范仲淹所处时代，这一举措无疑是正确的。这后五条所解决的是军政、民政、财政和社会生产的大问题。范氏生为国家而生，死为人民而死，终生实践了自己响亮的为天下人民而着想的誓言，实属忧国忧民，奉献社会的难得官吏。他所提出上述十条，只有府兵法未得以实行，其余均以政令形式颁布。范氏的改革主张在一定程度上得到了实现，是政治革新的一次成功尝试。但不久离开中书之后，其法也遭到废止。范仲淹不恋高位，自请行边，从邠州徙邓州，所到之处，深受百姓爱戴。《宋史》提出，"徙荆南，邓人遮使者请留，仲淹亦愿留邓，许之"（《宋史·列传第七十三·范仲淹》）。范仲淹的三子范纯礼曾经客观地对王安石变法进行了评价。指出，"迩者朝廷命令，莫不是元丰而非元祐。以臣观之，神宗立法之意固善，吏推行之，或有失当，以致病民。宣仁听断，一时小有润色，盖大臣识见异同，非必尽怀邪为私也。今议论之臣，有不得志，故挟此藉口。以元丰为是，则欲贤元丰之人；以元祐为非，则欲斥元祐之士。其心岂恤国事？直欲快私忿以售其奸，不可不深察也。"（同上）这里实际上是说，王安石变法的责任人是神宗。神宗立法本意是好的，在执行过程中，官吏的理解不同，执行有差异，以致造成扰民现象。但不一定是为私人利益而故意违抗正气的。范仲淹的四子范纯粹对当时的卖官行为进行了抨击，《宋史》说他"沉毅有干略，才应时须，尝论卖官之滥"，所论未被朝廷采纳，但忧国忧民、关心时政的精神尤其可取。范仲淹教子有方，四个儿子均从政善良，有所建树。他的一系列改革，既减轻劳动人民负担，又增加了政府财政收入。

《宋史·列传第七十七》载，胡宿在遇到长江发大水时，"民被溺，令不能救，宿率公私船活数千人"。他曾"筑石塘百里，捍水患，民号曰胡公塘，而学者为立生祠"。胡宿也是宋代少有的良吏、忧国爱民的清官，深受人民爱戴，在为官实践中替民分忧，造福一方，委实难能可贵。又据《宋史·列传第七十八》载，文学家曾巩曾"出通判越州，州旧取酒场钱给募牙前，钱不足，赋诸乡户，期七年止；期尽，募者志于多人，犹责赋如初。巩访得其状，立罢之。岁饥，度常平不足赡，而田野之民，不能皆至城邑。谕告属县，讽富人自实粟，总十五万石，视常平价稍增以予民。民得从便受粟，不出田里，而食有余。又贷之种粮，使随秋赋以偿，农事不乏"。这里，曾巩用自己从政的实践给封建官府各级官吏建立了一个赈灾济贫的范例。遇到灾荒之年，常平仓不足以给养贫民的话，那么，乡间农民不能都到城里去谋生。那样的话，会给城市带来生存压力，与市民争食、争居舍，造成骚动不安。曾巩下发告示，劝富人、地主自己上缴粮食，总约十五万石，以略高于官价的价格卖给贫民。或暂时赊欠，秋后补偿。老百姓得以就近方便地获得粮食。又借贷给农民种粮，让他们待秋以后偿还，农业生产得到保证。这是一个创举。曾巩在他做地方官的任上，做了力所能及的改良工作，使民间安居乐业，政通人和，不失为善良有成的地方政治家。

吴人程师孟以拯救贫苦百姓、赈灾安民为己任。据《宋史·列传第九十》载："夔部无常平粟，建请置仓，适凶岁，振民不足，即矫发他储，不俟报。吏惧，白不可。师孟曰：'必俟报，饿者尽死矣。'竟发之。"夔即今重庆一带。这里宋代没有常平仓。遇到灾荒年，为了赈济贫民，他敢于冒死罪矫诏发临州仓储，不等待诏令邸取。如果等待朝廷批发，一州饥民尽死。所以，他终于擅自发仓济民，以人民利益高于一切的精神来从政，就会处处受到人民欢迎，朝廷也不会降罪于贤官良吏。因为，这种开仓放粮济困的行为，古已有之。例如汉代汲黯曾在陈州开仓放粮，也是采取先斩后奏的办法，唯民命是请。代代都需要为民请命、把人民利益看得高于乌纱帽、高于官员自身这样的清官。程师孟不仅重济困，而且重视兴修水利。在为官河东（今山西）任上，"师孟出钱开渠筑堰，淤良田万八千顷，衷其事为《水利图经》，颁之州县。为度支判官，知洪州，积石为江堤，浚章沟，揭北牖以节水升降，后无水患"。（同上）他不愧是为官一任，造福一方的好官。据史家评论，程师孟和（张）舜俞、京、蒙都是"视弃其官如弊屣，类非畏威怀禄者能之"。都是宁可丢官甚至拼上身家性命也要为民请命、坚持正确法令政策的贤臣。

宋代名相司马光是深名大义、勤政为民的典范。大凡政治家都是理想至上主义者。贤名的政治家都是轻官爵，重民情，爱民保民。司马光正是这样的人。史载，宋仁宗曾赠送司马光百余万元钱，他率领同僚三上章辞退。皇上不许辞让。司马光受赏赐后，用这笔钱"为谏院公使钱"，就是现在所说的办公费，另一部分转赠其舅家。《宋史·列传第九十五》中又说：由于河朔遭受旱灾，执政司马光考虑国用不足，请求南郊祭天时不要再赐给群臣金帛。司马光与王珪、王安石同时被接见，他说，救灾节用，应该从皇帝亲近的大臣开始带头，然后对全国才会有重要影响。关于青苗法等一系列政治经济改革，司马光与吕惠卿等人进行了面对面的论战。"光曰：'平民举钱出息，尚能蚕食下户，况县官督责之威乎！'惠卿曰：'青苗法，愿取者与之，不愿不强也。'光曰：'愚民知取债之利，不知还债之害，非独县官不强，富民也不强也。'"司马光敢于直言，不是遇事塞责敷衍之辈。仁宗皇帝拜司马光为枢密副使，但他辞谢不受。他说，陛下用臣是因为臣狂直，希望对国家有帮助。如果不用臣言，白白占有高位，臣不取此劳禄。"陛下诚能罢制置条例司，追还提举官，不行青苗、助役等法，虽不用臣，臣受赐多矣。今言青苗之害者，不过谓使者骚动州县，为今日之患耳。而臣之所忧，乃在十年之外，非今日也。"司马光轻乌纱、重民情，忧国忧民，不谋荣利的高尚品质，跃然史书间。读一读司马光传，对于目前某些官员灵魂空虚、信仰缺失、唯利是图、唯官是求的精神贫乏症，不啻是一剂良药。

苏轼与王安石虽政见不同，但私交甚笃。于国事各抒己见，绝无私利之争。他主张凡事从众，集思广益，反对裹于自用。他说，"自古及今，未有和易同众而不安，刚果自用而不危者。"（《宋史·列传第九十七》）苏轼在王安石欲使汴河淤陂问题上极力反对。指出："今欲陂而清之，万顷之稻，必用千顷之陂，一岁一淤，三岁而满矣。陛下遂信其说，即使相视地形，所在凿空，访寻水利，妄庸轻剽，率意争言。……官吏苟且顺从，真谓陛下有意兴作，上糜帑廪，下夺农时。堤防一开，水失故道，虽食议者之肉，何补于民！"（同前）汴河漕运是古代开封作为都城存在的重要条件，王安石要淤塞汴河，改河道为陂田，这一举措可以说是汴梁衰落的开端。苏轼的批评是很有道理的。在府兵制还是募兵制等一系列重大问题上苏轼均有独到见解。他在守杭期间，像中国其他以科举出仕、心系百姓、胸怀万民、富有良心的官员一样，在人民需要救助的关头，挺身而出。《宋史·苏轼传》记载，"既至杭，大旱，饥疫并作。轼请于朝，免本路上供米三之一，复得赐度僧牒，易米以救饥者。明年春，又减价粜常平米，多作饘粥药剂，遣使挟医分坊治病，活者甚众。轼曰：'杭，水陆之会，疫死比他处常多。乃裒羡缗得二千，复发橐中黄金五十两，以作病坊，稍畜钱粮待之。'"苏东坡用私人的金钱开办医院（所谓"病坊"），以便于杭州人民卫生健康。杭州近海，易遭水灾，而且缺乏饮用水。唐代李泌、白居易先后治理，人民得以殷富。苏轼守杭期间，更加重视水利。他在守杭之前，水利失修，来杭之后。"轼见茅山一河专受江潮，盐桥一河专受湖水，遂浚二河以通漕。复造堰闸，以为湖水畜泄之限，江潮不复入市。以余力复完六井，又取葑田积湖中，南北经三十里，为长堤以通行者。吴人种菱，春辄芟除，不遗寸草。且募人种菱湖中，葑不复生。收其利以备修湖，取救荒余钱万缗、粮万石，及请得百僧度牒以募役者。堤成，植芙蓉、杨柳其上，望之如画图，杭人名为苏公堤。"（《宋史·列传第九十七》）苏轼对杭州水利方面的治理，一举多得。一是通了漕运；二是拦阻江潮即钱塘潮不再入市泛滥危害市民；三是湖水加了闸，可以存泄，灌溉良田；四是淘洗了淡水井以供民用；五是筑长堤为道路以便交通；六是种菱角与藕，增加了农民副业收入；七是芙蓉花与杨柳交错，形成西湖独特的天然风景画。正如一首绝句所说的："毕竟西湖六月中，风光不与四时同。接天莲叶无穷碧，映日荷花别样红。"自从宋代为官清廉、造福民间的众多士人官员对苏州、杭州竭诚经营，发展到"苏湖熟，天下足"的境地。人称"上有天堂，下有苏杭"，千百年来，江浙富庶甲天下，风光尽盛景。"为官一任，造福一方"应当成为世代官吏的格言和行动方针。

　　北宋末年，直臣常安民火眼金睛，察微知著，对蔡确、蔡京之流结党营私，弄权误国深恶痛绝。其"妻孙氏与蔡确之妻，兄弟也。确时为相，安民恶其人，绝不相闻。确夫人使招其妻，亦不往"（《宋史·列传第一百五》）。常安民与蔡确本有姻戚关系，但他轻视蔡确为人，断然与其绝交。任监察御史时，他绝不拿原则做交易，绝不攀缘权贵，只要言行利国利民，就敢于承当责任，敢于揭露权奸，甚至丢官丧命也在所不辞。代代都需要这种"民族的脊梁"。

　　李迪、王曾、张知白、杜衍都是宋真宗在任时期四贤臣。之所以称为贤臣，是他们在分析处理问题时，能以大局为重。"时同列王曾迁给事中，犹班知白上，知白心不能平，累表辞之。曾亦固请列知白下，乃加知白金紫光禄大夫，复为给事中、判礼仪院。"(《宋史·列传第六十九》)王曾能够以国事民意为重，不务虚名，不争名逐利，能效法蔺相如谦让处官。而张知白也不负众望，"知白在相位，慎名器，无毫发私。常以盛满为戒，虽显贵，其清约如寒士"。

能让后世史官称许为"无毫发私"之官当属寥寥无几，实在是难能可贵。

王安石知郑侠之名，想要晋升他的官职。当被召见时，他直言安石变法与民不便。安石虽不悦，犹欲重用他，辟为检讨。郑侠说："读书无几，不足以辱检讨。所以来，求执经相君门下耳。而相君发言持论，无非以官爵为先，所以待士者亦浅矣。果欲援侠而成就之，取其所献利民便物之事，行其一二，使进而无愧，不亦善乎？"(《宋史·列传第八十》)郑侠认为，做官的目的在于按照圣人经典上的要求管理天下（所谓"执经"），而不是以"官爵为先"即以高官显爵厚禄而作为追求目标。如要王安石能实行郑侠的意见，政策"利民便物"，郑侠才愿意合作接受官职，否则，受官有愧。郑侠言辞句句以人民利益、社稷兴衰为念，这种思想代表了中国古代大多数儒家知识分子的立身处世之观点，是难能可贵的。

纵观历史，凡是忧国忧民的贤官良吏，都是饱读经书、深受正统儒家教育、深明大义之人。

二 两宋将领对军纪的严明要求

两宋时期，内忧外患，战争频繁，而军纪是否严明是军队作战能力的保证。两宋时期出现了许多军纪严明的将领。虽然由于朝廷的腐败而导致了军队的溃散和失败，如岳家军，但两宋军纪的严明在历史上还是有名的。

曹彬是北宋初年功高爵显的开国功臣。《宋史·曹彬传》记载:"显德三年,改潼关监军,迁西上閤门使。五年,使吴越,致命讫即还。私觌之礼,一无所受。吴越人以轻舟追遗之,至于数四,彬犹不受。既而曰:'吾终拒之,是近名也。'遂受而籍之以归,悉上送官。世宗强还之,彬始拜赐,悉以分遗亲旧而不留一钱。"这是说,曹彬出使江南吴越国时,完成出使任务就立即归还,不私自逗留观光。丝毫也不贪图贿赂。在外交场所,拒绝礼物是对对方的不礼貌。所以,曹彬在迫不得已,收到礼物时,尽数缴官。周世宗坚决还给他,他以这些礼物分给亲戚朋友而不留下一个钱。曹彬平日生活俭朴,不事铺张。曹彬不仅是一位廉官,而且是一位以天下人民生死为念的伟大政治家和军事家。曹彬下江南,克南唐,采用攻心战术。"长围中,彬每缓师,冀煜归服。十一月,彬又使人谕之曰:'事势如此,所惜者一城生聚,若能归命,策之上也。'城垂克,彬忽称疾不视事,诸将皆来问疾。彬曰:'余之疾非药石所能愈,惟须诸公诚心自誓,以克城之日,不妄杀一人,则自愈矣。'诸将许诺,共焚香为誓。明日,稍愈。又明日,城陷。煜与其臣百余人诣军门请罪,彬慰安之,待以宾礼,请煜入宫治装,彬以数骑待宫门外。左右密谓彬曰:'煜入或不测,奈何?'彬笑曰:'煜素懦无断,既已降,必不能自引决。'煜之君臣,卒赖保全。自出师至凯旋,士众畏服,无轻肆者。及入见,刺称'奉敕江南干事回',其谦恭不伐如此。"(《宋史·列传第七十》)在国与国的交战中,能做到兵不血刃,不战而屈人之国方为上上之策。曹彬对南唐李煜,晓之以理,恩威并施,最后迫使李煜率臣下请降。曹彬一一告诫部下,"克城之日,不妄杀一人",以保全全城生灵为最优选择。身在牙帐,心系黎民。回到庙堂,谦恭自持。这才是难得的良帅。所以,史家评论说:"曹彬以器识受知太祖,遂膺柄用。平居,于百虫之蛰犹不忍伤,出使吴越,籍上私馈,悉用施予,而不留一钱;则其总戎专征,而秋毫无犯,不妄戮一人者,益可信矣。"(同前)作为封建时代的官吏,能够做到爱民如子,对所征伐地区的老百姓的财产、生命"秋毫无犯",这是十分难能可贵的。不牺牲一兵一卒,或极少流血牺牲,实现军事目标,这才是真正的英雄。

宋代初年治军严明的将军还有刘廷让,字光义。他曾从周世宗征淮南,以功领雷州刺史。入宋之后,"蜀平,王全斌等皆坐纵部下掠夺子女玉帛及纳贿赂左降,惟廷让秋毫无犯。及全师雄等作乱,郡县相应,寇盗蜂起。廷让又与曹彬破之,以功改领镇安军节度,从征太原。开宝六年,出为镇宁军节度。太平兴国二年,入为右骁卫上将军"(《宋史·列传第八十》)。由此看来,曹彬是大宋平定天下第一功臣,刘廷让是和他同列的英雄。许多将军往往可以攻城略地,可以决胜千里之外,然而,往往过不了美人关,过不了财宝关。能做到像曹彬、刘廷让那样秋毫无犯的将军实在是少有之人。我们应该永远纪念这样的将帅。宋太宗知刘廷让为李继隆所误,有败绩,因病"不俟报,乃离屯所",实为"智者千虑,必有一失"。刘廷让总体来说功大过小,有治军严整的威名。

关于杨家将戍边征辽的故事,世代传颂、妇孺皆知。杨业曾被时人称为"无敌"。其子"延昭智勇善战,所得奉赐悉犒军,未尝问家事。出入骑从如小校,号令严明,与士卒同甘苦,遇敌必身先,行阵克捷,推功于下,故人乐为用。在边防二十余年,契丹惮之,目为杨六郎。及卒,帝嗟悼之,遣中使护榇以归,河朔之人多望柩而泣"(《宋史·列传第三十一》)。杨延昭英勇善战,常打胜仗。战利品用来尽数犒赏部下,不问家事。他能做到与普通骑兵一起进出,打起仗来,身先士卒。打了胜仗,从不居功自傲,能够把功绩分给部下,所以,部下和士兵乐于为他出生入死,努力奋战。他去世时,河北一带老百姓望见灵柩都为他洒下热泪。这从一个侧面反映了他治军严明,从来不骚扰百姓,为捍卫大宋江山立下了汗马功劳。

一般来说,将军"胜败是兵家常事"。好将军要能做到胜不骄,败不馁。将军往往难免有这样那样的缺点和粗鲁之处。正如《宋史·王廷范传》所说"大抵武夫悍卒,不能无过,而亦各有所长;略其过而用其长,皆足以集事。至于一胜一负,兵家常势,顾其大节何如耳"。像王廷范那样的对老百姓"秋毫无犯"的将军尚不能无过错,所以,用人不能求全责备,要看其大节,只要能服从纲纪,顺从民意,那就是好军人。又如《宋史·列传第六十六》乔维岳在任泉州通判期间,"会盗起仙游莆田县、百丈镇,众十余万攻城,城中兵裁三千,势甚危急。监军何承矩、王文宝欲尽屠其民,燔府库而遁。维岳挺然抗议,以为:'朝廷寄以绥远,今惠泽未布,盗贼连结,反欲屠城,岂诏意哉。'承矩等因复坚守,既而转运使杨克让帅福州兵破贼,围遂解,诏褒之"。乔维岳心里装着人民,认为有少数造反的所谓"强盗"不应影响全镇百姓的生活,放火屠城的做法是对无辜生命的极不负责任。在乔维岳的抗争下,监军承矩坚守城镇,等待援兵,转运使杨克让英勇破敌,全镇得保。

南宋名将岳飞素以治军严整闻名。他身体力行,却名姝,戒饮酒,以兴复中原为己任。认为"文臣不爱钱,武臣不惜死,天下太平矣"。下将临阵怯战,那是打不赢战争的。据《宋史·列传第一百二十四》:"师每休舍,课将士注坡跳壕,皆重铠习之。子云尝习注坡,马踬,怒而鞭之。卒有取民麻一缕以束刍者,立斩以徇。卒夜宿,民开门愿纳,无敢入者。军号'冻死不拆屋,饿死不房掠'。卒有疾,躬为调药;诸将远戍,遣妻问劳其家;死事者哭之而育其孤,或以子婚其女。凡有颁犒,均给军吏,秋毫不私。"这里指出,岳家军在休战时,都要重甲进行爬坡训练。兵卒仅用民间一束麻捆草,即斩之示众。军卒不敢妄入

221

民宅。宁可冻饿而死,对百姓秋毫无犯。凡有犒赏,军吏均匀受享,岳飞绝不贪占一丁点儿。所以,士卒用命,将士一心。要求部卒遵纪,自己能率先垂范,这是非常难能可贵的。

吴玠、吴璘均以骁勇善战著称。吴氏三代皆名将。吴玠之孙吴挺"御军虽严,而能时其缓急,士以不困。郡东北有二谷水,挺作二堤以捍之。……民赖以安"(《宋史·列传第一百二十五》)。古人说,"一张一弛,文武之道也;只张弗弛,文武弗能也"。治理军队,既要有严明的军纪,又要善于利用战役之间隙,对士卒体力休整,善于安抚民心,善于感动部下,所谓恩威并施。一味严酷对待,恐怕士卒之心会涣散;一味放任宽容,那就军不成军,将变成乌合之众。所以,吴挺能适当宽缓士兵,将士乐将不困。岳飞更是能亲自为士卒熬药,士兵岂不深受感动而卖命?

作为将军要有身系社稷、心怀万众,以拯救黎民于水火为己任之胸怀。绝不可以杀伐为快,以不惜任何代价成就一己之私。所谓"一将功成万骨枯"形象地讥讽了封建时代的戡乱将军,只对皇朝效忠,不对人民负责。在心系人民这一方面,南宋将军杨存中堪称楷模。"绍兴元年,从俊讨李成。……存中夜衔枚渡筠河,出西山,驰下击贼,俊以步兵夹攻,俘八千人。诸将夜见存中曰:'战未休,降卒多,忽有变,奈何?非尽歼之不可。'存中曰:'杀降吾不忍。'诸将转告俊,竟夜坑之。乘胜追至九江,成遂遁去。……"(《宋史·列传第一百二十六》)杨存中位居张俊之下,军人的天职是绝对服从命令。所以,存中虽仁慈不愿杀降,八千降卒在张俊惨毒之心的发动下,终成冤魂。杀降是可耻的。张俊外杀降卒,内害忠良岳飞,虽有一些战功,但黑名昭于后世。

军事纪律靠什么来维持?一般来说,靠将帅的治军严格。但是,治军还要有术。在军队中有士卒骚扰百姓或下级军官畏敌退却等情况下，一定要军法严惩，不可心慈手软。否则，将导致军不成军，失去民众支持。除了军法之外，维持军纪还要向部众灌输政治理想，晓以利害。王彦是著名的抗金将领，曾是岳飞的上级。"金人购求彦急，彦虑变，夜寝屡迁。其部曲觉之，相率刺面，作'赤心报国，誓杀金贼'八字，以示无他意。彦益感励，抚爱士卒，与同甘苦。未已两河响应，忠义民兵首领傅选、孟德、刘泽、焦文通等皆附之，众十余万，绵亘数万里，皆受彦约束。金人患之，召其首领，俾以大兵破彦垒。首领跪而泣曰：'王都统砦坚如铁石，未易图也。'金人乃间遣劲骑挠彦粮道，彦勤兵待之，斩获甚众。益治兵，刻日大举，告期于东京留守宗泽。"（《宋史·列传第一百二十七》）王彦领导的八字军之所以纪律严明，是将士都具有清醒的爱国爱民意识；都一心报国，同仇敌忾；都有一颗誓死保卫民族自立的赤子之心。心之所同，乐其所行！这样，就使军队有坚固的凝聚力。否则，将军不能作表率，以斩杀为威，可能适得其反，其结果挡不住开小差。所以，军纪的维持除军法的严明，还要靠信仰、情感一致来维系。这样的军队才有战斗力。

　　李纲字伯纪，邵武人，自其祖父始居无锡。李纲是两宋之交杰出的政治家和军事家。史载李纲"命招置新军及御营同兵，并依新法团结，有所呼召、使令，按牌以遣。三省、枢密院置赏功司，受赂乞取者行军法，遇敌逃溃者斩，因而为盗贼者，诛及其家属。凡军政申明改更者数十条"（《宋史·列传第一百一十七》）。他严禁军吏受贿或搜夺地方财物，临阵退却者处极刑，转而为盗者，军法加于其家属。以牌行令，活而不乱。李纲军纪昌明，屡战屡胜。

　　赵鼎是宋代另一位具有大帅之风的名臣。他善于调处部将之间的矛盾。"刘光世部将王德擅杀韩世忠之将，而世忠亦率部曲夺建康守府廨。鼎言：'德总兵在外，专杀无忌，此而不治，孰不可为？'命鼎鞠德。鼎又请下诏切责世忠，而指取其将吏付有司治罪，诸将肃然。"（《宋史·列传第一百一十九》）刘光世治军松弛，且不顾同列利益。韩世忠和刘光世都是当时的大将，韩世忠还是后来的元帅和宰相，但都佩服赵鼎的节制和部署。应当说，赵鼎是更高一层次的帅才。有这样的将帅，宋军才得以有秩序、有配合、同心协力战胜金军。纵观历史，凡是战胜之师无一不是纪律严明之师。

三　宋代的明察狱讼

在政治上，正大光明和明察狱讼是相辅相成的关系。一个道德行为光明正大、不谋私利的人，同时，在技术上有高超娴熟的侦察手段，又善于运用社会关系和犯罪心理学知识去推断犯罪嫌疑人的作案过程，就可以做到明察狱讼。侦察定罪切忌凭表面现象，凭想当然进行，否则会造成冤狱。例如三国时期魏国大理正司马芝"有盗官练置都厕上者，吏疑女工，收以付狱。芝曰：'夫刑罪之失，失在苛暴。今赃物先得，而后讯其辞，若不胜掠，或至诬服。诬服之情，不可以折狱。且简而易从，大人之化也。不失有罪，庸世之治耳。'"（《三国志·魏书·传第十二》）这里是说有人偷了公家的丝织品，放到城墙边，官吏怀疑是织丝女工，就将她逮进监狱。司马芝认为，虽然获得赃物，而获取作案现场的实情，没有在现场抓到人。如果靠拷打获得口供，极可能造成屈冤。所以，不能服众，从而达到惩治犯罪，安定社会的目的。因为冤狱容易造成罪犯脱逃不受惩罚。好人受罪，坏人仍然可以继续作案，危害百姓。所以，要宁失之疏，勿失之滥。宁可使轻罪犯漏网，不可在证据不足的情况之下，冤枉一名良民。

宋代张齐贤是宋太祖亲自发现的一位寒门才俊。他注重气节，打破了做侍读学士站着给皇帝讲课的规矩。他曾说，自己坐着讲课，是为了自重。据《宋史·列传第二十四》载："齐贤姿仪丰硕，议论慷慨，有大略，以致君自负。留心刑狱，多所全活。喜提奖寒儁。少时家贫，父死无以为葬，河南县吏为办其事，齐贤深德之，事以兄礼，虽贵不替也。"张齐贤是位有良心的大臣。但是，他也未能免除官商自傲的常规。"居相日，数起大狱，又与寇准相倾，人或以此少之。"大概齐贤与寇准、安石属于性格相近的强忮之人。齐贤在官职卑微时尚能珍惜民命，细察狱诉；做了丞相后，与非常正直而忠心的贤相寇准不协，又数兴大狱，则是他的一大缺陷。开封府尹、刑部郎中高防主刑细心，"宿州民以刃杀妻，妻族受赂，伪言风狂病喑。吏引律不加考掠，具狱上请覆。防云：'其人风不能言，无医验状，可以为证？且禁系踰旬，亦当须索饮食。愿再劾，必得其情。'周祖然之，卒置于法。"（《宋史·列传第二十九》）对于杀人案、人命案，应当特别慎重，既不能轻信传言，也不能孤证定案，一定要凿实证据，方可洗冤。有时，审刑官宜用"欲擒故纵"之术，放言凶手已捉。真正的罪犯本已逃跑，听到案子已结，就开始回原籍，或者敢于使用赃物，这样正可以诱罪犯上钩。司法参军魏丕在澶渊，"有盗五人狱具，丕疑其狱，缓之。不数日，果获真盗，世宗嘉其明慎"（《宋史·列传第二十九》）。证据不足不可以速判，不可以过早定案，历史上，此类例证不胜枚举。

据《宋史·列传第六十》，官吏李宥"知蕲州，岁凶人散，委婴孩而去者，相属于道。宥令吏收取，计口给谷，俾营妇均养之，每旬阅视，所活甚众。或杀人，以米十石给傭者，使就狱，曰：'我重贿吏，尔必不死。'宥得其情，论如法"。又："民有告人杀其子者，曰'吾子去家时，巾若巾，今巾是矣'。民自诬服。宥疑召问，卒伸其枉。"李宥幼年孤贫，同情贫穷之人，为官不忘救助孤苦流落的弃婴弃儿。执法，明察诬告陷害他人，或罪犯买囚以为替身，一一辨别是非，清洗冤枉。贤官杜衍"兼判吏部流内铨。选补科格繁长,至判不能悉阅,吏多受贿,出缩为奸。衍既视事,即敕吏函铨法,问曰:'尽乎?'曰:'尽矣。'力阅视,具得本末曲折。明日,令诸吏无得升堂,各坐曹听行文书,铨事悉自予夺,由是吏不能为奸吏。数月,声动京师。改知审官院,其裁制如判铨时。迁尚书工部侍郎、知永兴军。民有昼亡其妇者,为设方略捕,立得杀人贼,发所瘗尸,并得贼杀他妇人尸二,秦人大惊。"(《宋史·列传第六十九》)这是说杜衍负责考核选拔官吏的工作。文书过多,以往的主管官吏听部下口头汇报定夺,并不全部阅查档案、文书。吏员有左右之权,故常常受贿舞弊。杜衍不厌其繁,全部阅卷,尽得其实,既了解了被荐举的人才,也了解荐举者是否忠实、正直。

宋代著名的直臣龙图阁直学士包拯性情刚直、敦厚,疾恶如仇,但不失忠恕。他在知天长县时"有盗割人牛舌者,主来诉。拯曰:'第归,杀而鬻之。'寻复有来告私杀牛者,拯曰:'何为割牛舌而又告之?'盗惊服。徙知端州,迁殿中丞。端土产砚,前守缘贡,率取数十倍以遗权贵。拯命制者才足贡数,岁满不持一砚归"(《宋史·列传第七十五》)。包孝肃公真正做到了正大光明,不曾占有民间一点儿私产。同时,他察狱诉、破解案情有术。民间以私仇割他人牛舌,包拯以计谋让盗割牛舌者上钩。按宋代规定,私宰牛犯禁。包拯让受害人宰牛,故意让其"犯禁"——这是经过官方允许的破案招数。受害人仇家主动报案,包拯从中获得盗割牛舌之人的罪证。犯罪嫌疑人不知是计,急不可待地跳出来,让包公正好抓住,真是明察不误。包拯"又清重门下封驳之制,及废锢赃吏,选守宰,行考试补荫弟子之法。当时诸道转运加按察使,其奏劾官吏多摭细故,务苛察相高尚,吏不自安,拯于是请罢按察使"(同上)。包孝肃公希望政令要严肃,出台之前要经过严格审查,"封驳之制"就是一种审察制度。如果中书省所下政令,门下省经过民情调查,认为不合时宜，不符合实际情况，那么，就提出修改意见，退回中书省重新制订颁布。解除贪污收贿官吏的职务，选拔地方行政长官，对官吏子弟的任用要经过考试，这都是他所关心的。诸道加按察使，是所谓钦差大臣，本意是对转运使和府州县等各级地方官加以监督。但是，后来，由于按察使浮在上面，无所事事，总要找些事来显示其政绩，对官吏的具体业务操作并不熟习，并且横加干预，不一定了解民意，只对皇帝负责，又不知道下级官吏的难处。所以，动辄抓到下级官吏一些细微末枝的问题，加以弹劾，以为自己了不起，反而使下级官吏无心工作。包拯提出罢黜按察使一职的设置，这是合乎社会发展需要的。

胡宿是宋代好官当中政绩显赫的一个。他在任扬子县尉任上，县发大水"率公私船活数千人"。其后，"通判宣州，囚有杀人者，将抵死，宿疑而讯之，囚惮箠楚不敢言。辟左右复问，久乃云：'旦将之田，县吏缚以赴官，莫知其故。'宿取具狱繙阅，探其本辞，盖妇人与所私者杀其夫，而执平民以告也"。(《宋史·列传第七十七》) 这里，胡宿以其聪明睿智平反了一起冤狱，救活了被人冒名捉拿的所谓"杀人犯"。真正的奸夫和凶手受到惩罚，淫妇得以暴露，所以，胡宿可以说是善于明察秋毫。他在任时"大兴学校"，湖学为东南之最，又"筑石塘百里，捍水患，民号胡公塘，而学者为主生祠"。他兴修水利、兴办学堂，发展经济，增广文化，及时救灾，提高人民生活水平，堪与范仲淹、苏轼比美，为时人称颂，在世时就被立了纪念馆。他也是值得大书一笔的贤官良吏。

在将军改任地方官的人中，高化也是明察狱讼的好官。在相州任上，"部有大狱已具，皆当论死。化疑之，遣移讯，果出无罪者三人"(《宋史·列传第八十二》)。在封建社会审案子的过程中，狱吏、衙役往往刑讯逼供。高化所干预的这个案子当中无罪的三人，有可能是群殴事件中受胁从，有些甚至是旁观者被误捕牵连入案。封建官吏对嫌疑人员用刑，嫌犯往往屈打成招，无罪被定罪判刑，轻罪而重判，是屡见不鲜的。不冤枉好人，这是官吏应有的起码的良心。钱象先字资元，苏州人。长于经术，"旁通法家学说，故屡为刑官，条令多所裁定。尝以为犯敕者重，犯令者轻，请移敕文入令者甚众。又议告捕法，以为罪有可去，有可捕，苟皆许捕，则奸人将倚法以害善良，因削去许捕百余事。其持心平恕类此。复知许、颍、陈三州，以吏部侍郎致仕。"（《宋史·列传第八十九》）在以言为法的封建专制时代，各级官吏以言论告诫下级，即现在所说的指示，古人叫做"敕"。"敕"与"令"是有区别的。"敕"是个别长官的临时性指示，"令"比较正规，是经过某级政府下达的必行之政，带有强迫性质。钱象先认为，当时对犯敕者的处罪太重，超过对违令者的处罚。移敕文入令的要求，就是将上级政策郑重地形成文件，使它成为统治阶级意志的体现。象先首立刑法学上的"免予起诉"条款。认为罪刑轻微者不可捕。如果有轻罪小错就捕，会被坏人利用，造成好人受陷害，使民众动辄得咎，人人自危，不利于社会的稳定，经济的发展，人际的和谐。所以就从许捕条款中削去百余件事。这样，可以腾出精力打击首恶和重罪，营造和谐的社会环境。所以封建时代的史官也认为，"士宗、象先皆执经劝讲，其为刑官，论法平恕，宜哉"。这也是一种"明察"的结果。

　　大名鼎鼎的宋代文官欧阳修也是宽简安民的官吏。他的法治思想我们从下面一段传文中可见一斑。"学者求见，所与言，未尝及文章，惟谈吏事，谓文章止于润身，政事可以及物。凡历数郡，不见治迹，不求声誉，宽简而不扰，故所至民便之。或问：'为政宽简，而事不弛废，何也？'曰：'以纵为宽，以略为简，则政事弛废，而民受其弊。吾所谓宽者，不为苛急；简者，不为繁碎耳。'"（《宋史·列传第八十七》）从这段话可知，欧阳修首先是一个政治家,其次才是文学家。为政执法只有宽,才不至于因急而误办或产生冤案;只有简,才不至于陷于日常琐碎事务中,才能抓大放小,抓着要害。处理刑事案件注意大案要案才能稳定一方。

范百禄是名臣范镇之子,曾"以龙图阁学士知开封府。勤于民事,狱无系囚。僚吏欲以圄空闻,百禄曰:'千里之畿,无一人之狱,此至尊之仁,非尹功也。'不许"(《宋史·列传第九十六》)。这说明一个道理:勤政不留悬案,犯罪率就会下降。因为罪犯被及时惩处,良民得到有效保护,其他图谋犯罪的人受到震慑,罪案自然就减少。古人认为,一个地区犯罪率降低甚至断绝了犯罪现象,说明官员领导、管理得好,这是官员、守令的光荣。相反,宣扬抓捕许多罪犯则是官员的耻辱。因为,古代地方官集司法与行政于一身,当地秩序混乱是官员领导无能的表现。这一观念应当被我们当代政府宣教部门所吸纳。

元绛是宋代一位杰出的审判官和侦察能吏。"民有号王豹子者,豪占人田,略南女为仆妾,有欲告者,则杀以灭口。绛捕寘于法。甲与乙被酒相殴击,甲归卧,夜为盗断足,妻称乙,告里长,执乙诣县,而甲已死。绛敕其妻曰:'归治而夫丧,乙已伏矣。'阴使信谨吏迹其后,望一僧迎笑,切切私语。绛命取僧系庑下,诘妻奸状,即吐实。人问其故,绛曰:'吾见妻哭不哀,且与伤者共席而襦无血污,是以知之。'"(《宋史·列传第一百二》)对于罪犯,特别是凶恶残暴民愤很大的罪犯,要治服不难。所难的是如上例,甲与乙酒后殴斗,表面看,死因明明白白,而实质则是丑恶的淫妇挑起愚蠢的男子私斗,以掩盖她私通骚和尚的真实意图。该恶妇杀了丈夫,妄想嫁祸于人,结果被火眼金睛、破案有术的元绛所识破,女犯得到应有惩处。

曾巩为北宋名臣。他"知齐州,其治以疾奸急盗为本。曲堤周氏拥赀雄里中,子高横纵,贼良民,污妇女,服器上僭,力能动权豪，州县吏莫敢诘，巩取置于法。章丘民聚党村落间，号'霸王社'，推剽夺囚，无不如志。巩配三十一人，又属民为保伍，使几察其出入，有盗则鸣鼓相援，每发辄得盗。有葛友者，名在捕中，一日，自出首。巩饮食冠裳之，假以骑从，辇所购金币随之，夸徇四境。盗闻，多出自首。巩外视章显，实欲携贰其徒，使之不能复合也。自是外户不闭"（《宋史·列传第七十八》）。中国封建社会，地方官一身多任，既是行政首长又是警察和法官。传统农业社会，庄稼活计人人都会。官吏重要的职责就是治安和惩戒盗贼，警示懒汉。曾巩在齐州任上，能除暴安良，敢于触动和铲除往届官吏不能奈何的黑恶势力。曾巩首立自首不问，立功受赏之制。以宣扬多名盗贼自首以分化瓦解团伙犯罪分子。他治理的结果是"外户不闭"，几乎使盗贼绝迹。另一位北宋名臣王安礼曾经"以翰林学士知开封府，事至立断。前滞讼不得其情，及具按而未论者几万人，安礼剖决，未三月，三狱院及畿、赤十九邑，囚系皆空。书揭于府前，辽使过而见之，叹息夸异。帝闻之，喜曰：'昔秦内史廖从容俎豆，以夺由余之谋，今安礼能勤吏事，骇动殊邻，于古无愧矣。'特升一阶"（《宋史·列传第八十六》）。由此可知，王安礼可以说是一个明察狱讼、办案神速、不冤狱、不推诿，处理果断，颇有政绩的治世能臣。像这样才能卓异的辅臣多多益善，是国家之幸，民族之幸，人民之幸。

以上是对于自三国南宋时期狱诉方面处理得当、清除冤狱等情况的个案分析。下面我们就唐宋两代的刑法思想和法律制度方面加以分析。看它们哪些方面体现了人文精神中的宽仁原则，哪些方面体现了维护社会安定同时也维护了公平正义原则，同时也将评价个别皇帝的明察狱讼的工作态度，和在哪些方面体现了司法进步。

据《旧唐书·刑法志》载："又旧条疏，兄弟分后，荫不相及，连坐俱死，祖孙配没。会有同州人房强，弟任统军于岷州，以谋反伏诛，强当从坐。太宗尝录囚徒，悯其将死，为之动容，顾谓侍臣曰：'刑典仍用，盖风化未洽之咎。愚人何罪，而肆重刑乎？更彰朕之不德也。用刑之道，当审事理之轻重，然后加之以刑罚。何有不察其本而一概而诛，非所以恤刑重人命也。然则反逆有二：一为兴师动众，一为恶言犯法。轻重有法，而连坐皆死，岂朕情之所安哉？'更令百僚详议。于是房玄龄等复定议曰：'……情状稍轻，兄弟免死，配流为允。'从之。自是比古死刑，殆除其半。"这里告诉我们，唐太宗对株连之狱大有减轻：兄弟中一人犯罪，特别是谋逆之罪，其他兄弟最高判为配流，即流放。因为罪有轻重，不能不加辨别，一概论死。自从唐太宗亲自批录囚徒，减轻刑罚，死刑比古代减去了一半。当然，这其中也有贤相房玄龄的一半功劳。针对武周时期任用酷吏周兴、来俊臣锻炼成狱，专杀良臣，造成"海内慴惧，道路以目"的黑暗局面，麟台正字陈子昂极力劝谏武则天，指出王者用仁义治天下，霸者以权智治天下，强者以刑罚治天下。刑"非王者之所贵"，"专任刑杀以为威断，可谓策之失者也"。（《旧唐书·刑法志》）经过陈子昂等大臣的劝谏，武周后来也清洗了一批酷吏，重刑稍减。因为普通百姓，"安则乐生，危则思度"。对百姓的宽大同时也是为政权长治久安而考虑的。"时司刑少卿徐有功常驳酷吏所奏，每日与之廷争得失，以雪冤滥，因此全济者亦不可胜数"。（同上）

宋太宗赵光义也是一个亲自审理过狱诉的皇帝。《宋史·刑法志》："帝曰：'朕于狱犴之寄，夙夜焦劳，虑有冤滞耳。'十月，亲录京城系囚，遂至日旰。近臣或谏劳苦过甚，帝曰：'傥惠及无告，使狱讼平允，不致枉桡，朕意深以为适，何劳之有。'……自是祁寒盛暑或雨雪稍愆，辙亲录系囚，多所原减。……"宋太宗常因天象或天气失常而亲自审理狱诉，以避免

"冤滞"。在一般人看来，狱诉属"有司细故"，归有关部门解决。太宗坚持认为，"若以尊极自居，则下情不能上达矣。"太宗认为，通过审理案情，深入实践，了解民情，这是一种很便捷地掌握民间下情的途径。"至道二年，帝闻诸州所断大辟，情可疑者，惧为有司所驳，不敢上具狱。乃诏死事有可疑者具狱申转运司，择部内详练格律者令决之，须奏者乃奏。"（《宋史·刑法一》）当太宗得知：所断死罪，有可疑之情节，而有关部门害怕受到上级驳还，一直不愿将案情上奏。他下诏令案情申报给转运司，让转运司根据律条审核。审核中发现案情可疑、证据不足、情有可原，应减罪的情况再奏报给皇帝，让中央裁决。这无疑给冤杀无辜、造成冤案筑了一道堤防，这是司法史上的一个进步。

史载，"真宗性宽慈，尤慎刑辟。尝谓宰相曰：'执法之吏，不可轻授。有不称职者，当责举主，以惩其滥。'审刑院举详议官，就刑部试断案三十二道，取引用详明者。审刑院每奏案，令先具事状，亲览之，翌日，乃俟进之，裁处轻重，必当其罪。咸平四年，从黄州守王禹偁之请，诸路置病囚院，徒、流以上有疾者处之，余责保于外。"（《宋史·刑法一》）由此可知，宋真宗提出了一个执法官员素质的问题。指出法吏的重要性，不可以轻易授给。执法官不称职要诘责推荐人，实行责任连带制度。审判官要有严格的见习期。裁判罪名，必当其实。从真宗开始采用地方官的建议，开始对有病的罪犯给予人文关怀。有官办病囚院，还可以保外就医。这是中国司法史上的又一重大进步。

《宋史·刑法二》载："高宗性仁柔，其于用法，每从宽厚，罪有过贷，而未尝过杀。知常州周杞擅杀人，帝曰：'朕日亲听断，岂不能任情诛僇，顾非理耳。'即命削杞籍。大理率以儒臣用法平允者为之。狱官入对，即以惨酷为戒。台臣、士曹有所平反，辄与之转官。每临轩虑囚，未尝有送下者，曰：'吾恐有司观望，锻炼以为重轻也。'"史书虽对高宗有溢美之词，但高宗用法宽厚是值得肯定的。对擅自刑杀人的官员周杞进行开除公职的处分。以公正平允的儒臣为地方官。对于能够查处冤案、平反冤案的官员迁转一官。每当翻看案卷，没有送下的。这是因为，恐怕下级司法官吏望风迎合，刑讯逼供，导致轻罪重判等冤狱情况。当然，宋代开国时所定祖宗家法不准后代子孙擅杀大臣。自两宋交替之际，太学生陈东被官府杀害，首开杀士大夫之例。南宋冤杀岳飞等人，官府充斥奸佞，已无清正廉明可言。

《宋史·刑法三》记载："端拱初，广安军民安崇绪隶禁兵，诉继母冯与父知逸离，今夺资产与己子。大理当崇绪讼母，罪死。太宗疑之，判大理张佖固执前断，遂下台省杂议。徐铉曰：'今第明其母冯尝离，即须归宗，否即崇绪准法处死。今详案内不曾离异，其证有四。况不孝之刑，教之大者，宜依刑部、大理寺断。'右仆射李昉等四十三人议曰：'法寺定断为不当。若以五母皆同，即阿蒲虽贱，乃崇绪亲母，崇绪特以田业为冯强占，亲母衣食不给，所以论诉。若从法寺断死，则知逸何幸绝嗣，阿蒲何地托身？臣等议：田产并归崇绪，冯合与蒲同居，供侍终身。如是，则子有文业可守，冯终身不至立养。所犯并准赦原。'诏从昉等议，铉、佖各夺奉一月。"从这段叙述我们可知，北宋太宗时期，关于死刑等大案的判决是非常慎重的。要经大理寺上报经皇帝，再下台省杂议。其中，徐铉对案情的复杂性认识不足，简单的以其母是否离婚，以安崇绪对继母是否孝顺判案子，明显是会冤枉人的。李昉等人的判断是准确无误的。这是一起典型的同父异母兄弟争财产之案。而形式上是以儿子与继母争财产出现的。李昉等人以对安崇绪优容的姿态出现。其立场倾向于出身低微的蒲氏母子，同时对其继母冯氏的利益也给予了照顾。其审判结果两全其美。这样的案子不能简单地以"子讼母"来判；这样的判决结果，可以避免以婚姻关系消失之后牵涉多人的财产继承权的无理转移，同时，也可以防止女性以婚姻形式诈骗钱财的案情增多。

"崇宁五年，诏：'民以罪丽法，情有重轻，则法有增损。故情重法轻，情轻法重，旧有取旨之令。今有司惟慎重法轻则请加罪，而法重情轻则不奏减，是乐于罪人，而难于用恕，非所以为钦恤也。自今宜遵旧法取旨，使情法轻重各适其中，否则以违制论。'……比来诸路以大辟疑狱决于朝廷者，大理寺类以'不当'劾之。犬情理巨蠹，罪状明白，奏裁以幸宽贷，固在所戒；然有疑而难决者，一切劾之，则官吏莫不便文自营。臣恐天下无复以疑狱奏矣。愿诏大理寺并依元丰法。'从之。"（《宋史·刑法三》）这说明，在徽宗前期，对于罪名虽同但具体情节不同，法定量刑有增减。关于依轻依重的情况，旧时有取旨即上报皇帝裁定的做法。徽宗下诏应遵从旧法，使情法轻重各适其中，遂成定制。徽宗朝还是重视人命案的。

后来，地方执法官对于有疑虑的案子一旦上报，往往以"不当"劾之。这样做的结果，地方执法官往往自己任意行文，自我裁断，致使难免冤狱。如果官吏动辄得咎，那么，他宁肯捂盖子，使下情不能上达，甚至民众冤不得伸。所以，要尽可能营造宽松的环境，官吏办错案，只要不是明知故犯，那就应予以宽贷。刑法中的错案追究制度中应对官吏执法错误有意、无意，后果严重与情轻加以区别。

下面我们将要讨论的是执法公平和执法效率的问题。"至理宗时，往往谳不时报，囚多瘐死。监察狱史程元凤奏曰：'今罪无轻重，悉皆送狱，狱无大小，悉皆稽留。或以追索未齐而不问，或以供款未圆而不呈，或以书拟未当而不判，狱官视以为常，而不顾其迟，狱吏留以为利，而惟恐其速。奏案申牍既下刑部，迟延日月方送理寺。理寺看详，亦复如之。寺回申部，部回申省，动涉岁月。省房又未遽为呈拟，亦有吴拟而疏驳者，疏驳岁月，又复如前。展转迟回，有一二年未报下者。可疑可矜，法当奏谳，矜而全之，乃反迟回。有矜贷之报下，而其人已毙于狱者；有犯者获贷，而于连病死不一者，岂不重可念哉？请自今诸路奉谳，即以所发月日申御史台，从台臣究省、部、法寺之慢。'从之。而所司延滞，寻复如旧。"（《宋史·刑法三》）南宋理宗时期，往往判案不按时上报，囚犯多饿瘦而死。程元凤指出，当时法网太密，百姓动辄得咎。案子常常滞留。滞留总是能说出理由的，不外乎如下几种：有的以案犯未捉齐或赃款未澄清而置之不问；有的以材料未齐而不上报；有的以文书格式未允当而不判。狱官看做常事不认为迟缓，狱吏可从中渔利，不想早结案。刑部、理寺、省台公文往复，动不动就消耗几个月。省房呈拟、疏驳又经几个月，展转迂回，往往一两年也未必能判决下来。常常出现免于刑事处分的轻罪判决书刚下，人已经在监狱被折磨至死的情况。要求诸路监司奏判以所执行之日报御史台，由御史台官员弹劾省、部、法寺判案拖沓之慢。皇帝同意实行。但是，南宋始终没有解决效率与公平的问题。轻罪或无罪长期羁押造成人犯病死。所以，效率就意味着公平。但是，案子又不能盲目追求速度。有些案子可以疑罪从无放人。有些案子需要时间考验。"从重、从快"这样的提法也未必科学。依法办案，程序也要合法。人头落地是接不上去的。尤其是有些牵涉赡养老少问题的人犯。在犯罪事实清楚无误的情况下，对罪犯的惩治应当是罪罚相当，乱世用重典，承平用轻典。"依轻依重"的原则，往往要看当时犯罪率高与否。犯罪率高就要从重，不重不足以警示犯罪分子。犯罪率低就要从轻，从轻以示仁，改造罪犯重新做人。任何时代，杜绝犯罪都是难以做到的。及时办案加上良好的政治教化才能降低犯罪率。

宋神宗时期，为避免狱吏迫害人犯，曾下令："应诸州军巡司院所禁罪人，一岁在狱病死及二人，五县以上州岁死三人，开封府司、军巡岁死七人，推吏、狱卒皆杖六十，增一人则加一等，罪止杖一百。典狱官如推狱，经两犯即坐从违制。提点刑狱岁终会死者之数上之，中书检察。死者过多，官吏虽已行罚，当更黜责。"（《宋史·刑法三》）当时统治阶级认识到，狱为"民命所系"。各级监狱或看守所，一年之内死亡人数如果超限，典狱官、狱卒都要受到相应惩罚。提点刑狱官在年终要将死者之数报中书检察。有这层层把关，狱卒压迫人犯至死的情况就会大大减少。

宋代大理狱曾废而复置。囚徒过于集中，疾疫容易流行。元丰下诏："其复大理狱，置卿一人，少卿二人，丞四人，考至鞫讯；检法官二人，主簿一人。应三司、诸司监吏犯杖、笞不俟追究者，听即决，余悉送大理狱。其应奏者，并令刑部、审刑院详断。应天下奏按亦上之。五年，分命少卿左断刑、右治狱。断刑则评事、检法详断，丞议，正审；治狱则丞专推劾，主簿按籍，少卿分领其事，而卿总焉。……"（《宋史·刑法三》）神宗时期国家政治改革的同时，非常重视司法改革。在大理寺设有不同层级的主审官、检法官。这里所谓检法官即专门量刑定罪的官。主审官只负责审讯，吩咐做好案情记录。轻罪及时处放还，重罪送大理狱。重大案件还要经过刑部（相当于现在的司法部）和审刑院（相当于现在的法院或公安部门的审讯室）详细核实。后来，又将判案与典狱分开管理。审判过程要经过评事（合议庭）、检法（依律量刑）；再经寺孙驳议、审查等程序；管理监狱由寺丞检察，主簿掌案籍，其他分管不同罪犯，由寺卿总管。此后又加以定制："分评事、司直与正为判司，丞与长贰为议司。凡断公按，正先详其当否，论定则签印注日，移议司复议，有辨难，乃具议改正，长贰更加审定，然后判成录奏。"（《宋史·刑法三》）也就是说，大理寺判案分两班人马，一个是审判司，一个是复议司。案子由"断司"审过签名落款再交"议司"复核。有辨难即对审情有争议，根据复核经"断司"同意加以改正,再加长官与副贰审定,形成正式判决。属重大案情如人命案再"录奏"皇帝。可见,宋代在王安石变法时期对于中国的法律问题也用心良苦。为做到"光明正大,明察狱讼",为避免"冤狱",为尽量减少人犯无谓的痛苦,设定了一整套互相制约、互相监督,并有回避、分步骤的审判机构和审判程序。命案和重案要上呈皇帝,体现了宋朝官员的民本主义的法律思想。这些严密制度的设定,是宋神宗和他的贤明大臣"明察狱讼"的结果。而形成制度性的合理办案程序,即法官审判法之类的执法条款,对于公平合理地办案,保护良民的生命、财产安全至关重要。因为好官虽然是多数,勇于同邪恶势力作斗争的"清官"毕竟是少数。而且,遇到清官只是一种偶然性。人民的生命财产安全不能建立在偶然性之上,而要建立在具有坚实基础的维护正义的条文分明严密的法律制度上。法律公平正义的真正实现要靠建立起一支完善的高素质的司法队伍。

第十一章　宋明理学中"明"的概念简析

宋明理学将传统儒家思想哲学化、系统化，但并未能突破中国传统儒家的思维范式和学术格局。理学家们的努力方向是将伦理提升为主体，重建人的哲学。他们共同探讨的主要哲学范畴是"理"和"气"，"格物致知"是他们共用的穷理悟道的办法。从周敦颐到张载，已打造了理学的学术基础，发展到大程小程，隐隐开启了理学和心学两派。理学一派，由朱子集之大成，占据主流，心学一派，到王阳明而成蔚然气象。

在宋明理学中，除了"理"、"气"、"格物致知"、"心"、"性"、"情"等基本的哲学范畴之外，还有一些内涵较小的哲学概念，如"明"的概念，也在理学学术框架中扮演了重要的角色。"明"这一概念，在中国传统哲学中的使用次数，实在无法胜数，使用范围也相当广泛。它基本是一个形容性的概念，是一个描述词，多用来描述基本范畴词的特性、表征与状态。自古以来"明"就是一个常用概念，到了宋明理学时代，"明"这一概念的内涵更为扩大。理学各阶段和各派代表人物，都对"明"字有自己独特的理解，同时根据自己的哲学思想体系，丰富着"明"的引申意义。本章仅举宋明理学最具代表性的四个人物：二程、朱熹和王阳明加以简要描述。

一 二程的"明"观念

二程对"明"这一概念的使用相当广泛。"明"可以指一个人的性格,可以指人生境界,可以描述哲学家心目中的理想人格,可以应用于伦理道德方面,可以指个人修养,可以用以学习或教育,可以立身立事,可以治国,可以言道。下面合项分说。因大小程语录始终未能截然分辨,因此本书从略,不预将二程分说。

(一) 二程主张,清明端洁应如日月之明

大程的后学范祖禹用来形容明道先生的话中,有这么一句:"先生为人,清明端洁,内直外方。"《二程集》其中不免包含着后学的推崇溢美之词,但也充分体现了二程及其后学所推许的做人准则:有原则,有气概,清正端庄,光明磊落。

生之谓性,天命之谓性。《二程集》有许多关于"性"、"气"的记载:"论性而不及气,则不备,论气而不及性,则不明。"二程谈及人的个性气质时认为,人的本性和个人气质是相关而又不同的,如果只说人的类同的本性,则不能分辨个体的人;而如果只说个体的特征,人作为类的本性又无从体现。所谓备而明者,一个完整的人就立起来了。二程对人个性的要求也很具体,"言贵简,言愈多,于道未必明"。这个论点,孔子也曾论及:"刚毅木讷近仁","巧言令色,鲜矣仁"。二程再次表明他们的看法:说话简明,直切要领,言语越多,真理越远。

二程在著作中,也多次提到对人才的要求:"刚明之才。"刚者正直,明者智慧。正直,是对一个人才的人格要求;同时也是道德要求,智慧,是立事做人的品质要求,这里的智慧是指处事的英明决断,是入世的智慧。两者相加,才是一个合格的人才。程颐在《周易程氏传》中也提到君子的"刚明":"初九以刚阳属明而处下,君子有刚明之德而在下者也。"君子正直而有智慧,处下而不争。二程心中的君子品格,也会用另外两个字来形容:"明哲。"他说:"君子明哲,见事之几微,故能其介如石,其守既坚,则不惑而明。""明",作为对理想人格的要求被明确提出,二程认为,一个人只有心中洞明,才能体察世事的精微之处。了解了事情的本质,所以能够屹立如石,坚守自己的原则,不为事物的表面现象而迷惑。这样才可以称做"明"。

明之一字,也常被二程来描述和形容他们心目中的理想人格,或者圣人品格。程颢在《答横渠先生定性书》中说:"与其非外而是内,不若内外之两忘也。两忘则澄然无事矣。无事则定,定则明,明则尚何应物之累哉。圣人之喜,以物之当喜,圣人之怒,以物之当怒。是圣人之喜怒,不系于心而系于物也。是则圣人岂不应于物哉?"他主张,与其否定客体,肯定主体,不如主体客体全都泯然。两相泯绝,则境界澄澈,浑然无事。没有纷扰,精神安定,则内心清明。心中明澈,又有什么应对俗事的麻烦呢?圣人心喜,是因为事情本身应当欢喜,圣人愤怒,是因为事情本身应当愤怒。圣人的喜怒,不是因为圣人之心,而是因为事情本身。圣人的喜怒哀乐,只在于外物而不在于内心,圣人的内心,正如一面镜子一样澄明,照出外物的或喜或悲,而圣人本身,是没有如俗人一样的悲喜的。

二程继承《易》的思想,常用日月天地来形容圣人。说圣人有天地之德,有日月之明,这样的德行与品格,却不是外在,由别人称赞的,而是圣人内在的,是本身自有的。《周易程氏传》圣贤的品格,是行事贯通于神明,但自己不觉得奇异,见识比得上古今,却自己不以为是德行。另一方面,圣人之明如日月,虽然光明但不是极致,如过了极致,反而不明。

宋明理学尊孟抑荀。二程谈论到孟子时说:"孟子以独出诸儒者，以能明性也。"《二程集》记载：二程的弟子曾有疑问：人之性，天命也，本是明朗清晰的，为什么生在人世，却被蒙蔽了呢？二程便说明人性被万物蒙蔽的过程：天地因气所生，气因理而成。理只是一个，而气有清浊之分。人的才赋是因气而生的，气有清有浊，得到清明之气的人就是贤者，得到浑浊之气的人就是普通人。二程称赞孟子独出诸儒，只因为他抓住了最主要的一个问题，便是"明性"。性即是理，从尧舜到孔孟，只有一个理，也只有一种人类本性，这是一以贯之的。二程认为，孟子将"性"的问题从孔子那里提炼出来，一旦知性，则明理悟道。这里，二程无疑是借孟子之口，来建立自己的哲学体系，所谓"性即是理"，也是二程提出并论证的哲学问题。孟子明性，也是二程哲学体系的历史入口。

（二）格物明理的思想

二程认为人性本善，人心思贤，万事皆出于理，性即是理。由于气禀不同，人性有善有恶，恶者其实就是不正当的人欲。人欲蒙蔽了本心，便会损害天理。"无人欲即皆天理。"因此教人"存天理、灭人欲"。要"存天理"，必须先"明天理"。而要"明天理"，便要即物穷理，逐日认识事物之理，积累多了，就能豁然贯通。二程主张"涵养须用敬，进学在致知"的修养方法，特别强调"明"的作用和工夫。

致知格物，需要今天格一件，明天格一件，过程积累起来，就会在某处豁然开朗，道理就明白畅通了。做学问，一定先内心明白，知道要达成的目的，然后付诸行动，以达到结果，这就是"自明而诚"。"自诚而明"和"自明而诚"是有区别的。自诚而明，是因知而行，由知孔子之道，到身体力行，证得天理。自明而诚，是因行而知，由处世为人入手，而明白了孔子之道的境界。两种办法，虽然路途不一样，但达到的目的却是相同的。

宋明理学时代，各派理学代表人物均对《大学》作了各自的阐述与解释。二程说："大学之道，在明明德"，这个道理如果明白了，那么"在止于至善"的意思也就明白了，就是反诸自身，遵守天规。圣人的意见在这里已经表示得深沉又明朗，可惜的是却很少有人理解领会。二程认为天理是神且明的："天地明察，神明彰矣。"又解释说："事天地之义，事天地之读，既明察昭著，则神明白彰矣。"有弟子问道："神明感格否？"二程回答说："感格固在其中矣。孝弟之至，通于神明。神明孝弟，不是两般事，只孝弟便是神明之理。"二程将人理与天理结合在一起，认为人尽孝悌之心，自然就通于神明。

二程论到"明"这一概念，还将其运用到他们的教育思想之中。二程说：教育本是先王圣贤用来阐明人伦事理、教化百姓的；而现在，学问的传统都已废败，道德也花样百出，礼乐衰落，贡士不以学问为要，却做些有碍修身养性的事情，秀才不在学校里读书，导致许多人才荒废。这是很明显的事情，也不是说是从前和现在的区别的。古代的学者，都有传承。比如圣人写经书，都须要洞明天道。现在的人要不是首先明白义理，不可和他谈论经书，也即是不能传授道理。这就像研究《系辞》，当然要先明白《易》书，如果不先探求一卦的本义，就不能直接推究《系辞》的意义。做学问要先明白天理，论治学则需要明白体系。圣贤做学问，是有辨析的过程的。学问一道，必须先有辨别，才能明白地显现真理。小程说：人所担心的，是事情纷杂，思虑不明，原因是抓不住其中的根本道理。根本道理是要明白什么是应当的，方法就是"格物穷理"。讲到最后，即是"无人欲则皆天理"，此中所讲的人欲，是指人的非正常的欲望，去除这些不正当的欲望，天理自然就达到了。闻见越博，智慧越明。智慧越明，则自然就有力量。这几乎是"知识就是力量"一句的正面表达了，只是二程所说的智慧，不是培根所言的知识。二程所说的智慧是指对天理的识见，这种识见，是通过闻和见的实践方式而获得的，是"格物致知"的方式。二程评论孔子弟子说：子夏是十分相信孔子的话，所以身体力行，而曾子是明晓了孔子所讲的道理。"致知格物"也是有快慢的，快慢只在人的明或暗。明的人格物速度快，暗的人格物速度慢。《大学》里说到诚其意以下，都是尽力来使这个道理明显的。而观察事物，最明白的途径就是"近取诸身"。

"文明中正"是一种德行。知识分子应当明白人伦道理，安心道德义理，知晓治乱之道。天下有许多有才能的人，只因为不明白"道"（天理），所以没有做出一番大事业。这是人文的道理。天文和人文是对应的，观察天象，可以知道时势的变化，观察人文，可以化成天下。中庸是一种境界，这种境界如何选择，如何达到呢？首先是见闻广博，然后详细审视，然后辨析明白，才能选择中庸的境界。二程在这里也论及"明"之不能太过的道理。所谓"水至清则无鱼，人至察则无徒"，用明太过，就很难留有余地，无法周旋。所以君子明则明矣，却不过分显露，反而显出晦暗不明的样子来，这样才能容纳万物，调和众人。

二程同样关注国事，同样，也以"明"作为政事的标准。二程说：王道是明的，霸道是曲的，二者走的道路不一样，是在开端就有所区别了。如果想施行仁政，却又不明白仁政的道理，则不论怎么做，最终都无法达到王道的目标。世界上有三件事很难可以和造化之力相匹敌的：治理国家能够使国家永远昌盛；修养心身能够使身心长生不老，专心学问道德，达到圣人的地步。这三件事，所下的工夫都是一样的分明，人力可以胜过造化之功的。

君王要紧的是清明，而不是事事洞察，臣子要紧的是正直，而不是有多大的权力。哪怕说尧亲近他的族人，也是把有美好的德行和信义的人放在前面的。如果君王既采纳贤士的谋略，又听从小人的议论，那么意志就会不坚定，陷入昏乱的境地。王者如果清明洞彻而又刚正决断，以此治理国家，刚正清明是最主要的。文明中正和顺的君主，如果清明如此，是最好不过的志愿了。"文明柔顺"之德，即君臣上下都有美好的品德，而处于正位，立于中庸，就可以化成天下，成就文明的民风。刚正明断虽然是君王应有的品格，但是治国处事却应该以慎重为要，不能任由自己的性子来。当日在中天之明，是光明最盛的时候，却也是走向昏暗的开始。"明"不可太过显露。有时太过显露，就会造成伤害。所以就应该像箕子那样藏明于晦，就可以免于危难。对臣子来说，倘若臣子处在危险艰难的困境时，只能用自己的至诚来取信于君主、开明君心，那么就可以保证不会犯下过错。窗牖都是通明的，用窗牖的通明来比喻君心的通明。人心有被蒙蔽的地方，有通彻明朗的地方。人处于天下的尊位，是万物之灵。清明的本性，足以照明世事，刚直的品质，足以决断是非，处在天下至尊的位置，德行兴盛，散发光辉。若普天下的聪明才智发挥起来，没有什么事情是办不到的。见识清明，君临天下，这是明君的本分，也是他的使命。

（三）极高明而道中庸

世间的人对天理还不明白的，就必须苦苦追寻，但是天理的属性却是自然显露的，又何必人们苦苦追寻呢？这一个"道"是唯一的，在万物之中没有可对照的东西。天理和私欲是不相容的。私欲指不正常的过分的欲望，去除私欲，天理自然显现。什么是敬？持守专一就叫敬。什么是一？独立存有的就叫"一"。只要有涵养工夫，时间久了，天理自然显露。天道从上往下，光明倾注，地道俯于下，往上运行。道是明确的，高明的，万物都在其下。先生学问的大部，是以诚为本的。仰头看天，天空清明，日月运行，阴阳变化，这其中的原因，不过是一个"诚"字。

古时的圣贤，对"道"的认识是很分明的。而到了汉朝的儒学家们，对"道"的认识就有些模糊起来。天地的"道"，是日月常明不息的，所以说"贞明"。必须要自己亲自体会、明白天理。形而下者和形而上者，也必须明白分辨。只有当自己明白我的道理，我的道理就自然成立，别人就不能和我相争了。

学问一道，合内外之道，天人合一，上下齐平，下学而上达，极高明而道中庸。道理极高明，实行起来却是中庸。极高明而道中庸，这说的不是两件事，而是一件事。"中庸言诚便是神。"中庸就是天理，高明之极，便是中庸。二程批评佛家，认为佛家其实是看明了道理的，但是既然看明白了，却又执著于这个道理，所以形成悟道的障碍。这道理还是看错了。天下只有一个理，既然明白了，又有什么障碍？现在学佛家的人，都是高明的人，但只是高明，却不是中庸所谓的"极高明"。

二程语录中还曾举孔子为例，从言语的角度来说明真理的本质。二程认为，真理如同日月，本质是"明"的，无须多言。但孔子担心学生们不能完全明白，所以说"予欲无言"："我想不说话。"他的弟子资质各异，颜回就悟出了无言的真正含义，而其他学生就不免有疑问。孔子解释说："天何言哉，四时行焉，百物生焉"，这已经很明白地说明了"道"的本质。二程引用《论语》的这段对话来指点自己的弟子：如果能在这句话上看破天机，则可算是领会道之深意了。不是寻找不到真理的所在，而是实在没有说的必要，也无法说破。真理只有一个。

人心之明觉，并没有内外之分，而是一体的体验。《二程集》记载："形而上为道，形而下为器，须著如此说。器亦道，道亦器，但得道在，不系今与后、己与人。"主体与客体回复本真，与道一体，物我两忘，"天人本不二，不必言合"。程颐注重思维的区分,道是形而上,气是形而下,"凡眼前无非是物,物物皆有理。"而程颢更强调万物一体,物我同一的明觉境界,在生生不息的生命之流中自然显现、自觉体验天地人生的意义和道理。

二 朱熹的"明"观念

朱熹的理论体系博大精深,包罗万象。朱熹由内而外,以"理"的最高范畴统摄万物,自觉建构起伦理学本体,并将伦理学的"应当"推广至宇宙观的"必然"。"理"在逻辑上高于"气",高于万物,它是气的指导,是万物的本体。《朱熹集》云:"事事物物皆有个极,是道理之极至,蒋元进曰,如君之仁,臣之敬,便是极。曰,此是一事一物之极,总天地万物之理,便是太极。太极本无此名,只是个表德。"这个"理"是社会性的,是伦理学的,是人之应然。朱子讲"明",主要便围绕人性气质与"理"的本质来描述了。

朱子认为,人的气质有清浊之分。人禀气而生,气有清浊昏明之异,人也有天赋品格不同。人性生来具有仁义礼智四端,或者说,生来就有的东西才叫做"性"。性之上,有阴阳,有道。也并不是只有人具备这四端,寻常昆虫之类也都会有,只是偏而不全,浊气间隔,所以与人迥异。

朱子讲到人物的清明昏浊之不同,德辅就发问说:尧舜之气就是清明冲和的特性,为什么会生出丹朱、商均这样的人呢?朱子说:就是气偶然如此,就像瞎子生出眼睛明亮的人一样。德辅又问:瞎子的气有时是清明的,但尧舜之气可是无时无刻不清明呀!朱子当时不能回答,第二天,廖又问:是不是天地之气偶然发生了这样的错误?朱子说:天地之气与人与物都是相通的,只是借人躯壳过罢了!朱子问:有人外表伶俐,有人内心敏锐,这是怎么回事？学生答：是而是禀气强弱所致？朱子说：不对。这是气的分布。气偏于内就内心敏锐，气偏于外就外表伶俐。

朱子为了说明人性的本质，用了许多比方。比如把人性比喻为灰中的一团火，平时不明，拨开便明。人的本心是不明的，就像人睡着了的时候，并不知道自己有这个身体，必须将之唤醒，才能知道原来在此。在朱子看来，修养学问的工夫就像唤人醒的过程。人心本明，只是上面被别的东西盖蔽了，所以显露不出光明的本性来。这别的东西，就是利欲。去了人欲，则天理自明，人性的光明得以显现。有一类人，见他人做得对，就说对，他人做得不对，也知道不对，他的本性何尝不光明，但只是才明就又昏暗了。又有一种人自己觉得看得明白，但遇到事情却不能洞悉，不能明察，这样的光明，也不济事。佛教之人自己说光明，但父子之间没有亲情，君臣之间废了大义，他这就不是光明，反而是乱了天道！

理在气先。先有此理，便有此气。朱子用了一个推测的口吻说：想来是圣人禀得清明纯粹之气，所以当他死的时候，这股清明纯粹之气就与天相合了。这些事情是微妙所在，不太好下定论的，也许是能说是个人体验罢了。有后学问：圣贤得天地清明中和之气，本应是无所亏欠的，却为什么圣贤如孔夫子，却身处贫贱呢？是时运位然，还是所得之气有不足？朱子解释说：这是所得之气不足啊。他所得那清明之气，是使人成圣贤，却不管富贵。高者为贵，厚者为富，长者为寿。夫子所得清明之气，却也得了低、薄之气，所以虽是圣人，却也贫贱。颜子还早夭呢，那是得了短之气所致。禀气驳杂不纯，怎么会正好一般均齐呢？就像一日的天气，"或阴或晴，或风或雨，或寒或热，或清爽，或鹘突（糊涂）"，一日之间就有许多变化，就可知气禀为人的情况了。

人的气质本性，清明两个字还不足以形容。比清明更进一步的，是孟子所言的"浩然之气"。浩然之气与清明之气不同。浩然两个字，广大刚毅，如长江大河之水，浩浩从天上来。有弟子说："浩然之气，遇到患难之时就没有了吧。"朱子说："遇上患难就消失的，是这人本无浩然之气，所以临事不能支撑。"有弟子问："浩然之气，应该是在心正时识取。浩然，是指圆满无亏欠。我以为夜气清明，以至清晨，这股清明之气没有亏欠而且正是其时，如果用'勿忘、勿助长'的修养工夫存之养之，怎么样？"朱子说："夜气是清明自然之气，孟子教人其中关窍，自然应该存养。如果是说浩然之气，却该从'吾尝闻大勇于夫子'之语来看，到'配义与道，无是馁也。'从这里得到的是浩然正气，圆满无亏欠。有了浩然之气，天下大事没什么做不得的了！"（《朱熹集》）

既然人和物都是来源于气，同出一源，为什么会有区别呢？因为人的品性分为明暗，但物的本性只是偏塞。暗的可以让它明，但已经塞住的就不能让它通了。张载说，一切事物都有性，只是通与不通的区别，这也就是人和物的区别了。

人若养成为恶的习惯，沉溺其中，这就改不过来了。朱子说：沉溺太深就难改了，但也在于人的见识之深浅和用力的大小了。若要回复清明本性，首先是要做好选择。有好的，有不好的，如果不选择好的，又如何能明性呢？

是不是修养得久了，自然就会显明心性？这是必要条件，在修养的同时，还需要追求思索道理。修养、穷索，这就像车的两轮、鸟的两翼，不能只用其一。那么明性之道，则必须以敬为先。持敬是穷理之本，道理明白了，又对修养有所帮助。敬的态度，并非可以空洞含混地讲，而是要在每件事上体现。其中的关键，就是"不放过"三个字。修养是为自己的，和他人没有任何相干。圣贤千言万语，只是让人回复固有的光明本性罢了。

有人说明德是人本有之物，只是为物欲所蔽。修养学问，和磨镜子相似。镜子本性是光明的,被尘垢埋没,昏暗不明。必须将尘垢摩擦而去,才能现出本性的光明来。当镜子的光明显露出来的,不是加上的光明,而是镜子本身所自有的本性。朱子说:修养的道理和磨镜的办法还不太一样。这光明是忽然闪出来的,不必用摩擦之功,只是人自己不知道罢了。就是孺子将要落井时,不管是君子还是小人,都有怵惕恻隐之心,就知道这本性的光明了。

又有人问:"知者不惑,明理就能无私吗?"朱子曰:"有人明理而不能去私欲的。但如果要去除私欲,却必定要先明理。无私则勇。只有圣人能够自诚而明,可以先言仁,后言知。而教导众人,却以知为先,自明而诚。"

天理自得,是自我得之,也是自然得之。一是指受教者的自觉探求和自我修养的必要性,一是指自我修养的过程中德行的自然生长。"精专恳切,无一时一息在里许思量一件道理,直是思理得彻底透熟,无一毫不尽","只管思量,少间这正当道理自然光明灿烂在心间,如指诸掌",以至自家心胸"如个明镜在此,物来毕照",这就是"精思以开其胸臆"的深层内涵,所以说,"精思以开其胸臆"就是"穷理"以"明识"。"精思"所穷之理,是指义理,也指品行和涵养。朱子认为"文字讲说得行而意味深者,正要本原上加功,须持敬","持敬"就是涵养。"主敬穷理,虽二端,其实一本",一方面"穷理"以"明识",一方面"涵养"以高节,都是"精思以开其胸臆"的本原工夫。

他提到的"格物、致知、即物穷理",意思是说必须接触到外界具体事物,以求知其理。而以虚灵之心来格天下众多之物是一个顺序渐进的过程。所要格的理,虽然也包括了格自然之物理,但主要的还是明善恶,使人的道德修养止于至善。这一认识过程,自始至终必须以"居敬"一以贯之。他把心看做一面本来是全体透明的镜子,认为只要擦拭干净,即能"真明无不到"。

朱子把理作为他的哲学体系的最高范畴。理是形而上者,气是形而上者。天命流布天下,都是一样的,所以说理都是相同的。但气有清有浊有纯有驳,是不相同的。这是在说万物禀气而生之后,虽然清浊不同,但都是气,还是相近的。《中庸》的道理是说理化气之初,《集注》里的道理是看气赋万物之后。

作为禀受自然之气的人来说,人的心,全体湛然虚明,万理具足,其中并无一毫私欲。心之体流行该遍,宜动宜静,心之体的发挥作用又无所不在。所以心之未发而含有全体,从这个角度来说,心所表现的是性。心之已发,妙用周行,从这个角度来说,心所表现的是情。朱子主张"心统性情",认为心就包括了已发和未发,三者为一体,而不相互间隔,分为三块。人无事的时候,神思虚明不昧,这就是心。一心之中天理具足,无一毫欠缺,这就是性。因物所感,心有所动,这就是情。

"心兼性情"从侧面表露出心由理和气组成,而理在气先,所以"明明德"的工夫,就是一个由心返性,去掉气质之污的过程。在朱熹看来,明德与生俱来,"人之有是德,犹其有是身也",而且无论圣贤愚智皆同,都时时发用于日常不曾停止:"其本体之明,则有未尝息者",这种对本性的发明,在日常生活中从来没有停止过,所以明明德的可能性并不难解释。具体而言,"明明德"就是因"明德"(性)在日用间之发见,如"见非义而羞恶,见孺子入井而恻隐,见尊贤而恭敬,见善事而叹慕"之类推广之,以复其初,也就是因性以明心。

《大学》开篇言道:"大学之道,在明明德,在亲民,在止于至善。"朱子从文义与传文两方面推理考究认为,古时"亲"通"新","亲民"也就是"新民",它的意义就是道德个体从内在修养到外在气质均成为有新气象的人,而且到日日新,每日三省吾身,不断提升自己的境界。由此确立了朱子的《大学》

三纲领：明明德、新民、止于至善。

明明德是基本原则，通过修养身心，去除不正常的欲望，了解到天理的光明正是人本身所具有的，使人性恢复本来之明，把人的本质开发出来。显露出来，这中间过程所用的手段便是"新民"，要不断地根据变化的情况形势涤荡自己旧有的蒙蔽，对身外的事物进行考察研究，不断磨炼自己的本性，直至完全显露，以达到"止于至善"的目的。

"明德"的思想，早在周初时便已显现端倪，"明德慎罚"、"敬德保民"的观念深深地影响了后来儒学思想对"德"观念的认识。孔子和孟子所讲的德，弱化了原来的政治意义，加强了道德伦理意义。朱子说："大学者，大人之学也。明，明之也，明德者，人之所得乎民，而虚灵不昧，以具众理而应万事者也。但为气禀所拘，人欲所蔽，则有时而昏，然其本体之明，则有未尝息者。故学者当因其所发而遂明之，以复其初也。"（《朱熹集》）朱子认为，"明德"的品性是人本身所具有的本性，人生来就有的自身能力，但这种"明德"的本性却常被个人所禀受的气质或人的欲望所掩蔽，却不能天然显露出来。所以，不能只说"明德"，而要讲"明明德"。第一个明字作动词用，说的是一种动态过程。"明明德"，就是要通过道德主体的学习与修养，来去除浮蔽，回复自然本性。朱子继承了孟子的"性善论"思想，而把注意力集中于如何使之"明"的过程当中去。朱子在《大学章句》中还有一段关于"明德"的解释。"康诰曰：'克明德'，大甲曰：'顾天之明命'，帝典曰：'克明峻德'，皆自明也。"朱子取从周书、商书、虞书等上古先王圣哲的典籍中记载的康诰、大甲、帝典的话，来说明明德的"自明"性。所谓"自明"，并不是指明德的本性会自然而然地发挥显现出来，而是指自己的自，指道德主体要通过自己的修养学习努力，最终达到恢复自己本性的目的。

明明德之后,"又当推己及人,使之亦有以去其旧染之污也"。推己及人,扩大"新民"一词的内涵,就是用我已明之心,借民本明之性,使民亦得以明其心,达到化民成俗、各明其德的目的。而"止于至善"乃是对"明明德"与"新民"二者的共同目的,"止者,必至于是而不迁之意;至善,则事理当然之极也。言明明德、新民,皆当至于至善之地而不迁,盖必有以尽夫天理之极,而无一毫人欲之私也"。(《朱熹集》)"明明德"、"新民"二者的共同目的在于"存天理,灭人欲",达到至善的最高境地。

"存天理,灭人欲",是宋明理学家们一致同意的修养手段,也是承继先贤主张而来,只不过宋明理学家们进一步明确提出了而已。孔子所说的"克己复礼",《中庸》所讲的"致中和"、"尊德性"、"道问学",《大学》所言的"明明德",《书》所说的"人心惟危,道心惟微,惟精惟一,允执厥中"……这些圣贤千言万语,只是教导一句话:明天理,灭人欲。天理明,就不必再这么反复讲道理了。人性本明,如宝珠沉入浊水中,明不可见;去了浊水,则宝珠依旧自明。如果自己知道本性是被人欲蔽了,就是已经明白了。只要在这上面着力修养,下足功夫,格物致知。今日格一物,明日格一物,如同游兵攻围拔守,人欲自然会慢慢消失。夫子说:"为仁由己,而由人乎哉!"紧要处就在这里。

三 王阳明的"明"观念

王阳明哲学体系的最高范畴是"心",和朱熹大不相同。李泽厚说,张载建立理学,朱熹集成理学,阳明使之瓦解。王阳明的中心范畴"心"潜藏着某种近代趋向的理学末端。王阳明的心学思想,是从陆九渊哲学体系而来,但和陆学不同的是,王阳明强调工夫，并认为工夫即是本体，这就一面保持了讲求修养持敬的理学本色，同时又论证了"知行合一"的哲学理论。"知"在这里就不同于朱熹"格物致知"的客观认识，而完全成为道德意识的纯粹自觉。作为理学，陆王与程朱同样为了建立伦理学主体性的本体论，都要"明天理去人欲"；其不同处在于，程朱以"理"为本体，更多地突出了超感性现实的先验规范，陆王以心为本体，更多地与感性血肉相连。心，知觉、灵明，都或多或少地渗入了感性自然的内容和性质。它们更是心理的，而不是纯粹逻辑的，它们有更多的经验性和更少的先验学。并且最重要的，在理学行程中，这个具有物质性的东西反而逐渐成了"性"、"理"的依据和基础。王阳明最终把这一切集中在"致良知"这个纲领性的口号之上。这样，在涉及"明"这一概念的时候，王阳明更集中地用它来描述"心"与"良知"。

王阳明在宋明理学家中极具个性，既立文字，亦立武功，既精思致一，又冲和豪放。且举一段他和弟子的著名对话来看：

先生曰："你看这个天、地中间，甚么是天、地的心？"对曰："尝闻人是天地的心。"曰："人又甚么叫做心？"对曰："只是一个灵明。""可知充天塞地中间，只有这个灵明。人只为形体自间隔了。我的灵明，便是天、地、神的主宰。天没有我的灵明，谁去仰他高？地没有我的灵明，谁去俯他深？鬼、神没有我的灵明，谁去辨他吉、凶、灾、祥？天、地、鬼、神、万物，离却我的灵明，便没有天、地、鬼、神、万物了；我的灵明，离却天、地、鬼、神、万物，亦没有我的灵明。如此，便是一气流通的，如何与他间隔得？"又问："天、地、鬼、神、万物，千古见在，何没了我的灵明，便俱无了？"曰："今看死的人，他这些精灵游散了，他的天、地、鬼、神、万物尚在何处？"（《王阳明全集》）

王阳明认为，良知是天理中最昭明灵觉的那一部分，良知即是天理。思虑是良知发而为用。如果思考良知发而为用之处，那所思考的就是天理本身了。良知发而为用，所思自然明白简易，良知也就自能体认。若是刻意安排之思，自然纷纭劳扰，摸不着头绪。思虑有是非邪正，良知却没有不是自己知道的。之所以"认贼作子"，正为不明白致知之学，不知道在良知上体认天理罢了。

由此，王阳明有一句名言说"满街都是圣人"。他认为"圣贤非无功业气节，但其循着这天理，则便是道，不可以事功气节名矣"。圣人之所以是圣人，并不是因为事功或气节。圣人之心"纯乎天理而无人欲之杂"，"圣人无所不知，只是知个天理，无所不能，只是能个天理"。这是圣人唯一的条件，功业和能力并不是圣人所必须具备的。

实际上对每个人来说，个人能力都是不相同的，有的人能够成就功名，有的人却无法做出一番大事业。但圣人之圣，指的是圣人之心全然合乎天理，而没有掺杂一毫的私欲杂念。才力不同，就如同金子的重量不一，而天理才是十足的成色。"才力不同，而纯乎天理则同，皆可谓之圣人。犹分两不同，而足色则同，皆可谓之精金。""所以为圣者，在纯乎天理，而不在才力也。"王阳明的"去人欲存天理"的成圣手段是真正"亲民"的，"所以谓之圣，只论'精一'，不论多寡"，只要道德合乎规范，有无才力、才力大小都是不被考虑的条件，唯一的条件就是道德要求。换一句话说，就是发明良知，合乎天理。

由此，成为圣人的途径似乎也简单起来。王阳明的心学体系一言以蔽之，就是"致良知"。良知既是圣人的唯一标准，也是成圣的唯一途径，发明良知，认识本体，消灭人欲，合乎天理。致良知是一个大的途径，基本上是一个方向标，致良知的具体方式有两种，一种向外，一种向内。向外的是指克己复礼、事上磨炼等；向内的是指自省自悟、无事存养等。两种方法都不是可以独立完成的，必须结合起来，才能体悟到良知的存在。"格物是诚意的功夫，明善是诚身的功夫，穷理是尽性的功夫，道问学是尊德行的功夫。博文是约礼的功夫，惟精是惟一的功夫。"王阳明主张在外在的磨炼上向内用功，这和他本人的经历和性格也不无关系。

王阳明早年性格豪放机智，诗文辞章也很负令誉。又因边关战事，也曾专研武功，立得功业。但"破山中贼易，破心中贼难"，终于还是转向性命之学。开始笃信朱子体系，但始终无法贯通，于是游走于道、释之间，寻求解脱，却寻不到安身立命的关窍所在。中年龙场悟道，到天泉证道，心学体系才得以建立。于他而言，龙场悟道并非突然顿悟，前30年消磨于辞章、专心于事功、笃信于朱子、游走于道释，这些体验和经历都是不可或缺的，都对龙场悟道起着铺垫性的作用。简而言之，就是"事上磨炼"。

"极高明而道中庸"，在平常的生活中，一言一行一举一动都自觉地贯彻天理良知的要求，进行磨炼和体会，时刻自问自省，将行动与内心的良知灵明相比照，不间断地磨炼自己的意志和行为，才可能真正达到良知自然显露、不待人力强为的境界。这番磨炼功夫，和禅宗的修行功夫也有相似的地方，"饥来吃饭倦来眠"，"不离日用常行"，和程朱的治学与日常分裂为二的办法大相异趣。王阳明的心学一派也因此有"谈禅"之讥，但不能否认的是，这种修养方法在中国具有很强的生命力，也很得中国知识分子的欢迎。

在对《大学》的主旨句"大学之道，在明明德，在亲民，在止于至善"的解释上，朱子和王阳明有很大的分歧意见。朱子认为"亲"当做"新"讲，而阳明则认为仍应作"亲"本字解释："'作新民'之'新'，是自新之民，与'在新民'之'新'不同。此岂足为据？'作'字却与'亲'字相对。然非

'亲'字义。'以亲九族'，至'平章协和'，便是'亲民'，便是'明明德于天下'。又如孔子言'修己以安百姓'。'修己'便是'明明德'。'安百姓'便是'亲民'。说亲民便是兼教养意。说新民便觉偏了。"（《传习录》）由于二人在这一关键字上的不同观点，导致了他们学术体系的本体论的不同取向。"新"是革新之意，是用后天的知识来弥补先天的不足，是要在"物"上用功的；而"亲"则是为了"达天地万物为一体之用"，是在"心"上用功。很明显的是，朱子理学一派分世界为主体客体，形上形上，道与器两重世界，而王阳明的心学一派则认为，"明德"是心体的本能，心就是宇宙本体，见孺子入井而必然产生的怵惕恻隐之心，是"根于天命之性"的，是天生的，是人之本心。所以他说"'修己'便是'明明德'，'安百姓'便是'亲民'"。

牟宗三评论阳明心学说：本体"是一种朗现之理"，首先要有"心"的本体架构，才会有"理"的存在，"心"更重要的意义在于"良心坎陷"，所以，阳明着力于"发明本心"。《大学》三纲领中，"止于至善"是目的，是"明明德"和"亲民"的最终归宿，是最高的道德目标和境界，是个人通过外在的成就所体现的自身道德的完善。这一点上，朱子和王阳明并没有分歧。但由于二人本体论的不同，对"至善"的理解和把握也就有了相异的地方。朱子认为"理"是宇宙本体，是最高的范畴，理是高高在上、高高在外的，因此外在的本体就可以通过后天的学习和修养来认识、来获取。而王阳明认为，"至善者，明德、亲民之极则也"，"至善是心之本体"，对这个最高目的的把握是个体的体悟，是掺有强烈的个体经验的过程，因此，王阳明的大道天理就被等同于个体和具体的人心。

朱熹将明德理解为"性"，性因理而成，理是客观和外在的，性也是如此。而个体想要回复到性和理的境界，就必须通过认知意义上的"心"来把握。王阳明将宇宙内化在"虚明不昧"的心体之中，个体之心扩大而为宇宙之心，个人的所谓修身养性，也直接等同于体认天理了。可以说朱熹在讲"格物致知"，而王阳明则直接讲"心悟致知"。心悟也不离日常体验，即事即物，体认良知。这是一种非理性的直觉体悟，看似主观随意，却合乎人性，不离本心。

王阳明强调了明明德的"亲民"特性。大人先生者，以天地万物为一体，致力于为天地万物谋公利，唯此方可保持良知的天然纯善的本性。结合前文来看，王阳明的成圣之道固然容易，但达到圣贤的结果却并不容易，因为人禀气不同，自然存有不足，贪欲就包含在其中了。王阳明虽说"满街都是圣人"，然而这与其说是现实，不如说是他的社会理想。圣人的品格还是只有少数人可以达到。圣人一旦存有私心，就丧失了良知的本性。而普通人本就保有虚明良知，如果能体认到这一点，除却私欲的蒙蔽，也就成为德行高尚的圣人了。王阳明所希望的，正是这后者。

王阳明说："明明德者，立其天地万物一体之体也，亲民者，达其天地万物一体之用也。"他的意思是说，明明德是知，是本体，亲民是行，是本体之用，二者虽然分为本末，但并不是两回事，而只是一回事。"故明明德必在于亲民，而亲民乃所以明其明德也。"所以王阳明不同意朱熹改"亲"为"新"，"新"是效果，是客体的，"亲"是动机，是主体的。"明明德"是心上工夫，"亲民"就是心性之体的发而为用。于是体用一源，明德亲民本为一事，内外合一。

《大学》和《中庸》作为四书中的组成部分，充分受到了宋明理学家的关注和挖掘。可以说，理学各派的体系建构之所以不同，主要表现便在于对四书中各种哲学范畴的自我理解和不同诠释上。《大学》前文已经分析过，下面来说《中庸》。《中庸》

说:"自诚明,谓之性;自明诚,谓之教。""自诚明"和"自明诚"就成为到达天理的两重进路,区别就在于适用对象不同。圣人心如明镜,随感而应,无物不照。修养学问,圣人率性而行,无不合道,"自诚明,谓之性",圣人以下,不能率性而合道,须得修道,"自明成,谓之教"。

王阳明所说的"良知",与《中庸》所言的"中和"有相似之处。"中和"是指"喜怒哀乐之未发之谓中,发而皆中节之谓和",这中和之道,是从天性而来,本来如此,率性而为,因此便有了"自诚明"的圣人之路。所要达到的目的,和"自明诚"是一致的。

理学家们将知识分为"见闻之知"与"德性之知"两个层次,也是从《中庸》"尊德性、道问学"的传统而来。德行之知是宇宙全体的知识,是超越见闻之知而存在的,是形而上的。到了王阳明,德行之知便称为"致良知"。致良知的途径有二,也即是"自诚明"和"自明诚"。本性之诚,致后天"良知",这是自然性情。而由良知之明,复先天之"至善",这是教化使然。前者只需率性而为,圣人走的便是这一路,然而圣人内心一尘不染,普通人则往往被各种私欲遮蔽,无法率性而近于道,只好走教化一途,只有明白天理之际,其内心才能澄明透亮。教育或教化的意义也在于此。王阳明说:"性无不善,故知无不良,良知即是未发之中,即是廓然大公,寂然不动之本体,人人之所同具者。但不能不昏蔽于物欲,故须学以去其昏蔽,然于良知之本体,初不能有加损于毫末也。知无不良,而中寂大公未能全者,是昏蔽之未尽去,而存之未纯耳。体即良知之体,用即良知之用,宁复超然于体用之外者乎?"(《王阳明全集》)教化的作用,就是教人从自己的内心出发,明白"道理"并返观内心的良知,"天命之谓性,率性之谓道,修道之谓教"。

人的本质是承天命而来,本来就是真实而光明的,但由于禀赋有所不同及后天环境的差异，使得人的本性被蒙蔽而昏暗，志于天道的人就应该进德修业、主敬存诚，去除污染，光明正大，将一切蔽障完全除尽，以恢复天命的诚明，这就是"明明德"的过程，也即是中庸所言之"教"。在《中庸》看来，人之"道"是择善而从之，所以要在实际生活中修养及印证，这种工夫即是"教化"。天命赋予人善良的本性，顺此发展以择善而从就是人生的正途，依此而有的一切修行功夫就是教化。儒家相信教化的作用，相信通过教化可使人道德进步，以至至善，明晓天理，遵从天命。

"自诚明"的出发点是人心之本性，用的是率性而为的办法，"自明诚"的出发点是人心的体察之用，用的是修养的办法。用禅宗来比喻，则前者是南宗，后者是北宗，出发点与路线不同，但目标是一样的，即都要达到内心真诚、天理明澈的人生境界。就前者而言，尧与舜成为圣贤，主要是人心天性率真流露，不加约束所致，虽然他们也需要后天的教育以明理，但这不是尧与舜成为圣贤的主要原因，天赋的纯粹道德本性自然推动尧与舜生而成为圣贤，率性便是尧与舜成为圣贤的道路，遵循本心而率性流行，自能无所不中，无所不和，后天的知行实践就是其率性而为。因此率性路线的根本特点是重本体不重工夫。而汤、武与尧、舜不同，遵循"反之"路线，"反之"是反求诸己，推己及人，就是"忠恕"功夫。《中庸》说："忠恕违道不远"，认为通过反观省察内心的各种意念、情感活动，做到是知其是，非知其非，依从本心而不自欺。但要知是知非，对于绝大多数天赋德性不够纯粹、不够清明甚或杂薄、昏昧的平常人来说，就要有一个培养智性学习知识的过程，后天的知行实践便相当重要，孟子的"扩充四端"、"养心"，陆象山的"发明本心"，都十分强调后天的知行工夫，其根本特点是重工夫不重本体。两种办法的根本不同源于人们天赋德行纯厚与杂薄的参差不齐，因此不同的人修为圣贤必须遵循切合自己的实际,寻求适合自己的道路。

不及圣贤的普通人,既走自明而诚的修为之路,便有一个如何修道的问题。王阳明所给出的办法是他的本体工夫观,即"知是心之本体,心自然会知","良知亦会自觉,觉即蔽去,复其体矣,此处能堪得破,方是简易功夫",这是王阳明年轻时游走禅门所受到的影响。禅宗也讲究修行工夫,强调"顿悟"、"明心见性",这和王阳明的良知"一念发动处"颇有相似之处。致良知就是做工夫,致良知就是修为。

王阳明本人的龙场悟道,基本走的便是率性而为的道路,本心自然发明,觉悟天理昭昭。自龙场悟道后,王阳明的知识道德便是他本心的自然发用流行,成为良知本体的自然表现。而他的致良知学说,却又是为世人预备的修为功夫。所以阳明后学不能达到阳明自诚明的天赋资质,便使得致良知学说知行分离,这导致心学一派对王阳明的体系理解有所偏差、有所分歧,心学体系也随着时间的流逝,逐渐式微,成为末流。

第十二章 近代"明"观念的发展

"明",就其字面和引申之意解释,有亮、明白、清楚、公开、深明大义等意思。如把"明"放在伦理学范围内考察,应以"明德"之意为主。朱熹《大学章句》中对"明德"一词的解释很有道理,说:"明德者,人之所得乎天,而虚灵不昧,以具众理而应万事者也。"即作为一个人,要得乎天理,时刻清楚,并能用所掌握之理论运用于实践之中。用今天的话说,就是要做到理论和实践相结合。我们认为,能"以具众理而应万事者",真明也。

中国近代,是一个"变革"的时代,"变"成为历史的主旋律,学习西方,变革时局的思想和理论,成为当时人所公认的"众理"。所以,那些主张变革落后的封建专制制度,使中国逐步走向近代化,为民富国强而奋斗的人,如林则徐、魏源、龚自珍、康有为、梁启超、孙中山等,成为时代的弄潮儿。他们的主张为时人指明了前进的方向,他们的行动成为后继者革命的榜样,他们以自己特有的"明"的思想和行动,在中国历史上写下了光辉的篇章,成为时代的领路人。

一 林则徐的"明"思想

林则徐,字元抚,后又字"少穆"、"石麟",晚号"竢村老人"、"竢村退叟",今福建福州人,于1785年8月30日生于一个下层知识分子家庭,家境贫寒,少有壮志。12岁以府试第一名中秀才,20岁中举,26岁中进士,充任小京官,后由于其勤政爱民,做事有条理,备受道光帝的赏识。从1820年开始青云直上,在15年时间里从一个七品小吏擢升为湖广总督、从一品大臣。林则徐生活的1785—1850年,中国封建社会如同"将萎之华(花)",已无可挽回地进入"衰世"。面对官场的腐败,世风日下,林则徐对封建统治的未来深感忧虑。特别是鸦片战争前后,随着外国侵略者的入侵,世界资本主义浪潮终于拍打到大洋彼岸拥有铜关铁锁的大中华帝国的壁垒前,而且来势凶猛,风吼云聚,强烈地撞击着中华国民,动摇着中华社会的根基。面对此种局势,林则徐敏锐地感受到西方船坚炮利以及随之吹来的充满生气与诱惑力的欧风美雨,已不是"夷夏大防"所能抵挡得住。于是,林则徐在保持经世之学的同时,又开始拼命睁开眼睛,张开鼻孔,去观察和嗅辨打上门来的西方资本主义国家的新事物、新气象,从而得出了向西方学习以变通自己的结论,开始了向近代文化的转变。与之相应,他固有的经世思想,也因为增添进新的内容(即增加了近代因素和成分)而得以进一步发展,并因此开启了经世思潮向着近代性质的社会思潮的演进历程。林则徐的"明"思想也因此而融贯中西,以崭新面目呈现在众人面前,成为近代思想史上的一朵奇葩。而作为一个实践家,林则徐的"明"思想多表现在实际行动中。

(一) 以民为本,注重调查研究的"明"思想

以民为本,注重民生,是古代中国对"明君"、"明臣"的严格要求,但作为一名官员,只有注重调查研究,深入基层,才能了解下情,明白人民的疾苦,把以民为本的思想落到实处,用今天的话说,才能做到全心全意为人民服务。所以,以民为本和注重调查研究,是一个人是否能做到"明"的主要标志。

林则徐做过 30 年中高级地方官员，向以注重调查研究，了解下情，为民办实事、好事著称。林则徐认为老百姓之所以备受土豪劣绅的欺诈，贪官污吏的欺压，关键是当官之人，尤其是中、高级官员没有把百姓疾苦放在心上，不注重民情之调查，诸事委诸师爷、胥吏去办，听下级官员之汇报，按汇报办事。因为这样，很难做到兼听则明、了解下情，只能是偏听则暗了。林则徐指出，整顿弊政、欺上瞒下的关键在州县，"州县廉则人不敢啖以利，州县严则人不敢蹈于法，州县勤且明，则人不敢售其奸"（转引屈小强《林则徐传》，四川人民出版社 1995 年版，第 101 页）。这里林则徐所言"州县勤且明"的"明"，即指州县官员要明白下情，注重实践。他认为，如果知府、县令能深入群众，了解下情，胥吏、师爷就不敢欺上瞒下、胡作非为、鱼肉百姓了。与此同时，督抚乃至皇上也能得到天下的真实消息，正可谓坐一室而知四海，从而制定切合民情之政策。由此可见，林则徐的"明"思想建立在调查研究、注重实践的基础上，同时凝聚着"以民为本"的真义。

作为一个中、高级官员，林则徐的"明"思想主要表现在他的实践之中。

1833 年，林则徐在江苏巡抚任上，黄河决堤，直泻洪泽湖，横行于淮扬大地，造成淮河西岸大面积灾荒，灾民四处流浪。为保证国家赈米赈款能尽可能全部及时地送达灾民手中。1834 年 1 月，林则徐亲自拣派 108 名单纯清正的苏州府生员（秀才），各拿一张放赈统计表，分赴四乡散赈。这些生员先按表清查户口，查核饥馑情形，再具实详报领赈，逐一发放到急需者手中。这对正处于饥寒交迫、年关难过的灾民来说，真是雪中送炭。而莘莘学子在农村亲眼看到广大破产农民在饥饿线上挣扎煎熬的惨状，也深深地感到了林则徐的良苦用心。同年 7 月，林则徐又动员诸生去四乡查灾放赈，受到包括守法地主在内的广大人民的欢迎。

林则徐先调查、后按户放赈的做法，以行动实践了他以民为本、注重调查研究的"明"思想。

林则徐的行动，解民于倒悬，受到了广大人民的热烈欢迎。当时的放赈生员曾创作一首《放赈歌》，表达了他们对林则徐的敬慕之情和救民于水火的真实画面。

> 中丞筹画通权变，放赈恰趁诸生便。
> 岁暮人人假馆时，一百八图详勘遍。
> 向时设赈徒务名，此时设赈民欢忭。
> 贫民寒夜常不眠，终宵辗转泪如霰。
> 急得中丞放赈钱，归家各各买秧荐。
> 贫民乏食行不前，榆糜杂进难充咽。
> 急得中丞放赈钱，破灶生烟办宵膳。
> 贫民贫无骨肉缘，那顾伦常及姻眷。
> 急得中丞放赈钱，夫妻父子欢迎面。
> 吁嗟嗷嗷数万人，感恩早被仁风扇。
> 光及由城渐及乡，善政行看遍州县。（严寅《介翁诗集》卷8。《放赈歌》原注：林中丞首倡义赈，为作此歌）

又如1833年10月、11月，东南沿江滨海的太仓、镇江、嘉定、宝山等州县，逢连绵之阴雨，白天雾气笼罩，夜晚则霜冰频繁。农田里稻谷虽已结籽，但大多"只得半浆"，农民称之为"暗荒"。林则徐闻讯，开始不信，后于立冬前后，亲坐小舟往各处察看，发现稻穗大多空秕，半熟的稻禾变成焦黑状，晚稻损失过半。至于棉花，仅是常年收成的十分之一、二。可是历来江苏漕赋，在东南诸省中占据最重要的份额，江苏漕赋中，江南占十分之九，而此次"暗荒"偏在江南诸府州县。面对此景，林则徐不顾地方官报秋灾不出9月的定制，于1833年11月初，联名两江总督陶澍上一奏折,奏请缓递漕赋,等第二年秋收后"分作二年带征",以纾民力,以解民困。不料,林则徐等人的奏折遭道光帝批评,说他们"不肯为国任怨,不以国计为亟,只知博取好名声"。面对皇上的盛怒和百姓的疾苦,是保官或是为民请命,林则徐选择了后者。他于12月再向道光帝上一密折,只署自己姓名,以免连累陶澍,以其恳切之语及赤胆忠心感动了道光帝,终获道光帝朱批准奏,救民于倒悬。如此事例,在林则徐的一生中,不胜枚举。

林则徐注重调查研究,关注民生疾苦的事例告诉我们,他的调查研究和以民为本、关心民瘼、全心全意为人民服务的思想是紧密联系的。调查研究是林则徐了解民情,实现其民为邦本、以民为主、救民于水火的"明"思想的基础,而以民为主的思想,又促使其去更加细察民情,不断深入实际,从而逐步完善其注重调查研究的主张,林则徐就是在这样的不断完善中走完了他的一生。

(二)主张为官公正廉明,深明大义的"明"思想

公正廉明和深明大义是"明"的重要内容,是一个人能否做到"明"的重要界标。公正廉明主要是指思想上的清白,金钱上的廉洁和做事上的公正无私。深明大义即指在国家、民族与个人、家庭利益关系上,以国家、民族利益为重,能够做到舍小家为大家。公正廉明和深明大义,不仅是朝廷对官员的要求,也是百姓对官员的期盼。而此点正是林则徐入仕以来所极力主张的。

面对道光年间清王朝贪官污吏鱼肉百姓、横行乡里、世风日下的局面,林则徐从一入仕途就主张为官要公正廉明,深明大义。1822年6月至1823年2月,林则徐三调三提,从浙江盐运使,到江苏淮盐道升至江苏按察使,主持一省司法刑狱。林则徐

一到位，为整顿治安、维护社会秩序，就从官吏之勤政廉明入手，制定了一系列整改方案：第一，简化解审手续，清理积案，杜绝各级办案人员的敲诈勒索。第二，规定各级司法长官亲自断案，不得"稍为假手"；并命令各府县招募"仵作"（专业法医），州县长官要学会命案验尸之法，要求"凡有检验，必亲自动手，细辨尸伤轻重"，不能靠听取唱报断案，更不能行刑逼供。第三，强调"严办诬告，力拿讼师"，打击武断乡曲的不法乡绅与讼棍；另又约束官府办案人员，不准串通作案。林则徐上述对司法刑狱的整改方案，第一条要求为官要廉明；第二条要求官员要勤政，深入实际，在调查研究的基础上，亲自掌握事物的本质，实现判案公正的目标；第三条是在勤政廉明的基础上，做到对事物的认识明白无误，公正审案，明镜高悬。故此，林则徐对司法刑狱的整改方案，充分显示了他的公正廉明的"明"思想。

　　林则徐说到做到，身体力行。上述措施制定之后，即开始层层贯彻，亲自督促检查和断案，树立圭臬，强化司法制度的职能。他从1823年1月就任按察使职起，仅用了4个月的时间，便将历年来积压的大案要案办理了9/10。在他的带动下，各级司法机关迅速行动，认真办案，不敢有丝毫懈怠；连续破获"窃匪"案数起，其中有"积匪"10余人，从而使江苏全省社会秩序逐渐趋于好转。此外，林则徐还把抗灾救荒，恢复生产与整顿吏治、兴利除弊结合起来，使1823年大荒之年的江苏没有出现大饥大乱。这使他清名大著，"民颂之曰林青天"。

　　随着官职的不断升迁和仕途的坎坷，林则徐对公正廉明、深明大义的认识也越来越深。1847年5月，被贬谪新疆的林则徐被擢升为云贵总督。面对云贵间的"汉回互斗"的老大难问题，他再次指出为官要有"明"思想的主张。他说："驭边者，恭勤仁明威，少一不可。守令能恭勤小蚌可弭。大吏能仁明威则众心自服"（转引屈小强《林则徐传》，第333页）。林则徐认为在"恭勤仁明威"中，"明"起着主要作用，因为大吏如果只仁、威，而不能"明"，就不能了解事物的"真相"，掌握事物的本质，威德就无从建立，仁爱也无法泽及民众。故林则徐对"明"十分看重，要求官吏一定要先明实情，后定政策，且公正执法，以树立国家政权的威德。以此"明"思想为指导，林则徐在处理"回汉互斗"的问题时，一改前任云贵总督贺长龄等沿袭已久的"助汉杀回"政策，深入实地调查，了解"回汉互斗"的真实情况，提出对云南回汉互杀事件，"莠则汉必诛，良则汉无问"，"但当别其为良为匪，不必歧以为汉为回"（《林则徐集·奏稿》，第980页）的主张。这种但分好坏、不论汉回的新政策，将是否有利于维护封建国家利益为唯一标准放在首位，从而改变了过去歧视回民，以民族成分判别善恶是非的反动落后政策。这一解决回汉互斗的政策，既表明林则徐做事公正无私的原则，也反映了他处事深明大义，以国家民族利益为重的"明"思想。在这一政策指导下，林则徐剿、抚并用，镇压了各地汉回人民起义，制止了回、汉冲突，稳定了云南的社会秩序，促进了云南经济的发展。道光帝因此下旨加封林则徐"太子太保"头衔，并赏戴花翎。

林则徐虽然对其公正廉明、深明大义的主张并未进行系统论述，但在其言语、执政措施和行动中，却充分体现了这一重要的"明"思想。

（三）顺应历史潮流，"师敌之长技以制敌"的"明"思想

近代中国，多灾多难，处于一个多"变"时期；由于西方资本主义国家的入侵和中国主权的沦丧，近代中国的主题，主要是如何抵御外敌的入侵，实现国家的独立和富强。所以，在近代，凡能顺应历史之潮流，合乎人群之要求，适时提出的制敌之

策略和富国强兵之主张，皆可把这种策略或主张视为"以具众理而应万物"的"明"思想；凡顺应历史发展，学习西方的行动，皆可视为"以具众理而应万物"的明智之举。林则徐就是中国近代顺应历史潮流的第一人。

1840年鸦片战争爆发后，面对先进敌国的入侵，林则徐是最早从天朝"尽善尽美的幻想"中睁开眼睛的人。他为了能有效地抵抗外国资本主义的侵略，有效地维护国家主权和振兴中华民族，以极大的勇气，第一个成功地冲破了"天朝上国"的传统心理与狭隘视野，用所学的经世致用的理论，应付资本主义潮流的冲击，向着自己的敌人孜孜学习"制夷"、"防夷"的知识，适时提出了"师敌之长技以制敌"的光辉思想，真正履行了"以具众理而应万物"的"明德"伦理说。如林则徐在《密陈夷务不能歇手片》等文中，提出诸如利用关税的1/10来"制炮造船"，并且"制炮必求其利，造船必求其坚"；"洋面水战系英夷长技"，"必须另制坚厚战船，以资胜制"等主张。魏源在《海国图志》里总结林则徐的这一思想，遂表述为"师夷长技以制夷"之语。

林则徐最可贵之处，就在于他能顺应历史之潮流，勇于接受高于自己民族的学理，然后再加以整理、应用，以应付敌人。1839年3月，林则徐接受钦命赴粤禁烟，即随身带去一位曾在京师四译馆（四译馆是清王朝所设的专门翻译边疆民族及邻国语言文字的机构，始创于1470年，隶翰林院。清初改称四译馆。1748年并入会同馆，更名为"会同四译馆"）供事的译员（现名字不详）。后又网罗了贯通中西语言文化的译员，如亚孟、袁德辉、亚林、梁进德等，开设"译馆"，翻译西书，为更好地学习西方，制定对敌方略，打败敌人做准备。

林则徐组织编译西书的内容繁杂，凡政治、经济、军事、文化、科技、社会情况等皆在编译之列。其外文资料来源，一部分直接购自外国人。据《中华丛报》记载，"有几个夷，甘心情愿广中国（人）之知识，将英吉利好书卖与中国，俾有翻译人译出大概之事情"。另一部分资料则得自一些外国船只。如1839年9月2日，一艘中国巡逻艇击中停泊在澳门港的西班牙轮船"毕尔卑诺"号，该船图书室之图书全数呈交林则徐。译报的具体对象主要是在澳门和广州出版的"新闻纸"如《中华丛报》、《广州周报》等。

林则徐编译西书的目的十分明确，主要为赢得禁烟运动和抗英斗争寻找决策依据，针对性很强，故他的注意力主要集中在军事、政治、地理、外交、国防以及与禁烟有关的问题上。如他让译员翻译滑达尔的《各国律例》一书，此书强调国家主权。其中有外侨一经进入侨居国，"就当遵顺其律例"；外侨犯罪，即应"按各国犯事国中律例治罪"的原则；"一个国家拥有禁绝外国货，没收走私货，以及进行战争的权利"等内容。这些内容替林则徐要求外国鸦片烟贩子缴烟、具结、交凶的正义斗争，提供了充分的国际法的法律依据，成为他坚持捍卫祖国主权和民族独立的武器。由于林则徐有这种了解夷情、顺时而为的"明"思想，故他从西书中学到了许多制敌的理论，然后再具其理以应强敌，可谓以其人之道，还治其人之身，从而提高了中国人同西方资本主义国家打交道及反抗西方侵略的水平。这也正如林则徐后来所说："制驭准备之方，多由此书。"

林则徐的要求学习西方，以所学知识合西方理论应付时局的"明"思想和正义行动，在学习西学方面起到了"筚路蓝缕，以启山林"的开山之功。它不仅使广州在1839—1840年疾现出一个"海外图书毕集"的可喜局面，而且开启了中国人向西方学习，开眼看世界的思想解放的闸门。这以后，有关夷情、海国和学习西方长技的著作，像魏源的《海国图志》、姚莹的《康輶纪行》、梁廷枏的《海国四说》、徐继畬的《瀛环志略》、夏燮的《中西纪行》等，便如雨后春笋，竞相涌现，使经过鸦片战争悲风烈雨冲刷后的中国大地,蒸腾起缕缕希望的生机。

在国内政事的处理上,林则徐"以具众理而应万物"的"明"思想也得到了淋漓尽致的发挥。林在就任云贵总督期间,针对云南"跬步皆山"、山多地少的情况,经过一年多调查和深思熟虑后,于1849年3月19日亲自起草,同云南巡抚程矞采会衔上了《查勘矿厂情形试行开采折》,在奏折里申明"藏富于民"的思想,提出"有土有财,货原恶其弃于地;因利而利,富仍使之藏于民"的著名论断,主张鼓励民间积极开采矿业,藏富于民,反对"货弃于地",不让宝贵的矿产资源长期埋藏于地下。他在分析了官办矿业的种种弊端后,主张发动广大商民,集资开矿冶炼。这样既可藏富于商,亦可使民就食,一举两得。林的"藏富于民"的思想,既是对当时已出现的带有资本主义萌芽性质的生产经营方式作出的积极肯定和支持,又是根据实际解决云南贫困状况的切实救国救民方略,也是林则徐"明"思想在实际工作中的具体运用。但遗憾的是由于林则徐当时已体弱多病,年迈力衰,于1849年8月接上谕恩准告老还乡,其在云南藏富于民的计划未能实现。尽管如此,林则徐在举国昏沉之时,大量翻译西书,寻找御敌方略和探索救国道路、富民强国的行动,不能不说是顺应历史潮流的明智之举。

综上所述可知,林则徐的"明"思想,既有传统思想文化中固有的以民为主、公正廉明、深明大义等精华,也有顺时而为、学习西方、抵御外来侵略、富国强兵的主张。他的"明"思想,不是表现在理论的阐述上,而主要体现于行动中。他的这些言论和行动,开启了近代"明"思想的先河。

二 龚自珍、魏源的"明"观念

如果说林则徐的"明"思想主要表现在他的从政措施和实

践上，那么，龚自珍和魏源的"明"观念主要是进行理论的探讨。鸦片战争前夕，他们从维护地主阶级的长远利益出发，批判现实，倡言改革，提出"明耻"的主张，呼唤风雷的来临。鸦片战争后，魏源又从中国失败的教训中认识到：要和以英国为代表的西方列强打交道，并战而胜之，就必须了解它们，学习它们，于是，他在《海国图志》一书中呼吁时人明战败之耻，及时提出了"师夷长技以制夷"的思想。

（一）龚自珍的"明"观念

龚自珍（1872—1841年），字璱人，号定盦，浙江仁和（今杭州）人。龚氏是浙江右族，"簪缨文史"，累代仕宦。父亲龚丽正曾任江苏按察使。龚自珍12岁开始随外祖父、著名文字学家段玉裁学习《说文》部目，可谓学有根底。他很有才华，少时所作诗词文章"风发云逝，有不可一世之概"（段玉裁《经韵楼集》卷9，《怀人馆词序》）。外祖父担心浪漫的诗文有害于学问功名的"正途"，特别告诫龚自珍要读经治史，努力成为名儒、名臣，不可为名士。但龚自珍以后偏偏走上了名士的道路，38岁始中进士，长期在清朝的中央政府机构中担任品级不高的小官，仕途蹇滞，潦倒终生。

龚自珍在学术上主张"通经致用"，因而对当时的内外危机有比较深切的了解。为了挽救社会危机，他曾写了一系列"讥切时政"、激动人心的政论文，提出了著名的"明耻"观，大声呼吁"更法"。这是龚自珍"明"观念的主要内容。

龚自珍之所以提出"明耻"论，是因为在当时吏治腐败，土地集中，人民起义连绵不断，社会矛盾激化，封建统治危机四伏的情况下，而清王朝的上层却仍在麻木的平静中欢庆升平，官员仍旧贪婪地计算着自己的爵位和黄金，士子仍旧蛆虫般地钻营幻想着飞黄腾达的日子。整个社会充满着贪污、腐化、卑劣和无耻。正如龚自珍所说:"历览近代之士,自其敷奏之日,始进之年,而耻已存者寡矣。官益久则气愈婾(同偷,苟且),望愈崇则谄愈固,地益近则媚亦益工。"(龚自珍《明良论》(二),《龚自珍全集》上,中华书局,1959年版)这些人虽身为朝廷大臣,但在君主面前却如同"伺主人喜怒之狎客",跟皇帝说话,便窥探皇帝的喜怒;给个好脸,赏他些不值钱的玩意,那些大官就洋洋自得,回来向自己的门生、妻子夸耀。皇上脸一沉,就吓得以头抢地,再寻求其他可以得皇上欢心的法子。龚自珍认为士大夫无耻到这步田地,是"辱国"、"辱社稷",是国家的耻辱。如果不改变这种士大夫不知耻的局面,国将不国。另外,龚自珍还认为官僚士大夫无羞耻之心,是造成吏治腐败、国家蒙受耻辱的主要原因。他说:"农工之人、肩荷背负之子无耻,则辱其身而已;富而无耻者,辱其家而已;士无耻,则名之曰辱国家;卿大夫无耻,名之曰辱社稷。"由下而上、由上而下,全无羞耻之心,"则何以为国?"(《明良论》(二))他感慨地说,"士不知耻,为国之大耻",只有"士皆知耻",才能洗刷国耻。故在士不知耻、国耻不绝的情况下,龚自珍大胆提出"明耻"观,希望重整封建统治秩序,稳定封建统治,并给无耻之官僚、士大夫当头棒喝,士当以知耻为先,否则当不为人类。

龚自珍在论述了为何提出"明耻"论的原因后,接着阐释了"明耻"观的主要内容。龚自珍认为"明耻"主要是指士大夫要有羞耻之心,以为一己之私为可耻,以浑浑噩噩为耻辱,以忠于君上、关心百姓为深明大义,为"明耻"。他认为,无论士大夫是贫是富,工资高低,都应忠于君上。他说:"臣之于君也,急公爱上,出自天性,不忍论施报。"(《明良论》(一),《龚自珍全集》上,中华书局1959年版)凡"内而部院大臣、百执事,外而督、抚、司、道、守、令,皆不必自顾其身与家,则虽有庸下小人,当饱食之暇,亦必以其余智筹及国之法度,民之疾苦。泰然而无忧,则心必不能以无所寄,亦势然也。而光以素读书、素识大体之士人乎?夫绳古贤者,动曰是真能忘其身家以图其君也"(《明良论》(一))。即从王公大臣到督、抚、县令,都要竭尽全力,为国努力工作,心系百姓疾苦,公而忘私,舍身家为君王,这才是"明耻"之好官。如果士大夫皆能做到"明耻",就能使君民上下和睦,共同一心,心想事成,百废皆兴。到那时,就会皇恩浩荡、百姓安康、天下太平。(见《明良论》(一))

然而,晚清社会现象偏与龚自珍的设想相违背,出现了官僚、士大夫普遍无羞耻之心的局面。对此,龚自珍进一步分析了官僚、士大夫无耻的原因。龚自珍认为,君主的有意摧残,专制统治的绞杀是士不知耻的首要原因。他写道:"昔者霸天下之氏……未尝不仇天下之士。去人之廉,以快号令;去人之耻,以嵩高其身。一人为刚,万夫为柔。……大都积百年之力,以震荡摧锄天下之廉耻。"(《古史钩沉论》(一),《龚自珍全集》上)

在封建专制制度的淫威之下,真正的英才遭受压抑摧残。龚自珍认为举世昏昏,不容许与众不同的"才士"和"才民"的存在。一旦出现才士才民,就会被软刀子杀害:"当彼其世也,而才士与才民出,则百不才督之、缚之,以至于戮之。戮之非刀、非锯、非水火;文亦戮之,名亦戮之,声音笑貌亦戮之。……其法亦不及要领(要即腰,其法不及要领,即杀人不腰斩,不砍头),徒戮其心:戮其能忧心、能愤心、能思虑心、能有廉耻心、能无渣滓心。"(《乙丙之际箸议第九》,《龚自珍全集》,1975年版,第6—7页)扼杀生机,杀戮心灵,这是一个鬼蜮的世界,是封建专制制度扼杀人才的最好方法。在这样的世界里,人才死,庸才生,性灵冥,廉耻无,只能出现士无耻而辱国的局面。

其次,龚自珍认为士大夫无耻的另一个原因是官僚的俸禄太低。他写道："贫贱，天所以限农亩小人；富贵者，天所以待王公大人君子。人主以大臣不富为最可喜可法之事，尤晚季然也"（《明良论》（一））。即农民天生应该贫贱，贵族官僚天生应该富贵，这是自古而然的天理。而皇帝限制大臣富贵，这是晚期封建社会的现象。龚自珍认为不但周时大臣很富，两汉、唐、宋大臣的俸禄，也比今天高出数倍。大臣魁儒，雍容华贵，饮食风雅，这是国家的体统。而现今的官员天天愁着没钱，京官穷，外官也穷，以致弄到"廪告无粟，厩告无刍，索屋租者且至相逐"的局面。最终，龚自珍得出结论："内外大小之臣，具思全躯保室家，不复有所作为，以负圣天子之知遇，抑岂无心，或者贫累之也"（《明良论》（一））。龚氏此论，受封建等级制度影响，多有谬误，也有高薪养廉之意。观世间清官，不管富贵或贫穷，皆能以民为主，只知为国家而忘个人私利。清末腐败成风，只能说明清王朝已无力回天，快要走完了它的历程。

如何改变官僚、士大夫无耻的局面，以使他们"明耻"，不腐化堕落，而使国家永无耻辱呢？龚自珍作了较多的思考，在其文章中也有较多的论述，主要有以下几点。

1. 要使国家振兴，官僚、士大夫"明耻"，君主必须礼遇臣下，给臣下一定的权力，适当调整君臣关系。龚自珍在《明良论》里分析大臣无耻，只知献媚取宠的原因，是君威太盛，以奴仆待大臣。臣下见了君上就须下跪磕头，这是社稷之耻。为此，他主张恢复早期封建的君臣礼仪，像两汉、唐朝那样，大臣从容于便殿之下与君王议论国事，且皇上不断给论事之官赐座、赐茶，因此，大臣们皆有"巍岸然师傅自处之风"。做事忠于国家，为人知道廉耻。这是汉、唐两代国家强盛、少有耻辱的重要原因。而在清代，朝廷一、二品大员，朝见而免冠，夕见而免冠，朝见长跪，夕见长跪，大臣既失去了应有的尊严、人格，势必成为无羞耻心的奴仆、牛马、狎客。他指出，这些丧尽了羞耻心的官僚,不仅对人民无责任心,对君主同样没有责任心。龚自珍说:"非礼无以劝节,非节无以全耻"(《明良论》(二)),只有对臣下待之以礼,尊重其人格、尊严,视之为师友,才能劝其节,全其耻,使之发挥应有的作用,国家才能强盛。龚自珍认为这是使官僚士大夫"明耻"的关键。

另外,龚自珍还提出了加重大臣及各级地方官的政治、军事、司法等权力的主张,认为这也是使大臣"明耻"的方法之一。他说:"天下无巨细,一束之于不可破之例,则虽以总督之尊,而实不能行一谋、专一事。"(《明良论》(四),《龚自珍全集》上)这样,即使奉公守法之官也因怕触犯祖制获罪,而不思进取,不去思考,一切按成例去办。如此国家焉能富强。改革之方法,应该略仿古法而行之,皇上只须"亲总其大纲大纪",其余放手让内外官员去干,如果内外臣工贪赃枉法,则以乾断诛之,如果末节小事,不必苟细以绳其身。这样,上下官员就可以放开手脚,以其智慧努力做事,图大举,展雄才,使国家兴旺发达。这才是"万万世屹立于不败之谋"的远见。(《明良论》(四))

2. 大大增加各级官员的俸禄。龚自珍认为清朝官员的俸禄太低,不能养家糊口,是官僚士大夫贪污、无耻的重要原因。他说,唐、宋盛世,其大臣魁儒,大都"豪伟而疏阔",办事忠于职守,不顾身家性命,很少有人去为衣食住行而奔波,是因为他们薪俸高,衣食无忧。所以,要想让清朝之官员忠于操守,为国献身,除君主待他们以臣礼外,还必须大大增加他们的俸禄,以便高薪养廉,使其"明耻"。

3. 发扬个性是医治官僚士大夫无耻的良药。龚自珍根据清朝一代文字狱屡兴,整个社会万马齐喑,人的个性受到严重摧残的实际情况,发出了个性解放的微弱呼声。他在著名散文《病梅馆记》中,以梅为喻,曲折地表达了他要求摆脱封建专制桎梏,发展人的个性的心声。他说,因为"文人画士"认为梅

"以曲为美"、"以欹为美"、"以疏为美",于是卖梅之人即投其所好,对梅"斫其正,删其密,锄其直,遏其生气",使之曲、欹、疏,结果"江浙之梅皆病"。他希望自己用较多时间,购更多田地,购病梅植于土,解其束缚,"疗之、纵之、顺之",使其自由生长,恢复天然形态。在这里,龚自珍谴责鬻梅者对梅的摧残,实际上是谴责封建专制制度对人的摧残,他呼吁对梅解除束缚,使其自由成长,实际上是呼吁摆脱封建专制制度对人的桎梏。该文结尾明确表示自己"甘受诟厉",穷其一生"光阴以疗梅",寓意深刻,让人警醒。

如何求得人的个性的自由和解放,龚自珍提出了"尊心"、"尊情"的主张。即人人自尊、自爱。他认为心尊则其官尊,心尊则其言尊。官尊、言尊,即能做到人尊。人尊自能"明耻",人尊自知深明大义。从自尊、自爱,到官尊、言尊,反映了龚自珍要求人们,特别是士大夫有个性,不盲从,实现个性解放的愿望。

龚自珍的"明"观念,从揭露封建社会黑暗、士不知耻入手,阐述了官僚士大夫"明耻"主张的内容,分析了士大夫不知耻的原因,提出了纠正他们由无耻到"明耻"的措施。其言语文字之间,虽表现出龚氏维护封建等级制度,反对人民的落后一面,但他对封建专制制度和现实社会的尖锐嘲讽、揭露、批判,已开始隐隐出现叛逆之音。他要求君待臣以礼,上级关怀下级,官员士大夫时刻以国家兴亡、人民疾苦为重的"明耻"观,至今仍有借鉴意义。特别是他发出的个性解放的微弱呼声和官员、士大夫自尊、自爱的主张,深深地打动和投合了要求冲破旧束缚向往自由和解放的晚清一代青年人们的心灵和爱好,在当时具有一定的启蒙意义,并为后来的思想解放起了推动作用。

(二)魏源的"明"观念

魏源(1794—1857年),字默深,湖南邵阳人,与龚自珍齐名，后人合称龚魏。鸦片战争前，魏源曾长期在两江总督陶澍处担任幕僚，对盐政、漕运、水利等改革多有筹划。鸦片战争爆发后他曾奔走浙东前线，在署理两江总督裕谦处参与戎机。鸦片战争失败后，魏源愤怒异常，认为"欲制外夷者，必先悉夷情始"，于是他在林则徐《四洲志》的基础上，编纂了介绍世界各主要国家历史、地理的长篇巨著《海国图志》，并根据中国实情，提出了明战败之耻，"师夷长技以制夷"的主张。为当时的中国思想界开辟了一个新的方向。

魏源的"明"观念主要表现在以下几个方面：

1. 明君论，以明君选贤才的"明"观念

做"明君"，为"明臣"，是"明"的主要内容，是封建伦理道德对君、臣的严格要求，也是黎民百姓对统治者的期盼。魏源认为保持和巩固封建统治的关键，在于"人材"。所谓"人材"，当然是有"治民"本领的封建士大夫。而这些有本领的士大夫的选拔，主要看是否有圣明的君主。他说："人君治天下，法也；害天下，亦法也。不难于得方，而难于得用方之医；不难于立法，而难得行法之人。"（《治篇》（四），《魏源集》上，中华书局1976年版）即法律、治国方略执行的好坏，不在法，而在人，法再好，需人制定，而执行好坏，亦在人。故人才是制定治国方略、执行法规法令的关键。又说："得一后夔，天下无难正之五音；得一伯乐，天下无难驭之良马；得一颇、牧，天下无难御之外侮；……国以一人兴，国以一人亡。"（《治篇》（八），《魏源集》上）故魏源对国家是否有人才，十分看重，视之为国家兴亡的关键因素。

魏源认为，人才本来是很少的，而人才能否得到重用，又取决于皇帝是否"圣明"。他说："天之降才也，千夫而一人；才之遇主也，千载而一君。"（《治篇》（八））既然"明君"千载难遇，那么，作为一般君主如何像"明君"那样选拔人才，治好国家呢？魏源认为只要君主做到以下两点，即可成为"明君"：一是广开言路，让士大夫畅所欲言，展示其才华，然后再录用贤俊，造成一种能够出现人才的环境。他说："世昌则言昌，言昌则才愈昌；世幽则言幽，言幽则才愈幽。"（《治篇》（十二））即盛世一般都言路大开，言论开则才子显，人才出；弱世一般都言路塞滞，言路闭则人才难出。魏源此言，是对清朝一代实行文字狱造成的万马齐喑局面的揭露和批判，也是对清朝中后期人才匮乏，官僚士大夫多数恬不知耻、浑浑噩噩的担忧，更是对"明君"的呼唤。二是培养有用人才，因才用人。魏源认为现今之科举制度，所选拔之士大夫除四书五经外，对士农工商一无所知，而一旦考中进士，"则又以一人而遍责六官之职，或一岁而遍历四方民夷之风俗"，即什么都管。这种情况，就是学有所长，也难以应付，更不要说是不学无术的士子了。改变此种状况的方法，就是在科举考试时增加对士子农工商知识及其治理方法的内容，使士大夫成为经世致用的人才。如此，人才可得，国家可盛。魏源的培养专门人才、因才用人的观点，对人才奇缺的清王朝不失为一种选拔人才的好方法，就是对今天的人才培养也有一定借鉴意义。

另外，魏源还认为最高的封建统治者皇帝要想成为"圣明"的君主，必须懂得"古圣先王"所倡导的"王道"的本意。所谓"王道"的本意，在魏源看来，无非是"以足食足兵为治天下之具"，并不是像一些宋儒所解释的虚无缥缈、神秘莫测的东西。它是用来解决政治、经济、军事等实际问题的，是致用的，而不是不着边际的空道理。所以，他要求封建统治者在讲礼、仪的同时，要关心国民的生产、生活情况，官吏的组织状况，国家的建设，边疆的筹划，军队的训练等，这些才是真正的"王道"。很明显，魏源所谈的"王道"，实为建设国家，关心民生的大道。如果皇帝真正做到了以上几点，确能使国家富强，成为明君圣主。

2. 明战败之耻,"师夷长技以制夷"的明观念

鸦片战争失败后,如何反侵略、御外侮、雪国耻,成了一切爱国者共同关心的问题。面对中国战败之耻辱,魏源清醒地意识到,面对前所未有之强敌,欲雪国耻,必须顺应历史发展之潮流,抛弃成见,学习他人的长处,方能御侮,实现富国强兵的目标。在这一思想的指导下,魏源开始了学习西方,探索救亡图存、富国强兵道路的历程。

魏源的"师夷长技以制夷"的"明"思想是在对敌斗争的实践中提出的。1840年7月,英军攻陷定海,封锁宁波港。9月底,魏源应友人之邀,赶赴宁波,在钦差大臣伊里布军营帮助审讯英俘安德。审讯后,魏源获得关于英国的大量资料,并从此开始了探求西方文化的道路。1841年3月,魏源在林则徐的推荐下,毅然投笔从戎,入署两江总督、钦差大臣裕谦幕下。不久,因朝廷摇摆于战和之间,魏源自知难有所作为,返回扬州。8月间于京口同遣戍西去的林则徐意外相逢,并接受了林则徐嘱写《海国图志》的重托。于是,魏源在参加抗英斗争后,开始以实事求是的态度,冷静地分析中国所以战败的原因。1842年8月,在《南京条约》签订的那个月,魏源写成了《圣武记》这部愤于时事之作,提出了"以彼长技,御敌长技"、"以夷攻夷"的"师夷"主张。这是"师夷长技以制夷"思想的雏形,同时也是魏源为明战败之耻而作,欲以此激励世人。

《圣武记》完成后,魏源根据林则徐的嘱托,在《四洲志》的基础上,广泛搜罗海外历史、地理及政治、军事、风俗人情资料,于1843年11月,编著的《海国图志》50卷本告成,1851年扩编为100卷。魏源在《海国图志叙》里慨然宣告:"是书何以作?曰:为以夷攻夷而作,为师夷长技以制夷而作。"这是多么直率、明白、实际、坦诚的宣告,多么令人欢欣鼓舞和充满希

望的振臂一呼！同时，也是近代士大夫对"虚灵不昧，以具众理而应万事"的"明德"伦理观的最好践行。

《海国图志》提出了一套正确的反侵略策略。首先，它高举反侵略的爱国主义旗帜，认真检讨鸦片战争的失败，从中吸取经验教训。魏源指出，鸦片战争的爆发不是像投降派所歪曲的那样，是林则徐禁烟的结果，是资本主义国家特别是英国侵略者"唯利是图，惟威是畏"的本质所决定，是清王朝长期养痈成患造成的。在总结鸦片战争失败的原因时，魏源虽没有像我们今天一样将社会制度的腐败视作战败的根本原因，但也多少触及了问题的本质。如魏源举例说，虎门所购西洋夷炮200余，未闻拒敌之炮声，而由于投降派议和而资敌，曲折地道出了清政府的腐败。另外，魏源还提出了战败的其他原因，如战略战术的错误，面对强敌应诱敌深入，却采取进攻的策略；应用沿海的人民抗敌，却视民如寇；最重要的一点是敌之坚船利炮远远超过中国。魏源对鸦片战争的爆发、中国战败原因的分析，在当时是很有见地、很深刻的，反映了魏源明白夷情，掌握事物本质的"明"思想。同时，它也是魏源提出"师夷长技以制夷"理论的前提。

其次，《海国图志》的最大贡献是在林则徐的思想基础上，提出了近代中国向西方学习的第一个完整口号——"师夷长技以制夷"。魏源倡导"师夷长技"是很有远见的举措。他所说的"长技"有三，即战舰、火器和养兵练兵之法。魏源亲自参加了鸦片战争，目睹了西方侵略者"坚船利炮"的威力，为此，他提出了"师夷长技以制夷"的战略思想，并拟定了学习西方的具体内容：

（1）中国自己创办造船厂、火器局，发展官办军事工业。

（2）聘任外国技术人员，引进西方造船、制炮、行船、演炮的先进技术。

（3）从有实践经验的工人、士兵中培养、选拔人才，以培养本国技术力量。

（4）建立一支拥有战船百艘、火轮船10艘、水兵3万的新式海军。

（5）按照西方养兵、练兵的方法改革中国军队，改革军政制度，于闽、粤两省，武试增设水师一科，"凡水师将官；必由船厂火器局出身，否则由舵工、水手、炮手出身"。

（6）改革经济制度，在办好官办军事工业基础上发展官办民用工业，制造民用商船、望远镜、蒸汽磨等，"凡有益民用者，皆可于此造之"。产品可自行销售。

更有趣的是，魏源的这个学习西方的具体方案，还提出了在"广东虎门外之沙角、大角二处"，建立类似于我们今天所称作的"特区"的构想，以"尽得西洋之长技为中国之长技"。他相信，只要中国人虚心学习，努力奋斗，奋起直追，若干年后中国必然风气日开，智慧日出，完全能赶上西方，与西方强国并驾齐驱。

魏源不仅主张学习西方的工艺技术，而且流露出了对西方政治制度的羡慕。他曾热情称赞西方的总统制和议会制。他在《外大西洋墨利加洲总序》里，用钦羡的口吻写道："公奉一大酋（总统，引者注）总摄之，非惟不世及，且不四载即受一代，一变古今官家之局，而人心禽然，可不谓公乎！议事所讼，选官举贤，皆自下始，众可可之，众否否之，众好好之，众恶恶之，三占从二，余独徇同，即在下预议之人，亦先由公举，可不谓周乎！"（以上所引资料见屈小强《林则徐传》，第373—376页）魏源同林则徐一样，都是中国近代史上最早提出学习西方民主政治的人。由此可见，魏源"师夷长技以制夷"中的"长技"，不仅有西方列强的坚船利炮、科学技术，还多少涉及了西方的政治制度。

面对鸦片战争前后所出现的严重局面，当时各种人都作出了不同的反应。一些人认为，西方资本主义侵略者"船坚炮猛"，"非兵力所能制伏"，今后只能对外妥协，以求"中外相安"。另一部分虽要求报仇雪耻，但对于如何抵御外侮、维护国家独立，却提不出切实可行的办法。而魏源痛定思痛，冷静地总结教训，睁开眼睛看世界，发扬时刻保持清醒头脑，把所学到和掌握的理论运用于实践中去的"明德"伦理观，在明国耻、国情和夷情的基础上，勇敢地承认中国落后，适时提出了"师夷长技以制夷"的"明"观念，这在当时是高人一筹的真知灼见，为当时中国思想界开辟了一个新的方向，这一新方向曾支配中国思想界七八十年之久。作为中国近代向西方寻找真理的先驱，魏源不愧为时代的"明"者，他的"明"思想在中国思想界也具有重要地位。

三 康有为、梁启超的"明"观念

（一）康有为的"明"观念

康有为（1858—1927年），原名祖诒，字广厦，号长素，戊戌政变后改号更生，晚年自号天游化人等，由于生于广东南海，被学界尊称为南海先生或康南海。康有为自幼熟读经书，青年时从学于广东名儒朱次琦，受其"通经致用"思想的积极影响。后曾"潜心佛藏"，研读佛经。1879—1882年，康有为曾游览香港和上海，为西学吸引，于是大购西书，大讲西学，开始走上向西方寻求真理的道路，并着手维新变法运动的人才培养和理论创造。康自称，他是"合经子之奥言，探儒佛之微旨，参中西之新理，穷天人之赜变，搜合诸教，披析天地，剖析今古，穷察后来"，建立了自己的思想体系。（《康南海自编年谱》，转引自张锡勤《中国近代思想史》，黑龙江人民出版社1988年版，第198页）通过康的自述可知，他的思想体系是今文经学、佛学、变易思想和西方资产阶级政治思想、进化论的混合物,具有那种"即中即西"、"不中不西"、由旧向新蜕化的特点。康有为结合中国实际所提的"明"观念,也同样具有上述特性。

1. 主张社会不断进化的明观念

面对中法战争中国不败而败,甲午战争惨败,亡国灭种的危机局面,尤其是以1897年德国强占胶州湾为嚆矢,掀起的瓜分中国之狂潮。能否顺时而变,深入了解时局,掌握社会发展之规律,提出适合社会发展的理论和新的救国方案,成为这一时期判断一个人的理论和行动是否"明"的标准。康有为是这一时期顺应时代发展潮流的"明"者。他深深认识到:要救国,必须变法维新;要维新,必须首先从思想上破除"祖宗之法不可变"的迷信,打击"恪守祖训"的封建顽固派,批判封建传统思想,公开辨明维新变法的合理性,解放人们的思想,为维新变法提供理论依据。于是,他把中国古代的变易思想和从西方传来的进化论结合起来,提出了他的"公羊三世"进化史观。李泽厚说这是戊戌时期康有为思想体系的"脊梁"。(见李泽厚《康有为思想研究》,《中国近代思想史论》,第121页)

康有为初次接触西学时就受到进化论的强烈震撼,当他一旦从中国传统学术的框架中跳出来,对进化论就更加感兴趣,并对《易经》中的"穷则变,变则通,通则久"这种充满辩证法的发展变化思想有了新的认识,并以此说明自古以来中国社会曾经历的多次变革。这样,康有为借《易经》的变易论和孔子的"据乱、升平、太平"的三世说,杂以西方之进化论,结合中国亟须变法的形势,创建了自己的历史进化论。康有为认为,宇宙没有一成不变的事物,"变"是宇宙万事万物的普遍规律。人类社会是一个不断由低级向高级发展的过程。即从远古的据乱世向近代的升平世、再向其后的太平世递进,因而不同时代的典章制度都必须因时而异,不断变革,只有通过变革,才能促进社会的发展,也才能最终达到人类理想的乐园——太平世。

康有为认为事物只有在运动变化过程中不断新陈代谢,才有生命力,才能茁壮成长,否则就会腐朽灭亡。他说,"物新则壮,旧则老;新则鲜,旧则腐;新则活,旧则板;新则通,旧则滞"(《上清帝第六书》),正说明了这一道理。将此理用于人类社会亦然,"法既积久,弊必丛生",因此,一个国家的法律制度也须因时而异,不断变革,才能适应时代的发展变化,才能使这个国家顺应时代的历史潮流,不断发展,走向富强。他说,治国之法,就像治病的药方,病发生了变化,药方也需因病而变。如果病发生了变化,仍采取以不变应万变的方法使用旧方,不仅不能治病,可能还会增病,乃至害人。国家的治理也是这样,世界形势已发生变化,仍固守祖宗之法不可变,国家就会危亡。康有为还举例说明其进化论观点。如日本一蕞尔小国,原先与中国情况相似,经过明治维新,迅速走向富强。这样,康有为就顺理成章地得出了中国必须及时变法维新的结论,驳斥了"祖宗之法不可变"、"天不变道亦不变"的谬论。

康有为还进一步指出,事物总是在不断运动变化的过程中向前发展进化的。他写道:"凡物积粗而后精生焉。……积土石而草木生,积虫介而禽兽生。人为万物之灵,其生尤后者也。"(《孔子改制考》卷2)即地球上是先有土石,然后生出草木,再后有虫介、禽兽,最后猿猴进化为人类。人类出现后,物质文明和精神文明更是日新月异。他说"废席地而用几桌,废豆登而用盘碟",后来又"以楼代屋,以电代火,以机器代人力"(康有为《礼运注》),越来越进步发达。由此,他得出结论,人类物质生活越来越好,人们创造的精神文明也越来越进步,即"天道,后起者胜于先起也;人道,后人逸于前人也"(康有为《日本书目志序》)。为此,康对人类进化过程作了描写:"由独人而渐至酋长,由酋长而渐立君臣,由君臣而渐为立宪,由立宪而渐为共和"(康有为《论语注》)。详细描述了人类社会由低级向高级不断发展的过程。

康有为的历史进化的"明"观念,虽未对"明"字进行论述,但在那个时代,在不论顽固派或洋务派都坚守"天不变道亦不变"的教条,认为封建专制制度神圣不可改变的情况下,初步论述了资本主义取代封建主义的历史必然性,严重动摇了两千多年来"天不变道亦不变"的不变论,为维新变法提供了理论依据。他的历史进化论不仅表明了他对时局的透彻认识,而且符合做人应虚灵不昧,时刻保持清醒头脑,把所学知识运用于实践之中的"明德"伦理观,是引导社会向前发展的"明"思想。

2. 要求雪耻,主张变法的"明"观念

对于中国近代的耻辱,国家的危机,康有为有深刻而明白的认识。为了雪国耻,救危亡,康有为提出了一系列要求雪耻,主张变法的"明"主张。

(1)在政治上要求清政府从"通下情"、"慎左右"入手,逐步变君主制为君主立宪制。"通下情",即民间之情况可以上达,朝廷对下面发生的事情可及时了解真相,这是一般皇帝都能成为"明君"的主要方法。康有为认为中国之所以落后,上下不通是主要原因,民情君不知,君令民不晓,官员即可欺下瞒上,祸国殃民,这是和"明"根本对立的,是"明"之大敌。针对这一"大病",康有为在第一次上书的基础上,向光绪皇帝提出了如下建议:其一,"下诏求言"。让天下人到午门递折,对有利国家的建议予以接纳,并对上书人下旨褒嘉。其二,开设报馆,设立图书馆,广购西书等,使上下之情形及时见诸报端,让天下人了解天下事。如实现上述两点,即可实现上广皇上之圣聪,坐一室而知四海,下可做到人民对上议之切明,及时领会皇帝之圣意,以做到下情通,上情达,实现上下皆"明"。

"慎左右",即明辨忠奸,慎重选择任用协助皇上治理国家的大臣,这是"明"的重要内容,是"明君"的重要标志。康有为认为即使有好的政策,没有忠诚的有能力的人来执行政策、管理国家,那么国家也是没有希望的。他认为现在朝中无能臣,皇帝左右皆奸佞之臣,建议将那些欺上以承平无事者,谄媚阿谀之人等从皇帝身边清除出去,从政府机关中清除出去,选用那些光明磊落、直言敢谏、通晓今古的有识之士到重要职位上。这样不仅可以很好地执行国家政策,而且可做到上下之情畅通,从而使光绪帝成为一个顺应时代发展的圣明君主。

至于最终实行君主立宪制,康有为认为关键是"开门集议",设置"议郎"。具体做法是:令士民公举博古今,通中外,明政体,方正直言之士,约10万户举1人,名曰议郎(议员)。议郎可轮流入直于武英殿,以备顾问。对于军政大事,需经议郎讨论,2/3以上的人同意,方可实施。省府州县与之相同。康有为认为,设置议郎、建立议会是通情的根本,是逐步实现君主立宪制的关键,是皇帝能做到"明"的最主要的方法和手段。

(2)在经济上,提出发展资本主义工商业的主张。面对当时中国民贫财匮的困难局面,康有为一改"重农抑商"的传统观念,提出了变"尚农"的中国为"尚工"的中国,把中国"定为工国"的主张。康有为指出,现今之世界是一个"工业之世界"、"机器之世界",中国要赶上世界潮流,在这个新世界中立足,就必须以工业立国。为此他提出了修铁路、开矿山、建工厂、建银行、振商务、恤商民、奖励创造发明等一系列发展资本主义工商业的措施。康有为改变"崇本抑末"的传统观念,是切合国际国内形势的明智之举,是中国走向富强的必由之路。康有为实行君主立宪、发展资本主义工商业的举措是其社会进化论在社会实践中的运用,如果说康有为的社会进化论是顺时而变的"明"理论,那么,他的变法主张则是富国强兵的"明"举措。

3. 主张废科举，建立新式学堂，培养明理广智国民的"明"观念

废除科举考试制度，建立新式学堂，培养明白道理、有知识的国民，是康有为的"明"观念之一。在这里所言的"理"主要是指救国之理，维新之理；所言的"智"，不仅是读经史、识文字，主要是懂得自然科学知识，并能运用自然科学知识为经济建设服务。康有为认为，中国要进行政治革新和经济建设，最急迫的是要有大量具有新思想、新才干的新人才。然而，中国上千年传下的八股取士制度，"闭聪而黜明"。那些热衷举业的士子，"学问止于《论语》，经义未闻《汉书》"，解义只尊朱熹。他们"谢绝学问，惟事八股"，除四书、五经外，学识无比浅陋，以至于一些"翰苑清才"，竟有不知司马迁、范仲淹为何代人，汉祖、唐宗为何朝帝者！如问之亚非地理，欧美政治，更是瞠目结舌，不知所云。总之，八股取士的科举制度使广大知识分子无知无识，无才无用，不明不白，其摧残、毁灭人才比秦白起坑长平赵卒40万尚过10倍。康有为认为中国之所以割地赔款、丧权辱国，皆在八股之罪。他主张改革教育之第一步当为废八股，改试策论，待新式学校大量建立以后，逐步废除科举制度。

康有为认为，要想民富国强，必须教民，教民不仅普及于士，还要普及于民，使其明理广智，于是，他提出了兴办各级各类新式学堂的主张和以普及教育为中心的国民教育大纲。具体办法是在经费紧缺的情况下，可先将全国各地现有的书院、义学、社学、私塾皆改为兼习中西的学校。将省会的大书院改为高等学堂，府州县的书院改为中等学堂，乡的义学、社学改为小学堂。同时，可将各地的寺院祠堂改为学校，并鼓励、劝导"绅民""捐创学堂"，如此便可迅速兴学。学校所学课程，除"读史、

识字"外，主要是学习测算、绘图、天文、地理、光、电、化、重、声、汽等西学。他还主张设立医学、法律、机器、武备、驾驶等专门学堂，以造就专门人才。康有为认为，此目的如能实现，将能逐步开四万万国民之智，达到使国民明理广智，为国家培养人才的目的。

康有为为实现其使国民"明理广智"的梦想，从1890年开始自办学校，1891年设万木草堂，走上了培养维新人才之路。1891年，万木草堂招生20人，1893年40人，1894年达100余人。从1891年万木草堂创办到1898年戊戌政变前的8年间，万木草堂的学生连同康有为在桂林讲学之后的两广学生及在上海、北京前来拜门者共约千人，可谓桃李满天下。康氏以实际行动实践了他的废科举、建学堂、使国人明理广智的"明"观念。

此外，康有为还认为报纸杂志是介绍新知识、新论点，开启民智，使国民明理的主要途径，甚至可称为捷径。他认为各国变革无不从国民起，欲倡之于天下，以唤起国民之议论，振刷国民之精神，快且速者莫如开报馆，办报纸，以宣传之，召唤之，团结之。于是，康有为捐资在北京创办了中国人自办的第一张报纸——《万国公报》，指使梁启超在上海创办享誉天下的《时务报》，1897年2月22日又亲自创办了在国内外有较大影响的《知新报》等。以上报纸，除了广泛介绍外国政治、经济、文化等情况外，还极力宣传康有为的维新变法主张，尤其着重宣传养民、富民、教民之法，特别是对建学校，教育国民使其明理作了很多论述。以上报纸的创办和宣传，给死气沉沉的中国吹进了一股清新的空气，使官僚、知识分子对世界大势有了一定程度的了解，使中国国民开始知道了一些中外国情，明白了一些维新变革的道理，为维新变法高潮的到来和国民的明理广智起到了促进作用。

(二) 梁启超的"明"观念

梁启超(1873—1929年),字卓如,号任公,又号饮冰室主人,1873年2月23日出生于新会县茶坑村。12岁中秀才,17岁中举人。少有大志,敢于怀疑,性格刚直。1890年9月,举人梁启超正式师从当时仍是秀才的康有为,成为康有为的得意门生,也是康有为领导维新变法的主要助手,长期以来人们合称康梁。他是资产阶级维新派杰出的宣传家、中国近代著名的资产阶级启蒙思想家。在维新变法的运动中,在反对封建专制制度、宣传资产阶级民主的过程中,梁启超形成了自己独特的"明"观念。

1. 主张开发民智、明德新民的"明"观念

自鸦片战争失败后,先进的中国人都在认真探索西方强盛、中国衰弱的原因,梁启超也是他们中间的一个。梁启超认为,西方的强大主要在于人人有自主之权,人人各尽其所当之事,各得其所应有之利。他说:"国者积极而立,故全权之国强。""何谓强权?国人各行其固有之权",西方之国,便是国人各行其固有之权的全权国家(梁启超《论中国积弱由于防弊》)。而中国,历代统治者收人人自主之权归于一人,使统治者有权,而被统治者无权。君主像防敌一样防范臣民,臣民毫无自主的权利,故臣民也不会真心热爱君主和国家,这是中国积弱的根源。他认为,民权兴,可使民智开;民智开,自然公理明;公理明,方能实现明德新民,使国民明治国之道,懂强国之理,有自强不息、自由、民主之新道德,最终达到民富国强的目标。由此,梁启超得出结论,兴民权是振兴中华的关键。

民权何以兴?梁启超认为民权生于民智,开民智是兴民权的前提、根本。他说:"权者,生于智者也,有一分之智,即有一分之权;有六七分之智,即有六七分之权;有十分之智,即有十

289

分之权。……使其智日进者,则其君亦日进。……是故权之与智,相倚者也,昔之欲抑民权,必以塞民智为第一义,今之欲伸民权,必以广民智为第一义。"(《论湖南应办之事》)也就是说,民权要一步步到来,要靠民智一点一滴的增进,舍此别无他法。故开民智是中国自强的起点,一切的根本。

如何开民智?梁启超提出两项措施:一是朝廷大变科举,废除八股取士制度,使人们从根本上摆脱四书、五经的束缚;一是全国各地遍设学堂,改变原来的教育制度,培养出明治国之道、懂科学技术的新的人才。梁启超认为办学堂,开民智,重在明公理,即"为开风气起见,须先广其识见,破其愚谬,与国民反复讲明政法所以然之理;国以何而强,以何而弱;民以何而智,以何而愚;令其恍然于中国种种旧习之必不可立国。然后授以东西史志各书,使知维新之有功;授以内外公法各书,使明公理之足贵;更折衷于古经古子之精华,略览夫格致各学之流别。"(梁启超《论湖南应办之事》,丁守和《中国近代启蒙思潮》上卷)他宣称,如以上两项立行,就能使国情顷刻全变,民智大开。他断言说:"吾公一言以蔽之曰:变法之本在育人才,人才兴在开学校,学校之立在变科举"(《变法通议·论变法不知本源之害》)。由此可知,变科举与兴学堂是梁启超戊戌变法时期最重视的两件大事,是使国民明公理的主要举措。

梁启超认为在一个愚昧野蛮的国度无法实现民权,开民智、兴民权不是用一场单纯的政治斗争所能完成,看到了兴民权与开民智的关系。对此,以前大陆学者往往批判梁启超看不到人民的力量,是对人民的侮辱,认为只要把封建专制制度推翻,民智立时可开,国家即可兴旺。事实证明,这种认识是偏颇的。"文化大革命"时期个人崇拜的勃兴,对法律的漠视和践踏,对民权的剥夺而不自知,在一定程度上表现了民智未开。同时,它也恰恰证明,开民智、兴民权绝非一场单纯的政治斗争所能完成,它是一个长期的、艰苦的思想教育过程，有时需要一代乃至几代人的努力才能完成，尤其对于长期受封建专制主义的统治和封建主义思想桎梏熏染的中国人民来说。故此，梁启超的开民智、兴民权的主张，不仅不是反人民的思想言论，而恰恰建立在对中国社会的深刻认识和理智分析上，是明智的举措。

戊戌变法断送在守旧派的屠刀下，"自立军"首领唐才常也倒在血泊之中，义和团的"灭洋"呼声被八国联军的枪炮声湮没。清政府更加腐败，国势日益凌夷。中国出路何在？中国国脉何在？世纪之交是令中国人痛心疾首的岁月，也是令人反思探索的年代。梁启超再次抬出开民智的理论，融会中西学理，针对中国现状，创立了著名的"新民说"，以为国家培养新人。他在1902年创办《新民丛报》，接着发表了《新民说》、《新民议》、《论民族竞争之大势》、《论中国国民之品格》等论著，系统阐述了新民理论。

梁启超所言之"新民"，主要是新民德，即"明德新民"。传统的道德教化不可能塑造近代"新民"。梁启超认为中国贫弱不振，主要是因为中国人"愚昧"、怯弱和涣散所造成，即素质太差。素质太差主要表现在民力、民智、民德三个方面，要使中国走向富强，必须从这三个方面着手，而这三个方面，又以新民德为首。因为只有新民德，国民才懂得变革中国的道理，才能明了国际国内形势，才知道何为民主、自由、平等，才可做一自主之民。故此，他指出民德之高下，乃国家存亡所系，关键所在。由此可知，梁启超所言的新民德，即"明德新民"中的"德"，与古代截然不同，他所言的"德"，主要指独立之品质、自治之能力、爱国之精神、公共之意识、民主自由之思想等。他所言的"明德新民"，也主要是把国民培养成有上述品质、能力、精神、意识、思想的新人，即新民。他认为如此方可改掉中国人的劣根性，养成完全之品格。

如何新民德？梁启超认为可从以下几方面入手。

第一，培养国民的权利意识，扫除国民心理积淀着的奴性。梁启超认为，国民拥有权利意识，即为之"明"。他认为，数千年来，中国人不识权利为何状，故国民权利的获得是一个曲折漫长与极其艰难的过程，犹如妇女分娩，苦痛在所难免，国民与权利之关系，犹如母子，国民对得之不易的权利要敢于用生命来保护，不可得而复失。他说："权利之薰浴于血风肉雨而来者，既得之后，而永不可复失焉。谓余不信，请观日本人民拥护宪法之能力，与英美人民之能力相比较，其强弱之率何如矣？若是乎专信仁政者，果不足以语于立国之道；而人民之望仁政以得一支半节之权利者，实含有亡国亡民之根，明也。"（《新民说》，丁守和《中国近代启蒙思潮》上卷，社会科学文献出版社1999年版，第324页）即只知实行仁政，并非立国之道，因君主实行仁政，国民才得到一点权利，而国民不知去主动争得权利，是亡国的主要原因，只有懂得此点，才是真正的"明"，才是实现新民的根本。另外，梁启超还认为权利需要法律保障，立法是保障权利的第一要义。总之，梁氏的权利需通过斗争而得之、需法律保障而确定之的思想，是深刻而且合中国国情的。

第二，养成国民自由之品德，自尊之品格，自治之精神。自由是破除奴性的根本途径，是"新民"的重要条件。梁启超很赞赏"不自由，毋宁死"的名言，认为自由应由国民自得之，自享之，而不是由政府、官吏操纵之。中国则完全相反，所谓"自由"皆来自统治者的"恩赐"。所以，梁启超认为凡以"我不入地狱，谁入地狱"的精神，为国民争得自由而奋斗者，即为之"明"。他写道："佛言：'我不入地狱，谁入地狱'，佛之说法，岂非欲使众生脱离地狱者耶？而其下手必亲入地狱始。若是乎有志之士，其心怵其形焉，因衡其心焉，终身自栖息于不自由之天地，然后能举其所爱之群与国而自由之也，明矣"（《新民说》，丁守和《中国近代启蒙思潮》上卷，第331页）。由此可知，梁启超把一个人能否为国民争得自由，视为其是否"明"的标准，凡为自由而奋斗的人皆为明者。所以，梁启超以大力提倡自由为己任，并要求国民通过参政议政以达到实现自由的目的。

自尊是近代国民不可缺少的品格，而这恰恰是中国国民所缺少的。梁启超认为，国家乃由国民组成，国民不能自尊，则不能自尊其国。一国不能自尊，不能屹立于世界。所以，欲求国家自尊，必须国民自尊。如何养成自尊人格，梁启超认为自尊来自自爱，凡事依靠自己，以做到经济上自劳自活，学问上自修自进，尽可能发挥自己的潜能。凡自尊者必自治，国民自治、参政议政是近代社会的发展趋势，是国民能否做到"明德"的标志之一。梁启超认为国民个人自治是群体"自治"的基础。中国从来没有国民自治，人人讲奉法，官员却不遵令守法，人人重儒教，士大夫却不遵圣贤的教导。因此，中国当务之急是培养国民的自治能力，中国人能否享有民权、自由、平等，取决于自治能力的强弱、大小。梁启超认为，自由、自尊、自治，此三者，自由为本也。国民享有自由，有自由之品德，方能认识到自尊，有自尊的品格，自尊实现，自治目标可达。故如人人成为为自由而奋斗的"明"者，成为享受自由的人，新民德的目标即可达到。

此外，梁启超还提出要明德新民，还必须培养国民的冒险精神、坚韧不拔的毅力等。这样，梁启超就以权利、自由、平等、冒险、毅力、自尊、自信、自治、合群、爱国等概念勾勒了一个生气勃勃的"新民"形象。他所呼唤的"新民"是集中西优秀文化于一身的国民，而培养"新民"的终极目的是国家富强。因此，梁启超的"新民"观超出了一般爱国知识分子的境界，较之一般的学术创新具有更深的社会意义，是当时对中国社会认识真正深刻、真正明切的"明"观念，它在晚清风行一时，对进步的知识分子产生了巨大的影响。

2. 应时而变,顺应时代潮流的"明"观念和行动

梁启超的一生,是应时而变,顺乎时代潮流,为民主而奋斗的一生,是实现中国现代化的开路先锋。如前所述,甲午战败,在亡国灭种的危急关头,他和康有为等维新志士一道掀起了轰轰烈烈的维新变法运动,以维新志士的鲜血昭示国人,只有改变封建专制制度,实行君主立宪,才能救中国。百日维新失败后,他又提出"新民说",欲在中国培养有民主意识的新民,逐步在此基础上实现君主立宪制政体。梁启超长期执著于"君主立宪"的思想根源,除了戊戌维新模式和康有为的影响外,还在于他对清政府的认识,对于国民素质和中外关系的估计。这方面,他的认识尽管有些悲观、低调,大多是实事求是的。

1905年,孙中山等革命党人在日本东京成立中国同盟会,提出"驱除鞑虏,恢复中华,创立民国,平均地权"的政治纲领,留日青年学生趋之若鹜。康、梁等党人担心革命会危害中国,于是,梁启超以《新民丛报》为阵地,与革命派展开了激烈争论。他主张政治变革,赞成民主政治,但同时坚持"有秩序的革命",反对暴力革命。甚至于1906年发表《开明专制论》一文,主张开明专制。人们往往认为这是梁启超走向反动的标志,其实梁并未放弃君主立宪。他认为开明专制,即由专断而以改良的形式发表其权力,以所专制之客体的利益为标准,而专制"客体"即国家和人民。可见,开明专制和清政府的专制统治有根本区别。梁启超认为,某些国家在外竞激烈、民智未开、幅员广大、种族繁多等情况下,往往需要一个开明专制时期,作为君主立宪之预备。而此时期以提高国民素质,进行社会、法律制度建设为主要内容。他担心如果在民智未开、条件不成熟的情况下革命,将会出现血流成河、军阀混战的局面。这里梁启超所言的"开明专制"中的"开明",主要是对国民进行资产阶级政治思

想的"明德"教育，为实现君主立宪做准备。尽管字里行间反映了梁氏对国民素质的悲观估计和对清政府的幻想，但包含了一定的合理因素。此次革命派与改良派的论战看似革命派取得胜利。然而具有讽刺意味的是，梁启超对暴力革命的担忧如社会动荡、列强趁火打劫、军阀混战连绵不断等都不幸被言中。事实证明梁的见解深刻、明析，包含一定的合理因素。

武昌起义爆发后，梁启超曾制定了立宪党人"用北军倒政府，立开国会，挟以革党"的策略。在梁启超的推动下，驻滦州的新军第20镇统制张绍曾、第2混成协协统蓝天蔚等发出通电，提出12项主张，要求清政府改组皇族内阁，年内召开国会，制定宪法，特赦国是犯等。这就是震动清廷的"滦州兵谏"。滦州兵谏次日，清廷不得已下"罪己诏"，接着任命袁世凯为内阁总理大臣，重组内阁。

袁世凯出山后，稳住了北方阵脚，集军政大权于一身。梁启超等人"用北军倒政府"的方针已不大可能，鉴于袁世凯多年来赞成共和的姿态，为利用袁"扰乱反治"，避免国家分裂，梁放弃与袁多年的积怨，毅然指示国内同志采取"和袁慰革，逼满服汉"的方针（丁文江、赵丰田编《梁启超年谱长编》，第558页）。这样，梁启超等立宪党人开始与多年对立的袁合作。抚慰革命党人也是为了握手言和，结束纷争。实际上，梁氏等立宪派对政治现代化的期望从清政府转移到了袁世凯。这和孙中山、黄兴虚总统之位以待袁项城反正归来，并欲以《中华民国临时约法》及实行内阁制来约束袁世凯的方法，大同小异，再次证明了梁启超对时局把握的准确和对清方针的明智。

袁世凯就任大总统后，梁启超曾任司法总长，欲以三权鼎立之势约束袁世凯。但袁的所作所为，令梁大为失望。1914年2月，熊希龄被迫辞去内阁总理，梁也随之坚辞司法总长。1915年，袁欲实行帝制，8月，其美籍顾问古德诺发表《共和与君主论》，公开鼓吹中国实行君主制较共和制为宜。同时，在袁世凯的指使下，杨度等发起"筹安会"，大肆鼓吹帝制。一时间，推戴袁世凯称帝的狂潮在各地泛滥。

对此，梁启超再也不能沉默了。8月，他写下《异哉所谓国体问题者》一文，驳斥古德诺等人的帝制谬论。9月3日，他谢绝袁氏的重金收买和威胁，在《京报》上发表了此文，公开表明自己的反帝态度，主张在现行"国体"下，通过改良实行民主宪政。这篇措辞委婉但态度鲜明的文章把他重新推到了社会舆论中心。人们争相传阅，《京报》顷刻销售一空。次日，《国民公报》转载，畅销为前所未有，后来只得印售单行本，大有京城纸贵之势。蔡锷对此评论说："（先生）……大声疾呼，于是已死之人心，乃振荡而昭苏。先生所言，全国人人所欲言。抑非先生言之，固不足以动天下"（《盾鼻集·序》，《饮冰室合集·专集之三十三》，第144页）。梁之言论，起到了使天下人明理的作用，同时，他也因此成了反袁护国运动的旗帜。

1915年下半年，梁启超在天津租界精心策划着反袁护国运动。12月25日，在梁的指示下，蔡锷、唐继尧等宣布云南独立，揭开了护国运动的旗帜，打破了袁世凯的皇帝梦。与此同时，他还多次与冯国璋在上海密谈，计划逼袁退位，实现南北和平。此间，他不顾父亲于1916年3月14日在香港逝世的悲痛，以他对祖国的忠诚，奔走于南方诸省之间，策动反袁斗争，直到1916年6月袁世凯在全国人民的唾骂声中死去。梁启超的行动，为国为民，光明磊落，可鉴后人。

1917年7月1日，张勋利用"府院之争"的僵局，率军进京，拥溥仪复辟。梁启超又迅速从天津参加段祺瑞的"马厂誓师"，成为段氏"讨逆军总司部"的参赞，为讨伐张勋出谋划策。7月12日，张勋复辟结束，梁成为"再造共和"的功臣，被段祺瑞聘为财政总长。

纵观梁启超一生的主张和行动,梁的具体主张因时而变,而民主政治的立足点没有变化,即在现行国体下,逐步建立民主政治。明于此,就不难理解梁启超拥护民主共和,并为反对帝制而奋不顾身了。对此,文学家郑振铎的评论颇为精辟:"他之所以'屡变'者,无不有他最顽固的理由,最透彻的见解,最不得已的苦衷。他如顽固不变,便早已落伍了,退化了,与一切的遗老遗少同科了;他如不变,则他对于中国的贡献与劳绩也许要等于零了。他的最伟大之处,最足以表示他的光明磊落的人格处便是他的'善变',他的'屡变'。他的'变',并不是变他的宗旨,变他的目的。他的宗旨他的目的并未变动的,他所变者不过方法而已,不过'随时与境而变',又随他'脑识之发达而变'其方法而已"(郑振铎《梁任公先生》,载夏晓红编《追忆梁启超》,中国广播电视出版社1997年版,第88—89页)。由此看来,许多年来,很多人把梁启超的多变看做落伍,乃至反动,是对梁的认识不够深刻,他的多变的主张,恰恰说明它是适应时代潮流、救国救民的"明"主张。他的行动,也正说明梁启超是一个了解时代,掌握事物本质的明者,是一个光明磊落、令人敬佩的人。

四 辛亥革命党人的"明"观念

以慈禧为首的清朝反动统治集团,1898年扼杀了戊戌变法,1900年出卖了义和团爱国运动;1901年同世界上主要帝国主义国家签订了丧权辱国的《辛丑条约》,中国完全沦为半殖民地。特别是以慈禧为首的清朝统治者,对帝国主义"宽恕"了自己感激涕零。从此,清政府完全成了帝国主义的工具,成了帝国主义操纵下的"洋人朝廷"。面对如此政府,面对中国的日益消沉,20世纪初,围绕如何改造中国,实现变革,中国向何处去等重大问题,国内各阶级、团体、阶层和政治派别展开了空前激烈的争论。他们各抒己见,竭其聪明才智,提出了不同的治国方略和措施。其中以孙中山为首的革命党人,提出了更加切合中国实际,明确而具体的救国主张,阐述了自己的"明"观念。

(一) 革命党人的"明理"论

为了争取最大多数的民众支持中国的反清革命,推翻清王朝的反动统治,革命党人比较清醒地意识到必须先从思想上解放国民,使他们主动放弃封建伦理道德,成为顺应历史发展的"明"者。于是,他们适时地提出了让国民"明理"的主张。

革命派认为,中国人本来是"明理"的,只是由于长期的封建专制统治和三纲五常等封建伦理教育,才使他们的智慧被禁锢,"本明"(革命党人把中国人原来天赋的"明理"称作"本明",这种"本明"即为远古时期民主、共和的认可,人人平等、自由,没有也不承认"三纲"的束缚)被泯灭。陈天华指出:"天下事惟无者不易使之有,有者断难使之消灭。如水然,无水源斯已也,苟有源流,虽如何防遏之,压塞之,以至伏行于地中至数千年之久,一旦有决之者,则滔滔然出矣。无目者不能使之有明,本明而蔽之,去其蔽斯明矣;无耳者不能使之聪,本聪而塞之,拔其塞斯聪矣。吾民之聪与明,天所赋与也,于各民族中,不见其多逊。"(陈天华:《论中国宜改民主政体》,丁守和《中国近代启蒙思潮》上卷,第389页)即中国人天赋之"本明",如伏于地下之水,长期被塞、被蔽,没有显现而已。革命党人认为,他们的任务就是拔禁锢国民思想之"塞",去禁锢国民"本明"之蔽,使他们"明理",明革命之理、共和之理、民主之理,并去"三纲"之蔽,成为支持革命的"明"者。

革命派认为,中国人这种天赋之"明"之所以被蔽,主要原因是"中国经二十余朝之独夫民贼"的统治,"闭塞其聪明,箝制其言论，灵根尽去，锢疾久成，是虽块然七尺之躯乎，而其能力之弱，则与未成年相差无几"，从而使中国百姓"稍稍失其本来"，即"本明"被蔽塞。

如何恢复中国人的"本明"，革命派认为应先去掉"三纲"对国民的控制。他们指出："去迷信与去强权，二者皆革命之要点"（真：《三纲革命》，丁守和《中国近代启蒙思潮》上卷，第478页），迷信与强权去，则国民明矣。革命党人认为，君为臣纲，为三纲之首，危害最烈，祸害最大，是对国民进行思想控制与强权控制的结合，欲把此患去掉，必须将君与臣全部消灭，建立人人平等、自由、民主的国家，舍此别无他途。（真：《三纲革命》）。至于父为子纲、夫为妻纲，不必用激烈手段，"惟改革其思想可也"。革命派所言的"改革其思想"，主要是通过教育的方法，使父、夫及子、妇"明理"。明理的内容是使父子、夫妇知道，"父之生子，性一生理之问题，一先生，一后生而已，故有长幼之遗传，而无尊卑之义理，就社会而言之，人各有自，非他人之属物。就论理言之，若生之者，得杀被生者，则被生者亦得杀生之者，既子不得杀父，故父亦不得杀子"。"男女相合，不外乎生理之一问题。就社会言之，女非他人之属物，可从其所欲而择交，可常可暂。就论理言之，若夫得杀妻，则妻亦得杀夫；若妇不得杀夫，则夫亦不得杀妻；……此平等也，此科学真理也。"（参见真：《三纲革命》，丁守和《中国近代启蒙思潮》上册，第480—482页）也就是让父子、夫妇明白父为子纲、夫为妻纲是毫无科学根据，是欺善凌弱，有百害而无一利的道理。

革命派认为，只有能做到父子、夫妇"明理"，父为子纲、夫为妻纲就会随着君为臣纲的消灭而自然消灭。他们指出："父之知道明理者，固不肯恃强欺弱，侵其子女之权……故纲纪之义，父之明理者固无所用之，而用之者皆暴父而已。""夫之知道明理者，固不肯恃强欺弱，侵其妻之权……故纲常之义，夫之明理者固无所用之，用之者皆为暴夫而已"（参见真：《三纲革命》，丁守和《中国近代启蒙思潮》上册，第480—482页）。也就是说如果父、夫皆能做到"明理"，"父为子纲"、"夫为妻纲"的旧道德就会不攻自破，自然消亡。

然而，世上毕竟有暴父、暴夫的存在，故此，革命派不仅主张处在"统治"地位的父、夫"明理"，还特别强被"统治"者、子、妇"明理"的重要性。他们认为，只有被"统治"者、子、妇懂得科学、民主的道理，明白"三纲"的危害，才能在暴父、暴夫出现时，拿起理论的武器，勇敢战斗，最终铲除"父为子纲"、"夫为妻纲"这两个恶魔，实现思想上的真正解放。革命党人指出，被"统治"者的"明理"，才是真正的"明理"，根本的"明理"。（真：《三纲革命》）。

如何实现"三纲革命"，把人们从封建伦理道德的桎梏中解放出来，革命派主张，一可使广大民众"尚真理以去迷信"，实现"思想之革命"；二可使国民"求自立以去强权"，打倒强权政治，推翻封建专制统治（真：《三纲革命》）；三是用革命之法"明公理"，如章太炎在《驳康有为论革命书》一文中所说："公理之未明，即以革命明之；旧俗之俱在，即以革命去之。"革命派认为，如果认真执行上述三项"明理"措施，即可使国民"明理"，显现出中国人天赋之"本明"，就能实现解放国民思想的目标。

革命党人大胆地指出，思想解放的中国国民，一定能使伟大的中华民族屹立于世界之林。陈天华写道：如果中国人能做到"明国家原理，知公权之可宝，而义务不可不尽，群以义务要求公权，悬岩坠石，不底不止不已，倘非达于共和，国民之意欲难厌，霸者弥缝掩饰之策，决其不能奏效也"（陈天华《论中国宜改创民主政体》）。即广大人民知道人人应尽的义务，明白自己所掌握的公权，就会锲而不舍，不实现民主，建立共和，决不罢休。果真如此，革命党人的革命行动，就会得到最大多数国民的支持，清政府被推翻，共和国的建立将指日可待。展望未来，陈天华引用拿破仑的话说："将来世界，或为支那民族所支配，亦不可知"（同上）。这也正是革命党人主张国民"明理"的目的。

（二）主张以革命手段迎来光明前途的"明"观念

对于帝国主义的侵略，是抵抗或是投降，对于已成为洋人朝廷的清王朝，是以革命手段推翻或是加以缓慢的改造，这是时人必须回答的问题。对此，革命党人作了明确回答，只有进行资产阶级革命，以暴力推翻清王朝的统治，才是中国唯一的出路，才能使中国迎来光明。

革命派认为革命可使黑暗结束，使社会重现光明；革命能唤起民众，使他们明白公理。所以，他们都以满腔的热情歌颂革命。邹容高呼："革命者，天演之公例也。革命者，世界之公理也。……革命者，去腐败而存良善者也。革命者，由野蛮而进文明者也。革命者，除奴隶而为主人者也。"（《革命军》，丁守和《中国近代启蒙思潮》上卷）他认为，革命是社会发展的必然规律，只有通过革命，才能砸碎旧世界，建立新世界，才能驱走黑暗，迎来光明，才能"去腐败而存良善"，"由野蛮而进文明"。他号召中国人以英、法、美为榜样，高举"卢梭诸大哲之宝幡"，"掷尔头颅，暴尔肝脑"，与清朝统治者"相驰骋于枪林弹雨中"，奋起革命、坚定、勇敢、迅速、果断投入到革命洪流中来。

陈天华更是满怀激情地写道："革命者，救人救世之圣药也，终古无革命，则终古成长夜矣。彼暴君、污吏不敢以犬马土芥视其民，而时懔覆舟之惧者，正缘有革命者持其后也。"（陈天华《中国革命史论》）就是说，只有通过革命，才能驱除黑暗、腐败、苦痛，迎来光明、进步和幸福。陈天华大胆预言：革命前途无限光明。

革命党人不仅是以革命迎接光明的宣传者，而且还身体力行，以实际行动去推翻清政府的黑暗统治，争取光明的早日到来。1905年8月，资产阶级革命党人在日本东京成立中国同盟会，提出"驱除鞑虏，恢复中华，创立民国，平均地权"十六字纲领。从此，他们以革命相号召，以实际行动推动了反清浪潮。于是，便有了一系列旨在推翻清王朝的武装起义：1906年，同盟会会员蔡绍南、魏宗铨领导的萍浏醴起义；1907年，孙中山、黄兴等领导的潮州黄花岗起义、惠州起义、钦州防城起义、镇南关起义、钦州廉州起义和云南河口起义等西南边境六次起义；此后又有广州起义。以上起义虽然都因种种原因而失败，但它使"革命之声望从此愈振"，人心更加奋发。许多革命党人虽然以身殉国，碧血横飞，但他们"浩气四塞，草木为之含悲，风云因而变色"，"全国久蛰之人心，乃大兴奋。怨愤所积，如怒涛排壑，不可遏抑"。（胡汉民：《总理全集》第1集，上海民智书局1930年版，第1054页）。半年以后，武昌起义爆发，腐败无能的清王朝终被推翻，革命党人以行动实现了他们以革命迎接光明的理想。

革命派还认为教育是使国民"明公理"的良药。我们知道，历代统治者都十分重视对国民的道德教化，古有"明德新民，止于至善"之说。到了近代，先进的中国人也同样重视对国民道德的教育。革命党人提出以革命明德新民的主张，而此时所谈的明德，即"明公理"，是指革命的道理，要人们有高尚的革命情操，坚定的革命意志，冒险进取的精神，政治法律的观念等。

在同康有为、梁启超论战的过程中，改良派认为中国国民素质低下，法制观念淡薄，对民主、自由、平等、博爱等西方政治理念知之甚少，故在中国不能立即实现民主共和。对此，革命党人的回答是革命是使国民"明公理"的良药。章太炎在《驳康有为论革命书》一文中指出："公理之未明，即以革命明之；旧俗之俱在，即以革命去之。革命非天雄、大黄之猛剂，而实补泻兼备之良药矣。"十分明确地指出革命是破除旧道德，建立新道德，破除旧习俗，树立新风尚的手段，是"补泻兼备之良药"。他还举中国古今革命斗争史为例说明之。如李自成迫于饥寒，揭竿而起，开始并无革命之观念，但声势浩大后则革命之念随起。义和团初起之时，唯言扶清灭洋，但清政府反动本性暴露后，景廷宾等人则举起了"扫清灭洋"的大旗。不管章太炎所举例子是否恰当，但他告诉了我们革命是使国民明革命道理的最佳方法。

革命党人以革命"明公理"的主张，在1912年中华民国成立后得到了部分实现。孙中山在就任中华民国临时大总统的短短三个月任期中，即颁布了保护人民权利，禁止种植和吸食鸦片，禁止赌博、缠足，取消官场中"大人"、"老爷"称呼，提倡普及教育，取消在学校祭孔读经等发扬民主、取消陋习的法律和政令。后又颁布《中华民国临时约法》，明确规定"中华民国之主权，属于国民全体"。经过中华民国政府的努力宣传和推行，国民的民主意识比以前有较大提高，使他们部分地明白了革命的道理，故后人常用它使民主共和的思想深入人心来概括辛亥革命的意义。列宁曾高度称赞革命党人的活动和辛亥革命的胜利，说辛亥革命的胜利，不但使中国人民"从酣睡中清醒，走向光明、运动和斗争"，而且"将给亚洲带来解放，使欧洲资产阶级的统治遭到破坏"，使世界走向光明，具有伟大的世界意义。(《新生的中国》，《列宁全集》第18卷，人民出版社1988年版，第395页)。再次论证了革命与中国人民走向光明、懂得革命道理的关系。

(三) 主权在民的"明"观念

古代讲"明",常提到"明君",即圣明的君主,认为能够做到"圣君贤相"治天下,实现重视民生,天下清明,国强民富,乃"明君"之道。统治者无不想实现这样的"明",老百姓无不渴望这样的"明",但这样的时期少而又少,大多数时间总是昏君主政,奸佞当道,民不聊生。历史跨入近代的大门,随着西学东渐,洋务运动的失败和戊戌变法的喋血,革命党人通过分析国际国内形势,提出了建立民主共和国,让四万万中国人做"皇帝",当"明君",选拔、任用他们喜欢的官吏,组织政府,为民办事,即主权在民的"明"观念。革命派主权在民的"明"观念,不仅是对"圣君贤相"、"明君"之道的发展,而且与古代的"明君"观有本质的不同。因为主权在民的"明"观念,使政权永远立于"明"的基础上。

建立人民当权的国家,是孙中山最早提出的。他在1894年兴中会纲领中提出的建立"合众政府",即是以民为主的政府。1912年,中华民国宣告成立,《临时约法》解释说,中华民国以国民为主体之国家也。革命党人从提出人民当权到中华民国的建立,很好地实现了以民为主的诺言。但随着袁世凯的窃国,二次革命的失败,国会的解散,《临时约法》的被废除,中华民国名存实亡。孙中山为了实现主权在民的梦想,经过长期的理论探索,比以前更系统地阐述了主权在民的"明"观念。

在关于主权归谁所有这个根本问题上,孙中山主张"主权在民","民"是"权"的主人,而官员,掌握权力者,是为"民"服务的,犹如"仆人"。他在1918年的一次讲话中说,共和国好比一个"大公司",人民是"股东","而大总统、各部部长、国务员等,就是一切办事人员,都是我股东的公仆"(《总理遗教》,第565页)。他在解释民权主义时也说:"这种民权主义,是以人民为主人的,以官吏为奴隶的","从前是一个人做皇帝,现在是四万万人作主,就是四万万人做皇帝。……这就叫做以民为主,这就是实现民权"(孙中山:《在广州农民联欢会的演说》,《孙中山选集》,第 928 页)。

孙中山大胆地打破了世俗的封建政权观念和等级观念,破天荒地提出了主权在民的思想,这在中国历史上也是空前的,他的官仆民主思想,在世界历史上也是杰出的。这种以民选官组成政府的思想,远远超出了传统的"明君"观,已具有人民当家做主的现代"明"意识。这个思想与马克思在总结巴黎公社经验时提出的无产阶级的官员应当为社会"公仆"的观点颇为一致,与中国共产党提出的"为人民服务"观点也十分相似。

怎样实现主权在民呢?孙中山提出了一个著名的命题:"政是众人之事,治是管理众人之事"的"权能分开"论。这里所谓的"权"是政权,它必须完全交到人民手中;能是治权,就是管理众人之事、国家之事的权力,此权应交到政府手中。孙中山为使人们更加明白,把治权比作一台机器,把掌握政权的人民比作操纵机器的工程师。人民这个工程师握有选举、罢免、创制、复决四大权利,如官员、政府不听话,可罢免之,推翻之,如法律有与人民利益相抵触的地方,可修改之。人民通过国民大会掌握以上四权,就可以做到任人唯贤,办事皆"明"。整个社会就会政通人和,国家用人和财政开支就能做到透明,因此,官员就会勤政廉明。这样的"明"是举国上下皆"明",是前无古人的"明"。

革命党人不仅在理论上主张主权在民的"明",而且在行动上也做到了"明"。如孙中山就任临时大总统后,由于其胞兄孙眉为革命捐赠过大批财产,且十分热心革命活动,在广东父老和华侨中也有相当威望,广东各界曾力荐孙眉任广东省省长。但是,孙中山认为其兄长当资本家更合适,于是他力排众议,坚持不任用自己的兄长为高官，而且亲自写信给哥哥，做说服解释工作。做到了天下为公、唯才是举之"明"。又如南京临时政府刚成立，财政困难，临时政府即规定从总统、总长到职员，每人除供给食宿外，每月只发给财政部发行的军用券30元，任何人不得为个人私自多支出一分钱。尽管这一做法使教育总长蔡元培因无钱亲自洗衣，财政总长陈锦涛还没有一个前清司员华贵，但临时政府做到了财政开支的透明，反而提高了临时政府的声誉。

革命党人想通过主权在民，实现政府的廉明，社会的清明，用人的贤明，财政的透明，实现他们富国强兵的夙愿，这是前无古人的事业，同时也很值得今人借鉴。如今到21世纪，一些热爱百姓的当代公仆，还常谈"当官不为民做主，不如回家卖红薯"。他们的爱民思想很令人敬佩，但他们忘记了在中华人民共和国，应该是"民"为主，"官"为仆，官应该替民办事，而不是为民做主。有此种意识的好官，还没有达到辛亥革命党人主权在民的"明"观念。

综上所述，从林则徐、龚自珍、魏源到康有为、梁启超、孙中山等，他们代表了开明的中国人，他们在学习西方的过程中，时时把国家的独立、富强放在首位，并以此为目标，结合中国实际，提出了一系列的"明"观念。但由于列强的入侵，反动势力的强大和中国局势的动荡等种种原因，他们的目标没能完全实现。他们的实践虽然失败了，但他们的"明"观念永存。他们以失败告诉后人，不管哪个阶级掌握政权，都必须对外开放，明德新民，学习他人长处，与时俱进，开拓创新，尤其要保持国家稳定，否则，社会就不能进步，国家亦不可能富强，再好的"明"思想也只能成为空中楼阁。

第十三章 "明"在现代社会的意义

一 "明"与"暗箱操作"的对立

关于"明"的内涵,前边章节已有详尽的阐释,此处不再赘述。至于"暗箱操作"的行为,却是自古就有,如唐朝李林甫的贪赃枉法,宋朝秦桧陷害岳飞,尤其是清朝和珅的卖官鬻爵,更是达到了猖狂的地步。所有这些罪恶的交易,无不由恶势力操纵,在暗中进行,即"暗箱操作"。他们或为权力,或为钱财,陷害忠良,出卖国家,坑害百姓,给国家造成极大损害,使人民蒙受极大痛苦。历史跨进近代的门槛,由于清王朝的更加腐败,军阀统治的极其黑暗和蒋介石集团的独裁统治,"暗箱操作"的行为不仅没有停止,反而愈演愈烈。时至 21 世纪的今天,"暗箱操作",权钱交易的行为,由于种种原因并未完全消失,如赖昌星"远华集团"走私案,成克杰、程维高权钱交易案等不时见诸报端,上演着一场"明"与"暗箱操作"的较量。通过对上述"暗箱操作"的行动的分析可知,"暗箱操作"有以下几个特点:一是它在暗中进行,所办之事见不得光明;二是其行动皆为不正当行为,或买官卖官,或陷害他人等;三是搞"暗箱操作"者多为国家之蛀虫,人民之蟊贼,他们以出卖国家、民族利益为代价,换取一时的荣华富贵。所以,"暗箱操作"和"明"完全对立。

(一)"明"要求办事要透明,而"暗箱操作"则一切皆在暗中进行

在21世纪的今天,随着交通工具的提速,通信联络的加快,人民民主意识的提高,办事要求"透明",已成为人们的共识。"透明度"一词,也随着中国改革开放的不断深化和加入世贸组织而尽人皆知。应该说"明"已具备了相当的群众基础,不管是在欧美,还是在中国。中国政府为实现办事的"透明",近几年出台了不少法律条文,如依法纳税,明确规定农民的税收比例、数量,给农民发放明白卡,让他们知道一年所承担的国家税收;公布《教师法》,让广大教育工作者知道自己的义务与权利等,都是增加办事"透明度"的举措,同时也起到了明显的效果。

但是,人们总是喜欢别人的赞美,不愿受到他人的监督。只要人类社会还未进入共产主义社会,"透明度"一词就会为许多贪官污吏所讨厌,他们就会在赞美声中和金钱、美女的诱惑下大搞"暗箱操作",投机钻营,肥自己,害国家。如近年来搞经济技术开发区,土地的买卖,已成为人们议论的热门话题和贪官污吏嘴边的肥肉。本来国家土地的拍卖,应根据国家的法规,在各方的监督下进行招标,不会出什么问题。可是一些贪官偏要与"明"作对,大搞"暗箱操作",进行私下交易。如全国人大常委会副委员长、广西壮族自治区主席成克杰,伙同其情妇李平,利用职权,指示南宁市政府大幅度压低工程土地价格,将南宁市江南停车购物城的土地低价卖给银兴实业发展公司。事成后,银兴公司按预约,支付给成克杰、李平贿赂款人民币2021万余元。一场权钱交易在"暗箱操作"中悄无声息地完成。

又如提拔干部,为国家选拔栋梁之才,可谓重中之重的大事。事实上提拔干部的规矩也确实很多,单就程序言,民主评

议，单位推荐，组织考察，集体研究，等等，不一而足；就制度而言，组织人事工作的纪律规定也不算少，可一到贪官那里，却都不起任何作用。他们把选拔任用干部当成了自己发财的"摇钱树"，大搞"暗箱操作"。在这方面最具代表性的要数原河南省滑县县委书记王新康。在其"要得富，动干部"的致富"真经"指引下，大换干部。据统计，在他任滑县县委书记的5年间，全县共调整干部18次，平均每年达3次以上。共调整干部865人，其中提升445人，调整交流420人，最多的一次调整干部达287人。而这些干部的提拔，完全由王新康一人说了算，只能在权钱交易中进行，"在滑县当个官儿，不送礼万万不行"，已成了干部中流行的口头禅，以至于弄到"贷款买官，当官还贷"的地步。王新康最终实现了把培养提拔干部变成了他家取之不尽、用之不竭的一棵棵"摇钱树"的梦想。但国法难容，法律无情，等待王新康的是判刑15年的惩处。

通过以上事例的分析可知，权力是把双刃剑，如果能做到"明"，用得好，就可为党增辉，为民造福；如果搞"暗箱操作"，用得不好，把权力当做牟取私利的筹码，就会给党抹黑，为民招祸。而问题的关键，是掌权人的政治素质，在政治素质中，有很重要的一点，就是看掌权者能否做到"明"。

（二）"明"指明白，做事公正无私，做人磊落光明；"暗箱操作"指办事不明不白，是非颠倒，做人浑浑噩噩

"明"有明白的意思，指办事情清清楚楚，明明白白，公正廉洁，以达到做人光明磊落的目的。要达到"明"之目的，必须高度强调党的领袖、高级领导干部发扬"从自我做起，从身边的一点一滴做起"的模范作用，以身作则，率先垂范，充分发挥人格力量的巨大榜样效应，这是实现"明"的基础。新中国成立初期，毛泽东、刘少奇、周恩来、朱德等中共开国领导

人的做事公平，清正廉明，极大地教育了全党和全国人民，在他们的言传身教下，党在社会主义建设时期，涌现出一大批廉洁自律、具有崇高威望的高级干部。对此，中国人民至今难以忘怀，有口皆碑。正是由于党员干部做到了公正廉明，在三年困难时期，人民才会团结在党的周围，共度时艰。又如，湖南省委副书记郑培民，廉洁自律，一心为民，为人民所爱戴。河南临颍县南街村书记王宏彬，光明磊落，得到村民拥护，带领南街村迅速致富。事实告诉我们，凡是领导做到"明"的地方，这个地方的民众就有凝聚力，不仅经济搞得好，而且社会也很清明。

"明"为人民所喜爱，百姓总希望各级领导公正廉明。而"暗箱操作"者则违背人民的意愿，总喜欢在暗中干一些是非颠倒的事情，损人利己，坑国害民，过着骄奢淫逸的生活。如厦门远华公司走私案，其头目赖昌星以"暗箱操作"的手段，或给以金钱，或施与美色，使数十名中共高官入其彀中，成为其手中砝码，为其进行走私石油、香烟等大开绿灯，使国家遭受数百亿元的损失。又如原江西省副省长胡长清，大搞权钱交易，暗箱操作，把不合格的干部提拔到领导岗位，不该批的土地批给了关系户，在其担任省长助理和副省长的数年中，大肆收受贿赂达700余万元。他曾赤裸裸地对送礼人说："现在我花你们几个钱，今后等我当了大官，只要写几个字，打个电话，你们就会几百万、几千万地赚。"根本没有把国家利益、人民幸福放在心上，典型的暗中交易，与"明"字毫无关联。如此例子还有陈希同、成克杰、慕绥新、程维高……

唐人杜牧在《阿房宫赋》的结尾处叹道："秦人不暇自哀，而后人哀之；后人哀之而不鉴之，亦使后人而复哀后人也。"如今，胡长清已被处决，无暇自哀。倒是原大庆市国税局局长那凤岐有过一哀。他在因集体受贿和个人受贿及巨额财产来源不明罪被判无期徒刑后，说了一句意味深长的话："也许我的今天就是某些人的明天。"那么下一个是谁呢？希望后来者明鉴。

（三）高尚与堕落的对立

"明"有"明德"之意，要求一个人经过自身修养，达到止于至善的目标，即毛泽东所说的成为"一个高尚的人，纯粹的人，一个脱离了低级趣味的人，一个有益于人民的人"。另外，邓小平主张选拔党和国家干部时要德才兼备，江泽民提出以德治国，要求广大党员干部要做"三个代表"的典范，无不包含"明德"之意，同时也是对"明德"的现代诠释和发展。在中国共产党及其领导人的大力提倡下，像孔繁森、郑培民、史来贺等道德高尚的领导干部不断涌现，成为新时代中华民族的脊梁。

与"明"相对立，"暗箱操作"不注重个人的修养；反对以"明"为标准办事，它注重的是一种私下行动，关注的是所要达到的结果。所以，搞"暗箱操作"时间长了，往往使人忘记修养，忘掉光明，最终走上犯罪的道路。一些走向犯罪的官员开始并非皆贪官，有些曾经追求光明，颇受当地百姓称赞，可是经过几次"暗箱操作"的成功，逐步滑入不可自拔的泥潭。如原河南省石油化学工业厅副厅长张景祥，在80年代初任开封市鼓楼区区委书记时，注意个人修养，曾当着送礼人的面将礼品扔出家门，赢得人们的交口称赞。可是，1994年调任河南省盐业局局长兼党组书记、盐业公司总经理后，放松了思想品德修养，把"明德"放在了脑后，在与其东北老乡李某的权钱交易成功后，带着侥幸心理，一步步滑入犯罪的深渊，从一个国家高级干部变成了阶下囚。用实际行动证明了"暗箱操作"与"明"的对立，对人的危害。

又如原河南省鹤壁市市长朱振江，自1969年7月从南开大学毕业，长期从事科技工作，在科技领域屡建功勋。曾获得30多项科研成果，"河南省劳功模范"、"全国技术革新能手"等荣誉称号。可是自当上市长后,用朱振江自己的话说:"我放松了世界观的改造和思想道德修养",在与胡安林等人的暗中交易后,也最终把自己送进了自己挖掘的政治坟墓。

上述事例告诉我们,"明"和"暗箱操作"既相互对立,又有一定联系。一个人如果被"明"所占据,他就能道德高尚,行动光明,就不会也不可能走向堕落,就会成为一个高尚的人。如果一个人以"暗箱操作"为行动的手段,人性中"明"的一面就会逐渐被挤占,最终使人走向黑暗和堕落。此教训更应为当官者谨记。

(四)民主与独断的对立

办事透明,是"明"的主要内容之一,而民主是实现透明的主要手段。如果做一件事情,经过充分的民主讨论,人人发表了意见,透明度就自然会提高,办理这件事情时,就与大家的意见更加趋同,容易为大家接受,行动的结果也会更加接近"明"的要求,对人民更加有利。党的好干部焦裕禄为治兰考风沙,带病走遍兰考大地,调查研究,虚心听取群众意见,和干部一起讨论治沙方案,充分发扬了民主,最终以植树造林,大面积种植泡桐治理了兰考的风沙,使沙丘变成了良田,至今仍泽被后人。

"暗箱操作"皆在暗中进行,由主要领导说了算,它不可能透明,更不可能有真正的民主,所谓的"民主",也只能是在民主幌子下的集中,或独断专行。如"文化大革命"发动以后,中国实现了大鸣大放的"大民主",实为绝对的集中,一切事情都由毛泽东一个人说了算,他的一句话可能决定一个人的命运,往往某个国家领导人今天还在主席台上讲话,明天就可能突然消失。我们说这样的"大民主",只能产生专制。

再如,选拔任用干部,本有民主讨论、集体决定的原则,但在民主开会讨论后,往往由一把手说了算,结果民主成了集中的护身符。故此,才有王新康之辈一年三次频繁调动干部,而这些调动,既无民主,也不透明,一切皆在暗中进行,充分发挥了"暗箱操作"的功能。所以,无论何时何地,都会有"明"与"暗箱操作"的存在与对立,二者行动的结果截然不同,那就是对社会有利或有害,使政治走向民主或专制,使经济发展或倒退,让人民在黑暗中呻吟或是在幸福中歌唱。我们主张利用舆论工具,把搞"暗箱操作"之人公布于众,同时,我们也希望我们的人民不要忍受"暗箱操作"者权力的蹂躏,更不要把"暗箱操作"者当做有"才能"的人歌颂。为了人民和国家的利益,拿起法律的武器,起来,罢免他们!

二 "明"与"官本位"的对立

"官本位"就是以当官为立身之本,以能否升迁为当官目的,以保官为行动动机,一切为了当官的严重个人主义思想。由于"官本位"者一切围绕能否当官或保官或本身利益做文章,把能否升迁作为其工作的终极关怀。所以,为人民服务、明辨是非、开拓进取等一切有利于人民的事情往往被"官本位"者抛到九霄云外。它与"明"势不两立。

(一)"明"与"官本位"思想的对立

"明"的目的是以民为本,为人民服务。从古代的民贵君轻的重民思想,到孙中山的"主民仆官"论,无不把民放在国家政策的首位。中国共产党人更是爱民的榜样,毛泽东提出"为人民服务"的思想,江泽民要求广大党员干部做"三个代表"的典范,中国共产党的干部被称作人民的"公仆",人民成为国家真正的主人。故"明"的最终目标是为民。

从古至今,"明君"、明官层出不穷,他们的事迹流芳千古,为世人称颂。如唐太宗李世民，面对战乱后民不聊生的状况，轻徭薄赋，与民休养生息，且为政廉明，使大唐帝国迅速发展，成为世界上实力最强的国家之一，以至于中国人又被为"唐人"。唐太宗也因此被称为"明君"。宋代的包拯，不畏权贵，一心为民，断案公正无私，被后人称作"包青天"，至今仍为后人称颂。再如开国总理周恩来，时刻为民着想，日夜为民操劳，被百姓称作"人民的好总理"，人们常以"总理和人民心连心"表达人民对他的爱戴和心声。总之，"明君"为后人赞颂，清官为世人敬仰，他们的行动代表了民族与人民的利益，他们的精神永远昭示后人。

"官本位"者以能否保官位，能否升迁为目的。大凡以"官本位"为目的之人，多视官位如生命，视上司为"上帝"，眼睛向上不向下，不敢稍违上司的意旨，更不要说得罪上司或劝诫上司做其喜欢而违法的事了。所以，"官本位"者只能是上级的附庸，不可能做上司的诤友，只会把上司引入歧途。而一旦"官本位"者做了上司，大多亦喜欢别人的吹捧和赞美，对金钱和美色更是喜爱有加，在他们眼里根本看不到人民和国家利益。如原江西省副省长胡长清，据新华社2月15日电："法庭审理还查明，胡长清为了自己职务提升及工作调动关系，从1997年至1999年6月，先后5次向他人行贿共计人民币8万元。"胡当上副省长后，大肆敛财，数年间给他带来了700余万元的非法收入，在他眼中，只有上司、金钱和美色，至于江西人民，是他一路搜金刮银的对象。

再如，把提拔干部当做自家摇钱树的河南省滑县原县委书记王新康，这个被称作"政坛黑马"的能人，与安阳市原市长杨善修有不同寻常的关系。他在出了问题又被升为滑县县委书记后，以疯狂的程度收受贿赂，最多一小时连续收取两人分别送给他的共10000元人民币。虽然他收受贿赂的金钱数额与成克杰有天壤之别，但其收受的频繁程度有过之而无不及。另外，据说滑县的乡级正职大都给王送过礼，有些甚至贷款买官，当官后还贷款，无一人给其顶头上司一声忠告。试想，如果滑县的正科级、副县级干部以人民利益为重，都不愿给王新康送礼，且多给其劝告，王也许不会滑进贪污的泥潭。故此，我们劝那些人民"公仆"多一点对人民利益的关注，少一点对"官位"的留恋；我们也劝告我们的人民，面对贪官污吏的欺诈，多一点揭露和行动，少一点麻木和退却。

（二）"明"与"官本位"行动的对立

由于"明"的目的是为人民服务，所以，凡为"明"官者，其动机皆以国家民族利益为重，关心民瘼，不计较个人得失，不考虑官位是否稳固。他们为人民的生活水平的提高而工作，为国家的富强而努力。一般情况下，为"明"官者，多能明察秋毫，其下级少贪污之人；能开拓创新，其手下少庸碌之辈；能为民着想，其手下少欺压良善之徒。如党的好干部、人民的好书记焦裕禄，在其任县委书记期间，党员干部大都能以人民利益为重，罕见贪污腐败分子，治理兰考风沙的开拓精神，至今仍为兰考人民称道，为人民服务的高尚品格，为全国人民所敬仰。兰考人民至今仍深深地怀念着他。

另外，由于"明"官心中只有人民，一般很少想到自己，表现在行动上，就是一切行动以人民利益为标准。如新乡县刘庄村党支部书记史来贺，50年如一日，一生为刘庄的腾飞而辛勤工作，使刘庄人民提前过上小康生活，全村户均存款余额达20万元，户户住上新楼房，村民的住、用、吃皆由村集体承担。可以说刘庄村民人人幸福快乐，个个拥护共产党。而史来贺却是全村最后一个搬入新房子的人，直到2002年去世，村民提起他的名字，都为其一生未能住进最好的别墅而内疚。如果我们的党员干部都像史来贺，一心为民，中国何愁不富强，人民何愁不安宁。

"官本位"以保官、升迁为目的，一切围绕"官"这个指挥棒转。所以，有"官本位"思想的官员，大都看上司的脸色行事，视领导的好恶为好恶。上司让办的事，一定办，并尽力办好，哪怕是坑国害民；上司心想之事，尽量想到，不管是为工作，或是吃喝嫖赌；上司未想到的事，用心揣摩到，大多是上级的享乐和喜好。一般说来，"官本位"者心中只有官，眼睛只唯上，很少干利国利民之事。据说，在赖昌星远华走私案中，大多落水官员是自甘堕落，但是，也有一部分官员是在拿了赖昌星的钞票，在"红楼"被录下了风流韵事之后，怕赖泄露出去丢掉官位，为保官而越陷越深者。试想那些知道赖的底细后不愿与赖同流合污者，在初犯后能不为"官位"所困，及时悬崖勒马，或许能保住官位，就是保不住官位，也不至于沦为阶下囚。

再如，原广西壮族自治区主席成克杰，与颇有几分姿色的李平勾搭成奸后，据说成克杰元配夫人几乎为此气得发疯，曾三番五次向自治区党委负责人告状，甚至追到李平的单位大闹，公开骂李平是"臭婊子"。有关官员向成克杰请示，成内心明白，但表面泰然，称其老婆"更年期"，官员也懒得过问，事情不了了之。试想如果在成妻大闹之时，广西的某些官员不是向成请示（这里是否有"官本位"思想作怪？请示的目的是什么？）而是上报中央纪检委，也许成克杰就会较早被绳之以法。还有，像胡长清、慕绥新等人如果违法批给某开发公司土地时，土地局的官员不为自己的官位考虑，不予办理，也可能给国家少造成一点损失。由此可知，"官本位"思想有时使当政者变成懦夫，面对贪官污吏坑害国家，欺压善良，不敢断然棒喝，给予揭露和批判；有时使当官者变成虎狼，哪管人民疾苦，贪婪地搜刮民脂民膏。究其形成"官本位"思想的原因，大概有以下几点：一是思想道德败坏，连"为官一任，造福一方"的起码为官之道都没有，连"当官不为民做主，不如回家卖红薯"的封建官员都不如，更不用说有为人民服务的思想了；二是一些"官本位"者在想，反正官员祸害的是国家和人民，与己无害，甚至有利，这是他们的心理动因；三是须继续加强党的思想、组织建设；四是人民的不够觉醒，一定要选出能真正代表自己利益的人大代表，让他们代替自己去监督政府和官员。

（三）"明"与"官本位"道德的对立

"明"要求以民为主，办事明白，明察秋毫，不畏权贵，一心为公。所以，有"明"思想的人，一般都有全心全意为人民服务的思想，有与时俱进、开拓创新的精神，有刚直不阿、忠心为国的品格。他们在未居官位时，工作努力，勤勤恳恳，是一个良好的公民，他们在高居官位后，勤政爱民，一心为公，能为国家、为人民鞠躬尽瘁，死而后已。如孔繁森，在任西藏阿里地区地委书记后，不畏西藏恶劣气候和高低不平的山路，一心扑到工作上，调查研究，走遍阿里地区，不顾山东家中生病的老母和妻儿，直到生命的最后一刻。再如河南省林州市乡党委书记吴金印，在为官的数十年间，不论党调他到哪里，他都能安心工作，为民着想，从不跑官要官，却能到一乡工作，富一乡百姓，终生为乡官，毫无怨言。每当他离任他去时，乡民总恋恋不舍，洒泪而别。

"明"者也许有警世之言，这是他们留给后人的智慧和启示；也许未留下豪言壮语，但他们高尚的品格，留给人民的是永远的思念。

"官本位"因唯官是举，决定了"官本位"者道德的低下，不可能成为一个脱离低级趣味的人。有"官本位"思想的人，有一部分人是明哲保身，得过且过，明知不对，少说为佳，不求有功，但求无过。深谙此道者多为庸碌之辈，虽未危害百姓，却能助贪官之嚣张。另一部分有"官本位"思想的人，道德败坏，奉行享乐主义，拜金主义，极端个人主义，只要能利于地位的升迁，行贿受贿，欺上瞒下，甚至杀害同僚也在所不惜。此种人一旦当上领导，吃喝嫖赌，无所不为，往往给国家和人民造成严重损失，从而成为国家的蛀虫，人民的灾星。如大贪官胡长清，道德沦丧，就是一位一手捞钱、一手掠色的能手。用他自己的话说，他是"对入党动机和目的没有真正搞明，带着入党就有了个人政治资本的想法"钻入党内的。他一面敛财，一面包养情妇，还不停地干着嫖娼的勾当。与其最要好的"大款朋友"周某，曾坦露了长期藏在心里的对胡的看法，"胡长清有强烈的钱财占有欲，对女色同样有强烈的追求。他生活腐化堕落，贪得无厌，说他以权谋私都太文雅，其实他就是一个政治流氓"。然而就是这么一位丧尽天良的无耻之徒，却在过去的"三讲"教育中，得到了"政治上坚定，坚持四项基本原则，在政治上与党中央保持一致"的考评（参见2001年《半月谈》第5期），着实令人深思。

又如涉入远华集团走私案的原公安部副部长李纪周，有一最大爱好——好色。他一到厦门视察，就哪里都不去，只到赖昌星的"红楼观察"，因为那里的小姐姿色迷人，温柔可人，有时能把李部长伺候得乐不思蜀，三天不出"红楼"，连开会都会请假不去。

再如，河南省原信阳市人大常委会主任景献琢，因贪赃枉法被检察机关调查，为掩盖违法违纪事实，竟杀气腾腾地告诉知情人："这50万元的事谁也不能说，谁要说出来，我就找黑社会的人把谁杀了。"在这里显露的不仅是一位道德败坏的贪官，还是一位狰狞的暴徒。如此例子，还能举出不少。但凡"官本位"者，大都有一个共同特点，就是道德绝不会高尚，甚至极其低下。试想，一些口头自称"公仆"之人，又是江山又是美人，把人民赋予的权力挥霍、践踏得如泥土一般，你说，真正的主人会有怎样的感喟！一方土地，只要有一两个这般无赖的"公仆"，就会使"主人"有暗无天日之感，何况王新康在滑县当政时，如此"公仆"成群结队呢？

上述"明"与"官本位"的对立告诉我们，"明"和"官本位"虽然对立，但也有联系：当一个社会"明"思想成为主流，"官本位"思想就会成为支流；当"明"者成为政府机构中的主导，"官本位"者就无立足之地，甚至会影响"官本位"中的部分人，加入"明"者之流。反之亦然。所以，我们希望"出淤泥而不染，濯清涟而不妖"的人，不要因官场上有污垢而退隐，要主动入仕，这样，"明"官多一个，黑暗减一分，"明"官占主导，社会自清明。

三 "明"与"贪污腐败"的对立

贪污，就是利用职权非法取得财物。腐败，指思想陈旧，行为堕落。贪污腐败主要是指有一定职权者利用职务之便，非法取得财物，接受性贿赂，放荡、堕落的行为，以及金钱万能、享乐腐化等颓废思想及道德意识与生活作风。社会主义国家不是与世隔绝的桃花源，在改革开放的同时，各种不健康的思想也乘虚而入，严重地腐蚀着党和国家的干部队伍，毒化着我们的社会风气。据统计，中央纪委和各级纪检机关在1982—1986年的5年中，查处了大量违纪案件，共处分违纪党员65万多人，其中开除党籍15.1万多人。在1987—1991年的5年中，全国各级纪检机关共查处各类违纪案件87.4万多件，处分党员73.3万人，其中开除党籍15.4万人，在受处分的干部中，县团级16108人，地师级1430人，省军级110人。进入90年代以后，腐败案件有增无减，90年代共有3万多名地厅级以上官员、90余名省部级以上高官因腐败受党纪政纪处分（见苏希胜《论以经治国》，国防大学出版社，2001），且出现了陈希同、成克杰、胡长清等巨贪，人数越来越多，官位越来越高。以上情况，一方面说明了党对贪污腐败处理的严肃认真态度，另一方面也告诉我们，贪污腐败这块毒瘤并未消肿，且有愈长愈大之势。贪污腐败与我国早已形成的明耻、明德、明察等"明"观念形成了严重的对立。

（一）廉洁与腐败的对立

"明"有廉洁、明白之意，它要求一个人为官要清正廉明，做事要明白无误。具体到今天，就是不以权谋私，自觉抵制腐朽思想的侵袭，遵守中央关于廉洁自律的各项规定，做到"四个不准"：不准在行使行政审批权和分配使用财政资金过程中搞权钱交易，为个人和小团体谋取利益；不准利用职权违反规定干预和插手工程和招标投标、经营性土地使用权出让、房地产开发与经营等市场经济活动；不准收受与其行使职权有关系的单位、个人的现金、有价证券和支付凭证；不准默许或授意配偶、子女及身边工作人员打着自己的旗号以权谋私。同时坚决防止和克服形式主义、官僚主义，坚决反对各种奢侈浪费行为，不搞沽名钓誉、劳民伤财的"形象工程"、"政绩工程"，等等。以上诸点，就是"明"对现代官员的要求。中国共产党也确有这样的党员和干部。

如湖南省委副书记郑培民，为官数十年，无论官大官小，都能以民为本，从不为个人和小团体谋利益，不接受他人的贿赂和不正当邀请，不以职权为妻子、儿女谋取任何利益，一生勤政爱民，清正廉明，刚直不阿，直至病逝在任上，可谓今天共产党人的楷模。

上述事例告诉我们，凡为官廉明者，都勤政爱民，很有威望。在他们工作的地方，他们像旗帜，能把群众召集在党的旗帜下，形成很强的凝聚力，不管干什么事情，都能无坚不摧；他们如头雁，领导群众走上致富路，带领人民奔小康；他们又像蜡烛，燃尽了自己，却照亮了他人行进的路。

腐败，指思想陈旧，行为堕落。一般情况下，腐败多指有权有势之人，因为平民百姓除向人求请外，很少碰到别人给他送礼的事情，即使有吃喝迎送，也多是请别人，有时也会得到他人的宴请，也大多是出于亲情和友情，谈不上利用职务之便山吃海喝，更谈不上腐败。腐败者皆思想品德败坏，贪图感官上的享受，没有理想和追求，过着醉生梦死、浑浑噩噩的生活。他们对廉洁不屑一顾，对党的规定嗤之以鼻，对国法毫不在乎。在他们那里，没有党纪国法的约束；在他们眼里，看不到人民群众利益。他们肆无忌惮地侵吞公款，毫无顾忌地掠夺民财，有时甚至达到疯狂的程度。进入世纪之交，腐败现象的日趋严重，不断侵蚀党的健康肌体，把"明"逼到了墙角。如不痛下决心，割掉腐败这一"毒瘤"，后果不堪设想。

权钱交易，是腐败的一大特点。如厦门远华集团走私案中的高官李纪周（原公安部副部长）、张宗绪（原厦门市常务副市长）、庄如顺（原省公安厅副厅长、厦门市公安局局长）、杨前线（原厦门海关海关长）等20余人，无一不是在赖昌星的"金弹"击中后败下来。他们收了赖的钱财后，或为赖的走私开绿灯，或为赖透露国家机密，通风报信，更有甚者，他们还通过种种手段，把赖昌星选为厦门市"荣誉市民"。在贪官们的保护下，厦门海关仿佛是赖家的海关，走私在这里畅通无阻。

贪图享乐，是腐败的思想根源。腐败者敛财，绝不是行善济贫，他们大多作风败坏，贪恋美色，不惜为美女一掷千金。如厦门海关长杨前线，拿了赖昌星的钱，但交给他太太的却寥寥可数，大部分钱都送给了香港的"二奶"。杨前线太太托"二奶"

之福，使其摆脱了远华走私案的纠缠。再如巨贪成克杰，为其情妇李平所迷，在数年间，伙同李平收受贿赂合计人民币 4109 万余元。高官胡长清，也是因幽会情人而落网。有多少高官拜倒在美女的裙下，成为她们的俘虏。我们不得而知。但有一点很清楚，享乐思想使他们与"明"背道而驰，走上了违法犯罪的道路。

总之，作为官员，一旦失去了"明"，就会搞权钱交易，在贪污腐化的泥潭中越陷越深。一旦做官者尝到了贪污腐化、权钱交易、占有他人财物的乐趣，他们用占有他人的钱财，再去做更肮脏的交易，以满足他们更大的贪欲。随着时间的流逝，贪官的钱财越来越多，而人格却越来越低下，就像饿狼一样，一旦尝到人肉的滋味，就一心只想吃人。

（二）为民和害民的对立

为民和害民是"明"与贪污腐败的重要标志。关注民生，关心民瘼，是"明"的主要内容，历来为中国古圣先贤所提倡。孔子在回答子贡何为"仁"时说：假如有这样一个人，广泛地给人民以好处，帮助大家生活得很好，这不仅是仁道，那一定是圣德了！是尧、舜都难以做到的事（《论语》）。关心人民的心情溢于言表。所以，后人常把爱民的君王称作"明君"，把害民的皇帝称作"昏君"。重民与否，成为古人判断"明"与"昏"的标志。

伟大的民主主义先行者孙中山为使中国老百姓人人享幸福，创造性地提出了三民主义，不仅主张主权在民，而且要求平均地权，使国民能个个达到丰衣足食的目标，在其所著的《建国大纲》中，处处可见富民措施，为民之心可赞可叹。

老一辈无产阶级革命家把人民疾苦谨记在心，毛泽东把共产党人能否全心全意为人民服务当做是否革命的主要标志，尽管他所说的人民主要是指工农大众。近年来，一些人从市场经济的利益驱动原则出发，推导出个人主义、利己主义的合理性，认为"为人民服务"已经过时了。有些党员干部严重脱离群众，养尊处优，维护既得利益，对群众生活、群众利益漠然置之；甚至于奉行享乐主义、拜金主义、极端个人主义，导致道德沦丧，不但不为人民谋利益，反而把人民的利益当做"猎物"，腐化堕落。针对这种现象，江泽民同志适时提出了"三个代表"的伟大思想，指出中国共产党人不仅要为工人阶级、农民阶级服务，而且要为最广大人民群众谋利益。故此，我们可以庄严地宣誓，为人民服务与否是区分"明"与贪污腐败的重要标志。

为人民服务的人最大的特点是能为民而献身，把个人利益放在脑后。从雷锋到焦裕禄，从孔繁森到郑培民，他们或从小事做起，一心为民，或带病工作，带领群众走上致富路。不管怎样，他们都有一个共同的目标，全心全意为人民服务。他们虽然已离开了人民，但他们的英名永远活在人民心中。老百姓有句耐人寻味的话语："好人不长寿，祸害一万年。"这句话既有对为人民服务的好人英年早逝的惋惜，也有对他们长寿百岁的希冀，同时包含了对害民者的痛恨。

害民，是贪污腐败者为官的必然结果。因为他们做官的目的就是为了个人利益。如被江西群众称作"胡吃、胡吹、胡来"的"三胡"干部胡长清，曾对送礼者无耻地表白：现在我花你们几个钱，今后等我当了大官，只要写几个纸条，打几个电话，你们就会几百万、几千万地赚。如此贪官，除了为害一方，能指望他为民办实事、办好事吗？再如河南省安阳市滑县县委书记王新康，从一当上人民的父母官，就是一个搜刮民财的主，他把培养提拔干部，当做他家取之不尽用之不竭的摇钱树。在他在滑县当政的5年里，不仅败坏了党风和社会风气，而且搞垮了滑县经济，使滑县主要经济指标在全省的位次全面下滑，国民生产总值由最好时的全省第5位滑到1997年的第36位，农业生产总值由最好时的全省第2位滑到1997年的第8位，农民人均纯收入由最好时的全省第9位滑至1997年的第59位。社会稳定也受到全面影响。（见《王新康官场现形记》，河南省纪委宣传室、调查研究室编《中原要案录》。以前或以后所引河南贪官的材料均引自《中原要案录》，下不再注释）。

西方一位思想家摩莱里说："我在世界上认识到的唯一罪过是贪婪，其他的一切罪过，不管叫什么名字，都无非是这种罪过的不同方式、不同程度的表现。"纵观胡长清、成克杰、陈希同、慕绥新、王新康等官场丑形，亦可以一个"贪"字一言以蔽之。原河南省石油化学工业厅厅长张景祥在其长达10页的《悔过书》中说："世界观的扭曲使我成了贪钱的奴隶，贪心使我从一名国家干部变成了人民的罪人。""在我所犯的罪行中，有一些也知道是违法的，是贪心和侥幸铸成的。"贪，是欲望，也是罪过。当为官者去贪时，他就忘记了一切，忘记了国家利益、人民痛苦和社会稳定，乃至百姓的怒吼。所以，"贪"不仅和"明"严重对立，毁了达官们的前途，如搞不好，它还能毁掉国家，遗祸无穷。

（三）高尚与卑鄙的对立

高尚和卑鄙是"明"与贪污腐败在道德方面对立的标志。一般来说，具有高尚品格的人不可能去干卑鄙龌龊之事，他们往往有一颗善良、美丽的心灵，会自觉避免恶的干扰和浸染。而卑鄙和高尚恰恰相反，它使人堕落，让人庸俗，不惜一切为自己的名利、享乐投机钻营。所以，卑鄙者的思想肯定庸俗，这是一个人蜕化变质的起点。

高尚与卑鄙的对立主要表现在以下几个方面：

善与恶的对立。善和恶是两个对立的永恒的原则，善来自光明之神，恶来自黑暗之神，两者不断争战。现实生活中也往往是这样，善良者一心想着国家、他人，以他们善良之心实践着为他人谋福利的诺言。他们以高尚的道德为武器驱赶心中的恶念，并在宣传中教化群众，使他们走上光明之路；他们手握法律的利剑，以人民赋予的权力与恶势作坚决的斗争，时时为保留善良，驱走罪恶而争战。在善良为主的领地上，罪恶少之又少，甚至会自动烟消云散。如史来贺所在的河南刘庄，由于他作为一名共产党人，高风亮节，处处为民众所想，那里的群众也像他一样，为集体所想，为他人所想。所以，刘庄50年来没有出现一件贪污事件，没有发生过刑事案件。

恶和善直接对立。它表现得多种多样。如果一个人变得邪恶，他就会用各种方法危害人间。有时他以罪恶的手法引人走上歧路，有时他利用手中的技术去祸害人间，有时他以恶的理论教人学坏，有时他以直接行动危害民间。凡被恶念占据灵魂的人，都以自我为主。在罪恶占主导的领地上，光明不能普照，人民痛苦不堪。如原浙江省温岭市市长周建国，同温岭黑恶势力勾结，形成温岭特大黑帮，他以权谋私，对揭发者指示黑社会予以清除。在他控制的范围，没有光明，恶者横行，善良退隐。

常言道："善有善报，恶有恶报，不是不报，时辰不到，时辰一到，必定要报。"这里有人民对善良者得到善报的祈求，也有对罪恶者立即得到报应的希望。事实也正是这样，善良者使人们永远思念，而罪恶者得到了应有的下场，或命赴黄泉，或沦为囚犯。

美与丑的对立。美和丑形影不离，在现实社会中，有丑的地方有美，有美的地方也有丑。凡"明"者皆有高尚的品格，美丽的心灵，他们自能分辨美与丑，选择好与坏。凡贪污腐败者，一般都道德沦丧，心灵肮脏，美丑不分，是非颠倒。他们往往追求低级趣味，并以此为美。有美丽心灵的人很多，如雷锋，以为人民服务为美，在其短暂的一生中，只做好事，不做坏事。他虽然离开了我们多年，但却给世人留下了一个美的灵魂。而贪污犯胡长清，追求低级趣味，以金钱和女色为美，终其一生搜刮民脂民膏，骄奢淫逸，他不仅受到了正义的惩罚，给后人留下了教训，同时也落得骂名。

进取与颓废的对立。进取是"明"者的追求，颓废为腐败者的必然结果。勇于进取的人有远大的理想，他们或追求为官一任，造福一方；或追求创造发明，给人民创造更多的财富，或追求著书立说，给后人留下精神食粮。再如水稻专家袁隆平，在60年代看到水稻产量低，人民食不果腹，他就以提高水稻单位面积产量，使人民吃饱饭为追求目标，战严寒，斗酷暑，终于培育出杂交水稻，被国际上誉为杂交水稻之父，并最终实现了他的梦想。所以，有追求的人，留给后人的是财富，是怀念。他促人奋起，教人勇敢，把社会装扮得更美丽，把国家建设得更富强。

凡贪污腐败者都生活腐化，精神空虚，思想颓废，毫无追求。如果说他们有追求，追求的也是享乐、是名利。如大贪官胡长清抱着个人升官发财的目的入党，入党后这种动机伴其终生。没当官时，他想尽办法当官，升官后，由于思想颓废，没有追求，就在金钱和美色中寻找寄托。所以，他当小官，贪污是"小打小闹"，当上副省长后，开始疯狂索贿。他利用手中之权，索来之钱，包养情妇，出入妓院（在港澳），花天酒地，无恶不作，直至东窗事发，锒铛入狱，是一个思想颓废的典型人物。翻开成克杰、慕绥新、陈希同、肖作新（原阜阳市市长）等个人档案，他们无不是追求享乐、贪图钱财、精神空虚、坑害国家的贪官的榜样。然而，更令人担忧的是虽然中央对贪污腐败严加整治，但贪污分子却大有前赴后继之势。看来加强思想道德"明"思想的教育，已刻不容缓。

(四) 注意学习与放松学习的对立

学习是人类进步的阶梯,注意学习是"明"者的主要特点之一。弗兰西斯·培根认为学习对一个人至关重要,他说:"读史使人明智,读诗使人聪慧,演算使人精密,哲理使人深刻,伦理学使人修养,逻辑修辞使人长于思辩。"道出了学习与"明"的关系。孔子是十分注重学习的,他曾说:"三人行,必有我师。"他不耻下问,后来成为中国的至圣先师,被后人尊为"文圣"。21世纪的今天,各种思潮、观念相互激荡,科学技术日新月异,所以,学习显得尤为重要。在此情况下,江泽民及时提出了"三讲"和"三个代表"的重要思想,要求广大党员干部成为讲学习、讲正气、讲政治的模范,不为各种不健康思想的侵染,成为全心全意为人民服务的"明"者。纵观历史,善于学习的人,不仅有高深的文化知识,而且有较高的道德修养,他们大多是明辨是非为民称道的人。

如被黑龙江省委委授予新时期的好法官的大庆市让胡路区法院经济庭庭长顾双颜,讲学习、讲政治、讲正气,在学习中探索出一条改革庭审方法的路子,由原来法庭调查取证改为当事人自己取证,以增强当事人举证意识;由原来开庭前做调查工作改为在开庭审查中调解,增强审判工作的透明度。按照她的改革措施,她创下了一天开8个庭,月审结62起,年审328起案件的当时黑龙江省法院系统的最高纪录。她不仅在学习中改进了工作方法,增加了办案的透明度,还在学习中提高觉悟,在其高效率的工作中,办案认真,不徇私情,具有秉公执法,刚直不阿的意志和品格。从她1985年考上法官到2000年,她审案2000多起,没有一起差错,没有一起缠诉、上访,没有一起发回重审。以自己的实际行动实践了"三个代表",自觉抵制腐朽思想的侵袭,"替百姓撑起了一片洁净的蓝天"。(见《半月谈》2002年,第

14期,第24—26页)。

如果问某些领导干部为什么走上贪污腐败的道路,对学习的懈怠是主要原因之一。一个领导干部,一旦放松学习,不注意世界观的改造,思想就会滑坡,长期放松学习,能把一个人身上"明"的品质泯灭,从而使庸俗思想和低级趣味的东西乘虚而入,侵蚀其健康的肌体。邓小平同志说过:"不注意学习,忙于事务,思想就容易庸俗化,如果说变质,那么思想的庸俗化就是一个起点。"一些变质的领导干部,大都有过辉煌的过去,也有过自己不懈追求的历史。他们的奋斗和贡献,得到了党和人民的承认,也获得了应有的回报。但随着地位的提高,官位的升迁,他们放松了学习和世界观的改造,忘记了全心全意为人民服务的宗旨,把追逐金钱和物质享受当成了人生要义。如原河南省新乡市市委书记祝友文,在洛阳玻璃厂工作期间,靠他的勤奋和才干,从技术员一直晋升为厂长、党委书记。在此期间,他曾冒风险,果断上马了中国第一条浮法玻璃生产线,最终获得成功,使"洛阳浮法"响彻中国大地。他本人被誉为"锐意进取,开拓创新"的干部,戴上了"全国五一劳动奖章获得者"、"全国优秀企业家"等桂冠。省委经考察于1990年将其调到新乡市任市委副书记、市长,1993年任市委书记,他得到了应该得的荣誉和职务。可是自从当上市长后,在一片赞誉声中,祝友文放松了学习和警惕,逐渐滑入了犯罪的泥潭。

学习是一个人的美德。长期坚持学习的人,就会变得明智、思辨、理性,时刻把握人生的航船,不断前进。长期放松学习的人,犹如健康的人得不到营养的补充,病菌就会乘虚而入,使其病倒在旅途。翻开贪官的历史,无不从放松学习开始。误入人生的歧途。所以,学习是每个人保持不变质的护身符。

柏拉图在《理想国》一书中说:"人的灵魂里有一个比较好的成分和比较坏的成分,好的控制坏的时,就说他'当自己的主人'。当然是褒词。如果他由于教养不良，交友不善，而好的成分小，被据多数的坏成分所控制，那就是说他'当自己的奴仆'，没有决断了。这就是贬薄之词。"而这个灵魂里好的成分与坏的成分就包含高尚和卑鄙。当高尚占据主要成分时，卑鄙就退出，这个就是"明"者，就是一个有益于人民的人。当卑鄙占据主要成分时，高尚就会消逝，这个人就会腐败，成为一个有害于人民的人。

四　"明"对造就完整人格的意义

人格一词来源于拉丁语 Pesona。意指希腊罗马时代戏剧演员在舞台上扮演角色所戴的假面具，它代表剧中人的身份，表现剧中人物的某种典型心理，如狡诈的人，忠厚的人等。心理学沿用其含义，把一个人在人生舞台上扮演的角色的种种行为的心理活动都看做人格的表现。所以，人格有高尚的一面，也有卑下的一面，我们说完整的人格即指高尚健全的人格。

在日常生活中人们常常从伦理道德出发运用"人格"一词对人的行为进行评价。如说某人人格高尚，某人人格卑劣，某某人缺乏人格。心理学研究表明，一个人的完整人格，包括人格心理特征和人格倾向性两个方面。人格心理特征又包括能力、气质和性格。它主要表现在人们活动效率和活动风格方面的差异上。人格倾向性包括需要、动机、兴趣、理想、价值观和世界观。它制约着人格的心理特征。我们在这里仅从伦理道德出发，阐释"明"与完整人格的关系。

根据国内外的研究，完整人格的特点有三个方面。

第一，内部心理和谐发展。他们的需要和动机、兴趣和爱好、智慧和才能、人生观和价值观、理想和信念、性格和气质都向健康的方向发展。他们内心协调一致，言行统一，能正确认识和评价自己的所作所为是否符合客观要求，是否符合社会道德准则，能及时调整个体与外部世界的关系。一个人如果失去他的人格内在统一性，就会出现认识扭曲、情绪变态、行为失控等问题。

第二，人格完整的人能够正确处理人际关系，发展友谊。这样的人在人际交往中显示出自尊和他尊、理解和信任、同情和人道等优良品质。友谊使人开朗、热情和坦诚。而缺乏友谊的人，在情绪上往往有很大困扰，轻则产生恐惧、焦虑、孤独，重则产生多疑、嫉妒、敌对、攻击的心理和行为。一个嫉妒心很强的人，很难想象他会在互惠的基础上与人合作；傲慢自大者也不会虚心听取别人的意见。人格完整的人，在日常交往中既不会随波逐流，也不会孤芳自赏，能够使自己的行为与朋友、同事、同学协调一致。

第三，人格完整的人能把自己的智慧和能力有效地运用到能获得成功的工作和事业上。他们在学习、工作中志存高远，道德高尚，在强烈的创造动机和热情的推动下，从而使他们勇于创造，善于创造，经常有所发现，有所发明，有所革新，有所建树。他们的成功，往往又为他们带来满足和愉悦，并形成新的兴趣和动机，使他们的生活内容更加充实。（参见高毛祥《健全人格及其塑造》，北京师范大学出版社1997年版）

高尚的人格不是天生就有的，而是经过后天的环境影响和教育熏陶逐渐形成的。"明"对完整人格的塑造，就有着重要的意义。

（一）"明"有助于完整人格的自我塑造

"明"有不同的内涵，"自知"即是其重要内容。老子说："知人者智，自知者明。"人们在生活中也常讲："人贵有自知之明。"明者能自知，全面了解自己，不断反省自己，从而使自身的缺点不断得到修正,自身的人格不断完善,行动更合乎客观规律。海涅曾言:"反省是一面镜子,它能将我们的错误清清楚楚地照出来,使我们有机会改正。"其实,不断改正错误的过程,就是对完整人格的自我塑造过程。

我们知道,内部心理和谐发展,内心协调一致,言行统一,能正确认识和评价自己的所作所为是否符合客观要求,是否符合道德准则,是完整人格中最主要的特点。自知则是一个人达到内部心理和谐发展,内心协调一致,言行统一的重要手段。如果一个人毫不自知,对自己两眼一抹黑,那就等于是个糊涂虫。糊涂虫是不会有完整人格的。人一成了糊涂虫,便什么蠢事都可以做出来。群众摇头撇嘴之事,他可能还自鸣得意,以为这种蠢事反倒是什么别人做不到的英雄壮举呢!如隋炀帝杨广就是一个极不自知的人。据《资治通鉴》记载,当隋政益坏,民怨沸腾,朝廷岌岌可危时,杨广还向侍臣吹牛说:"设令朕与士大夫高选,亦当为天子矣。"就是说:哪怕民主选举,人们也一定会选他当皇帝。真是可笑不自量!由于不自知,便盲目地以为自己超凡入圣,全智全能,自己说的话也是"金口玉言",句句真理。于是便随心所欲,肆无忌惮,招致了他的迅速败亡。可笑的是,直到完蛋时,他还说什么"贵贱苦乐,更迭为之,亦复何伤",始终不曾觉悟。

我们知道,隋炀帝杨广开始是一个聪明的人,率大军南征北战,颇有战功,甚得隋文帝杨坚的喜爱。从心理学上看,心理也没有什么障碍,人格也算不得低下。可自从他当了皇帝,由于不自知,不能反省自己,结果随着时间流逝,在不知不觉中使其变为狂妄自大,自不量力的人,人格中阴暗的一面暴露无遗,而谦虚谨慎,时刻反省自己,尊重他人,尊重百姓等人格中光明的一面丢失,从而使其失去完整的人格,成为历史上有名的昏君,丢失江山社稷的罪人。由此可见,"自知"有及时发现自身缺点,不断修正错误，提高自身免疫力的作用。长此以往，它能使一个人摆脱人格中的阴暗面，使其成为一个完整人格的人，一个高尚的人，一个有益于人民的人。

再如，一些身残志坚的人，他（她）们了解自身的缺陷和不足，不畏艰难，战胜困难，最终超越了自我，成为一个有完整人格的人，一个大写的人。中国的张海迪，美国的海伦·凯勒就是人们学习的楷模。张海迪大家都很熟悉，这里我们仅介绍一下海伦·凯勒。海伦·凯勒一岁半因病丧失了视觉、听力和说话的能力，这对一般人来说是不可想象、不可忍受的痛苦。然而海伦并没有向命运屈服。在老师的教育、帮助下，她凭着顽强的毅力，学会了讲话，用手指"听话"，并掌握了5种文字。24岁时，她以优等成绩毕业于著名的哈佛大学拉德克利夫女子学院。以后她以毕生精力投入到为世界盲人、聋人谋福利的事业中，曾受到许多国家政府、人民的赞誉和嘉奖。1959年，联合国曾发起"海伦·凯勒"运动。她写的自传作品《我生活的故事》，成为英语文学的经典作品，被翻译成许多种文字广泛发行。

我们说，海伦·凯勒、张海迪乃至贝多芬、吴运铎……他（她）们虽无健全的身体，但他（她）们靠自知和努力，塑造了自己完整的人格。正是其完整的人格，使他（她）们超越了自我，成就了正常人所不能成就的业绩。也正是他（她）们的人格魅力，曾引导无数人走上自强之路，跨入成功之门。

"明"要求一个人要自知，不仅知道自己的长处，还要知道自身的不足。对自己长处和不足自知的本身，即是一个不断完善自己的过程，不断使自己人格高尚的过程。它对人格的影响是潜移默化的，是在漫长的时间中不知不觉地完成的。在生活中，几次对自身缺点的改正无足轻重，但长期地对自身缺点的修正足以使一个人高大起来。这就像一瓣瓣的雪花，它们从空中轻轻飘下，每一瓣新增加的雪花在雪堆上没引起人的感官上的什么变化,然而,正是这一瓣瓣雪花的积累,造成了雪崩。不断改正错误的行为也是如此,在自知的指导下,日积月累,一个人最终抛弃了人格中阴暗的一面,成为一个有良好习惯、完整人格的人。

(二)"明德"使人的人格高尚

"明德",谓完美之德行。朱熹在《大学章句》中说:"明德者,人之所得乎于天,而虚灵不昧,以具众理而应万事者也。"另外还有"明德新民止于至善"的论述。按今天的说法,就是一切行事服从客观规律,按理办事,清清白白做人,成为一个高尚的人。

完整人格倾向性就包括需要、动机、兴趣、理想、价值和世界观。如果一个人有远大的理想,一切以人民利益为重,关心他人,热爱集体,全心全意为人民服务,做到"明德新民,止于至善",那么,他的需求、动机和兴趣就不可能有低级趣味的东西,他也就是人们所公认的高尚的人。所以,"明德"对一个人人格的影响非常巨大。

人格中有"明"的一面,也有"暗"的一面,自私、狭隘、目光短浅,不思进取等即是人格中"暗"的表现。"明"则与之相反。而"明德"要求人有完美之德行,品德达到至善的境界。为了指导自己的儿子,乔治·赫伯特的母亲说过这样一句格言:"正像我们的身体从我们所吃的食物中吸取有益的营养一样,我们的灵魂也会从我们所接触的或好或坏的伙伴的行动或言语中吸取美德或者邪恶。""明德"与人格的关系就是这样,以"明德"为标准要求自己的人,就能从中吸取有益的营养,使其灵魂得到净化,驱走人格中的阴暗面,而不断走向完善。

如果以交友作比喻来说明"明德"观完整人格的意义,也许更好理解。塞缪尔·斯迈尔斯说:"一个饮食有节制的人自然不会和一个酒鬼混在一起,一个举止优雅的人不会和一个粗鲁野蛮的人交往,一个洁身自好的人不会和一个荒淫放荡的人做朋友。和一个堕落的人交往,表明自身的品位极低,有邪恶的倾向,并且必然会把社会的品格导向堕落。"(斯迈尔斯:《品格的力量》)"明德"对人格的意义就在于此,经过"明德"教育的人,本身会具有极大的免疫力,在他的人格里找不到自私、放荡、狭隘、粗鲁、野蛮等品质,在他们的心灵里,邪恶的种子不会发芽。所以,"明德"是使人纯洁、向上的力量,它使人的人格完整、高尚。如党的好书记焦裕禄,时刻记住以人民利益作为行动的标准,他为人民鞠躬尽瘁,死而后已的精神,使其在人民中永远闪耀着伟大的人格魅力。

如果一个人以"明德"为标准要求自己,并以高尚的人为榜样,努力去学习他们,就会从榜样中得到力量,使自己不断进步,人格健全。相反,如果他与恶人为伴,他自己迟早也会遭殃。以"明德"为标准要求自己,他会感到自己在不断升华,自己的心灵也被照亮。相反,以"恶"为伍的人。必然走向黑暗的深渊。正如一句西班牙谚语所言:"和豺狼生活在一起,你也会学会嗥叫。"所以,人们应牢牢记住,要成为一个有高尚人格的人,须时时与"明"为伴。

(三) 光明磊落造就完整人格

能够正确处理人际关系,发展友谊,开朗、热情和坦诚是完整人格的特点之一,而光明磊落是处理人际关系,发展友谊的最好方法。

光明磊落是"明"的主要内容之一。它让人敞开心扉,直面自己的错误,在解剖自己的过程中改正自己的不足,使其人格得到不断完善。革命四老之一的谢觉哉在一首诗中说:"行经万里身犹健,历尽千艰胆未寒。可有尘瑕须拂拭,敞开心扉给人看。"品味起来，这末一句是很不容易做到的。因为心扉一敞开，黑的红的，五花八门，全部赤裸裸地暴露出来，倘不是一个光明磊落的人，是没有这番勇气的。

光明磊落的人对于自己的同志、同事、朋友，敢于"敞开心扉"。这样就大胆地把自己的思想暴露出来，一是一，二是二，竹筒倒豆子，干净又彻底。快人快语痛快事，不做心口不一人。这种光明磊落的态度，不仅其本身是一种思想修养，而且还有助于自身的改造。因为光明磊落者即使其缺点自己没有发现，由于他敢于敞开心扉，也容易为他人指出。常言道："当局者迷，旁观者清"，就是这个道理。另外，由于光明磊落者能坦诚待人，所以别人也就会当面将其不足提出。这样，缺点被指出的越多，其改正的也就越多，自身的不足也就越少，长此下去，他的品格就不断趋于完善，当然离完整人格也就越近。所以，为人做事光明磊落，是使人格不断完善的最好方法之一。如伟大的革命家、政治家周恩来，从不隐瞒自己的思想，他的讲话，总爱讲自己历史上犯过的错误，并且说："如果我写书，我就写我一生中的错误，以便让活着的人都能从过去的错误中吸取教训。"（李庚辰：《待人处世哲学》，长江出版社2001年版）他敞开的心扉，像明澈透亮的水晶石，是那样光芒四射，容不得任何杂质。他敢于解剖自己的勇气，不仅使其成为一个品格高尚，人格完整的人，而且还照亮了他周围的人。

光明磊落者心底无私，他与自私、嫉妒、狭隘严重对立，在行动时往往表现出对人的宽容。宽容是一种巨大的人格魅力，宽容者不仅使其自身人格高大，而且他能产生强大的感染力，使人们愿意团结在他的周围。宽容是一种豁达和挚爱，就如一泓清泉浇灭怨艾嫉妒之火，不仅使人格更加高尚，而且它还可使同事、朋友之间化冲突为祥和，化干戈为玉帛，化仇恨为谅解。穆尼尔·纳素夫说："一个宽容大量的人，他的爱心往往多于怨恨，他乐观、愉快、豁达、忍让,而不悲观、消沉、焦躁、恼怒。"而这种爱心、乐观、愉快、豁达、忍让正是健全人格的一部分。所以,宽容不仅有助于一个人的完整人格,而且还足以改变不良的世风。

综上所述可知,"明"对造就一个人的完整人格有重大意义,它告诉我们,应该抛弃人格中的哪部分,应该发扬人格中的哪部分。在"明"的熏陶下,会使每个人增添人格光明的一部分。即使是人格上有缺陷的人,如果长期以"明"为伴侣,也可以改掉其不足的地方,使其内心充满阳光,充满自信,懂得爱人,学会宽容,从而成为一个有高尚品质的人。因为"明"是伦理道德中高尚的一部分,在其引导下,它像一个圣贤的伟人,可以把人们带到一个更高的精神境界,成为一个有健全人格的人。

五 "明"与法制建设的意义

"没有规矩不成方圆",这是一句广为流传的老话,也是人们在生活实践中积累起来的宝贵经验,它反映了事物发展的一定规律。什么是规矩呢?规即圆规,矩即直尺。没有圆规,不能画好圆;没有直尺,不能成方,这是老少皆知的道理。同样,一切事物的存在和发展,也应该有规矩。如果学校没有校规校纪,工厂没有规章制度,军队没有严明的纪律,国家没有法纪法规,那么,学校就不能进行正常的教学,工厂也不能维持正常生产,军队很难做到令行禁止,国家就会一片混乱。法治建设就是以法律为基础,把国家的各方面规矩起来,使各阶层、机关和人民依法行事,做到令行禁止,最终使国家成为一个法治的国家。

中共十五大首次明确提出了"依法治国,建设社会主义法治国家"的建国方略。从此,我国迅速进入法治建设的轨道。

"明"与法治建设同属上层建筑范畴。法治属于政治建设和政治文明的范畴,"明"属于思想建设和精神文明的范畴。二者作为上层建筑的重要组成部分,都是维护社会秩序、规范人们思想和行为的重要手段,法治以其权威性和强制手段规范社会成员的行为,"明"以其说服力和劝导力提高社会成员的思想认识和道德觉悟。故此,"明"与法治建设联系紧密,对社会主义法治建设有着重要的意义。

(一)"明"是法治建设能够顺利实行的重要保证

"明"属于伦理道德的范畴,它强调人要"明德新民,止于至善",以其说服力和动导力提高社会成员的思想认识和道德觉悟,这恰恰是实现法治的前提。德谟克里特曾经说过:"用鼓励和说服的语言来造就一个人的道德,显然比用法律和约束更成功。因为很可能那种因法律禁止而不行不公正之事的人,在私下无人时就犯罪了;至于由说服而被引上尽义务之路的人,则不论私下或公开都不会做什么坏事。所以遵照着良心行事并知其原因之人,同时也是一个坚定真正的人。"(德莫克里特:《论道德的著作残篇》,见李秋零《精神档案》,九州图书出版社1997年版)"明"所要人做到的,正是让人们成为一个道德高尚、遵纪守法的坚定真正的人。在这样的人的心里,充满了光明、仁爱、善良,他们是自觉遵守善良法律的人。这正如德谟克里特所说:"法律的目的是使人们生活得好。可是要达到这个目的,一定要人们愿意幸福。对遵守法律的人,法律才能有效。"(《论道德的著作残篇》)也就是说,法律是让人遵守的,法律再好,如无人遵守,它只能是一纸空文。"明"正是为社会培养出善良的遵纪守法的人。

安德鲁·杰克逊是美国第七任总统,1814年,美国军队与当时的英国侵略军在新奥尔良地区展开激战。当地的一位报纸编辑对杰克逊的指挥很不满意,在报纸上说杰克逊"临阵怕敌"。在战争的关键时刻,杰克逊担心这位编辑继续发表类似的文章,涣散军队的士气,于是逮捕和监禁了这位编辑,后又把接受编辑申诉的多明尼卡法官也一起关了进去。

没过多久,杰克逊指挥的"新奥尔良战役"胜利了。他取消了戒严令。被释放复职的多明尼卡法官却以"藐视法庭"的罪名发出传票,要杰克逊到庭接受审判。杰克逊放下手头繁忙的公务,立即出庭接受审判,并根据法院判决,缴付了一笔罚款。当他走出法庭时,一群为他抱不平的人围住了他。他们不能容忍小小法官竟审判赢得胜利的大英雄。然而杰克逊却心平气和地对他们说:"法官的判决是公正的。""你们不仅不必为我抱怨这一判决,而且今后也要引以为戒,牢牢记住,不要做违犯宪法和法律的事。"

杰克逊也许不知道中国人"明德新民,止于至善"的论述,但他是一个懂法而"明德"的人,他知道人民生活的幸福,必须有法律来保护。同时,这个故事也是"对遵守法律的人,法律才能有效"名言的最好证明。

斯迈尔斯曾说:"我本是块普通的土地,只是我这里种植了玫瑰。"一个普普通通的人,如果心里种植了光明,就不会有阴暗;如果心里种植了善良,就不会有丑恶;如果心里种植了仁爱,就不会出现暴力;如果心里种植了法律,就不会干出违法之事。一个"明德"的人,有时也许可能有意或无意触犯刑律,但这样的人或者会甘愿接受法律的制裁,如前所举之杰克逊;或者为保护法律的尊严而殉身,如春秋时晋国的司法长官李离。

李离是春秋时晋国的司法长官,有一次在复查自己审批的死刑案中,竟发现错批一个尚不够处以死刑的案件,而且囚犯已被处死。按当时的法律,错判人死刑,审判官也要被判死刑。于是,李离写了一份处自己死刑的判决书,派人上报晋文公,并且叫监狱官吏把自己关押起来，听候裁决。晋文公看到李离的判决书，很是着急，赶到监狱，对李离说："你是国家的栋梁之才，责任重，办错事是难免的，用不着和下级官员同样处罚。"李离答道："国家的法律，理应大家一样遵守。身居高位，更应带头守法，不可例外，这样才能维护法律的尊严。"晋文公还想劝他回心转意，不料，李离突然从卫兵身上拔出剑来，自刎而死。杰克逊和李离，一个是美国的总统，一个是中国古代的法官，他们虽不同国，不同种，所接受的道德教育也不同，但他们都是各自国家、时代的"明"者，他们都自觉地遵守了法律，维护了法的尊严，证明了"明"是法治建设成功的重要保证。

（二）"明"是执法者公正执法的重要保证

一个国家能否实行法治，不仅看老百姓是否遵纪守法，关键是政府与执法者能否遵守法律。罗隆基曾言："法治的真义，是政府守法，是政府的一举一动，以法为准的，不凭执政者意气上的成见为准则"（罗隆基：《什么是法治》，《新月》3卷11期），道出了法治建设的本质问题。中国共产党深知法治建设的关键所在，党的十六大报告指出："必须严格依法办事，任何组织和个人都不允许有超越宪法和法律的特权。"向全世界宣告中国共产党人必须是执行法律的模范。彭真同志说："党领导人民制定宪法和法律，党又领导人民遵守、执行宪法和法律，党自己也必须在宪法和法律的范围内活动。在中国如果不是这样，就谈不上社会主义民主与法治。"以上论述告诉我们，法治建设的快慢，成功与否，关键在人的遵纪守法，特别是执政者的遵纪守法。一个国家如果执法者违法、乱法，那么，这个国家就很难找出守法之人，法治建设也就成了一句空话。诚如邓析所言："立法而行私，与法争，其乱甚于无法。"

明察秋毫是"明"对执法者或当政者在办案时的要求。用今天的话说就是执法者要恪尽职守，细心办事，不放过任何蛛丝马迹，当然更不能执法犯法、违法办事，明察秋毫是执法者公正执法的前提，试想如果一个案件，在侦破时就出现了错误，就不可能保证执法的公正。中国古代有许多明察秋毫的官员，他们的名字仍为今人传颂，如包拯、海瑞、刘墉等等。故此，执法者能明察，是实现法治建设的重要保证。

廉洁公正是"明"的主要内容，也是执政者必备的品德。一个品德高尚的人，会主动公正执法，而一个品质低下的人，很难经得起金钱和美色的诱惑，所以廉洁是执法者公正的基础，是法治建设的基石。廉洁要求执政者待人要厚，自奉要薄；严于律己，全无贪心。廉洁者是社会的良心，民族的脊梁，法治建设的依靠。一个人把廉洁当成了一种习惯，就能随时随地抵制腐败，清白做人，为官公正。

廉洁是一个人思想品德高尚的标志。巴尔扎克说："没有思想上的清白，也就没有金钱上的廉洁。"凡贪官污吏，思想都不纯洁，他们当官的目的，多为光宗耀祖，吃喝玩乐，如成克杰、胡长清、慕绥新之流皆然。而廉洁的官员，都以为人民服务为宗旨，能够做到拒腐蚀，永不沾。在他们那里，才会明镜高悬，才能使法律具有威严。

北宋名臣包拯，一生铁面无私，清正廉明，执法如山，甚为百姓称道。当他60寿辰时，特派儿子包贵守在门口，一概拒收寿礼。同朝为官的同乡挚友张奎携礼来祝寿。包贵把父亲一概不受礼的嘱咐告诉他，张奎说："别人送礼可以不收，我的礼得收下。"说完，作诗一首："同窗同师同乡人，同科同榜同殿臣。无话不说肝胆照，怎能拒礼在府门？"包拯接读后，回诗一首："你我老是知音人，肝胆相照心相印。寿日薄酒促膝谈，胜似送礼染俗尘。"张奎读后，喝了薄酒，携礼而归。包拯的故事告诉我们，一个执政者或执法者要想执法如山，必须先做到廉洁，并且不管何时,都不能产生贪婪的念头。因为"人只一念贪私,便削刚为柔,塞智为昏……染洁为污了一生人品"。贪念一起,就如同一个雪球,一旦滚动起来,就会越变越大。

廉洁不仅造就了公正的执法者,而且保护了法律的尊严,推动了法治建设的步伐。公正的法官和他公正的判决本身就是一种力量,他让守法者感到了法律的公正,让不法者觉察到法律的威严,他是培养人遵纪守法的活生生的教材。据史料记载,在包拯的开封府里,200余名官员,皆无贪污之举,都是清正廉洁的官员。而原河南省滑县县委书记王新康管辖的地盘,绝大多数科级干部都是给他送过礼的问题官员。塞缪尔·斯迈尔斯在《品格的力量》一书中说:"即使是悬挂在房间里的一个高尚的或一个善良的人物肖像,也可以是我们的同伴。他给我们一种更为密切的个人的情趣。看着他的身形,我们似乎对他更多了一份了解,关系也更为密切。它把我们和一个比我们高尚、比我们优秀的人联系起来。尽管我们可能远远达不到这个偶像的水平,但是,由于他的画像时时悬挂在我们面前,在一定程度上,我们在不断向他接近,在完善自我。"(第72页)廉洁的执法者的秉公执法,不仅维护了法律的尊严,同时还是一种榜样的力量,有巨大的感染力,把人们引入人类真正的王国,净化人们的灵魂,使其成为遵纪守法的模范,从而推动法治建设的进程。

(三)透明有利于法治的建设

透明是"明"的重要内容之一,也是当今社会的时髦词汇。人们常把透明度一词挂在嘴上,如发达国家常要求发展中国家在选举、贸易上增加透明度,发展中国家也说发达国家某些方面做得不够透明。在现实生活中,人们常要求掌权者财务公开,增加透明度;在选拔人才时,国家采取公开招聘的方法,也是为实现选拔人才上的透明。近年来,又有人呼吁增加法治建设的透明度。

　　透明度是个新名词，它要求政府机构和团体，除应保守的机密外，必须把要举办的事情公开，让大家知道，一些大事还必须得到国民的同意。在法治建设的进程中，增加透明度对国家的法治建设有着重大意义。首先，增加立法的透明度，能够使制定的法律更加接近社会实情。立法委员会制定法律条文时，如果在报刊上公布法律草稿，公开让专家、学者和广大人民群众对其所要制定的法律草稿提出意见和建议，然后再经过人大委员会讨论、审议、修改通过。这样，经过一道道程序，既增加了法制建设的透明度，又使所制定的法律更加贴近社会实际，更好地保护人民的利益。

　　其次，透明有利于执法公正。执法者在社会各方面都了解真相的情况下执法，往往比较公正。常看电视的人知道，许多久拖不审，一审再审弄不明白的案件，经过中央电视台"今日说法"栏目播报后，往往能很快审结，且较为公正，这其中就有透明度起的作用。所以，透明不仅有利于法律的制定，而且有利于法律的执行。

　　第三，透明有利于群众对执法机关的监督。透明能使公众对某件事情心知肚明，了解事情的原因和经过，这是对执法者是否公正执法的最好监督。透明对执法者是一种压力，它像千万双眼睛盯着执法之人，使其不敢徇私枉法，必须秉公执行。我们知道，经过电台、报刊曝光的事情大都办得又快又好，基本能公正处理，这里就有群众监督的作用。另外，公正执法也是对国民最好的教育，使人们时时告诫自己，不可触犯法律。此外，执法过程中的透明，使那些有特权的犯法者，暴露在大庭广众之下，在众目睽睽之下开后门，总没有暗中交易方便，所以，透明对犯法者也是一种监督，使他们难逃法律的严惩。也正因为透明的作用，不管做什么事情，逐渐醒悟的人们都在高喊增加透明度。

总之,透明可使法律更加符合实际,更加符合国情、民情,可使执法者更加公正严明,使违法者难逃法律的严惩。如果法治建设在透明中循环,就会使社会越来越透明,社会风气越来越纯净,法治建设的实现,也就水到渠成。

"明"与法治建设的关系告诉我们,"明"的意义在于告诉人们可以做个怎样的人和人能够做什么。在它的指导下,可使一般人的心里充满光明,增添力量和自信,做一个守法的公民;可使执法者更加廉明,执法时不徇私情;可使法律的制定和执法的过程更加透明,办案时更加公正。"明"就像一个榜样,在它的引导下,把人们带入法治的国度,光明的世界。

六 "明"在人际关系中的亲和力

人生在世,总要和各种各样的人打交道,总要处理各种各样的人际关系。人们在评价一个人时,时常会说:"这个人不大会处世。"一些人,尤其是年轻人,也总是自我评价,说自己"处世经验不足",或者苦恼于不知怎样待人处世。因为不会待人处世,一些人总也弄不好与周围同志的关系,搞得心情不愉快。所以,处理人际关系,是每人每天都要碰到,而且是谁也躲不开的问题。《诗经》有言:"既明且哲,以保其身。"道出了"明"在人际关系中的巨大作用。

(一) 在上下级关系中,"明"可使上级更具亲和力

在人际关系中,大凡有工作的人,较难处理的是上下级关系。作为上级,不管是国家领袖或一般领导,要时刻记住下属是支持你,帮助你取得成绩的力量来源,也是推翻你的直接动力。正所谓水可载舟,亦能覆舟。对此,领导者不可不察。

作为领导,"明"要求他要有宽容之心,容人之量;要了解

下情，帮助下属，解决他们的困难；要任人唯贤，兼听则明。只有这样，领导才会有亲和力，才能使下属对领导产生亲切感，使团体产生凝聚力，大至一个国家，小至一个团体，只要能做到这一点，不管是进行革命或建设，都能取得胜利，走向辉煌。

宽容是"明"的主要表现形式。雨果曾言："世界上最宽广的东西是海洋，比海洋更宽广的是天空，比天空更宽广的是人的胸怀。"一个宽宏大量的人，他的爱心往往多于妒嫉和怨恨。赫尔普士说："宽容是对文明的唯一的考验。"荀子说："积善成德，而神明自德，圣心备焉。"道出了宽容是使人们具有圣明之德的基础，使社会实现文明的手段。在上下级关系中，如果领导对下级的错误给予批评的同时，又表示宽容，那么他换来的不是下级对上级的造反，而是忠诚，他在人们心目中就是个具有亲和力的，人们就敢于为集体的发展献计献策，从而使领导的事业走向成功，这既是领导的光荣，也是下级和群众的心声。所以，宽容是一种巨大的人格魅力，它能产生强大的感染力和凝聚力，使人们愿意团结在你的周围，且能危难之际见真情。

人们常骂曹操是个奸臣，说其多疑而心胸狭窄，其实真正的曹操是一个气量不凡的人。"建安七子"之一的陈琳，在袁绍手下时曾写过轰动一时的讨曹檄文，把曹操和他的祖宗三代骂得狗血喷头。后来袁绍败亡，陈琳被擒，曹慕其才华，不但没有记恨前仇，反而委以重任。结果，陈琳为曹操"三国归统一"的大业助了一臂之力。

再如，官渡之战时，由于袁绍兵多将广，曹营中有不少兵将曾写信给袁绍表示忠心。信中的内容大多是贬低曹操，表示希望投靠袁绍。消息被查出后，有些谋士向曹操提出建议，把这些怀二心的人抓来统统杀掉，以儆效尤。那些曾想叛曹投袁的将士，则惶惶不可终日。不料，曹操却下令，把这些信件全部烧掉，不追究任何人的过失。曹操对周围的将士说："大战在即，敌强我弱，连我亦自身难保，何况属下将士呢？谋个好出路，人之常情也。"曹操对欲投袁将士的宽容，确为明智之举，首先保证了自己军队的稳定，没有发生内讧；其次换来了将士对他的忠心，感其不杀之恩；三是给自己留下了大度能容的美名。曹操后来之所以兵多将广，有许多能人愿意投奔曹营，与其对部下的宽容有一定的联系。

中国有个成语叫兼听则明，就是说做领导的要注意听取各方面的意见，方能做到"明"。有人说，不善于听取意见是受挫领导的职业缺点，这话说到了点子上，他是在说领导不能兼听，只听赞歌，讨厌批评，是其职业缺点。有些缺点的领导，往往其手下多阿谀奉承之人，少直言敢谏之士。这样的人，做了皇帝是昏君，当了官员是贪官。在他们的人际关系里，皆为以势结交或以利结交之徒，结果往往是势倾则绝，利穷则散，根本谈不上忠诚和亲和力。所以，只有兼听的领导，才能做到"明"，只有明智的领导，才能团结人，避免偏听偏信，具有强大亲和力的人格魅力。

周恩来具有亲和力的人格魅力，为举世所公认，他就是一个兼听则明、虚心听取同志意见的伟人。钱学森对周恩来有过这样一段回忆："我感受最深的是总理确实肯花时间认真听取我们的意见。这是总理一贯的作风。每次开会来的人很多，不同意见的人也请来，总理反复问：'有什么意见没有？'听了我们的意见，他最后决定怎么办。"（转引自东方史《新关系学全书》，中华工商联合出版社1991年版，第75页）。周总理做事主张兼听则明，这有几方面的好处：一、稳妥可靠；二、利于实施；三、利于养成人们发表意见的习惯；四、可以避免偏听偏信；五、利于团结同志，减少矛盾；六、增加了领导的亲和力，易于领导收集各方面的意见。和周总理共过事的人都认为，他具有很强的亲和力，人们都不害怕他，愿意和他在一起。他的警卫员和秘书都不愿意从他身边离去。

作为领导,主动联系下级,了解下情,帮助下属,解决他们的困难(工作和生活),是领导做到"明"的要求的主要方法。

领导者要从根本的、全局的事情上解决下属问题,也要从基本的、局部的事情上解决下属的问题。前者主要关系工作的成效,后者主要涉及与下属的关系,都不能不加以重视。毛泽东在《关心群众生活,注意工作方法》一文中说:"我们郑重地向大会提出,我们应该深刻地注意群众生活的问题,从土地、劳动问题,到柴米油盐问题。……一切这些群众生活上的问题,都应该把它提到自己议事日程上。应该讨论,应该决定,应该实行,应该检查。要使广大群众认识我们是代表他们的利益的,是和他们呼吸相通的。要使他们从这些事情出发,了解我们提出来的更高的任务,革命战争的任务,拥护革命,把革命推到全国去,接受我们的政治号召,为革命的胜利斗争到底。"(《毛泽东选集》第1卷,第138页)领导对待下属,也应如此,这样做的结果,不仅使领导明白下情,了解情况,解决下属的实际问题,实现了"明"的为人民服务的要求,而且使下属感到领导的关心和亲切,觉得领导有一种亲和力。同时,在上下沟通的过程中,下级也知道了上级的意图,并为实现这个意图及早准备,努力实现之。

如美国的希尔顿饭店董事长希尔顿坚持每天最少跟一家子店的人员接触,以了解下情。我国的北京建筑工程公司的总工程师、原市建工局长杨阑信,从70年代开始,每天都要到工地去一趟。日本某一公司,有一职员因家母去世,正为安葬家母犯难时,老板带领部分员工一起帮助其料理了后事,换来的是职员们更加努力工作。大凡这些企业的领导,在下级和群众的心目中,他们既是德高望重的官长,又是和蔼可亲的长者,由于他们的亲和力的作用,他们所领导的企业,大都有很强的凝聚力,能在市场的波浪中扬帆远航。

塞多留曾经说过,"那些品德高尚的人应凭自己的道义和气节去制胜,即使为了自己的生命也不屑采用任何卑劣的手段"(转引《品格的力量》)。明智的上级,不管是领袖或是官员,要谨记此言,时刻牢记兼听、宽容和关心群众,冷静分析来自各方的赞誉,虚心听取逆耳之言,用自己高尚的品德感化、教育周围的人,做一个道德高尚的、有亲和力的"明"者。

(二)"明"在下级对上级中产生的亲和力

上级对下级的宽容、关心、兼听可使下级感到领导具有亲和力,换来下级对上级的忠诚,对工作的认真负责。同样,下级的深明大义,对上级不当行为的委婉忠告,也能使上级感到下级的亲和力,换来上级对下级的信赖,让其放手工作,大胆开拓,开辟一片新天地。在日常生活中,我们常看到或听到会给领导拍马的下级,领导吃喝嫖赌,他们称之为风流倜傥,领导在工作中胡来,他们称之为具有开拓思想,直至把其上级拍到犯罪的泥潭,落得个树倒猢狲散的结局。许多官员的落马与下级一味溜须拍马有一定关系。这样的下级,不可能在上级的感觉中产生亲和力。所以,下级对上级,在服从的同时,一定要深明大义,时刻提醒上级不要犯错误,做领导的下级和诤友。

深明大义是明的主要内容。我们常把纳谏如流的皇帝称为"明君",如汉高祖、唐太宗等,把直言敢谏之臣称为"明臣",如魏徵、包拯等。大凡"明臣"皆为深明大义之人,他们以国家、民族利益为重,在他们的帮助下,一般能使自己的上司成为"明"者,尽管有些会遭到杀戮,但他们的死重于泰山。深明大义,对上级的过失给以委婉的劝告,有时会令领导难堪、不满,但一旦他了解了下级的真实意途,他就会对忠告者产生亲近感,这种亲近感就是下级对上级产生亲和力的表现。

中国人是最讲面子的,这种偏好源自5000年的文化,绵绵不绝,扎根于伦理的社会人际关系的网络之中,根深蒂固。所以,下级处理与上级的人际关系,既要直言敢谏,指出领导应该改正的地方,又要照顾到领导的面子,最好是委婉劝谏,或在无人时忠告,这既不让领导面子受损,感到你对他怀有善意,又让领导感到你对他忠心不二,深明大义。这样做的结果,下级在做到"明"的同时,又增加了双方的亲和力。

李达,中共一大代表,毛泽东的挚友世交和同乡。为了湖北省鄂城县委门口的一条"人有多大胆,地有多大产"标语,和毛泽东展开了激烈辩论,但他的开场白却是由请教而发的。

李达问毛泽东:"润之,'人有多大胆,地有多大产'这句话通不通?"

毛泽东说:"这个口号同一切事物一样也有两重性。一重性不好理解,一重性是讲可以发挥人的主观能动性。"

李达紧紧追问道:"你的时间有限,我的时间有限,你说这句口号有两重性,实际是肯定这口号,是不是?"

毛泽东反问道:"肯定怎样?否定又怎样?"

李达气冲冲地说:"肯定就是认为人的主观能动性是无限大。人的主观能动性的发挥离不开一定的条件。我虽没有当过兵,没有长征,但我相信,一个人要拼命,可以'以一当十'。但'一夫当关,万夫莫开',是要有地形作条件。人的主观能动性不是无限大的。现在人的胆子太大了。润之,现在不是胆子太小,你不要火上加油,否则是一场灾难。"

接着,李达又继续说:"你脑子发热,达到39度高烧,下面就会发烧到40度、41度、42度。这样中国人就要遭大灾难,你承认不承认?"

当时,正是反"右"刚过,又处在"大跃进"的热潮时期,大多数人都是头脑发热,只唱赞歌,而李达却能敢于唱反调,这很难能可贵。后来,毛泽东主动承认自己的不对,他说:"这是我的过错,过去我写文章提倡洗刷唯心精神,可是这次我自己没有洗刷唯心精神。"他还表扬李达说:"你在理论界和鲁迅一样","你是理论界的鲁迅"。(参见李庚辰《待人处世哲学》,长江出版社,2001年4月)。李达对毛泽东的忠告,既做到了深明大义,又达到了委婉劝谏的目的。

(三)"明"在一般人际关系中产生的亲和力

常言道:"一个篱笆三个桩,一个好汉三个帮。"它告诉我们,一个生活在社会上的人,谁都不能离开别人而独立生存,进而言之,谁都不能离开人际关系而独立生存,尤其是同事朋友间的关系。我们常听说某某恃才傲物,无人管理;某某特别"聪明",一肚子弯弯绕,没人敢亲近,成了孤家寡人。这样的人最大的一个缺点就是不"明",不敢还不愿光明坦荡待朋友,担心暴露了自己的缺点于面子不大光彩,怕说错了话,得罪同事。其实,这是一种模糊认识。按照"明"的要求,向朋友光明坦荡敞心扉,对于朋友的优点,给予称赞,对于朋友的不足,大胆指出,这不仅不会影响与朋友的关系,反而会增加你的亲和力,使人觉得你诚实可信,可以亲近,愿意与你交往。

你光明磊落待人,别人也会对你敞开心扉,这是在"明"指导下的人际关系。这种人际关系建立在一种互信的基础上,坚实、牢固。朋友之间互不隐瞒,不设埋伏,利于思想交流,进行批评和自我批评,它往往促使双方心心相印,团结无间,共同进步。这是一种对双方都表现出亲和力的关系。

光明坦荡待人,本身就有亲和力,因为光明坦荡,没有虚伪,没有阴谋,对方会觉得可信可亲。倘若谁的精神必须借助虚伪,那么自身也就生活在虚伪之中,必然失去别人的信任和友爱，最终导致失去所有的朋友。至于假装友好、貌似亲密的不真诚表现，那是人际关系中的"伪、劣、假、冒"货色，只会将曾经有过的一点点友情破坏殆尽，更谈不上有什么亲和力了。这样的人际关系即使开始有过一段"甜蜜"，那也只是裹着糖衣的炮弹，一旦"爆炸"，双方即为仇敌。所以，我们常说"君子之交淡如水，小人之交甘如饴"。君子坦荡荡，交的是情谊，像水一样明净，像水一样永久。如前所举李达劝谏毛泽东的故事，既是下级对上级的劝告，也体现了朋友间的友谊。

总之，"明"在人际关系中有一种亲和力的作用。它是把整个人际关系大厦连接起来的黏合剂，如果没有"明"这种黏合剂，人们的仁爱、宽容、光明坦荡之心就难以持久，这样的话，人际关系中的正当结构就会土崩瓦解，代之为虚伪、阴谋、尔虞我诈。如果人际关系走到了这样地步，人们就只能无可奈何地站在一片废墟中，独自哀叹。

七　"明"在现代社会中的意义

（一）坚持和弘扬"明"的伦理道德，有利于维护国家的政治安定和人民的团结

也许每个人都知道，要建设有中国特色的社会主义强国，离不开安定的社会环境和全国人民的团结奋斗。历史上的"文景之治"、"贞观之治"，所以为史家所乐道，就是因为当时社会稳定，经济繁荣，人民安居乐业。在我们今天所进行的社会主义现代化建设中，要实现国家的安定，人民的团结，需要综合治理。正如江泽民所说，一要靠法，二要靠道德，没有这左右手不行。只抓法律，不抓道德，人们只知法律的威严，却不知道德的教化，违法的可耻，社会仍然无法大治。孔子说过，"道之以政，

齐之以刑,民免而无耻;道之以德,齐之以礼,有耻且格。"意思是说,统治者治理老百姓时,如果只用"政"去指导他们,只用"刑"去约束他们,老百姓虽然不敢犯罪,却不知道犯罪的可耻;如果用"德"去教化他们,用"礼"去约束他们,那么,老百姓不但不敢犯罪,而且还知道犯罪的可耻,因此就能自觉地遵守和维护统治阶级的纲纪。这表明,"德"在社会中所起的作用,往往是法律所不及的。

"明"是"德"的一部分,"明德新民"就是"明"的主要内容。它要求用道德去教化百姓,使其成为仁爱、善良、坦诚、光明磊落的人,用今天的话说,就是用社会主义道德来教育人民,使他们成为明辨是非,遵纪守法,坚持四项基本原则,坚持"三个代表",全心全意为人民服务的合格公民。如果今天坚持用社会主义道德进行"明德新民"的工作,从最基本的道德规范着手,长期坚持不懈,就会使人们的品格上升到一个新的高度:他们在物质方面虽然不是最富有的,但在精神上他们是富有的;在社会地位上虽不是最高尚的,但在德行上是最好的;他们虽然不是最有权势和最有影响的人,但他们是最坦诚、正直、仁爱、宽容和光明磊落的人。

国家是放大的个人,个人是缩小的国家。如果我们的人民在社会主义的"明德"的教育下,绝大多数人成为了品德高尚的人,极端个人主义、官僚主义、贪污腐败、自私自利等歪风邪气就会自然退去,少数敌对势力,破坏分子的蓄意破坏和捣乱就不可能得逞。所以,"明"就像太阳一样,它用自己的光明指引着人们去正常运转。他是智者的朋友,平凡人的榜样,邪恶者的解毒剂。随着时间的流逝,在"明"的照耀下,会使政治清明,人与人坦诚相见,社会风气明显好转,最终实现民族的团结,社会的长治久安。

(二）坚持和弘扬"明"的伦理道德，有利于社会主义精神文明建设

社会主义精神文明，就是要用社会主义、共产主义思想教育武装全体人民，提高全体人民的思想水平和道德情操。但是，社会主义精神文明并不是自然形成的，即使在工人阶级政党领导下的社会主义国家内，它也是思想文化领域内一个长期艰巨的任务。而在现今的社会条件下，由于旧的封建主义和资产阶级思想道德还存在于人们的观念中，流行于社会上，这就给社会主义精神文明建设提出了新的任务。因此，在建设有中国特色的社会主义过程中，在以经济建设为中心的同时，还必须大力弘扬社会主义道德观念，并通过共产党执政这一有利条件，通过全体执政党党员和全体国家机关工作人员的模范行为的人格力量，来规定和体现这一最先进最文明的道德思想，使整个社会的精神文明沿着正确的方向和道路前进。

社会主义文明要靠一个个公民的思想水平和道德情操的提高来实现。"明德新民"就是提高公民道德的催化剂，通过对"明德"的伦理道德的弘扬，人们的思想和行为会受到宽容、仁爱、善良和诚实坦荡的高尚道德的制约。不管是在商务活动、集体活动、朋友交往，还是在家庭生活中，他们都是公平、正直、友好、坦诚和宽容的。在"明"的伦理道德的教育下，如果一个人接受了"明"的思想，即使置身于污浊的环境，他依然会保持仁慈、光明，绝不会在行动上留下心灵的污点。如果人人都能这样，整个社会公民的思想水平和道德情操就会自然提高，社会主义精神文明建设就能顺利实现。所以，"明德"教育，是实现社会主义文明的基础，因为纯洁的心灵只会与高尚的道德情操为伍。

"明"是进行精神文明建设最好的启蒙老师之一，如果

"明"的思想能在人民中贯彻下去，它就能塑造出遵纪守法、自我控制、心胸宽广、光明磊落的人。而最广大的人民群众正是精神文明建设的载体，是实现社会主义精神文明的根本。如果他们都成了遵纪守法、光明磊落的人，他们就能自觉地参加精神文明建设，遵守社会主义文明公约，社会主义精神文明的实现也就水到渠成。

（三）"明"有利于中国共产党的党风建设

理论联系实际、密切联系群众、批评与自我批评的三大作风，是中国共产党领导全国人民进行社会主义物质文明建设和精神文明建设的宝贵思想资源。理论联系实际，是中国共产党人找到救国救民道路的保证；密切联系群众，使共产党人在新民主主义革命和社会主义建设中得到无穷无尽的力量；批评和自我批评使我们党知错就改，不断从跌倒中爬起来。由于中国共产党坚持三大作风，动员起了全国人民，才取得了新民主义革命的伟大胜利和社会主义建设的巨大成就，这是不争的历史事实。

"明"主张"具众理以应万物"，用今天的话说就是要把理论运用到实践中去；"明"要求重民，民贵君轻，当皇帝的要做"明君"，爱自己的子民，当官的要做"明官"，心里装着百姓，时时想着人民，如果加以引申，就是要密切联系群众，全心全意为人民服务；"明"主张要做到自知，如曾子所言"吾日三省吾身"，首先认识到自己的不足，引申之就是主动进行批评与自我批评。由此可见，"明"和三大作风紧密联系在一起，如果用今天的观点加以引申，基本上可得出三大作风。所以，坚持和弘扬"明"的伦理道德，就是要广大党员干部做到有自知之明，有爱民之心，做到理论联系实际。虽然弘扬"明"的思想，使广大党员干部做到"明"是一个漫长的过程，但长期坚持下去，就能使我们的党自觉形成理论联系实际、密切联系群众和批评与自我批评的好作风，党风建设也就能自然而然完成。而作为执政党的党风建设搞好了，其他各方面的建设也自然能搞上去。

（四）坚持和弘扬"明"的伦理道德，有利于社会主义法治的早日实现

实现社会主义法治，是把我国建设成为社会主义强国的有力保证。但我们今天的社会主义法治建设还有很大阻力，其中很重要的原因来自政府官员、执法者的不够清正廉明。弗兰西斯·培根说："判错一个案件，胜过十次犯罪，就像污染环境一样，一般人犯罪污染的是水流，而执法官亵渎法律污染的是水源。"所以，执法官的清正廉明，执法必严，违法必究，是保证社会主义法治实现的关键。正如司马迁所言，"法之不行，自上犯之"。而上梁不正下梁歪，上行下效。上不遵守法律，下也少有守法之人，故此，社会主义法制的实行，须由上行之，而要机关干部、执法者遵纪守法，他们首先须有廉洁奉公的德行。

"明"主张为官清廉，做事分明，做人要像莲花那样，"出污泥而不染，濯清涟而不妖"，像包拯、海瑞那样，廉洁奉公，明断是非，执法如山。"明"的伦理道德不仅要教之于民众，更重要的是教之于官员。因为贯彻于官员之中，它不仅使执法者廉明，使法律能得到更好执行，而且它还能起到导向作用，以他们的"明"引导更多人实现"明"。"明"的贯彻如实现良性的循环，执法如山，遵纪守法，就会成为人们生活中的习惯。习惯往往有很大的力量，它能使违反者望而却步，给人们以约束。所以，执政者的廉洁公正，不仅保证了水源纯净，而且还能使水流更清。法治建设也是这样，上明下自清，源纯流自净。如此，社会主义法治就能在上下清明中顺利进行。

斯迈尔斯说："一个国家的前途，不取决于它的国库之殷实，不取决于它的城堡之坚固，也不取决于它的公共设施之华

丽，而在于它的公民的文明素养，即在于人们所受的教育、人们的远见卓识和品格的高下。"(《品格的力量》)"明德新民"，正是用"明"的观念为社会培养有远见卓识和品格高尚的人，它的贯彻执行，对加强执政党和国家机关干部队伍的思想道德建设，对弘扬正气，扶正祛邪，净化社会风气，对建设有中国特色的社会主义具有一定的现实意义。

参考文献

《尚书》、《左传》、《论语》、《孟子》、《大学》、《中庸》、《老子》、《庄子》、《韩非》、《战国策》、《吕氏春秋》、《春秋繁露》、《史记》、《汉书》、《后汉书》、《晋书》、《三国志》、《旧唐书》、《新唐书》、《宋史》

《二程集》,中华书局1981年版。

《朱熹集》,四川教育出版社1996年版。

《王阳明全集》,上海古籍出版社1992年版。

《中国哲学史资料选辑(宋元明之部)》,中华书局1962年版。

钱穆:《宋明理学概述》,台湾学生书局1977年版。

侯外庐等主编:《宋明理学史》,人民出版社1984—1987年版。

张立文:《朱熹思想研究》,中国社会科学出版社1981年版。

张立文:《宋明理学研究》,中国人民大学出版社1985年版。

陈来:《有无之境——王阳明哲学的精神》,人民出版社1991年版。

陈来:《朱熹哲学研究》,中国社会科学出版社1988年版。

杨天石:《朱熹及其哲学》,中华书局1982年版。

刘象彬:《二程理学基本范畴研究》,河南大学出版社1987

年版。

沈善洪、王凤贤：《王阳明哲学研究》，浙江人民出版社1981年版。

方尔加：《王阳明心学研究》，湖南教育出版社1989年版。

徐洪兴：《旷世大儒——二程》，河北人民出版社2000年版。

李泽厚：《宋明理学片论》，《中国社会科学》1982年第1期。

李锦全：《从孔、孟到程、朱——兼论儒学发展历程中的双重价值效应》，《孔子研究》1998年第2期。

陈泉：《王阳明圣人观的平民化倾向及其政治原因》，《重庆师院学报（哲社版）》2000年第1期。

王丽霞：《朱熹〈大学章句〉与王阳明〈大学问〉认识论之比较》，《学术论坛》2000年第5期。

罗华文、袁瑛：《〈大学〉大王阳明思想中的架构》，《重庆三峡学院学报》2000年第5期。

许珠武：《明觉与思维——论二程认识路线的分殊》，《中州学刊》2001年第5期。

王建宏、朱丹琼：《论朱熹的〈大学〉观》，《西北大学学报（哲学社会科学版）》2002年第2期。

张伟：《阐释〈大学〉的二重向度——从朱子与阳明不同的哲学进路看〈大学〉》，《浙江社会科学》2002年第4期。

程念祺：《阳明四句教法与正心功夫》，《史林》2003年第4期。

刘少航：《朱熹理学的思想渊源》，《零陵学院学报》2004年第1期。

管丽霞：《朱熹、王阳明哲学进路比较研究——从对〈大学〉文本的不同解释来看》，《燕山大学学报（哲学社会科学版)》2004年第2期。

隗瀛涛主编,屈小强著:《制夷之梦——林则徐传》,四川人民出版社1995年版。

董方奎著:《旷世奇才梁启超》。

李喜所:《谭嗣同评传》,河南教育出版社1986年版。

李泽厚:《中国近代思想史论》,人民出版社1979年版。

隗瀛涛主编,何一民著:《维新之梦——康有为传》,四川人民出版社1995年版。

丁守和:《中国近代启蒙思潮》(上、中、下),社会科学文献出版社1999年版。

刘再复、林岗:《传统与中国人》,生活·读书·新知三联书店1988年版。

高玉祥:《健全人格及其塑造》,北京师范大学出版社1997年版。

东方史:《新关系学全书》,中华工商联合出版社1999年版。

李庚辰:《待人处世哲学》,长江出版社2001年版。

苏希胜:《论"以德治国"》,国防大学出版社2001年版。

[英]斯迈尔斯:《品格的力量》。

李秋零:《精神档案——改变人类心智的千年篇章》(上、下),九州图书出版社1997年版。

丁守和:《中国近代启蒙思潮》(上、中、下),社会科学文献出版社1999年版。

后 记

"明"是中华民族几千年来追求的理想和目标。"明"应包括政治清明、深明大义、明察狱讼、军纪严明等,总之是一种明德思想。我们在撰写此书时,总有一种心潮起伏,不能自已的感觉。因为"明"是每个人都懂得的概念,但是执行中却不是那么容易。我们希望全社会的"明"。只有明,才是我们事业胜利的保证,才能使社会充满蓬勃的朝气。"明"是实现中华民族伟大复兴的前提条件,现代社会呼唤着"明"。

本书撰写情况如下:

李玉洁撰写:绪论、第一、二、八、九章,第七章之一、二。

王云飞撰写:第三、四、五、六、十章,第七章之三。

刘菡撰写:第十一章。

宿志刚撰写:第十二、十三章。

编者

2005 年 10 月于开封